FLORE

DE LA

POLYNÉSIE FRANÇAISE

DESCRIPTION DES PLANTES VASCULAIRES

QUI CROISSENT SPONTANÉMENT OU QUI SONT GÉNÉRALEMENT CULTIVÉES

AUX

ILES DE LA SOCIÉTÉ

Marquise, Pomotou, Gambier et Wallis

PAR

E. DRAKE DEL CASTILLO

LAURÉAT DE L'ACADÉMIE DES SCIENCES
MEMBRE DE LA SOCIÉTÉ DE BOTANIQUE DE FRANCE, DE LA SOCIÉTÉ PHILOMATHIQUE DE PARIS
ET DE LA SOCIÉTÉ ROYALE DE BOTANIQUE DE BELGIQUE
MEMBRE CORRESPONDANT DE LA SOCIÉTÉ ROYALE DE BOTANIQUE DE RATISBONNE

PARIS

G. MASSON, ÉDITEUR

LIBRAIRE DE L'ACADÉMIE DE MÉDECINE

120, Boulevard Saint-Germain, en face de l'École de Médecine

1893

[illegible]

[illegible]

[illegible]

[illegible]

[illegible]

[illegible]

[illegible]

FLORE

DE LA

POLYNÉSIE FRANÇAISE

Illustrationes floræ insularum maris Pacifici, 1 vol. in-4 comprenant 7 fascicules et 60 planches.............................. 84 fr.

2946-92. — Corbeil. Imprimerie Crété.

FLORE

DE LA

POLYNÉSIE FRANÇAISE

DESCRIPTION DES PLANTES VASCULAIRES

QUI CROISSENT SPONTANÉMENT OU QUI SONT GÉNÉRALEMENT CULTIVÉES

AUX

ILES DE LA SOCIÉTÉ

Marquise, Pomotou, Gambier et Wallis

PAR

E. DRAKE DEL CASTILLO

LAURÉAT DE L'ACADÉMIE DES SCIENCES
MEMBRE DE LA SOCIÉTÉ DE BOTANIQUE DE FRANCE, DE LA SOCIÉTÉ PHILOMATHIQUE DE PARIS
ET DE LA SOCIÉTÉ ROYALE DE BOTANIQUE DE BELGIQUE
MEMBRE CORRESPONDANT DE LA SOCIÉTÉ ROYALE DE BOTANIQUE DE RATISBONNE

PARIS

G. MASSON, ÉDITEUR

LIBRAIRE DE L'ACADÉMIE DE MÉDECINE

120, Boulevard Saint-Germain, en face de l'École de Médecine

1893

INTRODUCTION

La Polynésie française, c'est-à-dire les îles de la Polynésie que la France possède ou sur lesquelles elle exerce son protectorat sont les suivantes : les îles de la Société, les îles Australes ou Tubuai, les îles Basses ou Pomotou, et les îles Wallis.

Si l'on excepte ces dernières, assez écartées des autres et situées entre les îles Viti et les îles Samoa vers le 108° de longitude O., on peut voir que l'ensemble de ces îles occupe une surface irrégulière, s'étendant du 146° au 155° long. O., et du 8° au 28° lat. S. La configuration de chacune d'elles est celle de toutes les petites îles du Pacifique. Les unes sont plates et basses, entièrement ou presque entièrement madréporiques ; les autres sont plus ou moins montagneuses : ce sont les îles hautes, qui se composent d'un massif central d'où rayonnent vers la mer dans toutes les directions un grand nombre de vallées, déchirures produites par le soulèvement de l'île, étroites, profondes et à parois escarpées dans leurs parties moyenne et haute. La partie basse s'ouvre en général sur une bande de terre variant beaucoup dans sa largeur, souvent interrompue et couverte de débris madréporiques mélangés au sable et à l'humus entraînés des régions supérieures par les torrents. On sait que le nom de récits *frangeants* ou *côtiers* a été donné aux bancs madréporiques qui forment aussi une bordure aux îles hautes ; mais toutes n'en sont pas pourvues.

Les îles de la Société, de beaucoup les plus importantes sous le rapport de leur étendue, de leur population, de leurs productions et de leur flore, se composent de deux groupes distincts : l'un à l'ouest ou îles sous le Vent, l'autre à l'est ou îles du Vent. Les trois principales îles du premier groupe sont : *Borabora, Raiatea* et *Huahine*. Ce sont des îles volcaniques très montagneuses, recouvertes d'une abondante végétation. Il en est de même de *Moorea*, la deuxième des îles du Vent comme importance. Mais celle qui occupe le premier rang entre toutes et dont *Moorea* est immédiatement voisine est *Tahiti* (appelée aussi *O'Taïti*). Cette île se compose de deux parties très inégales : l'une est nommée, dans le langage des indigènes, *Tahiti-nui*; l'autre située au S.-E. de la première, à laquelle elle est reliée par l'isthme étroit de *Taravao*, est appelée *Tahiti-iti* ou bien encore *Taiarapu* ou *Taiarapo*.

Le point culminant de *Tahiti-nui* est le mont *Orohena* (2237ᵐ), il s'élève à l'extrémité O. d'une petite chaîne de montagnes à peu près semi-circulaire, qui forme la limite supérieure du district de *Papenoo*; l'autre extrémité est occupée par le mont *Aramooro* (1478ᵐ), et le milieu par le mont *Tetufera* (1800ᵐ). Les autres sommets importants sont reliés entre eux ou à la chaîne principale par des chaînons secondaires; ce sont : à l'O. de l'Orohena le mont *Aorai* (2065ᵐ); le *Maiao* ou *Diadème* (1339ᵐ), et le *Marau* (1485ᵐ) ; au S.-O. le *Mahutaa* (1507ᵐ).

Les vallées les plus considérables de cette portion de l'île sont : celles de *Papenoo* et de *Punaruu*, qui descendent de l'*Orohena*, la première vers le N.-E., la seconde vers l'O. ; la vallée de *Tipearui* ou de la Reine, qui prend naissance au mont Marau, s'ouvre vers le N. et se termine à *Papeete*, chef-lieu de l'île ; la vallée de *Fautahua*, arrosée par les eaux qui découlent du Marau, du Diadème et de l'Aorai; la vallée d'*Orofero* qui s'ouvre au S.-O. du mont Mahutaa ; puis, sur le versant Sud, la vallée de *Vairia*, qui prend naissance au lac du même nom, et qui communique avec le district de Papenoo par le col d'*Urufaa* ; enfin sur le versant E., la vallée de *Papeiha*. Les montagnes et vallées de Taiarapu sont peu importantes.

En se dirigeant un peu au sud des îles de la Société, on trouve le groupe des îles *Tubuai*, qui s'étend du N.-E au S.-E. Il se compose d'îles montagneuses peu élevées dont la plus importante est *Oparo* ou *Rapa*; l'intérieur en est encore peu connu.

Au Nord des îles de la Société commence le groupe des *Pomotou* ou îles *Basses ;* il suit la même direction que le précédent, mais il occupe une surface bien plus grande, et le nombre des îles qu'il comprend est beaucoup plus considérable. Vers son extrémité S.-E. on remarque d'abord le petit groupe des îles *Gambier*, dont l'une, *Mangarewa*, est montagneuse, puis l'île *Pitcairn*, également montagneuse.

Les îles Marquises sont situées au N.-E. des îles de la Société et au N. des Iles Pomotou. Elles sont volcaniques et n'ont pas de récifs côtiers. La plus importante du groupe, *Noukahiva*, est un massif montagneux s'élevant jusqu'à une altitude de 1170^m; le versant O. est aride et inhabité, tandis que le versant opposé est traversé par de nombreux cours d'eau; on remarque dans cette portion de l'île, le plateau marécageux de *Tovii*.

L'île *Wallis* ou *Uvea*, située à l'O. des îles Samoa, est une île de faible étendue (13 kilomètres dans sa plus grande largeur); les montagnes sont de faible hauteur. Au S.-O. se trouvent les îles *Futuna* et *Alofi*, encore moins importantes.

Sauf de légères différences, le climat de la Polynésie française est le même que celui des autres îles de la Polynésie. La température moyenne de l'année est de 24° aux îles de la Société. Les vents alizés, soufflant alternativement dans deux directions opposées, partagent l'année en deux saisons à peu près d'égale durée. Du mois d'août au mois d'octobre souffle le vent S.-E., appelé *Maaramu* par les indigènes, et pendant cette période le temps est plutôt sec, quoique les orages ne soient pas rares. Le vent du N.-E. règne de novembre à mars; c'est la saison des pluies fréquentes. Il n'y a, en réalité, pas de différence bien tranchée entre les deux saisons, et il pleut plus ou moins pendant tout le cours de l'année. Toutefois, les sommets attirant les nuages, les pluies sont beaucoup plus abondantes dans les hautes vallées que près du littoral; de là résulte une notable différence entre la végétation de l'une et de l'autre de ces régions. Il faut remarquer, cependant, que la partie orientale étant plus exposée aux orages amenés par le Maaramu que la partie occidentale, la limite de la zone humide est bien plus basse dans la première que dans la seconde. Les îles Marquises jouissent d'un climat plus sec que les îles de la Société. Les vents du N.-E. et du S.-E. soufflent toute l'année de décembre à août; ils sont interrompus par le vent du N.-N.-O. qui amène la pluie.

Ces conditions climatériques doivent nécessairement produire une luxuriante végétation. On a beaucoup vanté celle des îles de la Société en particulier, mais cette végétation, plus brillante que variée, est plutôt remarquable par le développement en nombre des individus que par le chiffre des espèces. La pauvreté de la Flore réside surtout dans les formes spéciales : c'est, on le sait, un caractère commun à toutes les îles de faible étendue. Un point frappe d'abord : c'est le nombre relativement grand des espèces vivaces ou suffrutescentes qui forment presque les deux tiers de la végétation totale, l'autre tiers étant presque entièrement constitué par les arbres, arbrisseaux ou arbustes. Les plantes annuelles n'entrent donc que pour une très faible partie dans l'ensemble de la population végétale. La configuration du terrain explique aisément la prédominance des végétaux frutescents ou suffrutescents. Sur les flancs abrupts des vallées, les plantes ligneuses à tiges peu élevées et à vigoureuses racines, les Fougères à rhizome traçant peuvent presque seules profiter du faible soutien que le sol leur offre. Çà et là se montrent, il est vrai, quelques arbres haute tige, mais ils sont plutôt relégués dans les parties basses des vallées, ou sur les crêtes. Ainsi les *Barringtonia speciosa, Calophyllum inophyllum, Guettarda speciosa, Casuarina equisetifolia* ne quittent guère le bord de la mer; l'*Artocarpus incisa* s'avance peu dans les vallées; le *Spondias dulcis*, le seul arbre qui couvre des espaces un peu importants, ne dépasse pas une altitude de 600 mètres. Au contraire, les *Randia tahitensis, Nauclea Forsteri, Weinmannia parviflora* se montrent sur les sommets au-dessus de 800 mètres. Au milieu de cette agglomération de végétaux robustes, les plantes plus faibles ne peuvent prospérer qu'à condition d'emprunter à leurs voisines, soit un simple appui pour arriver à une hauteur suffisamment pourvue d'air et de lumière, soit en même temps une nourriture fournie par les sucs de la plante ou par l'humus accumulé dans les fentes de son écorce : de là un grand nombre de plantes grimpantes, parasites ou pseudo-parasites; parmi les végétaux vasculaires, 15 p. 100 appartiennent à cette catégorie. Entre autres, les *Freycinetia* qui couvrent de grandes étendues et que l'on rencontre partout, méritent une mention spéciale. Ces plantes, avec les *Musa* qui ont, il est vrai, un mode de végétation tout différent, rappellent les types de la jungle malaise ou hindoue. Les quelques plantes herbacées dont cette flore insulaire se compose vivent soit au bord des ruisseaux, soit au contraire sur les collines sèches. Les plages donnent également asile à quelques plantes herbacées, en partie annuelles, qui y vivent en foule et qu'on retrouve partout au bord de la mer dans les régions tropicales asiatiques ou même cosmopolites.

Un autre résultat de la nature rocheuse et de la rapide inclinaison du terrain dans les îles hautes de la Polynésie, est que le sol conserve peu de la grande quantité d'eau qu'il reçoit, tandis que l'étroitesse et la profondeur des vallées permettent à l'atmosphère de rester constamment chargée d'humidité. Alors, si les racines absorbent peu d'eau, les feuilles en exhalent pareillement une petite quantité à l'état de vapeur, et l'équilibre se trouve rétabli. Ce ralentissement dans les fonctions transpiratoires est encore accentué par la nature chartacée ou même coriace des feuilles d'un grand nombre de plantes de ces régions.

Les remarques précédentes permettront, dans une certaine mesure, d'expliquer la prédominance de quelques familles, ainsi que l'indique le tableau ci-après. Ces familles sont, en les citant par ordre d'importance, les Fougères, les Légumineuses, les Orchidées, les Rubiacées, les Graminées, les Cypéracées, les Euphorbiacées et les Urticacées.

Les Fougères ont, comme on le sait, une grande facilité de dispersion à cause de la légèreté de leurs spores qui sont aisément transportables à de grandes distances par les courants aériens. Aussi a-t-on souvent constaté dans les flores pauvres en général, et dans les flores insulaires en particulier, la prédominance des Fougères sur les familles de Phanérogames dont les espèces se dispersent moins aisément. En outre, la configuration du sol des îles de la Polynésie, l'humidité constante de leur atmosphère, la nature souvent pseudo-parasitaire des Fougères, sont autant de causes diverses qui facilitent le développement des espèces de cette famille. Des raisons analogues expliquent le nombre relativement grand des Orchidées qui, elles aussi, recherchent l'humidité, et vivent ordinairement en parasites ou pseudo-parasites. Les Urticacées se développent dans des conditions climatériques à peu près semblables. Les Graminées et les Cypéracées dispersent aisément leurs graines par l'intermédiaire des vents. Les Légumineuses ont en général une assez grande facilité de dissémination; mais le transport de leurs graines mal organisées et beaucoup trop lourdes pour être emportées par le vent, est ordinairement opéré par les oiseaux ou par les courants marins, car on sait que ces graines sont recherchées par ces animaux, et qu'elles peuvent flotter dans l'eau de mer aisément et s'y conserver quelque temps.

Les Légumineuses, les Orchidacées, les Euphorbiacées et les Rubiacées occupent à peu près, dans la flore de la Polynésie française, la même place que dans la flore des îles de la Sonde, et ce sont elles principalement qui établissent des analogies entre les deux régions; mais, tandis que dans les Légumineuses ces analogies sont formées par les espèces, elles sont au contraire établies par les genres dans les trois autres familles. Ce sont ces dernières qui, parmi les Phanérogames, comptent le plus grand nombre d'espèces spéciales; il faut entendre par là le plus grand nombre absolu, car la proportion entre les espèces spéciales et la totalité des espèces comprises dans ces familles n'est pas en rapport avec le nombre absolu des espèces spéciales. Les familles dans lesquelles cette proportion est la plus grande sont en les citant par ordre : les Gesnéracées, les Campanulacées, les Rutacées, les Orchidacées, les Araliacées, les Composées et les Rubiacées, qui, on peut le voir sur le tableau ci-après, sont inégalement représentées. Les affinités de leurs espèces sont intéressantes. Toutes les Gesnéracées des îles de la Polynésie française leur sont spéciales, et appartiennent au genre *Cyrtandra* qui est représenté par 78 espèces dans toute la Polynésie. Les Iles Hawaï en comptent à elles seules 32 espèces. Les Gesnéracées comprennent, on le sait, environ 700 espèces : elles se divisent en deux tribus inégales, puisque l'une comprend environ deux fois plus d'espèces que l'autre. La moins considérable est celle des Gesnérées ou Gesnéracées à ovaire infère ; la plus grande est celle des Cyrtandrées ou Gesnéracées à ovaire supère. Les Gesnérées sont toutes américaines. Parmi les Cyrtandrées, 220 environ sont américaines ; 240 environ, y compris 80 *Cyrtandra*, c'est-à-dire un peu plus de la moitié du genre, sont asiatico-malaises. Les 80 *Cyrtandra* sont presque tous spéciaux à la Malaisie ; il reste donc, en dehors des *Cyrtandra*, environ 160 Cyrtandrées asiatiques. Or la plupart des genres asiatiques diffèrent beaucoup des *Cyrtandra* par leurs fruits. Les *Didymocarpus* et genres voisins, comprenant une centaine d'espèces, ont, au lieu d'une baie comme les *Cyrtandra*, une capsule à deux ou quatre valves ; enfin les *Aeschynanthus*, qui ne comptent pas moins d'une quarantaine d'espèces, ont, non seulement une capsule déhiscente, mais encore des graines appendiculées. Au contraire, la majorité des Cyrtandrées américaines ont un fruit charnu : parmi elles sont les *Besleria*, qui comprennent une cinquantaine d'espèces, et dont les *Cyrtandra* ne diffèrent que par leurs étamines qui sont au nombre de deux et qui ont des loges parallèles. Ces deux caractères se retrouvent dans un genre chilien, le *Sarmienta*. Les *Cyrtandra* ont donc beaucoup plus d'affinités avec les genres américains qu'avec les genres asiatiques.

Les Campanulacées, en Polynésie, sont restreintes à la tribu des Lobéliées et, géographiquement, sont limitées aux îles Hawaï et aux îles de la Société. Elles comptent 58 espèces dans les premières, c'est-à-dire près d'un dixième de la tribu ; ces espèces appartiennent, sauf 5 *Lobelia*, à 5 genres spéciaux. Aux îles de la Société appartiennent 3 Lobéliacées, toutes trois spéciales et formant deux genres spéciaux : le *Sclerotheca* et l'*Apetahia*. Les *Sclerotheca* diffèrent des *Lobelia* par leur capsule qui devient dure à maturité, s'ouvre par deux orifices et se sépare du calice. L'*Apetahia* se rapproche des genres Hawaïens *Brighamia* et *Rollandia* par son port, mais il en diffère par ses placentas pariétaux. Toutes les Lobéliées polynésiennes sont ligneuses, même les *Lobelia*, ce qui est une exception dans le genre. Le centre des Lobéliées est en Amérique, principalement dans la région mexicaine ou andine. La moitié des *Lobelia* appartient au Nouveau-Monde ; tous les genres autres que les genres polynésiens y sont représentés, et la moitié au moins des espèces autres que les *Lobelia* est formée par des espèces américaines. La tribu des Lobéliées relie donc elle aussi la flore polynésienne à la flore américaine.

Il n'en est pas ainsi des Rutacées. Les espèces polynésiennes de cette famille appartiennent à la tribu des *Zanthoxylées* qui compte dans la Polynésie française 1 *Zanthoxylum* et 6 *Evodia* spéciaux. Le genre *Zanthoxylum* est cosmopolite. Il compte 5 espèces spéciales aux îles Hawaï, et 1 aux îles Viti : ces espèces ont avec leurs congénères australiennes, pour caractère commun, des pétales en préfloraison valvaire et un carpelle unique. Le genre *Evodia*, dont on ne peut séparer les *Pelea* ni les *Melicope*, est limité à l'Ancien Monde : ses deux centres principaux sont dans l'Asie tropicale et aux Iles Hawaï qui en possèdent la première un tiers, et les secondes un quart des espèces ; le reste est partagé entre la Polynésie orientale, les Iles Viti, la Nouvelle-Calédonie, l'Australie orientale et la Nouvelle-Zélande.

Les Orchidacées spéciales à la Polynésie française appartiennent pour la plupart à des genres presque exclusivement indo-malais : *Oberonia, Dendrobium, Eria, Arundina, Tæniophyllum* et *Hetæria*. A côté de ce dernier genre se place le *Mœrenhoutia*, qui n'est peut-être pas spécial aux îles de la Société, bien qu'on n'en ait décrit jusqu'à présent qu'une seule espèce, habitant l'île de Tahiti.

Les Araliacées polynésiennes ont également des affinités avec les formes malaises ou océaniennes. Cette famille a été divisée en genres peut-être trop nombreux, mais, si l'on considère ces groupes de la façon la plus large, on verra que la Malaisie possède environ 43 p. 100 des genres, et 20 p. 100 des espèces, tandis que l'Asie tropicale ne renferme que 30 p. 100 des genres, mais 21 p. 100 des espèces ; à la Nouvelle-Calédonie, la proportion des espèces est inférieure (environ 12 p. 100), mais celle des genres est la même ; de plus il y a 5 genres exclusivement néo-calédoniens, tandis qu'il n'y en a qu'un seul qui ne s'étende pas en dehors du continent asiatique. Les Araliacées semblent s'être peu développées en Australie, puisque dans la partie orientale la proportion des genres est de 21 p. 100, celle des espèces de 4 p. 100, et qu'on n'a signalé aucune Araliacée dans l'Australie occidentale. Quant au reste de l'Océanie, les genres sont dans la proportion de 6 p. 100 à la Nouvelle-Zélande et aux îles Viti, et de 12 p. 100 environ dans les autres îles de la Polynésie. Les îles Viti possèdent 5 p. 100 des espèces et les autres groupes polynésiens de 2 à 3 p. 100. La Polynésie française ne compte aucun genre spécial; mais 3 espèces sur 4 lui sont propres. Le genre *Meryta* est exclusivement océanien; en dehors de l'espèce tahitienne on en compte 7 ou 8 à la Nouvelle-Calédonie, une à l'île Norfolk, et une à la Nouvelle-Zélande. Un *Panax* tahitien peut être rapproché d'espèces néo-zélandaises chez lesquelles le pédicelle n'est pas articulé immédiatement sous la fleur.

Les Composées offrent généralement en Polynésie, et aux îles de la Société en particulier, des types très intéressants. En première ligne viennent les *Fitchia* de Tahiti. Ce sont des Cichoriées arborescentes; or, on ne connaît guère d'autres exemples de ce fait que chez les *Dendroseris* de l'île Juan-Fernandez; mais les *Fitchia* ont encore une particularité : leurs fruits les séparent absolument du reste des Cichoriées; ce sont des achaines oblongs munis à leur sommet de deux longues soies et rappelant ceux de certaines Helianthoïdées, notamment du groupe formé par les *Bidens* et genres voisins. Ce groupe, américain pour près des trois quarts, compte dans la Polynésie française 3 ou 4 espèces ligneuses. Les *Coreopsis* hawaïens, au nombre de plus d'une douzaine, sont en général frutescents.

Les affinités des Composées polynésiennes seraient donc plutôt américaines.

Il est assez difficile de préciser celles des Rubiacées.

Les espèces de cette famille appartiennent généralement à des genres ayant une aire extrêmement vaste, notamment les *Uragoga*. Les *Calycosia* sont très-voisins de ce dernier, ils sont tous océaniens; les *Ixora* sont en grande partie asiatiques; les *Ophiorhiza* le sont entièrement; un *Randia* tahitien rappelle, par ses inflorescences raccourcies, ses congénères de la Nouvelle-Calédonie, et les *Anomanthodia* de la Malaisie; le genre *Coprosma* semble avoir son centre le plus important dans la Nouvelle-Zélande, où il compte 24 espèces; en Polynésie il en compte 12, habitant presque toutes les Iles Hawaï.

En résumé, les espèces végétales de la Polynésie française peuvent se répartir en trois groupes principaux, d'importance inégale : 1° les espèces qui lui sont spéciales; 2° les espèces qui lui sont communes à l'Océanie non compris la Malaisie; 3° les espèces qui lui sont communes avec la région indo-malaise.

Le premier groupe forme moins du tiers (28,9 p. 100) de toutes les espèces. On a vu que la plupart des espèces constituant ce groupe avaient des affinités avec les formes indo-malaises.

Le second groupe dépasse à peine le cinquième (20,8 p. 100) de la totalité des espèces végétales; ses affinités sont à peu près les mêmes que celles du groupe précédent; elles sont presque nulles avec l'Australie, il ne faut les rechercher que dans la partie orientale de ce pays; on sait que cette partie est celle qui présente la flore la moins originale, et qu'elle offre sous ce rapport de grandes ressemblances avec la flore asiatique.

Le troisième groupe, qui comprend un grand nombre d'espèces ubiquistes, est le plus considérable, puisqu'à lui seul il dépasse les deux autres réunis.

La flore de la Polynésie française est pauvre, puisqu'il n'y a que 588 espèces phanérogames pour 79 familles, c'est-à-dire une moyenne d'un peu plus de 7 espèces par famille, et pour 262 genres tels qu'ils ont été compris dans cette flore, c'est-à-dire 1,5 par genre; la proportion des genres aux familles est de 3,5 environ.

Quelques notions historiques compléteront cette notice.

Les nombreux voyages effectués dans la Polynésie ont fait connaître ces îles d'une manière complète au point de vue géographique. Les îles de la Société furent découvertes d'abord par Quiros probablement en 1606, puis par Wallis en 1767; les îles Marquises l'avaient été par Mendana dès 1595; mais ce fut surtout à la fin du dix-huitième siècle et au commencement du dix-neuvième que les navigateurs explorèrent les îles de l'Océanie. Bougainville visita les îles de la Société en 1768, accompagné de Commerson, mais ce botaniste qui, peu de temps après, devait cependant former un si riche herbier dans les îles de l'Afrique australe, n'a pas laissé de plantes recueillies en Océanie. Cook, dans son premier voyage autour du monde (1765), explora les îles de la Société avec les botanistes Banks, Solander, Parkinson et Nelson. Les plantes recueillies par eux sont conservées dans l'herbier du British Museum. Les deux Forster suivirent l'illustre navigateur anglais dans son second voyage et rapportèrent des îles de la Polynésie de précieuses collections botaniques, dont l'herbier du Muséum de Paris possède une grande partie.

De 1822 à 1825 le capitaine Duperrey fit un voyage de circumnavigation et parcourut la Polynésie avec Dumont d'Urville et Lesson, tous deux botanistes de l'expédition. Les plantes provenant de leurs col-

lections furent étudiées et déterminées par les savants Bory de Saint-
Vincent pour la partie cryptogamique, et Ad. Brongniart, pour la
partie phanérogamique : elles se trouvent également dans l'herbier du
Muséum de Paris. Vers la même époque (1825-28) deux officiers de la
marine anglaise, Lay et Collie, suivirent en qualité de botanistes une
expédition dans le Pacifique commandée par le capitaine Beechey. Ils
rapportèrent des îles de la Société un certain nombre de plantes.

Plus tard, Dumont d'Urville, à peine de retour d'un second voyage
entrepris dans les mers du Sud à la recherche des restes de l'infortuné
La Pérouse (1825-29), repartit et, pour la troisième fois, explora les îles
du Pacifique en compagnie des botanistes Hombron, Jacquinot et
Le Guillou, dont les importantes collections appartiennent au Muséum
de Paris et contiennent de nombreuses espèces recueillies dans la
Polynésie française. Le même herbier renferme les plantes recueillies
à Tahiti et aux îles Marquises vers 1842 par l'amiral Dupetit-Thouars
dans son voyage autour du monde sur la *Vénus*. Enfin l'expédition
américaine commandée par le capitaine Wilkes (1838-42) a fourni au
savant botaniste A. Gray un assez grand nombre de plantes nouvelles
des îles de la Société. Toutes ces collections cependant sont loin
d'être aussi riches que celles que l'on doit aux explorateurs particu-
liers.

Il faut en première ligne nommer celle de Bertero et Moerenhout,
recueillie en 1834, puis celles de Vesco et de Lépine formées en 1847,
toutes deux très-riches et très-intéressantes; elles se trouvent au
Muséum d'histoire naturelle de Paris; l'herbier de M. Nadeaud,
formé vers 1856 et dont l'auteur a lui-même donné la monographie,
contient un assez grand nombre de nouveautés. M. Jardin a recueilli
quelques plantes à Tahiti et a donné au Musée de Nantes une intéressante collection de plantes des îles Marquises. Cet archipel a également été visité par les botanistes Le Bastard et Mercier. Citons enfin,
pour terminer, les collections faites à Tahiti par Vieillard, Pancher et
Savatier (1877). Malgré le nombre de ces collecteurs peut-on dire
que l'on connaisse d'une manière complète la flore de la Polynésie
française? Malheureusement non. La seule île qui soit bien connue est
l'île de Tahiti : les îles Marquises, difficiles à explorer il est vrai,
devraient l'être plus complètement sous le rapport de la Botanique.
Les îles Wallis ont été à peine étudiées; plusieurs îles hautes, d'importance secondaire, ne l'ont été aucunement. Il faut se hâter d'ajouter
cependant que l'exploration botanique de ces dernières donnerait
sans doute peu de nouveautés. La flore des îles basses n'a pas besoin

d'être approfondie : elle est, on l'a vu, la même que celle des plages des îles hautes.

Voici maintenant l'indication des ouvrages ou mémoires spéciaux le plus fréquemment cités dans ce travail :

Forster (J.-R. et G.). *Characteres generum plantarum, quas in itinere ad insulas maris australis collegerunt, descripserunt, delinearunt annis 1772-75.* Londini, 1776 (J.-R. et G. Forster, *Char. Gen.*).

Forster (G.). *Florulæ insularum australium Prodromus.* — Gottingæ, 1786 (Forst., *Prodr.*). — *De plantis esculentis insularum oceani australis commentatio botanica.* — Berolini, 1786 (Forst., *Plant. esc.*).

Ces trois ouvrages des deux Forster sont le résultat de leurs études sur une partie des plantes qu'ils rapportèrent de leur voyage autour du monde accompli avec le navigateur Cook.

Urville (d'), Bory de Saint-Vincent et Brongniart. *Botanique du Voyage autour du monde, exécuté par ordre du Roi sur la corvette de Sa Majesté*, la Coquille, *pendant les années* 1822-25. — Paris, 1828-29 (Bory, ou Brongn., *Voy. Coq., Bot.*).

Cet ouvrage est resté incomplet pour la partie phanérogamique. Néanmoins il contient la figure et la description d'un grand nombre de plantes intéressantes, de provenances diverses et particulièrement de l'Océanie.

Gaudichaud. *Botanique du Voyage autour du monde fait par ordre du Roi sur les corvettes* l'Uranie et la Physicienne *pendant les années* 1817-20 par M. Louis de Freycinet. — Paris, 1826 (Gaudich., *Voy. Freyc., Bot.*). — *Botanique du Voyage autour du monde exécuté pendant les années 1836 et 1837 sur la corvette* la Bonita (Gaudich., *Voy. Bon.*).

Le premier de ces deux ouvrages renferme la description et la figure d'un certain nombre de plantes des îles Hawaï; mais dans son premier voyage, Gaudichaud n'a pas visité les îles de la Société ni les îles Marquises. L'atlas du second ouvrage est intéressant au point de vue de la botanique phanérogamique des îles de l'Océanie, mais le texte relatif à cette partie fait défaut.

Endlicher (S.). *Prodromus Floræ Norforlkicæ, sive Catalogus stirpium quæ in insula Norfolk, annis 1804 et 1805 a Ferdinando Bauer collectæ et depictæ, nunc in Museo Cæsareo Palatino rerum naturalium Vindobonæ servantur.* — Vindobonæ, 1833 (Endl., *Fl. Norf.*). — *Bemerkungen über die Flora der Südseeinseln.* Wien, 1836 (Endl., *Fl. Suds.*).

La comparaison de la flore de l'île Norfolk, cependant très-éloignée des îles de la Polynésie française, présente quelque utilité. Le mémoire du même auteur sur la flore des îles de l'Océanie : Polynésie, Micronésie, Nouvelle-Calédonie et Nouvelle-Zélande, est fréquemment cité dans le présent ouvrage. C'est un catalogue de toutes les espèces végétales alors connues dans les régions ci-dessus mentionnées : il est suivi de la description et de la figure de quelques plantes.

Guillemin. *Zephyritis Taitensis. Énumération des plantes découvertes par les voyageurs dans les îles de la Société, principalement dans celle de Taïti.* — Extrait des *Annales des sciences naturelles, Botanique*, 2ᵉ série, VI et VII, 1836-1837 (Guillem., *Zephyr. Tait.*).

Un des principaux intérêts de ce mémoire est qu'il reproduit quelques-unes des descriptions manuscrites de Forster.

DECAISNE (J.). *Botanique du Voyage autour du monde sur la frégate* la Vénus *pendant les années* 1836-39, *publié par* A. Dupetit-Thouars. — Paris, 1840-49 (Decne, *Voy. Vén., Bot.*).

Moins important que les ouvrages du même genre précédemment cités, celui-ci peut cependant être consulté avec fruit par ceux qui s'occupent de la flore de l'Océanie. Il renferme la description et la figure de plusieurs plantes recueillies aux îles de la Société, et nouvelles à cette époque.

HOOKER (W.-J.) ET WALKER-ARNOTT. *The Botany of Captain Beechey's Voyage...* etc. — London, 1842 (Hook. et Arn., *Bot. Beech.*).

Cet ouvrage est la partie botanique de la relation du voyage de Lay et Collie mentionné plus haut : un chapitre assez important est consacré aux plantes trouvées aux îles de la Société.

HOMBRON ET JACQUINOT. *Botanique du Voyage au pôle Sud et dans l'Océanie sur* l'Astrolabe *et la* Zélée. — *Plantes cellulaires par* Montagne. — *Plantes vasculaires par* Decaisne. — Paris, 1853.

On a vu que ces botanistes avaient rapporté un assez grand nombre de plantes des îles de la Société, mais elles ne sont pas mentionnées dans la partie relative aux plantes vasculaires et rédigée par M. Decaisne.

GRAY (A.). *Botany of the United States Expedition during the years* 1838-42 *under the command of* Ch. Wilkes. — *Phanerogamia*. — Philadelphia, 1854 (A. Gr., *Bot. Wilkes*).

De toutes les relations de voyages, celle-ci est la plus intéressante par le nombre d'espèces polynésiennes décrites ou figurées. Malheureusement ce bel ouvrage ne mentionne que les Polypétales. Les Monopétales trouvées en Polynésie par les botanistes américains ont fait l'objet de plusieurs mémoires que le même auteur a publiés dans les *Proceedings of the American Academy*.

BRACKENRIDGE. *Botany of the United States Exploring Expedition during the years* 1838-42 *under the command of* Ch. Wilkes. — *Cryptogamia*. Filices, *including* Lycopodiaceæ and Hydropterides. — Philadelphia, 1854 (Brack., *U. S. Expl. Exped., Filices*).

Cet ouvrage traite des Cryptogames vasculaires rapportées par les botanistes de l'expédition américaine.

SCHULTZ-BIPONTINUS. *Verzeichniss der Cassiniaceen welche Herr E. Jardin in dem Jahre* 1853-58, *auf den Inseln des Stillen Ocean gesammelt hat.* — Flora, XXXIX, 1856.

Ce mémoire renferme la description de Composées nouvelles trouvées aux îles Marquises par M. Jardin.

JARDIN (E.). *Essai sur l'histoire naturelle de l'archipel des Marquises.* Extrait de la Société des sciences naturelles de Cherbourg, VI, 1858 (Jardin, *Hist. nat. Marq.*).

La partie botanique contient la liste de toutes les plantes récoltées par M. Jardin aux îles Marquises, et d'intéressantes observations sur un certain nombre d'entre elles.

JOUAN. *Recherches sur l'origine et la provenance de certains végétaux observés dans les îles du grand Océan.* — Cherbourg, 1865. — Extrait de la Société des sciences naturelles de Cherbourg. — *Les plantes alimentaires et industrielles de l'Océanie.* — Cherbourg, 1875-1876. — Extrait de la Société des sciences naturelles de Cherbourg.

Ces deux mémoires sont intéressants au point de vue de la Géographie botanique et de la Botanique appliquée.

Cuzent. *Tahiti.* — Rochefort, 1860.

Cet ouvrage est une étude sur l'histoire naturelle de l'île de Tahiti; il contient de nombreux renseignements sur les productions végétales de l'île. M. Pancher y a ajouté un intéressant catalogue de toutes les plantes indigènes ou introduites qu'il y a observées; pour ces dernières, il a mentionné le plus souvent leur lieu d'origine ainsi que la date de leur introduction, et le nom de leur introducteur.

Seemann. *Flora Vitiensis.* — London, 1873 (Seem., *Fl. Vit.*).

Cet ouvrage renferme la figure d'un grand nombre d'espèces spéciales aux îles Viti. Il contient des descriptions de plantes tahitiennes alors plus ou moins connues. L'auteur rapporte beaucoup de descriptions prises dans le manuscrit de Solander (*Primitiæ Floræ Insularum Maris Pacifici*). Il cite les figures inédites de Parkinson (*Drawings of Tahitian Plants*), et de Forster.

Nadeaud. *Énumération des plantes indigènes de l'île de Tahiti.* — Paris, 1873 (Nadeaud, *Enum.*).

On trouve dans ce travail la description de nombreuses nouveautés : il est des plus intéressants au point de vue de l'indication des localités exactes où chaque espèce a été récoltée par l'auteur. M. Nadeaud a publié aussi une thèse médicale sur les Plantes usuelles des Tahitiens.

Hillebrand. *Flora of the Hawaian Islands.* — Heidelberg, 1888 (Hillebr., *Fl. Haw. Isl.*).

Cette flore est une étude botanique très-complète sur les îles Hawaï. Avant Hillebrand, H. Mann avait publié des travaux sur la curieuse végétation de ces îles. Outre quelques mémoires parus dans les *Comptes rendus de la Société d'histoire naturelle de Boston*, l'auteur américain avait donné une énumération complète des plantes hawaïennes (in *Proceedings of the American Academy*, 1868). Plus tard il avait commencé (in *Essex Institute Communications*, 1868-71) une flore analytique des îles Hawaï, accompagnée des descriptions de toutes les espèces : malheureusement ce travail a été interrompu par la mort de l'auteur.

Les notions géographiques et climatologiques qui précèdent sont empruntées à l'ouvrage du Dr C. Meinicke : *Die Inseln des Stillen Oceans* (Leipzig, 1876).

Avant de terminer, je veux exprimer ma profonde reconnaissance à M. le professeur Bureau et à tous les autres savants botanistes aux soins desquels l'herbier du Muséum d'histoire naturelle de Paris est confié, de la bienveillance avec laquelle ils m'ont permis de consulter ces riches collections et facilité, par leurs précieux conseils, l'achèvement du travail que j'avais entrepris.

Paris, mars 1892.

STATISTIQUE DES ESPÈCES VÉGÉTALES VASCULAIRES DE LA POLYNÉSIE FRANÇAISE.

DÉSIGNATION des FAMILLES.	CHIFFRE DES ESPÈCES				
	spéciales à la Polynésie française.	communes à la Polynésie française et			toutes réunies.
		à l'Océanie non compris la Malaisie.	à la région indo-malaise.	à d'autres régions.	
Anonacées	»	»	1	»	1
Ménispermacées	»	»	1	»	1
Crucifères	»	1	1	1	3
Capparidacées	»	1	2	»	3
Bixacées	1	1	»	»	2
Pittosporacées	»	»	1	»	1
Portulacacées	»	»	2	»	2
Guttifères	»	»	1	»	1
Malvacées	»	»	7	»	7
Sterculiacées	1	»	4	»	5
Tiliacées	3	2	1	»	6
Géraniacées	»	»	1	»	1
Rutacées	7	1	»	»	8
Olacacées	»	»	1	»	1
Ilicacées	1	»	»	»	1
Célastracées	1	1	»	»	2
Rhamnacées	»	»	3	»	3
Sapindacées	»	»	4	»	4
Anacardiacées	»	1	1	»	2
Coriariacées	»	1	»	»	1
Légumineuses	»	7	29	1	37
Saxifragacées	2	»	»	»	2
Rhizophoracées	»	2	»	»	2
Combrétacées	»	»	2	»	2
Myrtacées	»	5	3	»	8
Mélastomacées	1	2	»	»	3
Lythracées	»	»	1	»	1
Onagracées	»	»	2	»	2
Cucurbitacées	»	1	4	»	5
Ficoïdées	»	»	1	»	1
Ombellifères	»	»	»	1	1
Araliacées	4	»	1	»	5
Rubiacées	16	8	7	»	31
Composées	8	»	10	»	15
Goodeniacées	»	»	1	»	1
Campanulacées	3	»	».	»	3
Vacciniacées	1	»	»	»	1
Epacridacées	1	1	»	»	2
Plumbaginacées	»	»	1	»	1
A reporter	50	35	93	3	181

DÉSIGNATION des FAMILLES.	CHIFFRE DES ESPÈCES				
	spéciales à la Polynésie française.	communes à la Polynésie française et			toutes réunies.
		à l'Océanie non compris la Malaisie.	à la région indo-malaise.	à d'autres régions.	
Report. . . .	50	35	93	3	181
Myrsinéacées. . . .	3	1	»	»	4
Sapotacées.	1	»	»	»	1
Oléacées.	»	1	»	»	1
Apocynacées. . . .	3	4	2	»	9
Asclépiadacées. . .	1	1	1	»	3
Boraginacées. . . .	2	2	1	»	5
Convolvulacées. . .	»	1	8	»	9
Solanacées.	»	3	4	»	7
Scrophulariacées. .	»	»	3	»	3
Gesnéracées	13	»	»	»	13
Acanthacées	4	»	»	»	4
Verbénacées	2	2	»	»	4
Labiées	1	1	2	»	4
Plantaginacées . . .	»	»	1	»	1
Nyctaginacées . . .	»	1	2	»	3
Amarantacées . . .	1	»	5	»	6
Polygonacées. . . .	»	»	1	»	1
Pipéracées.	2	4	1	»	7
Chlorantacées . . .	1	»	»	»	1
Lauracées	1	»	2	»	3
Thyméléacées . . .	»	»	1	»	1
Loranthacées. . . .	1	»	1	»	2
Santalacées.	»	1	»	»	1
Balanophoracées . .	»	1	»	»	1
Euphorbiacées . . .	14	4	9	»	27
Urticacées	5	10	11	»	16
Casuarinacées . . .	1	»	»	»	1
Orchidacées.	28	4	2	»	34
Scitaminées	»	2	4	»	6
Taccacées	»	»	1	»	1
Dioscoréacées. . . .	»	»	4	»	4
Liliacées.	1	1	1	»	3
Palmiers.	1	1	1	»	3
Pandanacées. . . .	1	»	1	»	2
Aracées	»	»	3	»	3
Juncacées	»	»	1	»	1
Cypéracées.	1	2	14	2	19
Graminées	5	5	20	»	30
Fougères.	19	32	90	1	142
Lycopodiacées . . .	»	4	6	1	11
Total.	161	123	297	7	588

TABLEAU DICHOTOMIQUE DES FAMILLES

Les chiffres entre parenthèses renvoient aux pages du volume.

<table>
<tr><td rowspan="2">1</td><td>Étamines et pistil visibles. . . . .</td><td>2</td></tr>
<tr><td>Ni étamines ni pistil. . . . .</td><td>81</td></tr>
<tr><td rowspan="2">2</td><td>Enveloppe florale interne nulle ou à divisions libres. . . . .</td><td>3</td></tr>
<tr><td>Enveloppe florale interne à divisions plus ou moins unies. . . . .</td><td>61</td></tr>
<tr><td rowspan="2">3</td><td>Ovaire supère, même au début de la floraison. . . . .</td><td>4</td></tr>
<tr><td>Ovaire infère, ou au moins inséré dans la cavité du réceptacle, au-dessous des étamines . . . .</td><td>45</td></tr>
<tr><td rowspan="2">4</td><td>Ovaire non pédicellé, ou du moins dépourvu d'écailles à la base. . . . . .</td><td>5</td></tr>
<tr><td>Ovaire pédicellé, pourvu d'écailles à sa base, et pouvant être considéré comme une fleur femelle. . . . . , ...</td><td>EUPHORBIACÉES (partie) (174).</td></tr>
<tr><td rowspan="2">5</td><td>Deux rangs d'enveloppes florales. . .</td><td>6</td></tr>
<tr><td>Une seule enveloppe florale, ou même enveloppes florales nulles. . . . . . .</td><td>29</td></tr>
<tr><td rowspan="2">6</td><td>Enveloppes florales, au moins l'interne, colorées . . . .</td><td>7</td></tr>
<tr><td>Enveloppes scarieuses. . . . .</td><td>JUNCACÉES (229).</td></tr>
<tr><td rowspan="2">7</td><td>Périanthe externe, généralement herbacé. . . . . Feuilles généralement ni linéaires, ni à nervures parallèles et longitudinales.</td><td>8</td></tr>
<tr><td>Périanthe externe coloré. Feuilles généralement linéaires et à nervures parallèles et longitudinales. . . . . .</td><td>LILIACÉES (226).</td></tr>
<tr><td rowspan="2">8</td><td>Un seul carpelle excentrique. . . . . .</td><td>9</td></tr>
<tr><td>Plusieurs carpelles, ou un seul carpelle non excentrique. . . . .</td><td>10</td></tr>
<tr><td rowspan="2">9</td><td>Drupes . . . .</td><td>MÉNISPERMACÉES (2).</td></tr>
<tr><td>Gousse. . . . .</td><td>LÉGUMINEUSES (31).</td></tr>
</table>

10	Étamines insérées avec les pétales sur un torus.	11
	Étamines et pistil insérés sur le fond du réceptacle ou bien sur ou près d'un disque.	18
11	Étamines nombreuses.	12
	Dix étamines ou moins.	15
12	Étamines libres.	13
	Étamines unies entre elles	Malvacées (11).
13	Fruit sec.	12
	Fruit charnu . . . . ,	Guttifères (9).
14	Arbres ou arbustes.	Tiliacées (19).
	Herbes	Portulacacées (8).
15	Étamines libres.	16
	Étamines unies entre elles.	Sterculiacées (15).
16	Cinq étamines ou plus.	17
	Quatre étamines seulement.	Capparidacées (5).
17	Étamines égales entre elles.	Pittosporacées (7).
	Étamines tétradynames.	Crucifères (2).
18	Fleurs munies d'un disque.	19
	Fleurs dépourvues de disque.	25
19	Disque entourant la base de l'ovaire.	20
	Disque formé de glandes libres.	Saxifragacées (60).
20	Endocarpe ne se séparant pas à la maturité.	21
	Endocarpe se séparant à la maturité.	Rutacées (23).
21	Étamines non enveloppées dans les pétales.	22
	Étamines enveloppées dans les pétales.	Rhamnacées (31).
22	Feuilles simples	23
	Feuilles composées.	24
23	Fruit capsulaire.	Célastriacées (30).
	Fruit charnu	Olacacées (28).
24	Un style.	Sapindacées (33).
	De trois à cinq styles.	Anacardiacées (37).
25	Arbres ou arbustes	26
	Plantes herbacées.	Géraniacées (22).
26	Fruit drupacé.	27
	Fruit composé de plusieurs coques. . .	28
27	Étamines en nombre égal à celui des pétales.	Ilicacées (29).
	Étamines en nombre indéfini.	Euphorbiacées (partie) (174).
28	Arbuste glabre.	Coriariacées (331).
	Arbuste pubescent.	Simarubacées (27).
29	Inflorescences diverses, mais jamais en spadice entouré d'une spathe, ni en épillets avec des bractées écailleuses.	30
	Inflorescences en spadice entouré d'une spathe, ou en épillets avec bractées écailleuses (glumes).	41

<table>
<tr><td rowspan="2">30</td><td>Enveloppe florale nulle, même dans les fleurs mâles.</td><td>31</td></tr>
<tr><td>Enveloppe florale présente, au moins dans les fleurs mâles.</td><td>32</td></tr>
<tr><td rowspan="2">31</td><td>Fleurs en chatons.</td><td>PIPÉRACÉES (163).</td></tr>
<tr><td>Fleurs en épis composés.</td><td>CHLORANTHACÉES (107).</td></tr>
<tr><td rowspan="2">32</td><td>Feuilles charnues ou remplacées par des écailles.</td><td>33</td></tr>
<tr><td>Feuilles normales herbacées, coriaces ou chartacées.</td><td>34</td></tr>
<tr><td rowspan="2">33</td><td>Feuilles charnues.</td><td>FICOIDÉES (78)</td></tr>
<tr><td>Feuilles remplacées par des écailles.</td><td>CASUARINACÉES (332).</td></tr>
<tr><td rowspan="2">34</td><td>Fruit ayant la forme d'un utricule membraneux, ou bien enveloppé dans le périanthe persistant, devenu charnu et considérablement développé.</td><td>35</td></tr>
<tr><td>Fruit ni en forme d'utricule, ni enveloppé par le périanthe persistant.</td><td>36</td></tr>
<tr><td rowspan="2">35</td><td>Fruit en forme d'utricule.</td><td>AMARANTACÉES (159).</td></tr>
<tr><td>Fruit enveloppé dans le périanthe persistant.</td><td>NYCTAGINACÉES (157).</td></tr>
<tr><td rowspan="2">36</td><td>Fleurs hermaphrodites</td><td>37</td></tr>
<tr><td>Fleurs unisexuées.</td><td>38</td></tr>
<tr><td rowspan="2">37</td><td>Plantes herbacées.</td><td>POLYGONACÉES (162).</td></tr>
<tr><td>Arbustes.</td><td>THYMÉLÉACÉES (170).</td></tr>
<tr><td rowspan="2">38</td><td>Ovaire uniloculaire</td><td>39</td></tr>
<tr><td>Ovaire à deux ou plusieurs loges.</td><td>40</td></tr>
<tr><td rowspan="2">39</td><td>Fruit monosperme</td><td>URTICACÉES (188).</td></tr>
<tr><td>Fruit disperme.</td><td>BIXACÉES (6).</td></tr>
<tr><td rowspan="2">40</td><td>Fruit ailé.</td><td>SAPINDACÉES (partie) (33).</td></tr>
<tr><td>Fruit non ailé.</td><td>EUPHORBIACÉES (partie) (174).</td></tr>
<tr><td rowspan="2">41</td><td>Fleurs en spadice enveloppé d'une spathe formée d'une ou plusieurs bractées.</td><td>42</td></tr>
<tr><td>Fleurs en épillets à l'aisselle d'une ou plusieurs glumes.</td><td>44</td></tr>
<tr><td rowspan="2">42</td><td>Feuilles larges, penni-palmatinerviées, simples ou pinnatiséquées.</td><td>43</td></tr>
<tr><td>Feuilles linéaires étroites.</td><td>PANDANACÉES (232).</td></tr>
<tr><td rowspan="2">43</td><td>Arbres à tige élancée.</td><td>PALMIERS (230).</td></tr>
<tr><td>Herbes à souche souvent épaisse.</td><td>ARACÉES (238).</td></tr>
<tr><td rowspan="2">44</td><td>Feuilles linéaires à gaîne fermée.</td><td>CYPÉRACÉES (230).</td></tr>
<tr><td>Feuilles linéaires à gaîne fendue.</td><td>GRAMINÉES (246).</td></tr>
<tr><td rowspan="2">45</td><td>Fleurs hermaphrodites avec étamines et styles indépendants les uns des autres, ou bien faiblement unisexuées.</td><td>46</td></tr>
<tr><td>Styles et étamines unis ; fleurs hermaphrodites</td><td>ORCHIDACÉES (204).</td></tr>
</table>

FLORE

DE LA

POLYNÉSIE FRANÇAISE

ANONACÉES.

Fleurs le plus souvent hermaphrodites. Trois sépales valvaires, ou rarement imbriqués. Six pétales disposés sur deux rangs en préfloraison imbriquée ou valvaire. Étamines en nombre indéfini, insérées avec les pétales sur un torus court; connectif dilaté au sommet. Carpelles nombreux, généralement indépendants les uns des autres; un ou deux ovules dressés; styles courts, épais. Fruit sec ou charnu; graines albuminées. Embryon petit.

Arbres élevés, ou arbustes dressés ou grimpants, à feuilles alternes, dépourvues de stipules.

Environ 450 espèces, répandues dans toutes les régions tropicales.

I. — CANANGA *Rumph.*

Pétales en préfloraison valvaire. Carpelles uniovulés. Baies monospermes.

Une quarantaine d'espèces, habitant l'Asie et l'Océanie tropicales.

1. **C. odorata** Hook. et Thoms., *Fl. Ind.*, I, 130; *Seemann*, Fl. Vit., 4.

Arbre de haute taille. Feuilles ovales-oblongues, atténuées à la base. Fleurs grandes, réunies au nombre de 2 à 4 en ombelles axillaires.

Iles Wallis (*Graeffe*).

Distrib. géogr. Asie et Océanie tropicales. Cet arbre est cultivé, de longue date sans doute, en Polynésie.

On cultive à Tahiti l'*Anona squamosa* L., d'introduction récente.

MÉNISPERMACÉES.

Fleurs dioïques. Généralement six sépales et six pétales dans les fleurs des deux sexes. Étamines en nombre égal à celui.des pétales, opposées à eux et insérées ensemble sur un torus, quelquefois à l'état de staminodes dans les fleurs femelles; filets libres ou. unis en colonne. Carpelles uniloculaires, uniovulés, terminés chacun par un style recourbé, indivis. Drupes monospermes; graine souvent en forme de fer à cheval. Albumen plus ou moins abondant, quelquefois nul. Embryon droit ou recourbé.

Plantes grimpantes à feuilles alternes, sans stipules. Fleurs petites en panicules ou en ombelles.

Environ 300 espèces, habitant toutes les régions tropicales.

I. — STEPHANIA *Lour.*

Six sépales sur deux rangs. De trois à six pétales obovales, épais. Colonne staminale peltée au sommet. Un seul carpelle, excentrique; style cylindrique.

Arbustes généralement grimpants.

Environ 3 espèces, habitant les régions tropicales.

1. **S. hernandifolia** Walp., *Rep.*, II, 96.

Cissampelos hernandifolia Willd., *Sp.*, IV, 861; DC., *Prodr.*, I, 100; *Menispermum japonicum* Thunb., *Fl. Jap.*, 193; Forst., *Prodr.*, n. 37; *M. peltatum* Forst., in *Herb., Lamb.; Cocculus Forsteri* DC., *Syst.*, I, 517, et *Prodr.*, I, 96; Endl., *Fl. Suds.*, n. 1347; Guill., *Zeph. Tait.*, n. 362; Pancher, in Cuzent, *Tahiti*, 228 ; Nadeaud, *Enum. Pl. Tahiti*, n. 414; *Stephania Forsteri* A. Gray, *Bot. Wilkes*, 36.

Arbuste grimpant. Feuilles peltées arrondies à la base, aiguës au sommet. Limbe plus court que le pétiole.

Iles de la Société : Tahiti, vallées (*Forster; Vesco!; Nadeaud* 414!). — Iles Marquises (*Mercier!*).

Distrib. géogr. Toutes les contrées chaudes de l'Ancien Monde.

CRUCIFÈRES.

Quatre sépales. Quatre pétales atténués en onglet. Six étamines tétradynames, insérées sur un torus avec les pétales. Ovaire uniloculaire, généralement composé de deux carpelles; style simple, ordinairement court; stigmate bilobé. Fruit sept ou huit fois plus long que large (*silique*), ou presque aussi large que long (*silicule*), devenant biloculaire par la formation d'une fausse cloison, s'ouvrant en deux valves longitudinales (souvent indéhiscent, mais non dans les genres polynésiens); une ou plusieurs graines exalbuminées, attachées à des placentas pariétaux. Embryon à radicule accombante (incombante dans un grand nombre de genres, mais non dans les deux genres polynésiens), à cotylédons condupliqués.

Plantes herbacées. Feuilles alternes, simples, généralement incisées.

Espèces assez nombreuses, répandues surtout dans l'Europe méridionale et l'Asie occidentale; rares dans les autres parties du monde.

1 { Fruit beaucoup plus long que large 2
{ Fruit presque aussi large que long. . . . . III. **Lepidium** *L.*
2 { Fruit non terminé en bec. . . . . I. **Cardamine** *L.*
{ Fruit terminé en bec . . . . II. **Brassica** *L.*

I. — CARDAMINE *T.*

Sépales égaux. Pétales plus longs que les sépales. Silique allongée, linéaire, lisse; graines aplaties. Radicule incombante.

Plantes herbacées.

Environ 60 espèces, habitant surtout les régions tempérées.

1. C. sarmentosa Forst., *Prodr.*, n. 529; DC., *Prodr.*, I., 153, et *Syst.*, II, 263; Hook. et Arn., *Bot. Beech.*, 59; Guill; *Zeph. Tait.*, n. 359; Pancher, in Cuzent, *Tahiti*, 227; Seem., *Flor. Vit.*, 5; Nadeaud, *Enum.*, n. 413.

Noms indigènes : à Tahiti : *Patoa;* aux îles Marquises : *Aumorimori; Mahi.*

Plante herbacée vivace, à rejets rampants. Tiges florifères partant d'une rosette centrale. Feuilles des rosettes (longues de 10 centimètres) étalées, pinnatiséquées, à segments irréguliers, sinueux; les caulinaires plus nombreuses, plus courtes. Fleurs très-petites, au nombre de 15 à 20, en panicule terminale nue. Sépales linéaires. Pétales et étamines lilas. Silique longue de 2 à 3 centimètres.

Iles de la Société (*Forster; Lay et Collie; Banks et Solander*); Tahiti, aux bords des ruisseaux (*Bertero et Mœrenhout!; Vesco!; Lépine 281, Savatier!, Pancher!*). — Iles Marquises (*Dupetit-Thouars* 59!; *Le Bastard* 371; *Barclay*). **Distrib. géogr.** Océanie.

II. — BRASSICA *T.*

Sépales latéraux généralement bossus à la base. Silique allongée souvent terminée en bec (dans le sous-genre *Sinapis*).

Plantes herbacées, quelquefois suffrutescentes.

Environ 80 espèces, originaires de la région méditerranéenne et de l'Asie tempérée.

1. B. juncea Hook. et Thoms., in *Journ. Linn. Soc.*, V, 170.
Sinapis juncea L., *Sp.*, 934.
Plante annuelle, dressée, glabre. Feuilles inférieures ovales-obtuses, dentées, rétrécies à la base en pétiole; les supérieures lancéolées, sub-sessiles. Silique sinueuse, terminée en bec.

Iles Marquises: Noukahiva (*Hombron!*; *Jardin!*). — Iles Gambier (*Le Guillou!*).
Distrib. géogr. Toutes les régions chaudes de l'Ancien Monde. Cultivée et plus ou moins naturalisée.

III. — LEPIDIUM *L.*

Sépales égaux à la base. Pétales petits. Silicule comprimée, ovale, généralement ailée; cloison étroite, placée dans le sens de la plus petite largeur de la silicule. Une graine pendante dans chaque loge.
Plantes herbacées.

Environ 80 espèces, habitant toutes les régions chaudes et tempérées du globe.

1. L. piscidium Forst., *Pl. escul.*, 39, et *Prodr.*, 249; DC., *Prodr.*, I, 206; Hook. et Arn., *Bot. Beech.*, 59; Endl., *Fl. Suds.*, n. 1364; Guill., *Zeph. Tait.*, n. 360; Pancher, in Cuzent, *Tahiti*, 227; Nadeaud, *Enum.*, n. 416.
L. bidentatum Mont., in *Act Nat. Cur.*, VI, 234, t. 5; *L. owaihiense* Cham. et Schl., in *Linnæa*, 1, 32; Hook. et Arn., *Bot. Beech.*, 70; Endl. *l. c.*, n. 1365; Walp., *Reliq. Meyen.*, 250; A. Gray, *Bot. Wilkes.*, 63: H. Mann, *Enum. Haw. Pl.*, in *Proceed. Am. Ac.*, VII, 149, n. 5; Hillebr., *Fl. Haw. Isl.*, 10.
Herbe vivace (haute de 40 à 50 centimètres), à rameaux d'abord étalés, puis ascendants. Feuilles inférieures (longues de 5 à 6 centimètres), cunéiformes, longuement rétrécies en pétiole, caduques, laissant une cicatrice sur la tige après leur chute: limbe à dents écartées, ascendantes; feuilles supérieures plus brièvement pétiolées ou même sessiles, linéaires, oblongues-aiguës, entières. De 20 à 30 fleurs, petites, réunies au sommet des rameaux en grappe nue (longue de 15 à 20 centimètres). Silicule très-brièvement ailée au sommet, peu profondément échancrée. Style très-court, persistant.

Iles de la Société (*Banks et Solander; Forster; Lay et Collie*) : Moorea, îlots de Tiaurea (*Lépine!*); Tahiti (*Vesco!; Nadeaud*). — Iles Gambier (*Le Guillou!*).
Distrib. géogr. Polynésie.

CAPPARIDACÉES.

Quatre sépales. Quatre pétales. Huit étamines (quelquefois plus ou moins), toujours égales, insérées avec les pétales sur un torus. Un ovaire quelquefois longuement stipité ; stigmate le plus souvent sessile. Capsule déhiscente, à deux lobes ou baie indéhiscente ; graines nombreuses.

Plantes arborescentes ou herbacées, à feuilles alternes, simples ou palmatiséquées ; inflorescences terminales.

Environ 300 espèces, habitant les régions tropicales des deux Mondes.

1	Fruit charnu		2
	Fruit sec	II. **Gynandropsis** *DC.*	
2	Torus court	I. **Capparis** *T.*	
	Torus allongé	III. **Cratæva** *L.*	

I. — CAPPARIS *T.*

Étamines en nombre indéfini. Torus généralement court. Ovaire stipité. Fruit charnu indéhiscent.

Arbrisseaux dressés ou grimpants, à feuilles entières.

Environ 130 espèces, habitant les régions chaudes de l'Ancien Monde.

1. C. sandwichiana DC., *Prodr.*, I, 245 ; Hook. et Arn., *Bot. Beech. Voy.*, 59 ; Endl., *Fl. Suds.*, n. 1371 ; Gaud., *Bot. Voy. Bonite*, t. 55 ; Guill., *Zeph. Tait.*, n. 358 ; A. Gray, *Bot. Wilkes*, 59.

Feuilles elliptiques, légèrement émarginées au sommet. Pétiole à peu près aussi long que le limbe. Pédoncules axillaires plus courts que la feuille. Fruit longuement stipité.

Iles de la Société (*Lay et Collie*). — Iles Pomotou (*Pancher ; Nadeaud*). **Distrib. géogr.** Iles Hawaï.

II. — GYNANDROPSIS *DC.*

Quatre sépales ; quatre pétales rétrécis en onglet. Gynophore très-allongé. Six étamines unies en tube avec le gynophore. Style généralement très-court. Capsule siliquiforme uniloculaire ; graines petites, nombreuses, réniformes.

Plantes herbacées, annuelles.

Une dizaine d'espèces, habitant les régions tropicales des deux Mondes.

1. G. pentaphylla DC., *Prodr.*, I, 238 ; Hook. et Arn., *Bot. Beech.*, 59 ; Endl., *Fl. Suds.*, n. 1366 ; Guill., *Zeph. Tait.*, n. 356 ; Pancher, in Cuzent, *Tahiti*, 228 ; Nadeaud, *Enum.*, n. 66.

Cleome pentaphylla L., *Sp.*, 938.

Feuilles palmatiséquées; les inférieures pétiolées (longues de 8 à 10 centimètres), à 5 ou 6 folioles oblongues, cunéiformes à la base, entières, glabres, couvertes de granulations; les supérieures presque sessiles, à 3 folioles beaucoup plus petites, plus étroites et plus aiguës. Pédoncules glanduleux, uniflores, axillaires (longs de 2 à 5 centimètres), rapprochés au sommet des rameaux en une longue grappe feuillée. Quatre sépales verts, très-petits, oblongs-aigus. Quatre pétales à onglet long et étroit. Filets des étamines très-grêles. Ovaire linéaire, terminé par un stigmate presque sessile. Silique étroite (longue de 8 à 10 cent.).

Iles de la Société (*Lay et Collie*) : Tahiti (*Hombron! ; Bertero et Mœrenhout! ; Vesco! ; Lépine! ; Savatier!*). — Iles Marquises (*Dupetit-Thouars* 115!).
Distrib. géogr. Toutes les régions chaudes.

III. — CRATÆVA *L.*

Quatre sépales. Quatre pétales rétrécis en onglet. Étamines et gynophore très-allongés. Baie ovoïde.

Arbres ou arbustes.

Environ 8 espèces, habitant les régions tropicales des deux Mondes.

1. C. religiosa Forst., *Pl. Escul.*, n. 14 et *Prodr.*, n. 203; DC., *Prodr.*, I, 243; Hook. et Arn., *Bot. Beech.*, 59; Endl., *Fl. Suds.*, n. 1369; Guill., *Zeph. Tait.*, n. 357; Pancher, in Cuzent, *Tahiti*, 228; Nadeaud, *Enum.*, n. 417.

Capparis ternata Forst. *mss.*

Noms indigènes à Tahiti : *Puaraau, Puatarura.*

Arbre à rameaux lisses, étalés. Feuilles pétiolées (longues de 15 à 20 centim.), ternées; folioles oblongues-aiguës, entières, alternes, pétiolulées. Fleurs en corymbe terminal. Sépales linéaires-oblongs. Limbe des pétales oblong-aigu. Filets des étamines très-grêles, à base persistante, et lignifiée à la maturité du fruit; anthères linéaires, grises. Baie polysperme.

Iles de la Société : Tahiti, vallées de Fautaua, Tipearui, Orofero (*Nadeaud* 417!); sans indication de localité (*Bertero et Mœrenhout! ; Hombron! ; Vesco! ; Pancher!*). — Iles Gambier (*Lay et Collie*).
Distrib. géogr. Régions chaudes de l'Ancien Monde.

BIXACÉES.

Fleurs unisexuées (ou hermaphrodites dans beaucoup de genres non polynésiens). Sépales imbriqués. Pétales nuls (existant cependant dans un grand nombre de genres non polynésiens). Étamines le plus souvent en nombre indéfini. Torus glanduleux. Ovaire supère, uniloculaire, à deux ou plusieurs ovules. Arbustes à feuilles simples.

Environ 170 espèces, habitant les régions chaudes des deux Mondes.

I. — XYLOSMA *Forst.*

Stigmate capité. Baie à deux ou plusieurs graines.

Environ 25 espèces, habitant les régions tropicales et subtropicales des deux Mondes.

Feuilles ovales-aiguës . . . . 1. **X. suaveolens** *Forst.*
Feuilles ovales-arrondies. . . . . 2. **X. orbiculatum** *Forst.*

1. X. suaveolens Forst., *Prodr.*, n. 380., Guillemin, *Zephyr. Tait.*, n. 363; Pancher, in Cuzent, *Tahiti*, 228; Nadeaud, *Enum.*, n. 418.

Myroxylon suaveolens Forst., *Char. Gen.*, 63, *Merretia axillaris* Solander, in Parkins., *Draw. Tah. Pl.*, t. 12 (Cf. Seem., *Fl. Vit.*, 7); *Rhamnoides axillaris* Soland., *Prim. Fl. Ins. Pacif.*, 377 (Cf. Seem., *l.c.*); *X. Lepinei* Clos, in *Ann. Sc. nat.*, sér. 4. VIII, 233; *X. conicarpum* Clos, *l. c.*; Nadeaud, *l. c.*, n. 419.

Nom indigène à Tahiti : *Ekoïna.*

Arbre (haut de 6 à 8 mètres) glabre. Feuilles (longues de 6 à 7 centim.; larges de 4 à 5) ovales-aiguës, lâchement crénelées. Grappes petites, axillaires (longues de 2 à 3 centimètres). Fleurs mâles et femelles à quatre sépales légèrement ciliés. Baie ovoïde.

Iles de la Société : Tahiti, terrains humides entre 200 et 1000 mètres (*Vesco!; Lépine* 205!; *Dupetit-Thouars!; Ribourt* 72!; *Savatier!; Nadeaud* 418!); Moorea (*Lépine* 215!). — Iles Marquises : Nouka-hiva (*Mercier!; Dupetit-Thouars* 47!).

2. X. orbiculatum Forst., *Prodr.*, n. 380; Seem., *Flor. Vit.*, 7.

Myroxylon orbiculatum Forst., *Char., Gen.*, 63; *Xylosma integrifolium* Clos, *l. c.*, 236.

Feuilles ovales, obtuses, entières ou faiblement dentées. Glomérules axillaires très courts. Sépales ovales-arrondis, pubérulents extérieurement, hispides intérieurement. Baie ovoïde.

Iles Marquises (*Lapère; Mercier!*).
Distrib. géogr. Iles Viti et Tonga.

PITTOSPORACÉES.

Fleurs hermaphrodites régulières. Cinq sépales, quelquefois unis à la base. Cinq pétales soudés à la base, réfléchis au sommet. Cinq étamines insérées avec les pétales sur un torus généralement court.

Ovaire uniloculaire, à placentas pariétaux, plus ou moins saillants à l'intérieur, ou même se rejoignant presque complètement; ovules anatropes; style simple; stigmate généralement entier. Fruit capsulaire déhiscent, quelquefois indéhiscent ou charnu; graines généralement nombreuses.

Arbres à feuilles alternes, entières, dépourvues de stipules.

Environ 80 espèces, habitant les régions chaudes des deux hémisphères; les genres autres que le suivant, spéciaux à l'Australie.

I. — PITTOSPORUM *Banks.*

Capsule coriace, s'ouvrant en deux valves longitudinales.

Environ 50 espèces, habitant l'Afrique, les régions chaudes de l'Asie, les îles du Pacifique, l'Australie et la Nouvelle-Zélande.

1. P. undulatum Andr., *Bot. Repos.*, 393; DC. *Prodr.*, I, 346; Guill., *Zeph. Tait.*, n. 355; Pancher, in Cuzent, *Tahiti*, 228.

P. tahitense Putterlick, *Syn. Pitt.*, 6; Nadeaud, *Enum.*, n. 448.

Arbre de 4 à 5 mètres. Feuilles réunies au sommet des rameaux, elliptiques (longues de 15 à 20 cent., larges de 4 à 5), aiguës, rétrécies en pétiole canaliculé (long de 4 à 5 centim.), entières, légèrement crénelées, ondulées, penninerviées, coriaces. Cymes ombelliformes axillaires, égales aux pétioles, portant de 8 à 10 fleurs (longues de 1 centimètre environ). Sépales aigus, denticulés, adhérents entre eux à la base, les deux postérieurs faiblement unis aux trois antérieurs. Pétales trois ou quatre fois plus longs que les sépales. Étamines libres; filets aplatis; anthères sagittées, atténuées au sommet. Ovaire fusiforme, rétréci aux deux extrémités.

Iles de la Société : Tahiti, vallées fraîches, à 500 mètres d'altitude (*Bertero et Mœrenhout! ; Vesco! ; Ribourt* 13!, 152!; *Hombron! ; Dupetit-Thouars!*).

Distrib. géogr. Régions tropicales de l'Ancien Monde.

PORTULACACÉES.

Fleurs hermaphrodites. Deux sépales. Pétales généralement au nombre de cinq. Étamines en nombre indéfini. Un ovaire uniloculaire. Style souvent trifide. Capsule déhiscente, à placentation centrale s'ouvrant transversalement, ou en valves longitudinales.

Plantes herbacées à feuilles généralement alternes.

Espèces peu nombreuses, habitant les régions chaudes des deux Mondes.

Capsule s'ouvrant transversalement . . . . I. **Portulaca** *L.*
Capsule s'ouvrant en valves longitudinales . . . . . II. **Talinum** *Adans.*

I. — PORTULACA *L.*

Fleurs hermaphrodites. Deux sépales. Cinq pétales unis à la base. Style court; quatre ou cinq stigmates. Capsule uniloculaire, s'ouvrant transversalement; graines nombreuses, réniformes, souvent ponctuées.

Plantes herbacées, annuelles, à feuilles alternes, ordinairement charnues.

Environ 16 espèces, habitant surtout les régions chaudes de l'Amérique.

1. **P. oleracea** L., *Sp.*, 638; DC., *Prodr.*, III, 353; Endl., *Fl. Suds.*, n. 1401; Hook. et Arn., *Bot. Beech. Voy.*, 63; Guill., *Zeph. Tait.*, n. 281; Pancher, in Cuzent, *Tahiti*, 233; Seem., *Flor. Vit.*, 9.

Plante herbacée rampante, à ramifications dichotomiques. Feuilles oblongues-cunéiformes (longues de 8 à 12 millim.), glabres. Fleurs petites, sessiles, géminées ou ternées au sommet des dichotomies. Pétales dépassant peu les sépales. Graines finement ponctuées.

Iles de la Société : Tahiti (*Bertero et Mœrenhout!; Lépine!*).
Distrib. géogr. Toutes les régions chaudes.

II. — TALINUM *Adans.*

Fleurs hermaphrodites. Deux sépales. Cinq pétales. Étamines en nombre indéfini. Capsule globuleuse, s'ouvrant en trois valves longitudinales. Graines petites.

Plantes herbacées, à feuilles généralement alternes.

Une quinzaine d'espèces, habitant les régions tropicales des deux Mondes.

1. **T. patens** Willd., *Sp. Pl.*, II, 863; DC, *Prodr.*, III, 256; Endl., *Fl. Suds.*, n. 1405; Hook. et Arn., *Bot. Beech.*, 63; Guill., *Zeph. Tait.*, n. 282; Nadeaud, *Enum.*, n. 424; Seem., *Flor. Vit.*, 10.

Portulaca lutea Forst., *Prodr.*, n. 520.

Feuilles alternes, oblongues, obtuses, rétrécies à la base. Fleurs en cymes réunies en une grande panicule terminale, nue.

Iles de la Société (*Lay et Collie*) : Tahiti (*Bertero et Mœrenhout!; Hombron!; Lépine 82!; Savatier 832!*).
Distrib. géogr. Régions chaudes des deux Mondes.

GUTTIFÉRES.

Fleurs généralement hermaphrodites. De quatre à six sépales disposés par paires. De deux à six pétales, en préfloraison imbriquée ou contournée. Étamines nombreuses, hypogynes. Un ovaire à une ou plusieurs loges. Fruit généralement drupacé, monosperme : graines dépourvues d'albumen.

Plantes arborescentes ou suffrutescentes. Feuilles opposées.

Famille peu nombreuse habitant toutes les régions tropicales.

I. — CALOPHYLLUM *L.*

Quatre sépales opposés sur deux rangs. Quatre pétales (manquant parfois). Étamines nombreuses. Un ovaire ; un style. Fruit drupacé.

Arbres. Feuilles opposées entières, penninerviées, nervures fines et serrées.

Une trentaine d'espèces habitant les régions tropicales des deux Mondes.

Quatre pétales. . . . . 1. **C. Inophyllum** *L.*
Pétales nuls . . . . 2. **C. spectabile** *Willd.*

1. C. Inophyllum L., *Sp.*, 732; DC., *Prodr.*, I, 562; Planch. et Triana, in *Ann. Sc. Nat.*, sér. 4, XV, 282; Forst., *Prodr.*, n. 225; Guill., *Zephyr. Tait.*, n. 337; Pancher, in Cuzent, *Tahiti*, 229; Nadeaud, *Enum.*, n. 440; Seem., *Flor. Vit.*, 12.

Balsamaria Inophyllum Lour., *Flor. cochinch.*, 470.

Noms indigènes ; à Tahiti : *Tamanu;* aux îles Marquises : *Tamakahaka.*

Arbre de haute taille. Feuilles elliptiques (longues de 10 à 25 cent.) obtuses, rétrécies en pétiole à la base, coriaces, brillantes. Cymes axillaires très-courtes (3 ou 4 cent.), à 8-10 fleurs. Quatre sépales ovales. Quatre pétales ovales, d'un beau blanc. Étamines jaunes. Drupe de la grosseur d'une noix.

Iles de la Société : Tahiti, plages (*Bertero et Mœrenhout!; Vesco!; Hombron!; Lépine* 87!; *Dupetit-Thouars* 105!). — Iles Marquises : Noukahiva (*Le Bastard* 48!).
Distrib. géogr. Inde et Australie.

2. C. spectabile Willd., *Mag. Berl.*, 1811, 80; Choisy, in DC. *Prodr.*, I, 562 (non Wight); Planch. et Triana, *l. c.*, 266; Seem., *l. c.*, 11.

Bourgeons couverts d'une pubescence ferrugineuse. Feuilles oblongues, rétrécies à la base, glabres. Fleurs en cymes raccourcies. Quatre sépales ovales. Pétales nuls.

Iles de la Société (*Abadie* 29, in Herb. DC., sec. Planch. et Triana).
Distrib. géogr. Inde, Malaisie et Iles Viti.

MALVACÉES.

Fleurs hermaphrodites. Calice le plus souvent muni de bractéoles; cinq sépales en préfloraison valvaire. Cinq pétales en préfloraison contournée. Étamines unies en tube recouvrant le gynécée et adné à la base des pétales. Ovaire composé de plusieurs carpelles plus ou moins unis, uniloculaires; un ou plusieurs ovules insérés dans l'angle interne de la loge; un style divisé en plusieurs branches, ou plusieurs styles simples, courts. Fruit capsulaire, déhiscent, ou composé de plusieurs carpelles indéhiscents; graines nues, ou pourvues d'un arille laineux.

Herbes ou arbustes à feuilles alternes.

Plus de 800 espèces, répandues dans presque toutes les régions du globe.

1 {	Un style divisé au sommet en plusieurs branches.	2
	Plusieurs styles.	I. Sida *L.*
2 {	Une capsule déhiscente.	3
	Plusieurs carpelles indéhiscents	II. Urena *L.*
3 {	Bractéoles petites.	4
	Bractéoles amples, cordées	V. Gossypium *L.*
4 {	Calice profondément divisé	III. Hibiscus *L.*
	Calice campanulé.	IV. Thespesia *Corr.*

I. — SIDA *L.*

Bractéoles nulles. Cinq sépales unis jusqu'à leur milieu. Ovaire composé de carpelles en nombre indéfini, se séparant à la maturité, indéhiscents, membraneux, souvent prolongés en arêtes conniventes au centre du fruit et accrescentes; graines solitaires, suspendues dans l'angle interne du carpelle.

Herbes ou arbustes, plus ou moins velus ou tomenteux.

Environ 90 espèces, habitant les régions chaudes des deux Mondes.

1. S. rhombifolia L., *Sp.*, 961; DC., *Prodr.*, I, 462; Guill., *Zeph. Tait.*, n. 330; Seem., *Fl. Vit.*, 15; Hillebr., *Fl. Haw. Isl.*, 43.
S. salicifolia Hook. et Arn., *Bot. Beech.*, 60; Endl., *Fl. Suds.*, n. 1513.

Plante suffrutescente, couverte sur ses rameaux supérieurs de petites touffes laineuses. Feuilles elliptico-rhomboïdales, aiguës, dentées en scie, d'un vert glauque, tomenteuses en dessous, presque glabres en dessus; pétiole court; stipules subulées égalant le pétiole. Pédoncules axillaires, égalant la feuille, articulés. Fleurs généralement jaunes. Sépales triangulaires. Carpelles lisses pourvus ou dépourvus d'arêtes.

Iles de la Société : Tahiti (*Bertero et Mœrenhout!; Hombron!; Lépine!; Savatier!*). — Iles Marquises (*Dupetit-Thouars* 30!).
Distrib. géogr. Toutes les régions chaudes.

II. — URENA *L.*

Cinq bractéoles lancéolées, rapprochées du calice. Divisions du calice plus larges que les bractéoles, alternant avec elles. Tube des étamines court. Ovaire à cinq loges ; style dépassant les étamines, divisé à son sommet en dix branches. Cinq carpelles distincts, indéhiscents, monospermes, hérissés d'aiguillons.

Arbrisseaux à feuilles simples. Fleurs le plus souvent en glomérules axillaires.

Espèces au nombre de 4 ou 5, habitant toutes les régions tropicales.

1. U. lobata L., *Sp.*, 974 ; DC., *Prodr.*, I, 444 ; Forst., *Prodr.*, **n.** 258 ; Hook. et Arn., *Bot. Beech.*, 59 ; Guill., *Zeph. Tait.*, n. 352 ; Pancher, in Cuzent, *Tahiti*, 228 ; Nadeaud, *Enum.*, n. 425 ; Seem., *Flor. Vit.*, 16.

Plante herbacée (haute de 50 cent. à 1 mèt.). Feuilles de dimensions variables, cordiformes, pentagonales ou rhomboïdales, irrégulièrement incisées, hérissées à la face inférieure de poils gris-cendré. Fleurs en glomérules axillaires. Divisions du calice oblongues-lancéolées. Pétales roses. Carpelles pubescents.

Iles de la Société (*Banks et Solander ; Forster ; Barclay*) : Tahiti (*Bertero et Mœrenhout!; Vesco!; Lépine!; Pancher!*). — Iles Marquises (*Barclay ; Le Guillou!; Dupetit-Thouars* 29 !).
Distrib. géogr. Asie et Océanie tropicales.

III. — HIBISCUS *L.*

Bractéoles à divisions nombreuses, libres ou soudées à la base. Calice à cinq sépales plus ou moins unis. Filets des étamines se séparant au-dessous du sommet tronqué de la colonne staminale. Ovaire à cinq loges ; style à cinq branches. Capsule à déhiscence loculicide, à cinq loges polyspermes. Graines réniformes.

Arbres, arbustes ou plantes herbacées à feuilles simples, alternes

Environ 180 espèces, habitant surtout les régions chaudes et tempérées des deux Mondes.

1 {	Bractéoles libres.	2
	Bractéoles unies.	3
2 {	Plante glabre	1. **H. Rosa-Sinensis** *L.*
	Plante velue	2. **H. Abelmoschus** *L.*

$$3 \begin{cases} \text{Feuilles entières.} \dots \dots \dots \text{3. } \textbf{H. tiliaceus } L. \\ \text{Feuilles bilobées.} \dots \dots \dots \text{4. } \textbf{H. tricuspis } Cav. \end{cases}$$

1. H. Rosa-Sinensis L., *Sp.*, 977; DC., *Prodr.*, I, 448; Forst., *Prodr.*, n. 262; Hook. et Arn., *Bot. Beech.*, 59; Guill., *Zeph. Tait.*, n. 348; Pancher, in Cuzent, *Tahiti*, 228; Nadeaud, *Enum.*, n. 427; Seem., *Flor. Vit.*, 16.

Nom indigène à Tahiti : *Aouté.*

Feuilles ovales-aiguës (longues de 7 à 8 cent.; pétiole long de 2 à 3 cent.), largement et régulièrement crénelées; stipules linéaires, (longues de 7 à 8 millim.). Fleurs solitaires, axillaires, grandes. Cinq bractéoles lancéolées, étroites. Divisions du calice lancéolées, plus larges que les bractéoles. Capsule glabre, ovoïde, à valves terminées par un bec court.

Iles de la Société (*Banks et Solander; Lay et Collie*) : Tahiti (*Lépine!; Vesco!; Bertero et Mœrenhout!*). — Iles Marquises (*Dupetit-Thouars* 95!; *Barclay*).

Distrib. géogr. Asie orientale. Espèce naturalisée dans plusieurs îles de la Polynésie.

2. H. Abelmoschus L., *Sp.*, 980; DC., *Prodr.*, I, 452; Seem., *Flor. Vit.*, 17.

H. Pseudo-Abelmoschus Blume, *Bijdr.*, 70; *Abelmoschus moschatus* Mœnch., *Meth.*, 616; Guill., *Zephyr. Tait.*, n. 346; Nadeaud, *Enum.*, n. 428.

Nom indigène à Tahiti : *Fautia.*

Arbuste hispide ou velu. Feuilles (longues de 10 à 12 cent.) heptagonales dans leur contour, échancrées à la base, dentées en scie, divisées en 3 ou 5 lobes aigus. Pédoncule plus long que le pétiole. Capsule soyeuse.

Iles de la Société (*Forster; Banks et Solander*) : Tahiti (*Bertero et Mœrenhout!; Vesco!; Lépine!*).

Distrib. géogr. Toutes les contrées chaudes. Espèce cultivée et subspontanée en Polynésie.

3. H. tiliaceus L., *Sp.*, 976; DC., *Prodr.*, I, 454; Forst., *Prodr.*, n. 261; Seem., *Flor. Vit.*, 18.

Paritium tiliaceum A. Juss., in Sᵗ.-Hil., *Fl. Bras. Mer.*, I, 256; Guill., *Zephyr. Tait.*, n. 343; Jardin, *Iles Marq.*, 26; Nadeaud, *Enum.*, n. 429.

Noms indigènes à Tahiti : *Burao; Purau.*

Arbre glabre. Feuilles cordiformes, presque orbiculaires dans leur contour (larges de 10 à 20 centim.; longues de 12 à 25; pétiole long de 10 à 18 centim.), ponctuées en dessus de très-petites touffes de poils, tomenteuses en dessous; stipules oblongues-aiguës (longues de 3 à 4 centim.). Pédoncules axillaires assez courts. Dix bractéoles aiguës, veloutées et d'un vert pâle, ainsi que le calice. Pétales jaunes. Capsule ovoïde.

Iles de la Société (*Forster*) : Tahiti (*Bertero et Mœrenhout!; Hombron!; Lépine!; Pancher!; Savatier!*). — Iles Marquises (*Le Guillou!; Dupetit-Thouars* 13 !; *Jardin* 84!). — Iles Gambier (*Jacquinot!*).

4. H. tricuspis Cav., *Diss.*, III, 152, t. 55, f. 2; DC., *Prodr.*, I, 453; Hook. et Arn., *Bot. Beech.*, 60; Seem., *Flor. Vit.*, 18.

H. hastatus L., Suppl., 310; Forst., *Prodr.*, n. 265; *Paritium tricuspe* G. Don, *Gen. Syst.*, I, 485; Guill., *Zephyr. Tait.*, n. 344; Nadeaud, *Enum.*, n. 430.

Nom indigène à Tahiti : *Burao; Ternere.*

Arborescente. Feuilles à trois lobes; le moyen lancéolé-aigu (6 à 7 centim.); les latéraux beaucoup plus courts, obtus, quelquefois nuls; stipules ovales. Grappes terminales. Divisions du calice trèsaiguës. Corolle jaune, pourpre à la base.

Iles de la Société (*Forster; Lay et Collie*) : Tahiti (*Bertero et Mœrenhout!; Lépine!; Savatier!*).

IV. — THESPESIA *Corr.*

Cinq bractéoles lancéolées, caduques. Calice campanulé, généralement indivis. Colonne staminale dentée au sommet : filets des étamines se séparant un peu au-dessous. Ovaire à cinq loges pauci-ovulées; style claviforme, marqué de cinq sillons, ou divisé en cinq branches. Capsule ligneuse coriace, se séparant en cinq valves loculicides; graines obovoïdes.

Herbes ou arbres à feuilles entières. Fleurs grandes, généralement solitaires.

Environ 6 espèces, habitant l'Océanie, l'Asie tropicale et Madagascar.

T. populnea Corr., *l. c.*; DC., *Prodr.*, I, 456; Hook. et Arn., *Bot. Beech.*, 60; Guill., *Zephyr Tait.*, n. 345; Pancher, in Cuzent, *Tahiti*, 228; Seem., *Flor. Vit.*, 18; Nadeaud, *Enum.*, n. 431.

Hibiscus populneus L., *Sp.*, 276; Cav., *Diss.*, III, t. 56, f. 1; *H. bacciferus* Forst., *Prodr.*, n. 260; *Malviscus populneus* Gærtn., *Fruct.*, II, 253, t. 135.

Nom indigène à Tahiti : *Miro, Amae.*

Arbrisseau ou arbuste. Feuilles (longues de 25 centim. environ; pétiole long de 10 centim.) cordées, aiguës, couvertes en dessous d'écailles peltées. Fleurs axillaires. Pédoncule beaucoup plus court que le pétiole. Capsule subglobuleuse. Graines épaisses, laineuses.

Iles de la Société (*Forster; Banks et Solander; Lay et Collie*) : Tahiti (*Bertero et Mœrenhout!; Lépine!; Savatier!*).

Distrib. géogr. Asie et Océanie tropicales.

V. — GOSSYPIUM *L.*

Trois bractéoles larges, cordées. Calice à cinq divisions. Corolle et étamines de l'*Hibiscus*. Ovaire à cinq loges. Style claviforme. Graines enveloppées dans un arille laineux (coton).

Herbes de taillé élevée ou arbrisseaux. Feuilles diversement lobées. Fleurs généralement assez grandes.

Espèces, ou formes, nombreuses et difficiles à limiter; cultivées dans toutes les contrées chaudes.

1. G. religiosum L., *Syst. Nat.*, 462,5 ; Forst., *Prodr.*, n. 259; DC., *Prodr.*, I, 456; Guill., *Zephyr. Tait.*, n. 354; Seem., *Flor. Vit.*, 22 (in nota) ; Nadeaud, *Enum.*, n. 432.

G. barbadense Hook. et Arn., *Bot. Beech.*, 60 ; Guill., *Zephyr. Tait.*, n. 353 ; *G. tahitense* Parlat., *Sp. Cot.*, t. 6, f. A; Seem., in *Journ. Bot.*, 1856, 268.

Noms indigènes à Tahiti : *Vavaï; Ovari.*

Suffrutescente. Feuilles (longues de 10 centim.; larges de 6 à 7) cordées à la base, entières et lancéolées, ou plus souvent trilobées ou palmatilobées, à lobes généralement inégaux. Pétiole égal au limbe. Fleurs solitaires à l'aisselle des feuilles. Bractéoles laciniées à 10 ou 12 divisions, allant jusqu'à la moitié du limbe. Calice parsemé de points noirs. Coton jaune ou blanc.

Iles de la Société (*Banks et Solander; Lay et Collie*) : Tahiti (*Bertero et Mœrenhout!; Hombron!; Dupetit-Thouars!; Vesco!; Lépine!; Pancher!*). — Iles Marquises (*Dupetit-Thouars*). Cultivée et spontanée.

Distrib. géogr. Asie tropicale.

STERCULIACÉES.

Fleurs hermaphrodites (ou quelquefois unisexuées). Cinq sépales en préfloraison valvaire. Cinq pétales, souvent onguiculés à la base, ou à limbe concave en préfloraison imbriquée ou contournée. Cinq étamines unies entre elles, oppositisépales, alternant quelquefois avec des staminodes. Ovaire à une ou cinq loges ; style simple ou quinquéfide. Fruit ordinairement sec, indéhiscent, quelquefois échiné.

Plantes ligneuses ou herbacées, à feuilles le plus souvent alternes.

Famille assez nombreuse habitant les régions tropicales des deux Mondes.

1 { Pétales plans   2
  { Pétales concaves   4

2 { Cinq staminodes. . . . .   I. **Kleinhovia** *L.*
  { Pas de staminodes.   5
3 { Style simple. . . . .   III. **Melochia** *L.*
  { Style quinquéfide . . . .   II. **Waltheria** *L.*
4 { Pétales rétrécis à la base. . . . .   IV. **Buettneria** *L.*
  { Pétales non rétrécis à la base. . . . . . .   V. **Commersonia** *Forst.*

I. — KLEINHOVIA *L.*

Cinq sépales caducs. Cinq pétales cunéiformes. Cinq étamines unies en tube adné au gynophore. Ovaire à cinq loges. Style grêle, quinquéfide au sommet. Capsule globuleuse, à cinq lobes; déhiscence loculicide.

Arbres à feuilles entières; fleurs en panicules. Pédicelles bractéolés.

Une espèce, originaire de l'Inde, s'étendant jusqu'en Polynésie.

1. K. hospita L., *Sp.*, 1365; Seem., *Flor. Vit.*, 24.
Feuilles glabres, ovales-aiguës (limbe long et large de 40 cent. environ; pétiole égal au limbe). Bractéoles petites.

Iles de la Société (*U. S. Expl. Exped.*).

II. — WALTHERIA *L.*

Calice quinquéfide, à divisions linéaires. Cinq pétales rétrécis à la base, élargis au sommet, macrescents. Cinq étamines unies à la base; staminodes nuls. Ovaire uniloculaire; style excentrique; stigmate claviforme. Capsule bivalve, échinée, monosperme.

Arbrisseaux ou plantes vivaces. Feuilles simples. Fleurs en glomérules axillaires.

Environ 16 espèces : une répandue partout sous les tropiques, deux en Océanie; les autres en Amérique ou en Afrique.
Plante hispide . . . .   1. **W. americana** *L.*
Plante soyeuse. . . . .   2. **W. Lophantus** *Forst.*

1. W. americana L., *Sp.*, 941; Hook. et Arn,, *Bot. Beech.*, 60; Pancher, in Cuzent, *Tahiti*, 229; Seem., *Flor. Vit.*, 25.
W. americana Linn., β *indica* Guill., *Zephyr. Tait.*, n. 341; *W. indica* Linn., *Sp.*, p. 941.
Plante velue-hispide. Feuilles dentées en scie; les inférieures ovales-aiguës; les supérieures oblongues-obtuses. Glomérules petits, brièvement pédonculés. Fleurs jaunes.

Iles de la Société (*Cook; Forster; Lay et Collie*): Tahiti (*Lépine!; Ribourt!; Vieillard et Pancher!*).
Distrib. géogr. Toutes les régions tropicales.

2. W. Lophantus Forst., *Prodr.*, n. 252; Endl., *Fl. Suds.*, n. 1490; Decaisne, *Voy. Vénus*, 32, t. 25; Jardin, *Iles Marquises*, 26.

Lophantus tomentosus Forst., *Char. Gen.*, 14.

Nom indigène aux îles Marquises : *Nokonaou.*

Arbuste (haut de 2 mètres) couvert d'un tomentum blanc, soyeux. Feuilles pétiolées, ovales-aiguës, cordées à la base, dentées en scie. Glomérules scorpioïdes, plus courts que le pétiole. Ovaire oblong. Fruit inconnu.

Iles de la Société : Tahiti (*Vesco!; Lépine!*). — Iles Marquises : Noukahiva, collines sèches (*Forster* 53!; *Le Guillou* 15!; *Jardin* 105!).
Distrib. géogr. Bornéo.

III. — MELOCHIA *L.*

Calice campanulé à cinq divisions. Pétales oblongs ou spatulés, marcescents. Étamines unies à la base; staminodes nuls. Ovaire quinquéloculaire; cinq styles. Capsule à déhiscence loculicide.

Herbes ou arbustes généralement à pubescence étoilée. Feuilles entières. Inflorescences diverses.

Une cinquantaine d'espèces, habitant toutes les régions chaudes du globe.

Feuilles ovales. Capsule ovoïde . . . . 1. **M. velutina** *Beddome.*
Feuilles lancéolées. Capsule pyramidale . . . 2. **M. pyramidata L.**

1. M. velutina Beddome, *Fl. sylvat.*, t. 5.

M. hispida Hook. et Arn., *Bot. Beech. Voy.*, 60; Endl., *Fl. Suds.*, n. 1492; Guill., *Zephyr. Tait.*, n. 342; Pancher, in Cuzent, *Tahiti*, 229; Nadeaud, *Enum.*, n. 435; *Riedleia tiliæfolia* DC., *Prodr.*, I, 491.

Arbuste velu-hispide. Feuilles cordiformes, aiguës, dentées (longues de 10 cent., larges de 7), pubérulentes en dessus, tomenteuses en dessous. Fleurs rouges, en corymbes terminaux. Sépales ovales-aigus. Pétales oblongs, étroits, obtus, dépassant de beaucoup les sépales. Ovaire très velu. Capsule ovoïde, quinquélobée. Graines ailées.

Iles de la Société (*Lay et Collie*) : Tahiti; Lieux secs des montagnes, vers 600 ou 800 mètres (*Vesco!; Lépine!; Ribourt!; Pancher!; Nadeaud* 435!).
Distrib. géogr. Toutes les régions tropicales, principalement l'Inde.

2. M. pyramidata L., *Syst.*, 510; DC., *Prodr.*, I, 490; Jardin, *Iles Marquises*, 23.

Annuelle ou ligneuse à la base, faiblement hispide, lâchement rameuse. Feuilles (longues de 25 mill.; larges de 8 à 10) lancéolées, dentées en scie. Pédoncules axillaires, plus courts que la feuille, à deux ou trois petites fleurs. Sépales terminés en pointe subulée. Ovaire pubescent. Capsule devenant glabre, membraneuse, de forme pyramidale ; valves acuminées, à angles très-aigus.

Iles Marquises : Noukahiva (*Jardin! ; Savatier!*).
Distrib. géogr. Toutes les contrées chaudes.

IV. — BUETTNERIA *Lœfl.*

Calice à cinq divisions. Pétales adnés au tube staminal, onguiculés, repliés en capuchon bilobé, étroitement ligulés au sommet. Cinq staminodes alternant avec les pétales ; cinq étamines fertiles ; anthères bilobées, extrorses. Ovaire à cinq loges uniovulées. Capsule souvent échinée ; déhiscence septicide. Graines ascendantes, solitaires dans chaque loge.

Herbes ou arbustes souvent grimpants.

Environ 45 espèces, habitant principalement l'Asie et l'Amérique.

1. B. tahitensis Nadeaud, *Enum.*, n. 434. Drake, *Illustr. Fl. Ins. Mar. Pacif.*, t. 11 et 12.

Noms indigènes : à Tahiti : *Oronau ;* aux îles Marquises : *Kouina.*

Arbrisseau grimpant, dépourvu d'épines, légèrement pubescent ou parsemé de petites écailles blanchâtres. Feuilles (longues de 8 à 12 centim. ; larges de 4 à 5) ovales-acuminées, barbues à l'aisselle des nervures. Fleurs réunies en petites cymes le long d'un pédoncule lâche, bien plus long que la feuille. Sépales oblongs-aigus, herbacés. Pétales d'un rouge foncé. Staminodes épais. Étamines plus courtes que les staminodes. Capsule globuleuse, hérissée de longs aiguillons. Cloisons ligneuses.

Iles de la Société : Tahiti, Fautahua et Haamuta (*Nadeaud* 434!). — Iles Marquises (*Hombron! ; Mercier! ; Jardin* 138!).

V. — COMMERSONIA *Forst.*

Cinq sépales étalés, velus. Cinq pétales dilatés à la base, cucullés, enveloppant les étamines. Staminodes triangulaires disposés en étoile ; anthères à loges divariquées. Ovaire à cinq loges, contenant de deux à quatre ovules ; styles plus ou moins connés. Capsule velue, échinée, à déhiscence loculicide.

Arbres ou arbrisseaux à feuilles alternes.

Environ 8 espèces, habitant l'Asie et l'Océanie.

1. C. echinata Forst., *l. c.*, 43 ; DC., *Prodr.*, I, 487 ; Hook. et Arn.,

Bot. Beech. Voy., 60 ; Guill., *Zeph. Tait.*, n. 340 ; Pancher, in Cuzent,
Tahiti, 229 ; Nadeaud, *Enum.*, n. 433.

C. platyphylla Andr., *Bot. Rep.*, n. 603, t. 519 ; A. Gr., *Bot. Wilkes,*
138 ; Seem., *Flor. Vit.*, 25.

Arbre de haute taille. Feuilles oblongues-aiguës, ou quelquefois
palmatilobées (longues de 10 à 12 cent. ; larges de 7 à 8), légèrement
cordées à la base, pubescentes en dessus, couvertes en dessous d'un
tomentum grisâtre. Fleurs nombreuses en grappes axillaires.

Iles de la Société (*Lay et Collie; Forster*) : Tahiti ; collines vers 600 ou 800 m.
(*Bertero et Mœrenhout!; Hombron!; Vesco!; Lépine!; Wilkes; Ribourt!; Pan-
cher!; Nadeaud* 433 !). — Iles Marquises : Noukahiva (*Jardin!*).
Distrib. géogr. Asie et Océanie tropicales.

TILIACÉES.

Fleurs hermaphrodites, rarement unisexuées. Cinq sépales, libres
ou quelquefois connés, en préfloraison valvaire. Quatre ou cinq pétales
imbriqués, atténués en onglet. Étamines nombreuses, libres, entou-
rant le gynécée. Ovaire pluriloculaire ; ovules insérés à l'angle interne de la loge ; un style, le plus souvent divisé en plusieurs stigmates.
Fruit capsulaire, déhiscent ou indéhiscent ; une ou plusieurs graines
dans chaque loge.

Arbres ou arbustes à feuilles alternes, simples.

Environ 470 espèces, habitant les régions chaudes et tempérées.

```
1 ⎧ Capsule non échinée. . . . . . . . . . . . . . . . . .            2
  ⎨ Capsule échinée. . . . . . . . . . . . . . . . . .  I. Triumfetta L.
2 ⎧ Capsule bossue . . . . . . . . . . . . . . . . . .  II. Grewia L.
  ⎨ Capsule ailée . . . . . . . . . . . . . . . . . .  III. Berrya Roxb.
```

I. — TRIUMFETTA *L.*

Cinq sépales souvent terminés par une pointe recourbée. Cinq pétales portant une fossette nectarifère à la base. Étamines nombreuses, libres. Ovaire à deux ou plusieurs loges ; style filiforme ; stigmate
à deux ou plusieurs branches. Capsule globuleuse échinée, indéhiscente
(se séparant quelquefois en plusieurs coques dans des espèces non
polynésiennes).

Herbes ou arbrisseaux.

Une cinquantaine d'espèces, habitant les régions tropicales des deux
Mondes.

Plante rampante : pétiole plus long que le limbe.   1. **T. procumbens** *Forst.*
Plante dressée : pétiole plus court que le limbe.   2. **T. rhomboidea** *Jacq.*

1. T. procumbens Forst., *Prodr.*, n. 204; DC., *Prodr.*, I, 508;
Hook. et Arn., *Bot. Beech.*, 60; Guill., *Zephyr. Tait.*, n. 339; A. Gr.,
Bot. Wilkes, 197; Pancher, in Cuzent, *Tahiti*, 229; Nadeaud, *Enum.*,
n, 436; Seem., *Flor. Vit.*, 26.

T. Fabreana Gaudich., *Bot. Freyc.*, t. 102; *T. crassifolia* Soland.,
Prim. Fl. Ins. Pacif., 230, et in Parkins., *Draw. of Tahit. Pl.*, t. 5
(*ined., cf. Seem., l. c.*).

Nom indigène à Tahiti : *Urio*.

Plante semi-ligneuse, rampante, pubescente. Feuilles longuement
pétiolées, cordiformes, crénelées, subtrilobées, pubescentes en dessus, tomenteuses en dessous; stipules petites, lancéolées, caduques.
Fleurs axillaires et terminales. Pédoncules courts. Sépales linéaires,
pubescents en dessous. Pétales oblongs, jaunes. Capsule globuleuse,
couverte d'aiguillons crochus.

Iles de la Société (*Forster* 108) : Tahiti (*Pancher!*); Moorea et Borabora
(*Vesco!; Lépine!*). — Iles Mangarewa (*Hombron!; Le Guillou!; Jacquinot!*). —
Iles Wallis (*Home; Graeffe*).
Distrib. géogr. Australie et Polynésie.

2. T. rhomboidea Jacq., *Amer.*, 147, t. 90; DC., *l. c.*, 307.
Tiges herbacées ou suffrutescentes, dressées, pubescentes. Feuilles
ovales-rhomboïdales (4-5 cent.), pubescentes sur les deux faces : pétiole plus court que le limbe. Fleurs en cymes deux ou trois fois plus
courtes que le pétiole. Sépales aigus. Pétales oblongs, rétrécis à la
base. Capsule globuleuse, plus petite que dans l'espèce précédente.

Iles de la Société : Tahiti (*Savatier*).
Distrib. géogr. Régions tropicales des deux Mondes.

II. — GREWIA *L.*

Cinq sépales. Cinq pétales généralement plus courts que les sépales.
Étamines en nombre indéfini, insérées bien au-dessus des pétales, sur
le prolongement du torus. Ovaire à deux ou quatre loges; style long;
stigmate à deux ou quatre lobes. Capsule coriace à trois ou quatre
loges bossues, s'ouvrant par une fente longitudinale.

Arbres ou arbustes.

Environ 80 espèces, habitant les régions chaudes de l'Ancien Monde.

Feuilles et capsule glabres. . . . .   1. **G. Mallococca** *f.*
Feuilles et capsule velues . . . .   2. **G. tahitensis** *Nadeaud.*

1. **G. Mallococca** L. f., *Suppl.*, 409; DC., *Prodr.*, I, 509; Forst., *Prodr.*, n. 327; Hook. et Arn., *Bot. Beech.*, 60; Endl., *Fl. Suds.*, n. 1472; Guill., *Zeph. Tait.*, n. 338; A. Gr., *Bot. Wilkes*, 197; Pancher, in Cuzent, *Tahiti*, 229.

G. tiliæfolia A. Rich., *Sert. Astr.*, I, 9 (non *Vahl*); *G. Amicorum* Steud., *Nomenclat.*; *G. Richardiana* Walp., *Rep.*, I, 362; *G. orientalis* Soland., *Prim. Fl. Ins. Pacif.*, 308, et in Parkins., *Draw. of Tahit. Pl.*, t. 84 (ined., cf. Seem. l. c.); Nadeaud, *Enum.*, n. 437; Seem., *Flor. Vit.*, 26; *Mallococca crenata* Forst., *Char. Gen.*, 78, t. 39.

Nom indigène à Tahiti : *Matia-tia; Tohoï.*

Arbre assez grand, à rameaux glabres. Feuilles alternes, pétiolées, ovales-aiguës, denticulées, glabres. Pédoncules axillaires, plus courts que la feuille, à une ou plusieurs fleurs. Sépales ovales-oblongs, aigus, tomenteux sur les bords, verts en dehors, argentés en dedans. Pétales presque orbiculaires, acuminés, beaucoup plus petits que les sépales. Étamines plus longues que les pétales. Torus et ovaire pubescents. Capsule glabre, à trois ou quatre loges saillantes, rugueuses.

Iles de la Société : Tahiti, montagnes de Fautahua, 6-800 mètres d'altitude (*Lépine!*); vallées intérieures (*Nadeaud 347!*); sans indication de localité (*Forster; Bertero et Mœrenhout!; Lay et Collie; Hombron!; Vesco!; Dupetit-Thouars!; Ribourt!*).
Distrib. géogr. Iles du Pacifique et Australie.

2. **G. tahitensis** Nadeaud, *Enum.*, n. 438.

Rameaux tomenteux. Feuilles oblongues (10-20 cent., sur 3-6) subcordées à la base, tomenteuses sur les deux faces. Corolle presque égale au calice. Capsule velue.

Iles de la Société : Tahiti (*Vesco!; Nadeaud 438!*).

III. — BERRYA *Roxb.*

Calice campanulé, à trois ou cinq lobes. Cinq pétales. Étamines nombreuses. Anthères réniformes à deux loges confluentes au sommet. Ovaire à trois ou quatre loges polyspermes ; un style ; quatre ou cinq stigmates. Capsule comprimée en dessus et en dessous, à trois ou quatre loges munies chacune d'une paire de côtes saillantes ou d'ailes; déhiscence loculicide ; une ou deux graines horizontales dans chaque loge.
Arbres.

Espèces au nombre de 2 (ou 3?), habitant l'Asie et l'Océanie tropicales.

Fleurs hermaphrodites. . . . . 1. **B. Vescoana** *H. Bn.*
Fleurs unisexuées . . . . 2. **B. ? tahitensis.**

1. B. Vescoana H. An., *Adansonia*, X, 240 ; Drake, *Ill. Fl. Mar. Pac.*, t. 1.

Arbrisseau à rameaux glabres. Feuilles (longues de 10 à 20 cent. et plus) ovales-aiguës, entières, à peine pubescentes sur les nervures. Cinq ou sept fleurs en cymes axillaires, égalant à peine le pétiole. Sépales ovales, tomenteux extérieurement. Pétales ovales, atténués en onglet à la base. Stigmates aplatis. Capsule tomenteuse, à trois ou cinq loges ; et munie de trois ou cinq paires de côtes saillantes. Graines solitaires dans chaque loge, ovoïdes, couvertes de poils caducs.

Iles de la Société : Tahiti (*Vesco !; Vieillard et Pancher !*).

2. B. ? tahitensis.

Entelea tahitensis Nadeaud, *Enum.*, n° 439.

Arbuste à bois mou. Rameaux tombants, couverts, ainsi que les pétioles, la base des feuilles et les inflorescences entières, de touffes de poils étoilés. Stipules subulées, caduques. Feuilles ovales, acuminées (atteignant une longueur de 20 cent. sur une largeur de 12), légèrement cordées à la base, faiblement sinueuses ou crénelées ; pétiole quatre ou cinq fois plus court que le limbe. Inflorescence plus longue que le pétiole. Fleurs unisexuées. Sépales ovales-obtus. Pétales brièvement onguiculés, légèrement émarginés au sommet. Étamines légèrement unies à la base. Fleurs femelles et fruits inconnus.

Iles de la Société : Tahiti, ravins de Papaihonu, vers 600 mètres (*Nadeaud, 439*).

Rattachée par M. Nadeaud au genre *Entelea*, cette plante, sur laquelle on ne peut se prononcer, faute d'en connaître les fleurs femelles et les fruits, s'en écarte cependant par la forme de ses anthères, dont les loges ne sont pas parallèles. Sous ce rapport, au contraire, elle ne saurait guère être distinguée des *Berrya*, dont elle a, de plus, le feuillage.

GÉRANIACÉES.

Fleurs hermaphrodites, régulières ou irrégulières. Cinq sépales souvent adhérents à la base. Cinq pétales. Généralement dix étamines, plus ou moins unies entre elles. Disque quelquefois nul. Ovaire à cinq loges ; cinq styles ; stigmates souvent capités. Fruit sec ou charnu.

Plantes le plus souvent herbacées.

Environ 900 espèces, habitant les régions tempérées et tropicales des deux Mondes.

I. — OXALIS *L.*

Cinq sépales imbriqués. Cinq pétales en préfloraison contournée. Dix étamines fertiles, unies à la base. Disque nul. Ovaire à cinq loges; cinq styles. Capsule à déhiscence loculicide, les valves restant attachées à l'axe. Graines nombreuses, pubescentes, brunes, striées transversalement, saillantes hors des loges à maturité.

Environ 200 espèces. Même distribution géographique que la famille.

1. O. corniculata L., *Sp.*, 623; DC., *Prodr.*, I, 692; Hook. et Arn. *Bot. Beech.*, 61; Endl., *Fl. Suds.*, n. 1524; Guill., *Zephyr. Tait.* n. 332; Pancher, in Cuzent, *Tahiti* 232; Nadeaud, *Enum.*, n. 477 Seem., *Flor. Vit.*, 30.

O. reptans Soland., in *Forst.*, *Prodr.*. n. 519; Endl. *l. c.*, n. 1523, *O. microphylla* Poir., *Suppl.*, IV, 248; DC., *Prodr.*, I, 692; *O. perennans* Haw., *Misc.*, 181; DC. *Prodr.*, I, 691.

Plante herbacée, rampante, à tiges grêles. Feuilles alternes, trifoliolées, pubescentes; pétiole (long de 4 à 5 cent.) très-grêle; folioles (larges d'un centimètre), cunéiformes, bilobées; stipules ciliées, adnées au pétiole. De 3 à 5 fleurs en cymes unilatérales. Pédoncules plus courts que le pétiole. Pédicelles fructifères réfléchis à maturité.

Iles de la Société (*Banks et Solander*) : Tahiti (*Bertero et Mœrenhout!; Lay et Collie; Hombron!; Vesco!; Lépine!; Pancher!; Savatier 857!*). — Iles Marquises: Noukahiva (*Le Bâtard!; Dupetit-Thouars!; Hombron!*). — Iles Mangarewa (*Hombron*).

Distrib. géogr. Toutes les contrées chaudes et tempérées.

RUTACÉES.

Fleurs hermaphrodites ou unisexuées. Sépales et pétales au nombre de trois à cinq. De quatre à huit étamines. Disque quadrilobé. Un ou plusieurs carpelles uniloculaires, à un ou deux ovules; style inséré un peu au-dessous de la base des carpelles. Fruits souvent secs, mais toujours à endocarpe distinct se séparant du péricarpe avec plus ou moins de facilité.

Arbres ou arbustes (Herbes dans la tribu des Rutées et quelques autres genres étrangers à la Polynésie) à feuilles opposées, parsemées de points glanduleux.

Environ 700 espèces, habitant les régions chaudes et tempérées des deux Mondes.

Un carpelle. Feuilles paripennées . . . .   **I. Zanthoxylum** *L.*
Quatre carpelles. Feuilles simples, digitées ou ternées. : . . . .   **II. Evodia** *Forster.*

I. — ZANTHOXYLUM *L.*

Fleurs unisexuées. Calice à quatre divisions imbriquées. Quatre pétales (quelquefois nuls dans des espèces non polynésiennes) en préfloraison valvaire. Quatre étamines, généralement rudimentaires dans les fleurs femelles. Disque petit. Un seul carpelle (ou le plus souvent de trois à cinq, mais dans des espèces non polynésiennes) uniovulé. Fruit drupacé, monosperme.

Arbres à feuilles pennées. Fleurs en panicules.

Une centaine d'espèces, répandues dans toutes les contrées chaudes du globe.

1. Z. Nadeaudi Drake, *Ill. Fl. Ins. Mar. Pac.*, 130.
Blackburnia pinnata var. *tahitensis* Nadeaud, *Enum.*, n. 271.
Arbre (haut de 10 à 15 mètres). Rameaux glabres, cylindriques, à écorce rugueuse. Feuilles paripinnées (pétiole commun long de 6 à 10 cent.), ordinairement à deux paires de folioles ovales-acuminées, faiblement inéquilatérales, glabres, lisses, luisantes sur la face supérieure, pétiolulées (longues de 8 à 10 cent.; larges de 3). Panicules terminales (longues de 10 à 15 cent.), lâches, à rameaux divariqués, portant chacun une dizaine de fleurs petites (2 à 3 mill.). Dents du calice peu profondes, arrondies, mucronulées. Pétales oblongs. Étamines plus courtes que les pétales; filets épais, au moins aussi longs que les anthères. Un seul carpelle. Fruit de la grosseur d'une cerise, non tacheté.

Iles de la Société : Tahiti, vallée d'Orofero et crêtes du Pirae (*Nadeaud* 271 !).

Diffère notablement du Z. *Blackburnia* Benth. (*Blackburnia pinnata* Forst.), par la forme de ses folioles et des dents de son calice, ainsi que par la dimension de son inflorescence.

II. — EVODIA *Forst.*

Fleurs hermaphrodites, ou unisexuées. Quatre pétales. Quatre ou huit étamines. Disque plus ou moins développé, à quatre lobes. Quatre carpelles connivents, biovulés; styles latéraux unis à la base, semblant faire un style unique quadrilobé. Fruit composé de quatre coques déhiscentes réfléchies. Graines luisantes.

Arbres à feuilles opposées, simples ou ternées. Fleurs en panicules.

Environ 40 espèces, parmi lesquelles 13 sont spéciales aux îles Hawaï, 2 à l'Asie et à la Malaisie, 7 aux îles de la Société, 2 aux îles Viti, et 2 à la Nouvelle-Irlande.

1	4 étamines.	2
	8 étamines.	6
2	Bractéoles très petites.	3
	Bractéoles longues de 1 ou 2 mill.	2. **E. bracteata** *Nadeaud*.
3	Feuilles oblongues-lancéolées ou elliptiques	4
	Feuilles ovales ou obovales	5
4	Feuilles oblongues-lancéolées	1. **E. hortensis** *Forst.*
	Feuilles elliptiques.	3. **E. brachiata** *Drake.*
5	Fruits gros, obtus (7 à 8 mill.).	4. **E. tahitensis** *Nadeaud.*
	Fruits petits mucronulés (4 à 5 mill.).	5. **E. emarginata** *Drake.*
6	Fruits brièvement mucronulés.	7
	Fruits étroits, longuement mucronulés.	6. **E. leguminosa** *Nadeaud.*
7	Feuilles glabres auriculées, renflées à la base.	7. **E. auriculata** *Drake.*
	Feuilles pubescentes non auriculées	8. **E. Nadeaudi.**

1. E. hortensis Forst., *Char. Gen.*, 14, t. 7; Endl., *Fl. Suds.*, n. 1596; Seem., *Fl. Vit.*, 20.

Fagara Evodia L. f., *Suppl.*, 125 ; Forst., *Prodr.*, n. 54; *E. longifolia* A. Rich., *Sert. Astrol.*, 61, t. 22.

Arbuste (haut d'un mètre environ) presque entièrement glabre. Feuilles simples, ou plus généralement palmatipartites, à deux ou trois segments linéaires-oblongs (10-20 cent., sur 8-12 mill.), assez longuement pétiolées. Fleurs petites, lâchement disposées en épis axillaires (10-12 cent.); pédoncules secondaires bi-triflores, très-courts ainsi que pédicelles. Sépales et pétales ovales-aigus. Quatre étamines. Coques ovales, faiblement pubérulentes.

Iles Wallis (*Home; Graeffe; Weddel!*).
Distrib. géogr. Océanie.

2. E. bracteata Nadeaud, *Enum.*, n. 475.

Arbre à écorce rugueuse. Rameaux pubérulents au sommet. Feuilles obovales (longues de 6 à 8 cent., larges de 4 à 5 ; pétiole long de 2 cent.), atténuées à la base, obtuses au sommet, glabres, lisses. Cymes pauciflores, deux fois plus longues que le pétiole; pédoncule commun l'égalant à peu près. Sépales et pétales ovales-aigus, pubérulents extérieurement. Quatre étamines. Disque légèrement tomenteux. Carpelles presque ovoïdes, pubérulents ainsi que le style. Coques oblongues inéquilatérales, arrondies au sommet, non mucronulées.

Iles de la Société : Tahiti, crêtes du Pirae, à l'Aorai vers 1000 mètres d'altitude (*Nadeaud* 475).

3. E. brachiata Drake, *l. c.*, 131.

E. tahitensis, var. *brachiata* Nadeaud, *Enum.*, n. 406.

Arbre à écorce faiblement rugueuse. Jeunes bourgeons légèrement tomenteux, d'une couleur fauve tirant sur le rouge. Feuilles elliptiques, entières (limbe long de 15 cent., large de 7 ; pétiole long de 2 à 4) conservant souvent dans l'herbier une couleur plus ou moins verte, réticulées sur les deux faces, glabres, luisantes en dessus, couvertes sur le pétiole et sur la nervure médiane de la face inférieure, d'un tomentum fauve clair, léger, qui est plus accentué sur l'inflorescence entière. Fleurs en cymes disposées en grappes souvent aussi longues que la feuille. Sépales et pétales ovales-aigus. Quatre étamines. Disque tomenteux. Fruits inconnus, mais se rapprochant sans doute de ceux de l'espèce suivante.

β. *Lepinei*.

E. Lepinei H. Bn., in *Herb. Mus. Par.*; Drake, *l. c.*, t. 6.
Fleurs unisexuées.

Iles de la Société : Tahiti, à Mahutaa (*Nadeaud* 476); var. β (*Lépine*).

4. E. tahitensis Nadeaud, *Enum.*, n. 476.

Arbre à écorce légèrement rugueuse. Jeunes bourgeons légèrement tomenteux, d'une couleur fauve tirant sur le vert. Feuilles ovales émarginées (longues de 40 cent., larges de 7-8 ; pétiole long de 2 cent. ; dimensions moindres dans quelques variétés) glabres ou presque glabres ainsi que l'inflorescence, rougissant plus ou moins dans l'herbier. Cymes à peine aussi longues que la feuille. Sépales et pétales ovales-aigus. Quatre étamines. Coques grosses (larges d'un cent. environ), lisses, glabres.

Iles de la Société : Tahiti, presqu'île de Taravao, à Teumupua; plateau d'Anaorii, dans la vallée de Papenoo; crêtes d'Orofero et Punaruu (*Nadeaud* 476 !).

5. E. emarginata Drake, *l. c.*, t. 5.

Arbre presque entièrement glabre. Feuilles ovales, elliptiques, souvent émarginées au sommet (longues de 10 à 15 cent. ; larges de 5 à 6). Inflorescence grêle, plus courte que la feuille. Boutons claviformes. Fleurs petites. Quatre étamines. Coques légèrement bossues à la base (5 à 4 mill.), mucronulées.

Iles de la Société : Tahiti, montagnes de Taravao (*Lépine* 211 !).

6. E. leguminosa Nadeaud, *Enum.*, n. 474.

Arbrisseau de 3 à 4 mètres. Feuilles glabres, obovales-oblongues, quelquefois inéquilatérales (longues de 6 à 7 cent., larges de 3), aiguës au sommet, atténuées en pétiole court. Cymes pauciflores égalant environ la moitié de la feuille. Fleurs petites. Huit étamines. Coques recourbées en faux, atténuées en pointe longue de 2 à 3 millimètres.

Iles de la Société : Tahiti, montagnes de Mahaena, à Tumatairi (*Nadeaud* 474!).

7. **E. auriculata** Drake, *l. c.*, t. 4.

Melicope auriculata Nadeaud, *Enum.*, n. 473.

Arbre (haut de 10 à 12 mètres (à écorce brune ou rougeâtre ; rameaux glabres. Feuilles elliptiques-oblongues, plus ou moins aiguës, atténuées à la base, et munies de deux auricules assez épaisses. Inflorescences souvent rassemblées au sommet des rameaux, plus courtes que la feuille, portant de 20 à 40 petites fleurs. Sépales ovales-obtus. Pétales oblongs-aigus. Huit étamines. Coques pubérulentes, ovales, faiblement inéquilatérales.

Iles de la Société : Tahiti, montagnes (*Lépine*); vallées d'Orofero, monts Mahutaa et Teumupuaa (*Nadeaud* 473!).

8. **E. Nadeaudi**.

Melicope tahitensis Nadeaud, *Enum.* n. 472 ; *E. sericea* et *nodulosa* Drake, *l. c.*, t. 1 et 2.

Arbre ou arbrisseau de 2 à 3 mètres. Rameaux glabres ou pubérulents lisses ou couverts de nodulosités. Feuilles simples ou ternées, de dimensions variables (longues de 6 à 16 cent., larges de 4 à 8), ovales ou elliptiques-ovales, tronquées à la base, glabrescentes ou pubérulentes en dessus, plus ou moins pubescentes ou soyeuses en dessous, souvent munies sur les nervures d'un tomentum fauve. Pétiolules toujours très-courts. Cymes axillaires, pluriflores, dépassant généralement le pétiole. Fleurs jaunâtres. Sépales ovales-obtus ainsi que les pétales. Huit étamines. Coques pubescentes, presque équilatérales (longues de 5 à 6 mill.).

Iles de la Société : Tahiti, montagnes (*Vesco!*); flancs du Marau et du Mahutaa (*Nadeaud* 472!).

On cultive à Tahiti quelques espèces et variétés du genre *Citrus*.
1. *C. medica* L.; 2. *C. Aurantium* L.; 3. *C. nobilis* Lour.; 4. *C. Decumana* Lour.

SIMARUBACÉES.

Fleurs hermaphrodites ou unisexuées. De trois à quatre sépales, en préfloraison valvaire ou imbriquée. Pétales égaux en nombre aux sépales, en préfloraison valvaire ou imbriquée. Étamines nombreuses.

Carpelles ordinairement distincts, renfermant un ou plusieurs ovules. Arbres ou arbustes à suc généralement amer.

Environ 110 espèces, habitant les régions tropicales ou subtropicales.

I. — SURIANA *L*.

Cinq sépales aigus, imbriqués, persistants. Cinq pétales obtus, rétrécis à la base, imbriqués. De dix à douze étamines ; filets ciliés ; anthères didymes. Disque très-réduit. Quatre carpelles libres, velus ; style latéral, inséré presque à la base de l'ovaire ; stigmate simple, capité. Fruit sec, indéhiscent ; graine dressée, insérée à la base de la cavité carpellaire, comprimée.

Une espèce, répandue sur tous les rivages tropicaux.

1. **S. maritima** L., *Sp.*, 284 ; Forst., *Prodr.*, n. 199 ; Guill., *Zephyr. Tait.*, n. 324 ; DC., *Prodr.*, II, 91 ; Nadeaud, *Enum.*, n. 470.

Arbrisseau entièrement tomenteux. Feuilles alternes, oblongues (1 à 2 cent.), obtuses, atténuées à la base, entières, sessiles, très-rapprochées, laissant en tombant une cicatrice sur les rameaux. Fleurs en cymes axillaires brièvement pédonculées, plus courtes que les feuilles.

Iles de la Société (*Lay et Collie*) : Tahiti (*Vesco!; Pancher!*). — Iles Pomotou (*Savatier* 797!).

OLACACÉES.

Fleurs régulières, le plus souvent hermaphrodites. Calice à quatre ou huit dents. Quatre ou huit pétales. Étamines souvent en nombre double de celui des pétales. Disque adhérent à la base du calice. Ovaire à une ou trois loges uniovulées. Fruit généralement drupacé, monosperme.

Arbres ou arbustes à feuilles alternes, entières.

Environ 270 espèces, habitant les régions tropicales et subtropicales des deux mondes.

I. — XIMENIA *L*.

Calice à quatre ou cinq divisions aiguës, très-petites. Quatre ou cinq pétales en préfloraison valvaire, étroits, velus intérieurement. Huit étamines ; anthères oblongues. Ovaire à trois loges incomplètes ; style entier ; stigmate capité ; trois ovules linéaires, pendants, attachés sur un placenta central. Drupe uniloculaire, monosperme. Albumen charnu.

Arbustes. Fleurs en cymes axillaires.

Environ 4 espèces, répandues dans toutes les régions tropicales.

1. X. americana L., *Sp.*, 497 ; DC., *Prodr.*, I, 533.

X. elliptica Forst., *Prodr.*, n. 162 ; Labill., *Sert. Austr. Caled.*, 34, t. 37 ; Pancher, in Cuzent; *Tahiti*, 229 ; Seem., *Flor. Vit.*, 30 ; Nadeaud, *Enum.*, n. 441.

Arbuste glabre, très-rameux, quelquefois muni d'épines. Feuilles ovales-aiguës (longues de 3 à 5 centim.), penninerviées. Fleurs nombreuses, en cymes très-courtes. Pétales oblongs (10 à 15 mill.). Étamines dépassant peu les pétales. Ovaire ovoïde-oblong ; style égalant les étamines. Drupe orangée, elliptique ou arrondie (larges de 3 cent. environ).

Iles de la Société : Tahiti, plages (*Nadeaud* 441 ! ; *Savatier !*).
Distrib. géogr. Régions tropicales.

ILICACÉES.

Fleurs hermaphrodites ou polygames. Calice à trois ou six divisions persistantes. Quatre ou cinq pétales imbriqués. Étamines en nombre égal à celui des pétales et alternant avec eux ; anthères introrses. Ovaire supère, généralement à plusieurs loges ; un ou deux ovules. Drupe indéhiscente.

Arbustes à feuilles alternes.

Environ 180 espèces, répandues dans les régions tropicales.

I. — BYRONIA *Endl.*

Calice à cinq dents courtes. Cinq pétales connés à la base. Cinq étamines. Anthères oblongues. Ovaire globuleux à loges nombreuses ; stigmate sessile. Drupe à nombreux noyaux cartilagineux.

Arbustes glabres, à feuilles luisantes. Fleurs polygames, en cymes axillaires.

Environ 3 espèces, habitant l'Australie, les îles Hawaï et l'île de Tahiti.

1. B. tahitensis A. Gr., *Bot. Wilkes*, 297, t. 25 ; Walp., *Ann.* IV, 431 ; Nadeaud, *Enum.*, 431.

Feuilles ovales, rétrécies à la base.

Iles de la Société : Tahiti (*Bertero et Mœrenhout ! ; Vesco ! ; Ribourt ! ; Nadeaud* 431 !).

CÉLASTRACÉES.

Fleurs régulières, hermaphrodites ou polygames. Calice persistant, à quatre ou cinq divisions imbriquées. Quatre ou cinq pétales imbriqués. Étamines en nombre égal à celui des pétales, alternes avec eux. Ovaire plus ou moins immergé dans le disque par sa base, à deux ou plusieurs loges ; un ou plusieurs ovules ; style généralement simple ; stigmate capité. Capsule ordinairement déhiscente, loculicide. Graines le plus souvent pourvues d'albumen. Embryon droit. Radicule infère.

Arbres ou arbustes à feuilles entières, dépourvues de stipules. Fleurs petites, disposées en cymes.

Espèces assez nombreuses, habitant les régions chaudes et tempérées des deux Mondes.

1. CELASTRUS *L*.

Calice à quatre ou cinq sépales courts. Quatre ou cinq pétales dépassant les sépales. Quatre ou cinq étamines. Disque annulaire à quatre ou cinq lobes. Ovaire élargi à la base ; deux ovules dans chaque loge ; style court ; trois stigmates. Capsule obvoïde, trigone à déhiscence loculicide, graines munies d'un arille charnu.

Arbustes à feuilles alternes. Cymes axillaires.

Environ 75 espèces, habitant les régions chaudes des deux Mondes.

Fleurs munies entre les étamines de filaments
    capillaires. . . . . 1. **C. crenatus** *Forst.*
Fleurs dépourvues de filaments capillaires. . 2. **C. vitiensis** *B. et H.*

1. C. crenatus Forst., *Prodr.*, n. 113, et *Icon.* (ined., cf. Seem., *l. c.*), 63, 64 ; Guill., *Zephyr. Tait.*, n. 331.

Catha crenata A. Gr., *Bot. Wilkes*, 288 ; *Gymnosporia crenata* Seem., *Fl. Vit.*, 41.

Rameaux dépourvus d'épines. Feuilles ovales-aiguës, légèrement crénelées. Cymes pauciflores. Fleurs munies entres les étamines de filaments capillaires.

Iles Marquises (*Forster; Barclay*).

2. C. vitiensis Benth. et Hook., *Gen.*, I, 997.

Celastrus crenatus Hook. et Arn., *Bot. Beech.*, 61 (non Forst.) ; *Catha Vitiensis* A. Gr., *Bot. Wilkes*, 287, t. 33.

Rameaux non épineux. Feuilles ovales atténuées à la base. Fleurs en cymes multiflores. Sépales fimbriés. Pétales denticulés. Filaments capillaires nuls.

Iles de la Société (*Lay et Collie*). —'Iles Marquises : Noukahiva (*Mercier!; Le Guillou!; Jardin!*).
Distrib. géogr. Iles Viti.

RHAMNACÉES.

Fleurs le plus souvent hermaphrodites. Calice à quatre ou cinq divisions profondes, en préfloraison valvaire. Quatre ou cinq pétales, quelquefois unguiculés, concaves. Étamines égales en nombre aux pétales, opposées à eux, et souvent enveloppées dans leur limbe ou dans leur onglet. Filets subulés ; anthères s'ouvrant par une fente latérale. Disque à quatre ou cinq lobes assez développés, cachant plus ou moins l'ovaire. Celui-ci généralement à trois loges uniovulées. Style court, bi-trifide. Fruit charnu indéhiscent (quelquefois capsulaire).
Arbres ou arbustes à feuilles entières, alternes.

Famille très nombreuse, habitant les régions chaudes et tempérées.

1 {	Plantes glabres.	2
	Plantes plus ou moins tomenteuses.	I. **Alphitonia** *Reiss.*
2 {	Plantes dépourvues d'aiguillons	II. **Colubrina** *L. C. Rich.*
	Plantes aiguillonnées.	III. **Ziziphus** *Juss.*

I. — ZIZYPHUS *Juss.*

Calice obconique, à divisions étalées, carénées en dedans. Cinq pétales en capuchon. Cinq étamines insérées sur le bord du disque. Ovaire enveloppé par le disque, à deux ou trois loges uniovulées ; style en nombre égal à celui des loges, plus ou moins unis. Fruit charnu à noyau osseux, à une ou quatre loges. Graines planes-convexes.
Arbres ou arbustes souvent munis d'aiguillons ; feuilles alternes entières.

Environ 65 espèces, habitant les régions chaudes des deux Mondes.

1. Z. timoriensis DC., *Prodr.*, II, 20.
Arbrisseau. Rameaux pubescents dans leur jeunesse, devenant glabres ensuite. Feuilles ovales, lancéolées (longues de 5 à 7 cent., larges de 2 à 3), acuminées, légèrement inéquilatérales à la base, dentées, trinerviées, barbues à l'aisselle des nervures. Pédoncules axillaires pauciflores. Calice pubérulent en dehors. Pédoncules axillaires

pauciflores. Calice pubérulent en dehors. Pétales plus courts que les sépales.

Iles Marquises : Noukahiva (*Jardin* 149 !; *Mercier !*).
Distrib. géogr. Ile Timor.

II. — COLUBRINA *L. C. Rich.*

Fleurs hermaphrodites ou polygames. Calice campanulé, à cinq divisions triangulaires. Cinq pétales cucullés, atténués en onglet. Cinq étamines enveloppées dans les pétales. Disque à cinq lobes velus. Ovaire immergé dans le disque, triloculaire ; style trifide. Drupe à trois loges monospermes ; valves crustacées ; graines lisses, trigones, convexes en dehors.

Arbustes à feuilles entières alternes. Fleurs en cymes axillaires.

Une dizaine d'espèces habitant toutes, sauf la suivante, les régions chaudes de l'Amérique.

1. C. asiatica Brongn., *Monogr. Rhamn.*, 62, et in *Ann. Sc. Nat.*, ser. 1, *X*, 368 ; Endl., *Fl. Suds.*, n. 1579 ; Guill., *Zephyr. Tait.*, n. 362 ; Seem., *Flor. Vit.*, 42. Nadeaud, *Enum.*, n. 450 ; Hillebr., *Fl. Haw., Isl.*, 80.

Ceanothus asiaticus L. *Sp.*, 284 ; DC., *Prodr.*, II, 30 ; Hook. et Arn. *Bot. Beech.*, 61 ; *C. capsularis* Forst., *Prodr.*, n. 112 ; DC., *Prodr.*, II, 32 ; *Rhamnus lævigatus* Soland., *Prim. Fl. Pacif.*, 236 et in Parkins., *Draw. of Tahit. Pl.* (ined. cf. Seem. *l. c.*).

Noms indigènes : à Tahiti : *Tou-Tou ;* à Noukahiva : *Tonoto.*

Rameaux glabres. Feuilles ovales-acuminées, légèrement cordiformes à la base, crénelées, trilobées et penninerviées. Pétiole grêle, plus court que le limbe. De trois à sept fleurs très petites, en cymes axillaires plus courtes que le pétiole.

Iles de la Société (*Lay et Collie*) : Tahiti, sur les plages, les premières collines, et le versant des montagnes (*Banks ; Bertero et Mœrenhout! ; Vesco! ; Ribourt! ; Barclay ; Pancher! ; Savatier* 862). — Iles Marquises : Noukahiva (*Le Guillou! ; Hombron! ; Mercier! ; Dupetit-Thouars* 12! ; *Barclay! ; Le Bastard!*).
Distrib. géogr. Régions chaudes de l'Ancien Monde.

III. — ALPHITONIA *Reisseck.*

Fleurs hermaphrodites. Calice persistant, à cinq divisions ovales, carénées en dedans. Cinq pétales linéaires, à bords enroulés. Cinq étamines enveloppées dans les pétales ; disque à cinq lobes épais, tomenteux. Ovaire à deux ou trois loges, immergé dans le disque.

tulées, mucronées au sommet, rétrécies à la base, très brièvement
pétiolées, visqueuses, ainsi que les rameaux. Sépales ovales. Ailes de
la capsule arrondies, rétrécies à la base.

Iles de la Société (*Banks et Solander; Forster; Lay et Collie; Barclay*) : Tahiti
(*Bertero et Mœrenhout!; Hombron!; Vesco!; Dupetit-Thouars!; Ribourt!; Lépine 168!; Le Guillou!; Pancher!; d'Urville!; Savatier!*). — Iles Gambier : Mangarewa (*Hombron!*).

ANACARDIACÉES.

Fleurs hermaphrodites ou plus souvent unisexuées, régulières.
Généralement cinq sépales libres. Cinq pétales petits. Cinq ou dix
étamines; anthères s'ouvrant intérieurement. Disque annulaire. Ovaire
à une ou plusieurs loges; ovules solitaires, pendants; cinq styles ou
moins. Fruit charnu monosperme. Graines dépourvues d'albumen.

Arbustes à feuilles alternes, le plus souvent pennées, fleurs en
panicules.

Environ 450 espèces, habitant les régions tropicales des deux Mondes,
rares dans les régions tempérées.

Cinq étamines. . . . . I. **Rhus** *L.*
Dix étamines . . . . II. **Spondias** *L.*

I. — SPONDIAS *L.*

Fleurs polygames. Cinq sépales petits, caducs. Quatre ou cinq
pétales dépassant le calice. Disque cupuliforme, crénelé. Dix étamines
à filets grêles, insérées au-dessous du disque. Ovaire libre à cinq
loges uniovulées; trois ou cinq styles connivents au sommet. Fruit
gros, charnu, à noyau osseux uniloculaire. Graines pendantes.

Arbres à feuilles alternes imparipennées.

Environ 8 espèces, habitant les régions tropicales.

1. S. dulcis Forst., *Plant. Escul.*, 32, *Prodr.*, n. 198, *Icon.*, t. 144,
et in Park., *Draw. of Tah. Pl.* (ined., cf. Seem., *Fl. Vit.*, 51), t. 49 ; DC.,
Prodr., II, 75 ; Endl., *Fl. Suds.*, n. 1604 ; Guill., *Zeph. Tait.*, n. 326 ;
Nadeaud, *Enum.*, n. 269 ; Seem., *l. c.*

Evia dulcis Comm., ex Juss., *Gen.*, 373 ; *Chrysomelon pomiferum*
Forts., *mss.*, in *Herb. Par.*; *Spondias Cytheræa* Sonn., *Voy.* II, 222,
t. 123 ; Gærtn., *Fruct.*, t. 103.

Nom indigène à Tahiti : *Vi.*

Feuilles (longues de 20 à 30 cent.) à 10 ou 12 folioles, oblongues-aiguës, entières ou légèrement crénelées. Fleurs en grappes composées, lâches, dépassant un peu la feuille.

Iles de la Société (*Banks et Solander ; Barclay ; Forster*) : Tahiti (*Le Guillou! ; Vesco! ; Lépine! ; Savatier* 960!).

Distrib. géogr. Polynésie. Cette espèce est cultivée aux Indes, aux îles Maurice et Bourbon.

II. — RHUS *L.*

Fleurs polygames. Cinq sépales persistants. Cinq pétales. Cinq étamines, rudimentaires dans les fleurs femelles. Ovaire uniloculaire ; trois styles. Fruit charnu, osseux, monosperme ; graine pendante ; testa membraneuse.

Arbres ou arbustes à feuilles alternes, imparipinnées. Fleurs petites, en grappes axillaires et terminales.

Environ 120 espèces, habitant ordinairement les régions extra-tropicales des deux Mondes.

1. R. simarubæfolia A. Gr., *Bot. Wilkes*, 366, t. 44 ; Engler, in A. DC., *Monogr. Phan.*, IV, 451.

Var. β *taitensis* Engl., *l. c.*

R. taitensis Guill., *Zephyr. Tait.*, n. 325 ; Decne, *Voy. Vénus*, 34, t. 28 ; Pancher, in Cuzent, *Tahiti*, 210 ; Seem., *Fl. Vit.*, 49 ; Nadeaud, *Enum.*, n. 463 ; *R. rigida* Soland., in Seem., *l. c.*

Nom indigène à Tahiti : *Avai ; Apape.*

Arbre à suc laiteux, à bois compact, aubier blanc, et cœur noirâtre (*Lépine*). Écorce lisse, grisâtre. Rameaux couverts, ainsi que les pétioles, les nervures des feuilles, et les inflorescences, d'un duvet appliqué, jaunâtre. Feuilles (atteignant une longueur de 30-35 cent.), portant souvent 19 ou 21 folioles alternes, oblongues, à peine aiguës (longues de 8-10 cent., larges de 2 environ), légèrement roulées en dedans sur les bords, à nervures pennées (10 ou 15 de chaque côté de la nervure médiane). Grappes axillaires et terminales composées (atteignant 25-30 cent.) ; divisions primaires espacées ; les secondaires plus rapprochées. Fleurs blanches, petites (1 ou 2 millim.), assez serrées, presque sessiles. Pétales plus longs que les sépales, oblongs, glabres, ainsi que les étamines et l'ovaire. Fruit lisse, à peine de la grosseur d'un pois.

Iles de la Société : Tahiti : Vallées (*Bertero et Mœrenhout! ; Vesco! ; Lépine! ; Ribourt! ; Nadeaud* 468!).

Distrib. géogr. Iles Viti, Samoa et Philippines.

LÉGUMINEUSES

Fleurs hermaphrodites régulières. Calice campanulé ou bilabié, à quatre ou cinq divisions. Quatre ou cinq pétales adhérents plus ou moins entre eux, en préfloraison imbriquée ou valvaire. Étamines en nombre défini ou indéfini, libres ou connées, monadelphes ou diadelphes. Ovaire composé d'un seul carpelle excentrique, souvent arqué ou comprimé; un ou plusieurs ovules. Gousse déhiscente ou indéhiscente, à une ou plusieurs graines exalbuminées.

Arbres, arbrisseaux ou herbes à feuilles alternes, composées ou très rarement simples. Fleurs le plus souvent axillaires et terminales.

Près de 7,000 espèces, largement répandues dans toutes les contrées du monde.

1 {	Corolle irrégulière	2
	Corolle régulière ou presque régulière.	20
2 {	Corolle papilionacée	3
	Corolle non papilionacée	19
3 {	Feuilles imparipinnées	4
	Feuilles paripinnées	VII. **Abrus** *L.*
4 {	Feuilles pinnées (ou unifoliolées avec stipelles).	5
	Feuilles digitées (ou unifoliées sans stipelles).	I. **Crotalaria** *L.*
5 {	Tiges dressées.	6
	Tiges rampantes ou volubiles	11
6 {	Arbres ou arbrisseaux.	7
	Plantes herbacées ou suffrutescentes. .	8
7 {	Arbres épineux, feuilles trifoliolées . .	VIII. **Erythrina** *L.*
	Arbres non épineux, feuilles imparipinnées.	XVIII. **Sophora** *L.*
8 {	Gousse à déhiscence longitudinale. . .	9
	Gousse se séparant en articles transversaux.	V. **Desmodium** *L.*
9 {	Gousse continue intérieurement	10
	Gousse cloisonnée intérieurement . . .	IV. **Sesbania** *Pers.*
10 {	Gousse trigone	II. **Indigofera** *L.*
	Gousse aplatie	III. **Tephrosia** *Pers.*
11 {	Gousse à déhiscence longitudinale. . .	12
	Gousse se séparant en articles transversaux.	VI. **Uraria** *Desv.*
12 {	Feuilles dépourvues de points glanduleux.	13
	Feuilles parsemées de points glanduleux.	XVI. **Rhynchosia** *L.*
13 {	Étendard beaucoup plus grand ou beaucoup plus petit que les ailes.	14
	Étendard à peu près égal aux ailes. . .	1
14 {	Étendard plus petit que les ailes. . . .	X. **Mucuna** *Adans.*
	Étendard plus grand que les ailes . . .	IX. **Strongylodon** *Vogel.*

SOUS-FAMILLE I

Papilionacées.

Fleurs irrégulières. Corolle papilionacée en préfloraison imbriquée. Les deux pétales antérieurs semblables entre eux, accolés l'un à l'autre pour former la *carène* (*carina*) qui enveloppe les organes de la reproduction ; les deux latéraux ou *ailes* (*alæ*) semblables entre eux, quelquefois unis aux autres ; le postérieur ou *étendard* (*vexillum*) différent des autres et les recouvrant dans le bouton.

Tribu I. — Genistées.

Plantes dressées à feuilles digitées, ou unifoliées sans stipelles.

I. — CROTALARIA *L.*

Calice campanulé ou subbilabié, à cinq divisions égales ou presque égales. Étendard orbiculaire ou oblong, muni d'une callosité à la base ; ailes ovales-oblongues, plus courtes que l'étendard ; carène recourbée en faux. Étamines monadelphes, à tube fendu dans la partie supérieure ; anthères alternativement petites, arrondies, attachées par le dos, et grandes, allongées et attachées par la base. Gousse allongée, renflée.

Herbes ou arbustes. Feuilles simples ou ternées ; stipules variables, quelquefois nulles. Fleurs en panicules axillaires ou terminales. Bractées souvent très petites ou nulles.

Espèces fort nombreuses, répandues dans toutes les contrées tropicales.

1 { Gousse glabre. 2
  { Gousse velue au moins avant la maturité. . 1. **C. verrucosa** *L.*
2 { Bractées ovales. . . . . 2. **C. sericea** *Retz.*
  { Bractées subulées. . . . . 3. **C. striata** *DC.*

1. C. verrucosa L., *Sp.*, 1055 ; DC., *Prodr.*, II, 425 ; Jardin, *Suppl. au Zephyr. Tait.*, in *Mém. Soc. Cherb.*, VII, 244.

Plante annuelle semi-ligneuse à la base, glabrescente. Tige anguleuse. Feuilles simples, ovales-oblongues (5 à 10 cent.) ; stipules en faux, acuminées. Panicules axillaires, portant de 10 à 20 fleurs. Pédicelles courts ; bractées linéaires, réfléchies ; bractéoles très petites. Calice à cinq divisions profondes, lancéolées-aiguës. Pétales violets, jaunes à la base ; étendard plat. Gousse oblongue, un peu atténuée à la base, gonflée, terminée par un bec recourbé, d'abord couverte de poils roux, mais presque glabre à maturité.

Iles de la Société : Tahiti, plages et vallées (*Vesco!; Lépine!; Dupetit-Thouars!; Savatier* 878!).
Distrib. géogr. Toutes les régions tropicales.

2. C. sericea Retz, *Obs.*, III, 26 ; DC. *Prodr.*, II, 125.

Plante herbacée presque glabre, à tige anguleuse. Feuilles simples, entières, oblongues, rétrécies à la base, mucronulées (longues de 10-12 cent.), légèrement pubescentes. Stipules ovales-acuminées, sessiles, auriculées et embrassantes à la base. Fleurs en panicules simples, terminales (longues de 20-30 cent.). Bractées et bractéoles ovales, acuminées. Pédoncules plus courts que la bractée, égalant la fleur. Calice renflé, à cinq dents inégales, les deux supérieures plus grandes, les trois inférieures plus petites. Pétales jaunes. Gousse oblongue, glabre.

Iles Marquises : Noukahiva, plages et vallées (*Savatier* 877).
Distrib. géogr. Asie et Océanie tropicales.

3. C. striata DC., *Prodr.*, II, 131.

Arbuste à rameaux anguleux légèrement soyeux. Feuilles trifoliolées (longues de 7 à 8 cent.). Folioles ovales, entières ; stipules sétacées, caduques. Panicules (longues de 30 à 35 cent.), tortueuses, très serrées. Pédoncules très courts. Bractées sétacées, très petites. Bractéoles nulles. Fleurs (longues d'un cent.) jaunes, striées de rouge. Calice renflé, pubescent, à cinq divisions lancéolées, aiguës. Gousse renflée, presque cylindrique (longue de 3 à 4 cent.), glabre. Graines nombreuses, réniformes.

Iles de la Société : Tahiti, plages et terres madréporiques (*Savatier* 876!).
Distrib. géogr. Asie et Océanie tropicales.

Tribu II. — GALÉGÉES.

Plantes dressées, à feuilles imparipennées.

II. — INDIGOFERA L.

Calice à cinq dents presque égales. Étendard oblong ou orbiculaire ; ailes légèrement adhérentes à la carène : celle-ci droite. Dix étamines diadelphes : celle opposée à l'étendard, libre ; anthères apiculées, toutes de la même forme. Ovaire plus ou moins sessile, pluriovulé. Gousses généralement tétragones. Graines séparées par des cloisons.

Plus de 200 espèces, habitant les contrées chaudes des deux Mondes.

1. I. Anil L., *Mant.*, 272 ; Seem., *Flor. Vit.*, 54.
I. tinctoria Guill., *Zephyr. Tait.*, n. 305.
Folioles ovales, atténuées à la base, mucronulées au sommet. Fleurs petites, penchées. Gousses arquées.

Iles de la Société : Tahiti (*Vesco!* ; *Lépine!*). — Iles Marquises (*Jardin!*).
Distrib. géogr. Régions tropicales.
C'est probablement cette espèce seule que l'on rencontre dans la Polynésie française et non l'*I. tinctoria* L., qui a des gousses droites. Elle semble être d'introduction récente, et elle est rarement cultivée ; mais elle croit abondamment sans culture sur les plages et dans les vallées basses.

III. — TEPHROSIA Pers.

Calice à cinq dents presque égales : les deux supérieures plus profondément séparées ; l'inférieure plus longue. Étendard suborbiculaire. Étamine postérieure soudée aux autres jusqu'au milieu ; anthères non apiculées, toutes de même forme. Gousse comprimée. Graines planes.
Herbes vivaces à feuilles imparipennées ; folioles à nervures parallèles. Fleurs fasciculées par deux ou six en panicules terminales.

Une centaine d'espèces, répandues dans toutes les contrées chaudes.

1. T. purpurea Pers., *Syn.*, II, 229 ; DC., *Prodr.*, II, 251.
Galega purpurea L., *Amœn.*, III, 19 ; *G. littoralis* Forst., *Prodr.*, n. 271 ; *T. piscatoria* Pers., *Ench.*, II, 229 ; DC., *Prodr.*, II, 252 ; Hook. et Arn., *Bot. Beech.*, 62 ; Endl., *Fl. Suds.*, n. 1611 ; Guill., *Zephyr. Tait.*, n. 306 ; A. Gr., *Bot. Wilkes*, 407 ; Pancher, in Cuzent, *Tahiti*, 230 ; Jardin, *Iles Marquises*, 25 ; Seem., *Fl. Vit.*, 55 ; Nadeaud, *Enum.*, n. 490 ; Hillebrand, *Fl. Haw. Isl.*, 93 ; *T. toxicaria* Gau-

dich., *Voy. Freyc.*, 93 ; *T. Baueri* Benth., in A. Gr. *Bot. Wilkes*, 408.

Noms indigènes : à Tahiti : *Hora ;* aux îles Marquises : *Tohuhu.*

Plante haute de quelques décimètres, légèrement pubescente. Stipules courtes, linéaires ; de 5 à 7 paires de folioles linéaires-oblongues, glabres en dessus, velues en dessous. Fleurs petites. Calice pubescent à dents courtes. Corolle blanche ou bleue. Ovaire pubescent. Gousses légèrement arquées, à valves roulées après la déhiscence.

Iles de la Société (*Banks et Solander ; Barclay ; Lay et Collie*) : Tahiti (*Bertero et Mœrenhout! ; Lépine! ; Savatier* 957! ; *Pancher!*). — Iles Marquises : Nouka hiva (*Mercier! ; Le Bastard* 31! ; *Dupetit-Thouars* 58!, 79! ; *Jardin! ; Le Guillou!*). — Iles Gambier : Mangarewa (*Le Guillou!*).

Distrib. géogr. Asie et Océanie tropicales.

IV. — SESBANIA *Pers.*

Calice régulier à cinq dents : les deux supérieures séparées par une échancrure. Étendard largement ovale : ailes et carène recourbés en faux. Étamines diadelphes ; anthères toutes de la même forme. Ovaire stipité ; ovules nombreux ; style glabre ; stigmate petit, capité. Gousse linéaire très longue, un peu comprimée.

Herbes, arbustes ou arbrisseaux. Feuilles paripennées. Grappes axillaires.

Une trentaine d'espèces, habitant toutes les régions chaudes du globe.

1. S. grandiflora Pers., II, 316. Hillebr., *Fl. Haw. Isl.*, 95.

Æschynomene grandiflora L., *Sp.*, 1050 ; Jardin, in *Bull. Soc. Cherb.*, VII, 244 ; *Æ. coccinea* L. f., *Suppl.*, 330 ; Forst., *Prodr.*, 263 ; *Æ. speciosa* Soland., *Prim. Fl. Ins. Pacif.*, 291 et in Parkins., *Draw. Tahit. Pl.* (ined., cf. Seem., *Flor. Vit.*, 55) ; *Agati grandiflora* Desv., *Journ. Bot.*, III, 120 ; DC., *Prodr.*, II, 266 ; *A. coccinea* Desv., *l. c.* ; DC., *l. c.* ; Guill., *Zephyr. Tait.*, n. 308 ; *A. tomentosa* Nutt., in A. Gr., *Bot. Wilkes*, 409 ; Nadeaud, *Enum.*, n. 491.

Nom indigène à Tahiti ; *Oufaï ; Ou'aï.*

Arbrisseau de 4 à 5 mètres. Rameaux droits cylindriques. Pétioles légèrement pubescents, entiers, d'un vert pâle, garnis en dessous sur la nervure médiane de poils épars. Feuilles à paires de folioles linéaires. Calice tacheté. Corolle d'un beau rouge.

Iles de la Société : Tahiti (*Banks et Solander ; Forster!*) ; Moorea, ilots bas (*Vesco! ; Lépine* 9!).

Distrib. géogr. Toutes les régions chaudes.

Tribu III. — HEDYSARÉES.

Plantes le plus souvent dressées. Feuilles imparipennées ou à une seule foliole munie de stipelles. Gousse articulée.

V. — DESMODIUM *Desv.*

Calice à tube court, cinq dents lancéolées : les trois inférieures plus profondes, acuminées. Étendard oblong ; carène droite, égale à l'étendard, plus ou moins soudée aux ailes. Étamines diadelphes : une libre, les autres soudées en un tube très long ; anthères uniformes. Ovaire droit, pubescent ; style glabre, recourbé. Gousse indéhiscente, se séparant en plusieurs articles monospermes ; graines réniformes. Herbes vivaces ou arbustes.

Environ 155 espèces, habitant toutes les régions tropicales.

1	Folioles latérales égales ou presque égales à la médiane.	2
	Folioles latérales très petites.	3. **D. gyrans** *DC.*
2	Fleurs en grappes.	1. **D. umbellatum** *DC.*
	Fleurs en ombelles.	2. **D. heterocarpum** *DC.*

1. D. heterocarpum DC., *Prodr.*, II, 337 ; Endl., *Fl. Suds.*, n. 1624.

H. heterocarpum L. *Sp.*, 1054 ; Forst., *Prodr.*, n. 275 ; *Hedysarum polycarpum* Lam., *Ill.*, t. 628 ; *D. purpureum* Hook. et Arn., *Bot. Beech.*, 62 ; Endl., *l. c.*, n. 1619 ; *D. Torctorea* Bertero, in Guill., *l. c.* ; *D. polycarpum* DC., *l. c.* ; Guill., *Zeph. Tait.*, n. 309 ; Jardin, *Hist. Nat. Iles Marq.*, 25 ; Seem., *Fl. Vit.*, p. 56 ; Nadeaud, *Enum.*, n. 492.

Noms indigènes : à Tahiti : *Piripiro, Toharea;* aux îles Marquises : *Nihoniho-kioé.*

Plante vivace à rejets rampants, puis redressés. Tiges légèrement tomenteuses. Feuilles à trois folioles oblongues, entières, glabres en dessus, pubescentes en dessous ; stipules brunes, sessiles, acuminées. Grappes axillaires et terminales, serrées, multiflores. Bractées sessiles, acuminées, à plusieurs nervures parallèles. Fleurs purpurines. Articles de la gousse tomenteux sur les bords.

Iles de la Société (*Banks et Solander ; Forster ; Barclay ; Lay et Collie*) : Tahiti (*Lesson! ; Bertero et Mœrenhout! ; Vesco! ; Lépine 53! ; Savatier! ; Pancher!*). — Iles Marquises (*Barclay*) : Noukahiva (*Hombron! ; Le Guillou! ; Dupetit-Thouars 7! ; Jardin 17!*) — Iles Gambier : Mangarewa (*Le Guillou!*).

Distrib. géogr. Asie et Océanie tropicales.

2. D. umbellatum DC., *Prodr.*, II, 225 ; Seem., *Fl. Vit.*, 56.

Hedysarum umbellatum L., *Sp.*, 1053 ; Forst., *Prodr.*, n. 274

Arbuste à rameaux soyeux pubescents dans leur jeunesse, glabres ensuite. Feuilles à trois folioles ovales plus ou moins aiguës, presque égales, glabres en dessus, pubérulentes en dessous ; stipules très caduques. Fleurs en ombelles axillaires très courtes. Pédicelles plus longs que le pédoncule commun. Calice pubescent à cinq dents égalant

2. M. pruriens DC., *Prodr.*, II, 405 ; Endl., *l. c.*, n. 637.
Dolichos pruriens L., *Sp.*, 1520.

Plante grimpante, annuelle, presque glabre. Folioles ovales-oblongues, mucronées (longues de 7 à 10 cent. environ ; larges de 3 à 5), les
latérales irrégulières, brièvement pétiolulées ; la médiane régulière,
plus longuement pétiolulée ; limbe glabre en dessus, couvert en dessous de longs poils soyeux, appliqués. Calice soyeux argenté. Corolle
d'un pourpre noir. Gousse épaisse, couverte de poils jaunes ou gris
de fer.

Iles de la Société : Tahiti (*Savatier* 1703 !) ; Borabora (*d'Urville !*).
Distrib. géogr. Régions tropicales.

3. M. platyphylla A. Gr., *Bot. Wilkes*, 443 ; Seem., *Flor. Vit.*,
59 ; Nadeaud, *Enum.*, n. 497.

Arbuste à rameaux cylindriques, épais, tomenteux çà et là.
Folioles presque orbiculaires (longues de 9 cent., larges de 10), légèrement chartacées, fortement nerviées, glabres en dessus, soyeuses
en dessous. Calice velouté d'un vert fauve. Pétales verdâtres. Gousse
épaisse, munie de lames transversales.

Iles de la Société : Tahiti, vallée de Pirae (*Nadeaud* 497 !) ; sans désignation
de localité (*U. S. Expl. Exped.*).
Distrib. géogr. Polynésie.

XI. — DIOCLEA *H. B. K.*

Calice campanulé, à cinq dents ; les deux supérieures connées. Corolle courte ; les différentes pièces à peu près de même longueur ;
carène recourbée, mais non terminée en bec. Étamines diadelphes ;
anthères toutes de même forme. Gousse oblongue, renflée, aplatie sur
la suture inférieure.

Arbustes grimpants. Feuilles trifoliolées. Inflorescences en grappes
noueuses.

Environ 16 espèces, presque toutes originaires de l'Amérique tropicale.

1. D. violacea Mart., in *Herb. Benth.*, et in *Ann. Wien. Mus.*, II,
163 ; Seem., *Flor. Vit.*, 57 ; Hillebr., *Fl. Haw. Isl.*, 102.

Plante velue-hispide. Feuilles ovales faiblement acuminées, cordées
à la base, d'abord velues, puis glabrescentes. Fleurs serrées, presque
sessiles. Calice légèrement glabre. Carène obtuse, de moitié plus courte
que les ailes.

Iles de la Société (*Cook*).
Distrib. géogr. Originaire du Brésil. Habite aussi les îles Hawaï et Viti.

XII. — CANAVALIA *Adans*.

Calice à tube bilabié : lèvre supérieure à deux dents courtes ou quelquefois nulles; lèvre inférieure entière ou trifide. Étendard presque orbiculaire; ailes recourbées en faux ; carène souvent infléchie en crosse. Étamines diadelphes. Ovaire multiovulé, presque sessile; style glabre, recourbé. Gousse oblongue ou linéaire, légèrement en forme de faux, munie, près de la nervure dorsale, de deux côtes ou ailes longitudinales. Graines ovales, comprimées.

Plantes grimpantes, à feuilles trifoliolées; stipules très petites. Fleurs en grappes à rachis noueux.

Environ 12 espèces, répandues dans les régions tropicales des deux Mondes.

1 { Plante glabre. 2
  { Plante soyeuse. . . . . 1. **C. sericea** *A. Gr.*
2 { Folioles oblongues-aiguës. . . . . 2. **C. ensiformis** *DC.*
  { Folioles obovales. . . . . 3. **C. obtusifolia** *DC.*

1. C. sericea A. Gr., *Bot. Wilkes*, 440; Seem., *Flor. Vit.*, 58; Nadeaud, *Enum.*, n. 495.

Glycine speciosa Soland., *Prim. Fl. Ins. Pacif.*, 288, et in Parkins., *Draw. of Tahit. Pl.*, t. 73 (ined., cf. Seem. *l. c.*).

Plante couverte d'un tomentum soyeux. Folioles elliptiques-ovales (longues de 10 cent. environ), à peu près égales au pétiole commun, devenant glabres. Pédoncules allongés (atteignant 20 cent. et plus), généralement triflores. Calice presque glabre. Corolle rose. Gousse oblongue, trois ou quatre fois plus longue que large, tomenteuse.

Iles de la Société (*Banks et Solander*) : Tahiti (*Nadeaud* 495).
Distrib. géogr. Iles Viti.

2. C. ensiformis DC., *Prodr.*, II, 404.

Var. turgida Baker, in Hook., *Fl. Br. Ind.*, II, 196.

C. turgida Grah., in Wall., *Cat.*, 5534; Seem., *Flor. Vit.*, 59; Nadeaud, *Enum.*, n. 494.

Plante glabre. Folioles ovales-aiguës, de dimensions très variables (longues de 8 à 15 cent. environ ; larges de 4 à 8); pétiole commun plus long que les folioles. Grappes multiflores (longues de 20 à 30 cent.); fleurs brièvement pédicellées. Gousse renflée, deux fois plus longue que large.

Iles de la Société : Tahiti (*Lépine!; Vesco!; Nadeaud* 494!). — Iles Marquises : Noukahiva (*Hombron!*).
Distrib. géogr. Toutes les régions chaudes.

3. C. obtusifolia DC., *Prodr.*, II, 404; Endl., *Fl. Suds.*, n. 1035; Nadeaud, *Enum.*, n. 493.

Glycine rosea Forst., *Prodr.*, n. 271, et in Park., *Draw. of Tahit. Pl.*, 73; *Rhynchosia rosea* DC., *Prodr.*, II, 387; Guill., *Zeph. Tait.*, 312; *C. Baueriana* Endl., *Fl. Norfolk*, 91.

Plante glabre, ou légèrement pubescente à l'extrémité des jeunes rameaux. Folioles (longues de 6 à 12 cent. et souvent plus) obovales, arrondies, obtuses. Grappes un peu plus longues que la feuille, pauciflores. Gousse à peine trois fois aussi longue que large (10 cent. sur 3).

Iles de la Société (*Forster*) : Tahiti, plages (*Lépine!; Vesco!; Nadeaud* 493!).
Distrib. **géogr**. Régions tropicales des deux Mondes.

XIII. — PHASEOLUS *L.*

Calice campanulé à dents inégales. Carène recourbée en spirale. Étamines diadelphes; anthères uniformes. Ovaire sessile; style filiforme, recourbé comme la carène. Gousse généralement aplatie, terminée en bec plus ou moins crochu; graines quelquefois séparées par un épaississement des valves.

Plantes le plus souvent herbacées, grimpantes. Feuilles trifoliolées, munies de stipules et de stipelles. Fleurs en grappes noueuses.

Une soixantaine d'espèces, répandues partout sous les tropiques, plus abondantes en Amérique qu'ailleurs.

1. P. adenanthus G. F. Mey., *Prim. Fl. Esseq.*, 239.

P. amœnus Soland., in Forst., *Prodr.*, n. 533, et in Parkins., *Draw. of Tahit. Plants*, t. 7, et *Prim. Fl. Ins. Pacif.*. 285 (ined. cf. Seem.); Endl., *Fl. Suds.*, n. 1629; Guill., *Zephyr. Tait.*, n. 314; Pancher, in Cuzent, *Tahiti*, 231; Jardin, *Hist. nat. Iles Marquises*, 25; Nadeaud, *Enum.*, n. 500; *P. truxillensis* H. B. K., *Nov. Gen.* VI, 353; Seem., *Fl. Vit.*, 61.

Plante hispide ou glabrescente, à poils renversés sur les tiges, appliqués sur les feuilles. Folioles ovales-oblongues, plus ou moins acuminées au sommet et triangulaires à la base (longues de 4 à 8 cent. ; larges de 2 à 4; pétiole commun quelquefois plus court); les latérales irrégulières; pétiolules velus; stipules oblongues-aiguës, Grappe plus ou moins allongée, pauciflore. Dents supérieures du calice courtes ; les inférieures étroites, longues, recourbées. Gousse (longue de 10 à 12 cent. ; large d'un à peine), légèrement arquée. Graines rougeâtres.

Iles de la Société : Tahiti (*Banks et Solander*; *Forster*; *Lépine* 10!; *Pancher!*; *Savalier!*). — Iles Marquises (*Jardin* 161!).
Distrib. géogr. Toutes les régions chaudes.
On signale à Tahiti le *P. helvolus* et le *P. semierectus*; mais ils ne paraissent pas être vraiment spontanés.

XIV. — VIGNA *Savi.*

Calice campanulé, à cinq dents inégales : les deux supérieures à peine distinctes ; les latérales lancéolées ; l'inférieure plus étroite. Étendard orbiculaire, recouvrant les ailes et la carène ; celle-ci infléchie en faux. Étamines diadelphes : la supérieure libre ; anthères uniformes. Ovaire sessile ; style recourbé ; stigmate oblique. Gousse linéaire, légèrement recourbée à son extrémité.

Herbes grimpantes, à feuilles trifoliolées ; stipules sessiles, très courtes. Fleurs peu nombreuses, généralement fasciculées au sommet de panicules axillaires, à rachis noueux.

De 40 à 50 espèces, répandues dans les régions tropicales des deux Mondes.

1. **V. lutea** A. Gr., *Bot. Wilkes*, I, 454 ; Seem., *Flor. Vit*, 62 ; Nadeaud, *Enum.*, n. 501 ; Hillebr., *Flor. Haw. Isl.*, 105.

Dolichos luteus Sw., *Fl. Ind. Occ.*, III, 1246 ; DC., *Prodr.*, II, 398 ; Hook. et Arn., *Bot. Beech. Voy.*, 62 ; Soland., *Prim. Fl. Ins. Pacif.* (ined., cf. Seem.), 287 ; *D. luteolus* Forst., *Prodr.*, n. 269 (non L.) ; Guill., *Zephyr. Tait.*, n. 215 ; Pancher, in Cuzent, *Tahiti*, 231 ; *D. pipi* Forst., *mss.*, in Guill. *l. c.*

Nom indigène à Tahiti : *Pipi.*

Plante glabre, hispide seulement à la base des pétioles et pétiolules, et à l'extrémité de l'inflorescence. Tiges cylindriques à peine striées. Feuilles grandes (pétiole commun long de 10 à 12 cent.) ; folioles obovales (longues de 10 cent. larges de 8) ; la médiane plus longuement pétiolulée que les latérales. Grappe à peine aussi longue que la feuille, portant à son sommet de 3 à 6 fleurs jaunes. Gousse légèrement ridée.

Iles de la Société (*Banks et Solander* ; *Lay et Collie*) : Tahiti, sables humides (*Savatier* 868 ! ; *Bertero et Mœrenhout!*).

Distrib. géogr. Régions tropicales de l'Ancien Monde.

XV. — DOLICHOS *L.*

Calice campanulé. Carène recourbée, mais non roulée en crosse. Étamines diadelphes ; anthères uniformes. Ovaire presque sessile. Style épaissi et barbu vers sa portion supérieure ; stigmate terminal. Gousse linéaire, aplatie, recourbée.

Plantes grimpantes, herbacées ou suffrutescentes. Feuilles trifoliolées, munies de stipules et de stipelles. Fleurs en grappes noueuses.

Une vingtaine d'espèces répandues sous les tropiques.

1. **D. Lablab** L., *Sp.*, 1019 ; Hillebr., *Fl. Haw.*, 107.

L. vulgaris Savi, *Diss.*, 1821, 19 ; DC., *Prodr.*, II, 401 ; Seem., *Fl. Vit.*, 62.

Plante glabre ou presque glabre. Folioles largement ovales (longues de 5 à 13 centim.). Grappe multiflore, plus longue que la feuille. Fleurs de moyenne dimension, brièvement pédicellées. Dents du calice triangulaires. Corolle blanche ou rouge. Gousse linéaire ou oblongue, arquée (longue de 4 ou 5 cent., large de 1 à 2), terminée par un crochet, contenant 2 ou 3 graines.

Iles de la Société : Tahiti (*Cook*).
Distrib. géogr. Régions tropicales de l'ancien Monde.

XVI. — RHYNCHOSIA *Lour*.

Calice à cinq dents ; les deux supérieures plus ou moins unies ou connées. Étendard arrondi, portant deux auricules à sa base ; ailes étroites ; carène recourbée. Ovaire sessile ; style filiforme. Gousse comprimée, oblongue, plus ou moins recourbée ; graines globuleuses ou réniformes.

Herbes ou arbustes, rampants ou volubiles. Feuilles trifoliolées, parsemées de points glanduleux. Grappes axillaires.

Environ 80 espèces, habitant les régions tropicales.

1. R. minima DC., *Prodr.*, II, 385.
R. punctata DC., *Mem. Leg.*, t. 56, et *Prodr.*, II, 385 ; Jardin, *Hist. Nat. Iles Marq.*, 25.

Plante herbacée, rampante, plus ou moins couverte d'une pubescence légère d'un gris cendré. Folioles ovales-rhomboïdales (longues de 3 à 4 cent., larges de 2 à 3), aiguës, plus courtes que le pétiole commun ; stipules très petites. Grappe plus longue que la feuille ; pédoncule grêle, portant sur sa moitié supérieure de 10 à 20 petites fleurs (5 millim.) penchées. Dents du calice subulées. Corolle jaune. Gousse légèrement arquée, acuminée (longue d'environ 1 cent.) ; graines dépourvues de strophiole.

Iles Marquises : Nouka hiva (*Savatier!* ; *Jardin* 26 !).
Distrib. géogr. Régions tropicales et subtropicales.

Tribu VI. — DALBERGIÉES.

Arbres ou arbustes dressés. Feuilles simples ou composées. Pétales presque égaux, libres sauf à la base. Gousse indéhiscente.

XVII. — INOCARPUS *Forst.*

Calice campanulé à cinq dents. Pétales presque égaux, linéaires, soudés à la base avec les étamines. Filets aplatis, libres, sauf à leur partie inférieure; anthères didymes. Gousse obovale, recourbée, coriace, monosperme.

Arbres à feuilles simples. Épis axillaires.

Environ 3 espèces, habitant l'Océanie et l'Amérique tropicales.

1. I. edulis Forst., *Prodr.*, n. 199, et *Pl. esc.*, 50; Endl., *Fl. Suds.*, n. 1241; Guill., *Zeph. Tait.*, n. 243; Seem., *Flor. Vit.*, 70; Jardin, *Hist. nat: Iles Marquises*, 24; Nadeaud, *Enum.*, n. 504.

Amotum fagiferum Soland., *Prim. Fl. Ins. Pacif.*, 255 (cf. Seem.).

Noms indigènes: à Tahiti: *Marau* et *Mape*; aux îles Marquises: *Hihi*.

Arbre de haute futaie. Feuilles alternes, coriaces, glabres, penninerviées, réticulées (atteignant 30 cent. et plus, sur 3-10). Fleurs petites (5-8 mill.), très brièvemènt pédicellées, rassemblées en épis plus courts que la feuille. Rachis sinueux, anguleux, couvert d'un tomentum brun. Calice et ovaire plus fortement tomenteux.

Iles de la Société (*Banks et Solander*; *Forster*) : Tahiti (*Vesco!* ; *Bertero et Mœrenhout!*; *Lépine* 219!; *Vieillard et Pancher!*; *Savatier* 955!); Borabora (*d'Urville!*). — Iles Marquises (*Dupetit-Thouars* 45!; *Mercier!*; *Jardin* 5!). — Iles Wallis (*Græffe*).

Distrib. géogr. Polynésie et Malaisie.

Tribu VII. — Sophorées.

Arbres dressés. Feuilles imparipennées. Étamines libres. Gousse quelquefois moniliforme.

XVIII. — SOPHORA *L.*

Calice campanulé, tronqué obliquement, à cinq dents très courtes. Étendard orbiculaire, plus grand que les ailes et la carène. Étamines libres; anthères toutes semblables. Ovaire brièvement stipité. Gousse moniliforme : graines nombreuses, arrondies.

Plantes généralement ligneuses. Feuilles imparipennées, généralement dépourvues de stipules. Fleurs en grappes terminales.

Une trentaine d'espèces, habitant les régions chaudes du globe.

1. S. tomentosa L., *Sp.*, 353; Forst., *Prodr.*, n. 182; DC., *Prodr.*, II, 95; Hook. et Arn., *Bot. Beech.*, 69; Endl., *Fl. Suds.*,

n. 606; Guill., *Zephyr. Tait.*, n. 305; Pancher, in Cuzent, *Tahiti*, 230; Seem., *Flor. Vit.*, 66 ; Nadeaud, *Enum.*, n. 504.

Nom indigène à Tahiti : *Potu-avao.*

Arbuste de 2 à 3 mètres, à rameaux tomenteux. Feuilles imparipennées (longues de 15-19 cent.) à folioles ovales, coriaces, blanchâtres, tomenteuses, surtout sur la face inférieure; stipules nulles. Calice tomenteux; tube égalant le pédicelle. Corolle jaune; étendard orbiculaire, ailes oblongues, pièces de la carène libres, semblables aux ailes. Gousse tomenteuse à six ou sept articles, à séparation étranglée aussi longue qu'eux.

Iles de la Société (*Forster ; Barclay ; Lay et Collie*) : Tahiti, plages (*Vesco!* ; *Savatier* 871 ! ; *Bertero et Mœrenhout*). — Iles Marquises (*Dupetit-Thouars* 116 !). — Ile Wallis (*Grœffe*).

Distrib. géogr. Presque toutes les régions tropicales.

SOUS-FAMILLE II

Cæsalpiniées.

Corolle irrégulière. Pétales imbriqués, libres, le supérieur recouvert par les autres.

XIX. — CÆSALPINIA *L.*

Calice à cinq divisions courtes : l'inférieure concave, souvent plus grande que les autres. Cinq pétales orbiculaires, onguiculés, légèrement inégaux : le supérieur plus petit. Dix étamines; filets souvent velus à la base; anthères uniformes, versatiles. Ovaire sessile; style subulé; stigmate petit. Gousse ovale, comprimée, contenant une ou deux graines ovoïdo-orbiculaires, de forme peu régulière. Testa généralement épaisse, lisse.

Arbrisseaux grimpants souvent épineux. Feuilles bipennées. Fleurs en grappes axillaires et terminales.

Environ 40 espèces, répandues dans toutes les régions tropicales.

Feuilles munies de stipules. . . . . 1. **C. Bonducella** *Flem.*
Feuilles dépourvues de stipules. . . . . 2. **C. Bonduc** *Roxb.*

1. **C. Bonducella** Flem., *Asiat. Res.*, XI, 159 ; Pancher, in Cuzent, *Tahiti*, 230 ; Seem., *Fl. Vit.*, 66; Nadeaud, *Enum.*, n. 505; Hillebr., *Fl. Haw. Isl.*, 110.

Guilandina Bonducella L., *Sp.*, 545 ; Forst., *Prodr.*, n. 185 ; DC., *Prodr.*, II, 480.

Noms indigènes : à Tahiti : *Papati ;* aux îles Marquises : *Kéo-Kéo.*

Rameaux faiblement tomenteux, hérissés d'épines, ainsi que les pétioles. Feuilles (atteignant une longueur de 30 cent.) munies de stipules. Folioles oblongues (10 à 12 mill. sur 3 à 4), mucronées. Grappe plus courte que la feuille : gousse hérissée d'épines.

Iles de la Société (*Barclay*) : Tahiti, plages (*Lépine* 27 !; *Savatier* 872 !). — Iles Marquises (*Hombron !; Le Guillou !; Dupetit-Thouars* 3 !; *Barclay*).
Distrib. géogr. Régions tropicales.

2. C. Bonduc Roxb., *Hort. Beng.*, 32.

Guilandina Bonduc L., *Sp.*, 545 ; DC., *Prodr.*, II, 480 ; Jardin, *Hist. Nat. Iles Marq.*, 24.

Nom indigène à Tahiti : *Tatara-moa.*

Rameaux d'un rouge brun, tomenteux, couverts de petites épines. Feuilles (longues de 30 à 50 cent.) pubescentes, bipennées. Pinnules épineuses à 10 ou 12 folioles oblongues, légèrement tomenteuses ; stipules nulles. Bractées linéaires égalant presque le pédoncule. Gousse hérissée d'épines.

Iles de la Société : Tahiti, montagnes de Taravao, 6-700 mètres (*Lépine* 26 ! *Nadeaud !*). —Iles Marquises (*Hombron !; Le Guillou !; Dupetit-Thouars !; Jardin !*).
Distrib. géogr. Toutes les régions tropicales.

On cultive à Tahiti et aux îles Marquises les *C. pulcherrima* Swartz, *sepiaria* Roxb., et *Sappan* L.

XX. — CASSIA *L.*

Calice à cinq divisions imbriquées. Pétales imbriqués, étalés. Dix étamines libres, presque égales (trois ou quatre réduites quelquefois à l'état de staminodes). Ovaire pluriovulé ; style court. Gousse cylindrique ou comprimée ; graines transversales.

Plantes le plus souvent frutescentes. Feuilles paripennées. Grappes axillaires ou terminales.

Espèces très nombreuses, habitant les régions tropicales.

1 {	Folioles acuminées	2
	Folioles obtuses émarginées	1. C. Gaudichaudi *Hook. et Arn.*
2 {	Gousse aplatie.	2. C. occidentalis *L.*
	Gousse gonflée à maturité.	3. C. Sophera *L.*

1. C. Gaudichaudii Hook. et Arn., *Bot. Beech.*, 81 ; Endl., *Fl. Suds.*, n. 1650 ; Pancher, in Cuzent, *Tahiti*, 231 ; Nadeaud, *Enum.*, n. 506 ; Hillebr. *Fl. Haw. Isl.*, 111.

Arbuste. Jeunes rameaux pubescents ainsi que les pétioles et les grappes florifères. Feuilles (longues de 12 à 15 cent.) portant deux ou trois paires de folioles ovales-elliptiques (longues de 7 centim., larges de 3), émarginées au sommet, hispidules ou glabrescentes au-dessous, brièvement pétiolulées, la paire inférieure munie d'une glande pédicellée; stipules subulées, caduques. Grappe de moitié plus courte que la feuille. Bractées lancéolées. Calice pubescent. Pétales d'un jaune pâle. Dix étamines fertiles. Gousses pendantes, brièvement stipitées, oblongues, mucronées au sommet, obtuses, atténuées à la base (longues de 6 à 10 cent., larges de 1), souvent sinueuses.

Iles de la Société : Tahiti, précipices des vallées de Papaeva, Punaruu (*Nadeaud* 506!); sans désignation de localité (*Pancher!*).
Distrib. géogr. Iles Hawaï.

2. **C. ocidentalis** L., *Sp.*, 539 ; DC., *Prodr.*, II, 497 ; Hook. et Arn., *Bot. Beech.*, 62. Guill., *Zeph. Tait.*, n. 323 ; Jardin, *Hist. Nat. Iles Marquises*, 25 ; Seem., *Fl. Vit.*, 67; Hillebr., *l. c.*
Plante suffrutescente (haute de 80 centimètres). Pétiole commun muni d'une glande à la base; 6-8 folioles glabres, ovales-aiguës; stipules sétacées, caduques. Fleurs axillaires et terminales. Une ou deux gousses toruleuses (longues de 8 à 10 cent., larges environ de 1 cent.), lisses, légèrement acuminées, brièvement pédicellées; de 5 à 20 graines grisâtres, lisses, comprimées d'un côté.

Iles de la Société : Tahiti (*Vesco!; Hombron!*). — Iles Marquises (*Dupetit-Thouars* 112!; *Jardin!*).
Distrib. géogr. Toutes les régions tropicales.

3. **C. Sophera** L., *Sp.*, 542 ; Forst., *Prodr.*, n. 184; DC., *Prodr.*, II, 492; Endl., *l. c.*, n. 1639 ; Seem., *l. c.*
Plus frutescente que la précédente. Gousse renflée.

Ile Wallis (*Home*).
Distrib. géogr. Régions tropicales.

SOUS-FAMILLE III

Mimosées.

Corolle régulière. Pétales libres ou connés, en préfloraison valvaire.

XXI. — MIMOSA *L.*

Calice campanulé à cinq dents très courtes. Cinq pétales plus longs que le calice. De cinq à dix étamines, dépassant la corolle. Ovaire stipité ou sessile. Gousse linéaire-oblongue, légèrement coriace, se séparant, à maturité, des sutures persistantes. Graines arrondies, comprimées.

Herbes ou arbustes à feuilles bipennées. Fleurs en capitules globuleux, généralement axillaires.

Près de 300 espèces, habitant presque toutes les contrées chaudes du globe.

1. **M. pudica** L., *Sp.*, 1501 ; A. Gr., *Bot. Wilkes*, 474 ; Pancher, in Cuzent, *Tahiti*, 231 ; Jardin, *Suppl. Zeph. Tait.*, 244 ; et *Hist. nat. Iles Marq.*, 23 ; Seem., *Fl. Vit.*, 72 ; Hillebr., *Fl. Haw. Isl.*, 144.

Nom indigène aux îles Marquises : *Teita-hakaine.*

Arbuste de faible hauteur, plus ou moins spinuleux sur toutes ses parties. Feuilles subdigitées, à trois ou quatre pinnules ; folioles très nombreuses, linéaires-oblongues, mucronulées, ciliées, irritables. Capitules solitaires ou géminés. Gousse (longue de 10 à 12 mill.) sinueuse, armée d'aiguillons sur les sutures.

Iles de la Société : Tahiti (*U. S. Expl. Exped. ; Jardin!*). — Iles Marquises : Noukahiva (*Jardin!*).

Distrib. géogr. Amérique. Cultivée et subspontanée dans toutes les contrées chaudes.

XXII. — LEUCÆNA *Benth.*

Calice campanulé à cinq dents très courtes. Cinq pétales plus longs que le calice. Dix étamines libres plus longues que la corolle. Ovaire stipité, multiovulé. Gousse plane, linéaire-oblongue, légèrement coriace ; graines nombreuses, ovales, comprimées.

Arbres ou arbustes à feuilles bipennées. Capitules globuleux, solitaires ou fasiculés à l'aisselle des feuilles.

Environ 9 espèces, habitant les régions tropicales des deux Mondes.

De 4 à 8 paires de pinnules. . . . . 1. **L. glauca** *Benth.*
De 10 à 15 paires de pinnules. . . . . 2. **L. Forsteri** *Benth.*

1. **L. glauca** Benth., in *Hook. Lond. Journ. Bot.*, IV, 417 ; Jardin, *Hist. Nat. Iles Marq.*, 25 ; Seem., *Fl. Vit.*, 73 ; Hillebr., *Fl. Haw. Isl.*, 114.

Acacia glauca Willd., *Sp. pl.*, IV, 1076 ; DC., *Prodr.*, II, 467 ; *A. leucocephala* Link, *Enum.*, 444 ; Pancher, in Cuzent, *Tahiti*, 231 ; Jardin, *Suppl. Zeph. Tait.*, 244.

Arbre de petite taille. Rameaux dépourvus d'épines. Feuilles à 4-8 paires de pinnules portant 25-30 folioles caduques, linéaires-aiguës, glauques, pubérulentes. Capitules (larges de 20 à 25 millim.) solitaires, géminés ou ternés à l'aisselle des feuilles, rapprochés au sommet des rameaux, brièvement pédonculés. Gousse (10 à 15 cent. sur 1-2) linéaire-oblongue.

Iles de la Société : Tahiti (*Jardin!*). — Iles Marquises : Noukahiva (*Jardin!*).

Distrib. géogr. Amérique tropicale. Cultivée et subspontanée dans les contrées chaudes.

2. **L. Forsteri** Benth., in *Hook. Journ. Bot.*, V, 94; Seem., *Flor. Vit.*, 72; Nadeaud, *Enum.*, n. 507.

Mimosa glandulosa Forst., *Prodr.*, n. 567; Endl., *Fl. Suds.*, n. 165; Pancher, in Cuzent, *Tahiti*, 231; *Acacia insularum* Guill., *Zephyr. Tait.*, n. 320; Pancher, *l. c.*

Nom indigène à Tahiti : *Toroire.*

Arbre de taille assez élevée. Rameaux dépourvus d'épines, presque glabres. Stipules petites, subulées; rachis des feuilles hispidule; pétiole commun (long de 10 à 15 cent.), portant de 10 à 15 paires de pinnules (longues environ de 3 à 5 cent.) à 25 ou 30 paires de folioles oblongues, obtuses (longues de 7 à 8 mill., larges de 2 à 3) très légèrement ciliées. Capitules (larges de 2 à 3 cent.) solitaires ou géminés à l'aisselle des feuilles, rapprochés au sommet des rameaux. Corolle glabre ou presque glabre. Gousse linéaire-oblongue (atteignant 15 cent. de longueur, sur 1 cent. de largeur), atténuée à la base, acuminée au sommet, pubérulente.

Iles de la Société : Tahiti, sables maritimes (*Forster!; Bertero et Marenhout!; Vesco!; Pancher!; Nadeaud* 507!; *Savatier* 1701!).
Distrib. géogr. Polynésie.

XXIII. — SERIANTHES *Benth.*

Calice campanulé à cinq dents égales. Cinq pétales. Étamines en nombre indéfini, adnées aux pétales et unies entre elles à la base; anthères très petites. Gousse oblongue ou ovale; graines séparées par des cloisons.

Arbres à feuilles bipennées. Fleurs en grappes.

Environ 5 espèces, habitant l'Asie tropicale et les îles de l'Océan Pacifique.

1. **S. myriadenia** Planch., in A. Gray, *Bot. Wilkes*, 483; Seem., *Fl. Vit.*, 74, t. 14; Nadeaud, *Enum.*, n. 508.

Acacia myriadena Bertero, in Guillem., *Zeph. Tait.*, n. 319; Pancher, in Cuzent, *Tahiti*, 231.

Nom indigène à Tahiti : *Faïfaï.*

Arbre de taille élevée, couvert d'un tomentum brun sur les ramules, les bourgeons et les rachis des feuilles et des inflorescences. Feuilles grandes; pétiole commun (atteignant 40 cent.) portant 10-12 paires de pinnules (8-10 cent. et plus), à 30-40 folioles oblongues (15-20 millim. sur 5-6), un peu courbées, presque sessiles, glabres et luisantes en dessus, glauques et pubescentes en dessous. Grappes axillaires rassemblées au sommet des rameaux. Pédoncules (longs de 10-15 cent. environ) comprimés, portant à leur partie supérieure de 15 à

20 fleurs. Calice (long de 5 mill.) tomenteux ainsi que la corolle, qui est trois ou quatre fois plus longue que lui. Gousse oblongue, obtuse, glabre (10 cent. sur 1).

Iles de la Société (*Forster*) : Tahiti (*Mœrenhout!; Vesco!; Dupetit-Thouars!; Nadeaud!; Savatier* 915!).
Distrib. géogr. Iles Viti et Samoa.

SAXIFRAGACÉES.

Calice à quatre ou cinq sépales. Quatre ou cinq pétales imbriqués (valvaires dans certains groupes). Étamines en nombre égal à celui des pétales ou double. Disque à plusieurs lobes alternant avec les étamines. Ovaire libre, quelquefois plus ou moins adné au tube du calice; ovules insérés à l'angle interne des loges; styles le plus souvent au nombre de deux; fruit capsulaire.

Plantes frutescentes, quelquefois herbacées.

De 6 à 700 espèces, répandues principalement dans les régions froides et tempérées des deux Mondes; plus rares sous les tropiques.

I. — WEINMANNIA *L.*

Calice à cinq divisions courtes, imbriquées. Quatre ou cinq pétales. De huit à dix étamines alternant avec autant de glandes. Anthères arrondies, attachées par le dos. Ovaire dressé, oblong, à deux loges pluriovulées; deux styles divergents. Capsule à déhiscence septicide; deux loges terminées par le style persistant, et renfermant de deux à cinq graines oblongues, poilues aux extrémités.

Arbres ou arbustes à feuilles opposées, coriaces, simple, ternées ou pennées. Fleurs en grappes.

Environ 60 espèces, habitant surtout l'Amérique méridionale et l'Océanie.

Feuilles oblongues-aiguës. . . . . 1. **W. parviflora** *Forst.*
Feuilles ovales. . . . . 2. **W. Vescoi.**

1. **W. parviflora** Forst., *Prodr.*, n. 174; DC.. *Prodr.*, IV, 9; Nadeaud, *Enum.*, n. 413.

Leiospermum parviflorum Don, in *Edinb. Journ.*, 1830, II, 84; Endl., *Fl. Suds.*, n. 1415; Guill., *Zephyr.*, *Tait.*, n. 279; Pancher, in Cuzent *Tahiti*, 233; *Marattia terminalis* Soland., in Park., *Draw. of Tah. Pl.* (ined., cf. Seem.), t. 48.

Noms indigènes à Tahiti : *Hito ; Afaï-retou.*

Arbrisseau à rameaux pubescents. Feuilles opposées, oblongues-aiguës, plus ou moins profondément dentées ou sinueuses (longues de 4 à 5 cent.), pubescentes inférieurement sur la nervure médiane, glabres ailleurs. Fleurs très petites, en grappes (longues de 4 à 5 centim.) terminales, composées, pubescentes. Ovaire pubérulent.

Iles de la Société (*Banks et Solander; Forster; Nelson; Anderson*) : Tahiti, Moorea, collines vers 1000 mètres d'altitude (*d'Urville! ; Bertero et Mœrenhout! ; Vesco! ; Lépine* 98! ; *Nadeaud* 413!). — Iles Marquises (*Mercier! ; Jardin!*).

2. **W. Vescoi** Drake, *Ill. Fl. Ins. Mar. Pacif.*, t. 13.

Arbrisseau glabre. Feuilles chartacées, ovales (longues de 3 à 4 cent.), brusquement rétrécies en pétiole (3 à 4 mill.), penninerviées, à dents courtes, fines, espacées. Fleurs petites, en grappes terminales ternées ou biternées (7 à 8 cent.). Pédoncules pubescents dans le bas, glabres dans le haut. Ovaire glabre.

Iles de la Société : Tahiti (*Vesco!*).

RHIZOPHORACÉES.

Fleurs hermaphrodites. Calice persistant, à quatre divisions ou plus, en préfloraison valvaire. Pétales en nombre égal à celui des divisions du calice. Étamines en nombre double ou triple. Ovaire infère ou semi-supère partagé en plusieurs cloisons incomplètes, devenant quelquefois uniloculaire ; style simple ; stigmate quadrilobé. Fruit charnu, monosperme ou oligosperme.

Arbres à feuilles opposées. Fleurs en inflorescences axillaires diverses.

Une cinquantaine d'espèces, habitant les régions tropicales.

I. — CROSSOSTYLES *Forst.*

Quatre sépales. Quatre pétales. Étamines en nombre indéfini, insérées sur le bord de la cavité réceptaculaire, alternant avec des staminodes représentés par de petites touffes de poils. Ovaire semi-supère, émergeant du fond du réceptacle, à dix ou douze stries, et dix ou douze cloisons incomplètes. Deux ovules pendants dans chaque loge. Fruit charnu, polysperme.

Arbres glabres. Feuilles opposées. Fleurs axillaires.

Environ 4 espèces habitant la Nouvelle-Calédonie, les îles Viti et Samoa.

1. C. biflora Forst. *Char. Gen.*, 87, t. 44, et *Prodr.*, n. 266; Endl., *Fl. Suds.*, n. 1471; Guill., *Zephyr. Tait.*, n. 300; A. Gr., *Bot. Wilkes*, 610, t. 77; Pancher, in Cuzent, *Tahiti*, 232; Seem. *Fl. Vit.*, 428; Nadeaud, *Enum.*, n. 479.

Arbre haut de 5 à 6 mètres. Feuilles obovales-oblongues, atténuées à la base, aiguës au sommet (longues de 10 à 15 cent.; larges de 6 à 7). Fleurs axillaires (longues de 1 cent. et plus) solitaires ou géminées. Sépales verts, ovales-aigus. Pétales blancs, oblongs-aigus, atténués en onglet. Filets des étamines violets; anthères jaunes. Baie hémisphérique.

Iles de la Société (*Forster*): Tahiti, presqu' île de Taravao (*Lépine* 157!); vallées de Mahaena, Papenoo, Hitiaa, etc. (*Nadeaud* 479!).

Distrib. géogr. Iles Samoa.

COMBRÉTACÉES.

Fleurs hermaphrodites ou unisexuées. Calice à divisions valvaires ou imbriquées, au nombre de deux à sept, quelquefois accrescentes. Pétales nuls, ou en nombre égal à celui des divisions du calice. Étamines insérées sur le calice, en nombre égal à celui de ses divisions, ou deux fois plus nombreuses, alternant quelquefois avec des staminodes; anthères s'ouvrant par deux fentes longitudinales, ou se séparant en deux valves. Ovaire infère, adhérent, uniloculaire; deux ou plusieurs ovules pendants; un style; stigmate simple; fruit indéhiscent; graine dépourvue d'albumen. Cotylédons souvent convolutés; radicule courte.

Arbres ou arbustes, à feuilles alternes ou subopposées, dépourvues de stipules. Fleurs en grappes ou en cymes.

Environ 280 espèces, habitant les régions chaudes du globe.

Fruit non ailé. . . . . I. **Terminalia** L.
Fruit ailé. . . . . II. **Gyrocarpus** *Jacq.*

I. — TERMINALIA *L.*

Fleurs hermaphrodites. Calice à cinq divisions. Pétales nuls. Dix étamines sur deux rangs, insérées sur le bord du réceptacle abondamment garni de poils. Ovaire infère uniloculaire; un ou deux ovules; style apparaissant au fond de la cavité réceptaculaire. Fruit charnu indéhiscent, monosperme.

Arbres à feuilles le plus souvent alternes. Fleurs ordinairement en grappes.

De 80 à 90 espèces, habitant les régions tropicales des **deux Mondes**, mais moins nombreuses dans le Nouveau que dans l'Ancien.

1. **T. Catappa** L., *Mant.*, 519; DC., *Prodr.*, III, 11; Endl., *Fl. Suds.*, n. 1433; Seem., *Fl. Vit.*, 93.

T. glabrata Forst., *Pl. Esc.*, n. 20, et *Prodr.*, n. 389; Endl., *l. c.*, n. 1435; Guill., *Zephyr. Tait.*, n. 303; Pancher, in Cuzent, *Tahiti*, 230; Jardin, *Hist. Nat. Iles Marq.*, 24; Nadeaud, *Enum.*, 478; *Hedræocaryum racemosum* G. Forst., *mss*, in Guill., *Zephyr. Tait.*

Noms indigènes : à Tahiti : *Autara;* aux îles Marquises : *Maii.*

Arbre de haute taille (10 à 12 mètres). Feuilles rassemblées au sommet des rameaux, ovales (15-20 cent.) longuement rétrécies à la base, veloutées dans le bourgeon, glabrescentes plus tard. Grappes simples, axillaires. Fleurs petites, irrégulièrement espacées sur le rachis, à l'aisselle d'une petite bractéole velue. Calice presque glabre. Ovaire glabre ou pubescent.

Iles de la Société *(Forster).* Tahiti, montagnes (*Bertero et Mœrenhout!; Lépine* 46!; *Vesco!; Pancher!; Nadeaud* 478!; *Savatier!*). — Iles Marquises : Noukahiva (*Jardin* 70!).

Distrib. géogr. Malaisie. Cultivée et subspontanée dans toutes les régions tropicales.

II. — GYROCARPUS *Jacq.*

Fleurs unisexuées. Calice des fleurs mâles à plusieurs divisions oblongues, spathulées. Corolle nulle. Étamines en nombre égal à celui des sépales. Staminodes alternant avec les étamines, plus courts qu'elles, claviformes au sommet. Calice des fleurs femelles persistant, à deux divisions. Ni corolle ni étamines. Ovaire infère, uniloculaire, à un seul ovule pendant; stigmate sessile. Fruit osseux, indéhiscent, couronné par les lobes du calice persistants, et développés en ailes.

Arbres à feuilles alternes. Fleurs mâles nombreuses en cymes serrées. Fleurs femelles peu nombreuses.

Une espèce, habitant les régions tropicales des deux Mondes.

1. G. americanus Jacq., *Amer.*, 182, t. 178, f. 180; DC., *Prodr.*, XVI, 247.

G. asiaticus Wild., *Sp.*, IV, 982; Nadeaud, *Enum.*, n. 327; *G. Jacquini* Roxb., *Hort. Beng.*, 11; Seem., *Fl. Vit.*, 95.

Arbre souvent de haute taille, couvert d'un tomentum verdâtre sur les jeunes rameaux, les jeunes feuilles et les inflorescences. Feuilles adultes presque glabres, cordiformes dans leur contour, à peu près aussi longues que larges (de 15 à 25 cent.; pétiole atteignant 20 cent.). Inflorescence plus courte que le pétiole. Fruits ovoïdes, pubérulents.

Iles de la Société : Tahiti, vallées et précipices jusqu'à 600 mètres (*Nadeaud* 327!).

MYRTACÉES.

Fleurs régulières, hermaphrodites. Calice à cinq divisions ou moins. Quatre ou cinq pétales insérés sur le calice. Étamines en nombre indéfini, souvent plurisériées; filets grêles; anthères généralement petites. Ovaire infère, adhérent au tube du calice, composé de deux ou plusieurs loges; ovules en nombre indéfini. Fruit capsulaire, déhiscent, ou baie indéhiscente, à deux ou plusieurs loges; graines nombreuses, dépourvues d'albumen.

Arbres ou arbrisseaux à feuilles simples, opposées ou alternes.

Environ 2,000 espèces, habitant généralement les régions tropicales ou subtropicales; rares dans les régions tempérées.

1	{	Baie indéhiscente	2
	{	Capsule déhiscente.	I. **Metrosideros** *Banks.*
2	{	Feuilles opposées	3
	{	Feuilles alternes.	V. **Barringtonia** *Forst.*
3	{	Calice non déchiré pendant l'anthèse. . .	4
	{	Calice déchiré pendant l'anthèse.	II. **Psidium** *L.*
4	{	Baie à 8-10 loges polyspermes.	III. **Decaspermum** *Forst.*
	{	Baie à 2 loges et 2 graines.	IV. **Eugenia** *L.*

I. — METROSIDEROS *Banks.*

Calice campanulé à cinq dents courtes. Cinq pétales arrondis. Étamines en nombre indéfini, à filets grêles, beaucoup plus longs que les pétales. Anthères très petites. Ovaire infère ou semi-supère, adhérant par sa base au tube du calice. Style égalant les étamines. Capsule triloculaire, à déhiscence loculicide. Graines nombreuses, linéaires.

Arbres à feuilles opposées. Fleurs en cymes.

Une vingtaine d'espèces, habitant surtout la Nouvelle-Zélande et les îles du Pacifique; rares en Australie, dans l'archipel Malais et dans l'Afrique australe.

1. M. collina A. Gr., *Bot. Wilkes,* 558, t. 68; Nadeaud, *Enum.,* n. 484.

Leptospermum collinum Forst., *Char. Gen.,* 72, t. 38; *Melaleuca villosa* L. f., *Suppl.,* 342; *M. æstuosa* Forst., *Prodr.,* n. 215; Pancher, in Cuzent, *Tahiti,* 232; *Metrosideros spectabilis* Soland., in Gaertn., *Fruct.,* I, 272, et *Prim. Fl. Ins. Pacif.* (ined., cf. Seem., *Fl. Vit.,* 83); Parkins., *Draw. of Tahit. Plants,* t. 54 (ined., cf. Seem., *l. c.*); *M. villosa* Smith, in *Trans. Linn. Soc.,* III, 268; DC., *Prodr.,* III, 224; Hook. et Arn., *Bot. Beech.,* 63; Endl., *Fl. Suds.,* n. 1444; Guill., *Zephyr.*

Tait., n. 292 ; Jardin, *Hist. nat. Iles Marq.*, 24 ; Pancher, in Cuzent *Tahiti*, 232 ; *M. polymorpha* Gaudich., *Voy. Freyc.*, 99 et 482, t. 108 et 109 ; DC., *Prodr.*, III, 225 ; Endl., *l. c.*, n. 1452 ; Seem., *Fl. Vit.*, 83 ; Hillebr., *Flor. Haw. Isl.*, 125 ; *M. diffusa* Hook. et Arn., *l. c.* (non Smith) ; *M. lutea* A. Gr., *l. c.*, 560, t. 69 B ; *M. rugosa* A. Gr., *l. c.*, 561, t. 69 A.

Noms indigènes : à Tahiti : *Puarata ;* aux îles Marquises : *Hena.*

Arbre de 8 à 10 mètres. Rameaux supérieurs pubescents ou couverts d'un tomentum soyeux, blanchâtre. Feuilles opposées, entières, elliptiques-oblongues, aiguës ou obtuses, plus ou moins rétrécies en pétiole à la base, pubescentes au moins dans leur jeunesse, quelquefois tomenteuses, blanchâtres, surtout inférieurement. Fleurs en cymes terminales. Pédoncules triflores, tomenteux (1-3 cent.). Sépales courts, obtus ou aigus. Fleurs rouges ou jaunes.

Iles de la Société (*Banks et Solander ; Nelson ; Forster ; Barclay*) : Tahiti, collines, vers 6-1200 mètres (*Bertero et Mœrenhout ! ; Lesson ! ; Hombron ! ; d'Urville ! ; Ribourt ! ; Vesco ! ; Lépine ! ; Vieillard et Pancher !*). — Iles Marquises : Noukahiva (*Dupetit-Thouars ! ; Mercier ! ; Hombron ! ; Jardin* 101 !). — Iles Gambier (*Lay et Collie ; Le Guillou*).

Var. β *glaberrima* Bertero, *mss.*, in Guill., *l. c.*

M. obovata Hook. et Arn., *l. c.*, t. 12 ; Guill., *l. c.*, n. 293 ; *M. acuminata* Decne, *Voy. Vénus*, 29 ; *M. tahitensis* Decne, *l. c.* ; *M. polymorpha* var. ζ et η Hillebr., *l. c.*

Plante glabre, même dans la jeunesse.

Iles de la Société : Tahiti (*Bertero et Mœrenhout ! ; Vesco ! ; Vieillard et Pancher !*) **Distrib. géogr.** Polynésie.

II. — PSIDIUM *L.*

Calice à quatre ou cinq dents, se déchirant pendant l'anthèse en quatre ou cinq divisions profondes. Étamines nombreuses. Ovaire à deux ou plusieurs loges polyspermes. Fruit charnu.

Arbres à feuilles opposées. Pédoncules axillaires pauciflores.

Près de 100 espèces, habitant l'Amérique tropicale.

1. **P. Guava** L., *Sp.* (ed. 1), 470 ; Hillebr., *Fl. Haw. Isl.*, 130.

Nom indigène aux îles de la Société et aux îles Marquises : *Tuava.*

Arbre à rameaux pubescents dans leur jeunesse. Feuilles entières, brièvement pétiolées, elliptiques, ou oblongues-aiguës (*P. pumilum* Vahl ; *P. angustifolium* Lamk.) penninerviées, plus ou moins glabres. Pédoncules plus courts que la feuille, à 1-3 fleurs. Calice ovoïde, portant à sa base deux bractéoles linéaires ; quatre sépales ovales-aigus. Quatre pétales ovales-obtus, plus longs que les pétales. Fruit gros, charnu, globuleux (*P. pomiferum* L.), ou pyriforme (*P. pyriferum* L.).

Naturalisé aux îles de la Société et aux îles Marquises (*Jardin*).
Distrib. géogr. Amérique tropicale; cultivé dans toutes les régions chaudes.

III. — DECASPERMUM *Forst.*

Calice à quatre ou cinq dents courtes. Quatre ou cinq pétales. Étamines en nombre indéfini, égalant les pétales. Ovaire infère, entièrement adhérent, à quatre ou cinq loges. Baie indéhiscente, couronnée par les dents du calice, séparée par de fausses cloisons en huit ou dix loges monospermes. Graines réniformes.

Arbrisseaux à feuilles opposées.

Un petit nombre d'espèces, habitant l'Asie et l'Océanie tropicales.

1. D. fruticosum Forst., *Char. Gen.*, 73, t. 37.

P. Decaspermum L. f., *Suppl.*, 252; Forst., *Prodr.*, n. 219; *Nelitris jambosella* DC., *Prodr.*, III, 231 (ex parte); Endl., *Fl. Suds.*, n. 1482; Guill., *Zephyr. Tait.*, n. 295 (non Gærtn.) [1]; *N. fruticosa* A. Gr., *Bot. Wilkes*, 547, t. 60; Seem., *Fl. Vit.*, 80; Nadeaud, *Enum.*, n. 485; *N. vitiensis* A. Gr., *l. c.*; Seem., *l. c* ; *N. Forsteri* Seem., *l. c.*, 81; *Psidium myrtifolium* Soland., *Prim. Fl. Ins. Pacif.*, 264, et Parkins. *Draw. of Tahit. Pl.* (ined., cf. Seem.) *l. c.*

Arbrisseau à rameaux pubescents. Feuilles lancéolées, très brièvement pétiolées (longues de 2 ou 3 cent. environ), pubescentes sur les deux faces dans la jeunesse, devenant plus tard glabres. Pédoncules axillaires, triflores, plus courts que la feuille, ou en cymes pluriflores, l'égalant presque, ou bien encore uniflores, mais rarement et par avortement. Bractées ovales, acuminées, soyeuses, dépassant à peine la fleur. Bractéoles petites, soyeuses, nulles dans les pédoncules latéraux. Fleurs blanches (longues de 5 mill. à peine).

Iles de la Société (*Banks et Solander*; *Forster*; *Bidwill*) : Tahiti, montagnes, presqu'île de Taiarapo (*Hombron!*; *Ribourt* 20!; *Vesco!*; *Lépine!*; *Pancher!*; *Nadeaud!*; *Savatier!*). — Iles Wallis (*Græffe*).
Distrib. géogr. Iles du Pacifique.

IV. — EUGENIA *L.*

Calice à quatre divisions plus ou moins imbriquées. Quatre pétales. Étamines en nombre indéfini, plus longues que les pétales. Ovaire à une ou deux loges; ovules nombreux. Baie indéhiscente, couronnée

[1] Le *Nelitris jambosella* de Gærtn. est une Rubiacée de Ceylan et de la Malaisie, qui doit être rapportée au genre *Timonius*.

par le limbe du calice, et quelquefois par une portion du tube ; une ou plusieurs graines comprimées en dedans.

Arbres à feuilles opposées, entières, penninerviées.

Espèces très nombreuses, répandues dans les contrées chaudes des deux Mondes.

1	Fleurs petites ; divisions du calice à peine imbriquées	2
	Fleurs grandes ; divisions du calice fortement imbriquées	1. **E. Malaccensis** L.
2	Fleurs en petites cymes axillaires.	3
	Fleurs solitaires à l'aisselle des feuilles. . .	4. **E. rariflora** *Benth.*
3	Cymes égalant la feuille.	2. **E. amicorum** *A. Gr.*
	Cymes plus longues que la feuille.	3. **E. corynocarpa** *A. Gr.*

1. E. malaccensis L., *Sp.*, 672 ; Forst., *Prodr.*, n. 220 ; Seem., *Fl. Vit.*, 77 ; Hillebr., *Fl. Haw. Isl.*, 128.

Jambosa malaccensis DC., *Prodr.*, III, 286 ; Endl., *Fl. Suds.*, n. 1466 ; Guill., *Zephyr. Tait.*, n. 232 ; Pancher, in Cuzent, *Tahiti*, 232 ; Jardin, *Iles Marq.*, 24 ; Nadeaud, *Enum.*, n. 488 ; *J. purpurascens* DC., *l. c.*

Arbre à rameaux glabres. Feuilles oblongues (18-25 cent., sur 6-7), brièvement pétiolées. Cymes courtes (longues de 4 à 5 cent.), axillaires, ou latérales. Calice turbiné, à divisions fortement imbriquées, arrondies. Pétales rouges. Étamines très nombreuses, beaucoup plus longues que les pétales. Style égalant les étamines. Baie presque globuleuse.

Iles de la Société : Tahiti ; cultivée et subspontanée (*Bertero et Mœrenhout !* ; *Lépine* 45 ! ; *Vesco !*).

Distrib. géogr. Toutes les régions tropicales.

L'*E. Jambos* L. existe à Tahiti ; mais il ne semble guère sorti des cultures indigènes ou européennes.

2. E. Amicorum A. Gr., *Bot. Wilkes*, 524, t. 62 ; Seem., *Fl. Vit.*, 79.

Arbre de dimensions moyennes. Feuilles coriaces oblongues-lancéolées, acuminées aux deux extrémités, finement réticulées, penninerviées. Fleurs peu nombreuses, assez longuement pédicellées, lâchement disposées en cymes axillaires égales à la feuille. Calice à divisions étalées. Baie globuleuse, déprimée.

Iles Wallis (*Home*).
Distrib. géogr. Iles Tonga et Viti.

3. E. corynocarpa A. Gr., *l. c.*, 526, t. 64 ; Seem., *l. c.*, 80.

Arbre ou arbrisseau ? Feuilles elliptiques-oblongues, légèrement atténuées aux deux extrémités, brièvement pétiolées, à nervures primaires espacées ; les secondaires arquées et s'anastomosant près du bord de la feuille. Fleurs assez nombreuses, en cymes panniculées à branches divariquées. Divisions du calice à peine marquées. Baie fusiforme élargie en masse au sommet.

Iles Wallis (*Home*).
Distrib. géogr. Iles Viti et Samoa.

4. **E. rariflora** Benth., in *Hook. Lond. Journ. Bot.*, II, 221 ; A. Gr., *Bot. Wilkes Voy.*, 514, t. 60 ; Seem., *Fl. Vit.* 78 ; Hillebr., *Fl. Haw.*, 129.

Jossinia cotinifolia Hook. et Arn., *Bot. Beech. Voy.*, 62 ; Endl., *l. c.*, n. 1465 ; Guill., *Zephyr. Tait.*, n. 297 ; Pancher, in Cuzent, *Tahiti*, 232 ; Nadeaud, *Enum.*, n. 486 ; *E. sicca* Soland., *Prim. Fl. Ins. Pacif.*, (ined., cf. Seem.).

Noms indigènes à Tahiti : *Ehitoa, Totoa.*

Arbre de 8 à 10 mètres, glabre. Feuilles ovales (longues de 6 à 10 cent. au plus ; larges de 3 à 5) aiguës ou obtuses. Pédoncules solitaires (longs de 2 à 3 cent.), rarement géminés à l'aisselle des feuilles, quelquefois fasciculés au sommet des rameaux, portant deux bractéoles opposées, linéaires. Calice ovoïde, à quatre divisions faiblement imbriquées, oblongues. Corolle plus courte que le calice. Baie globuleuse.

Iles de la Société : Tahiti (*Bertero et Mœrenhout!; Hombron!; Vesco!; Lépine!; Nadeaud* 486 !). — Iles Gambier (*Lay et Collie*).

Var. β *parvifolia* Hillebr., *l. c.*
Jossinia tahitensis Nadeaud, *l. c.*, n. 487.
Rameaux glabres. Feuilles glabres, rétrécies en pétiole plus long que dans le type. Fleurs en cymes à peu près égales à la feuille. Bractées lancéolées dépassant le pédoncule d'un tiers. Celui-ci grêle, tout à fait glabre, ainsi que le calice.

Iles de la Société : Tahiti (*Vesco!*).
Distrib. géogr. Polynésie.

V. — BARRINGTONIA *Forst.*

Calice à deux divisions grandes, persistantes. Quatre pétales soudés à la base avec l'anneau staminal. Étamines nombreuses, à filets capillaires. Ovaire à deux ou quatre loges pauciovulées. Baie anguleuse, pyramidale, monosperme. Graine ovoïde, sans albumen.
Arbres à feuilles alternes.

Environ 20 espèces, habitant l'Asie, l'Australie et l'Afrique tropicales.

1. **B. speciosa** Forst., *Char. Gen.*, 76, t. 38, *Prodr.*, n. 255, et *Icon.*, 191 et 192 (ined., cf. Seem.); L. f., *Suppl.*, 312 ; DC., *Prodr.*, III,

288; Endl., *Fl. Suds.*, n. 1467; Guill., *Zephyr. Tait.*, n. 299; Pancher,
in Cuzent, *Tahiti*, 232; Jardin, *Iles Marq.*, 24; Nadeaud, *Enum.*,
n. 489; Seem., *Fl. Vit.* p. 82.

Butonica splendida Soland., *Prim. Fl. Ins. Pacif.*, 282, et Parkins.,
Draw. of Tahit. Plants, t. 66, 68 (ined., cf. Seem. *l. c.*),*Barringtonia
Levequii* Jardin, *l. c.?*

Noms indigènes à Tahiti : *Hutu; Tira-hutu.*

Arbre de moyennes dimensions. Feuilles glabres (longues de 10 à
20 cent.), rétrécies à la base. Grappes terminales (30 cent.) pluriflores. Pétales ovales, allongés (longs de 4 à 5 cent.). Étamines
plus longues que les pétales. Anthères très petites, ovoïdes.

Iles de la Société (*Banks et Solander*) : Tahiti (*Lesson!; Bertero et Mœrenhout!*). — Iles Marquises (*Dupetit-Thouars* 361 !; *Jardin* 47 !).
Distrib. géogr. Rivages tropicaux de l'Asie et de l'Océanie.

MÉLASTOMACÉES.

Fleurs hermaphrodites, régulières. Sépales en préfloraison imbriquée. Pétales aussi nombreux que les sépales, en préfloraison imbriquée, souvent tordue. Étamines en nombre double de celui des
pétales; connectif formant un angle avec le filet, souvent prolongé à la base, et y présentant une languette bifide plus ou moins
visible; anthères généralement renversées dans le bouton, s'ouvrant
par un pore, ou par une fente longitudinale. Ovaire infère plus ou
moins adhérent au tube du calice; style simple; stigmate épais. Fruit
indéhiscent, bacciforme ou capsulaire. Graines nombreuses, petites.

Arbres ou arbustes à feuilles opposées, à trois ou cinq nervures
(penninerviées dans quelques genres étrangers à la Polynésie française). Inflorescences diverses.

Environ 2,500 espèces, répandues dans les régions tropicales des deux
Mondes, mais surtout dans le Nouveau.

Anthères s'ouvrant par un pore. Ovaire libre dans sa
  partie supérieure. **I. Melastoma** *L.*
Anthères s'ouvrant par une fente longitudinale. Ovaire
  complètement adhérent au tube du calice. . . . . . **II. Astronia** *Blume.*

I. — MELASTOMA *L.*

Calice campanulé à cinq dents courtes. Cinq pétales. Dix étamines :
les cinq extérieures grandes, à connectif formant un angle obtus
avec le filet, longuement prolongé à sa base et y portant une languette
bifide; les cinq intérieures plus petites, à connectif à peine prolongé
à sa base : languette plus petite que dans les étamines extérieures;

anthères s'ouvrant toutes par un pore situé à leur extrémité supérieure. Ovaire libre sur sa moitié supérieure, quinquéloculaire. Baie indéhiscente. Graines cochléaires.

Une quarantaine d'espèces, habitant l'Asie tropicale orientale, l'Océanie, les îles Seychelles.

1. M. denticulatum Labill., *Sert. Austr. Caled.*, 65, *t.* 64 ; Endl., *Fl. Suds.*, n. 1438 ; Pancher, in Cuzent, *Tahiti*, 232 ; Seem., *Fl. Vit.*, 89.

M. malabathricum Forst., *Prodr.*, n. 193 (non L.) ; Endl., *l. c.*, n. 1440 ; Pancher, *l. c.* ; *M. tahitense* DC., *Prodr.*, III, 144 ; Hook. et Arn., *Bot. Beech.*, 61 ; Endl., *l. c.*, n. 1439 ; Guill., *Zephyr. Tait.*, n. 301 ; Naudin, *Monogr.*, in *Ann. Sc. Nat.*, *Bot.*, sér. 3, XIII, 275 ; Pancher, *l. c.* 90 ; *M. vitiense* Naudin, *l. c.*

Arbrisseau haut de 2 à 3 mètres. Rameaux supérieurs rougeâtres et couverts de poils écailleux, aigus et dilatés à la base. Feuilles entières, oblongues-aiguës, à trois ou cinq nervures, couvertes de poils écailleux. Fleurs en cymes terminales. Pédoncule (long de 15 mill.) Calice à cinq dents égalant environ la moitié du tube. Celui-ci complètement couvert de poils écailleux jaunâtres. Cinq pétales blancs, ovales, ciliés.

Iles de la Société (*Banks et Solander; Forster; Barclay; Bidwill*) : Tahiti, plateaux secs vers 300 mètres (*Bertero et Mœrenhout!; Hombron!; Vesco!, Pancher!; Lépine!*).

Distrib. géogr. Polynésie et Nouvelle-Calédonie.

II. — ASTRONIA *Blume.*

Calice campanulé, s'ouvrant en quatre ou cinq dents arrondies et inégales, ou bien se séparant en deux par une coiffe, la partie inférieure demeurant entière ou déchirée. Quatre ou cinq pétales. Étamines en nombre double de celui des pétales, rarement plus nombreuses. Anthères à connectif brièvement prolongé, dolabriformes, s'ouvrant par une fente longitudinale. Ovaire adhérant entièrement au tube du calice. Fruit capsulaire. Graines nombreuses, linéaires.

Arbres à feuilles entières, pétiolées.

Une vingtaine d'espèces, habitant la Malaisie et les îles du Pacifique.

Calice à quatre ou cinq dents arrondies, inégales. . **1. A. fraterna** *A. Gr.*
Calice se séparant par une coiffe. . . . . **2. A. Forsteri** *Naudin.*

1. A. fraterna A. Gr., *Bot. Wilkes*, 576, t. 72 *A* ; Seem., *Fl. Vit.*, 85 ; Nadeaud, *Enum.*, n. 483.

Melastoma glabra Forst., *Herb.*, et *Icon.* (ined., cf. Seem., *l. c.*) t. 137, 138 ; *Conostegia glabra* Endl., *Fl. Suds.*, n. 1441 ; Guill., *Zephyr.*

Tait., n. 302 (non Don); *A. Forsteri* Naudin, *Monogr.*, in *Ann. Sc. Nat. Bot.*, sér. 3, XVIII, 258 (ex parte); *A. ovalifolia* Decne, *Voy. Vénus*, 27; *Naudinia umbellata* Decne, *mss.* in *Herb. Mus. Par.*

Arbre de 8 à 10 mètres. Feuilles glabres, ovales-acuminées, rétrécies en pétiole, trinerviées. Fleurs en cymes quelquefois raccourcies en ombelle. Pédoncule plus long que la fleur (1 cent.). Calice d'abord pyriforme, puis hémisphérique, s'ouvrant en quatre ou cinq dents inégales, arrondies. Quatre ou cinq pétales arrondis. Étamines plus longues que les pétales, à filets droits, épais, à connectif de moitié moins long que le filet. Style droit, égal aux étamines. Ovaire à quatre ou cinq loges.

Iles de la Société : Tahiti, montagnes vers 800 et 1000 mètres (*Forster*; *Vesco!*; *Lépine!*; *Wilkes*).
Distrib. géogr. Iles Viti.

2. **A. Forsteri** Naudin, *l. c.* (ex parte); Nadeaud, *Enum.*, n. 482.
Melastoma glabra Forst., *Prodr.*, 194 (non *Herb.* nec *Icon.*, nec Guill., *Zephyr. Tait.*); *Conostegia glabra* Don, in *Mem. Wern. Soc.*, IV, 316; DC., *Prodr.*, III, 176; Pancher, in Cuzent, *Tahiti*, 232.

Diffère de l'espèce précédente par ses feuilles plus étroites, ses fleurs plus petites, et son calice s'ouvrant par une coiffe.

Iles de la Société : Tahiti (*Bertero et Mœrenhout!*; *Hombron!*; *Vesco!*; *Pancher!*; *Savatier!*).

LYTHRACÉES.

Calice à trois ou six divisions. Pétales en pareil nombre, insérés vers le sommet du tube calicinal. Étamines en nombre double de celui des pétales, insérées à différentes hauteurs sur le tube calicinal. Ovaire situé au fond de la cavité réceptaculaire, mais indépendant du calice, à deux ou six loges polyspermes. Fruit souvent capsulaire. Graines souvent ailées.

Herbes ou arbrisseaux. Feuilles opposées ou alternes, entières. Inflorescences diverses.

Espèces peu nombreuses, répandues pour la plupart dans les contrées chaudes des deux Mondes, un petit nombre habitant les régions tempérées.

I. — PEMPHIS *Forst.*

Calice campanulé à douze côtes, terminées par six dents principales et six intermédiaires. Six pétales obovales, insérés vers le sommet du tube calicinal. Douze étamines sur deux rangs; filets grêles; anthères oblongues. Ovaire triloculaire; style d'abord court, s'allongeant ensuite ; stigmate capité. Capsule s'ouvrant par une fente circulaire. Graines nombreuses, comprimées, ailées ; placentas basilair.

Une seule espèce, répandue sur presque toutes les plages de l'Asie et de l'Océanie tropicales.

1. P. acidula Forst., *Char. Gen.*, 68, t. 34 ; DC., *Prodr.*, III, 89 ; Kœhne, *Lythr.*, in *Engl. Bot. Jahrb.*, III, 133 ; Nadeaud, *Enum.*, n. 480. Nom vulgaire à Tahiti : *Aïc.*

Arbuste à bois rouge, couvert, sur les feuilles et les rameaux, de poils gris, soyeux, appliqués. Feuilles oblongues-aiguës, brièvement pétiolées (longues de 3 à 4 centim.). Fleurs axillaires, solitaires : pédoncules égalant la moitié de la feuille.

Iles de la Société : Tahiti, îlots madréporiques (*Vesco!; Lépine!; Nadeaud* 480!). — Iles Pomotou (*Savatier* 801!).
On a signalé aux îles de la Société le *Cuphca Balsamona* Cham. (C. Parsonia *Hook. et Arn.*). Cette plante a été rencontrée aux îles Hawaï, mais elle semble avoir été introduite accidentellement aux îles de la Société, car elle n'y a été trouvée par aucun autre collecteur que Lay et Collie.

ONAGRACÉES.

Quatre ou cinq sépales valvaires. Pétales aussi nombreux que les sépales, insérés sur le calice, souvent avec un nombre double d'étamines. Ovaire infère, généralement linéaire, à quatre loges multiovulées ; style plus ou moins long ; stigmate bifide ou quadrifide. Fruit souvent capsulaire. Graines nues ou parfois munies d'une aigrette de poils.

Herbes ou arbustes habitant souvent les lieux humides.

Environ 300 espèces, habitant toutes les régions chaudes et tempérées du globe.

I. JUSSIÆA *L.*

Calice à quatre divisions aiguës, persistantes. Quatre pétales étalés. Huit étamines. Ovaire à quatre ou cinq loges ; stigmate à quatre ou cinq lobes. Capsule cylindrique. Graines très petites, nues.

Plantes herbacées ou suffrutescentes, à feuilles alternes. Fleurs solitaires, axillaires.

Environ 40 espèces, répandues dans les régions tropicales.

Plante dressée. . . . . 1. **J. suffruticosa** *L.*
Plante couchée. . . . . 2. **J. repens** *L.*

1. J. suffruticosa L., *Sp.*, 555 ; DC., *Prodr.*, III, 58.

J. villosa Lamk., *Dict.*, III, 331 ; DC., *l. c.*, 57 ; Hillebr., *Fl. Haw. Isl.*, 332 ; *J. angustifolia* Lamk., *l. c.* ; Endl., *Fl. Suds.*, n. 1430 ; DC., *l. c.* ; *J. costata* Presl, ex Jardin, in *Mém. Soc. Cherb.*, VII, 244 ?

Plante suffrutescente, dressée (haute quelquefois de 2 mètres), pubescente au sommet. Feuilles oblongues (7 à 8 cent.), étroites, aiguës, brièvement pétiolées. Fleurs plus courtes que les feuilles, munies de deux bractéoles sétacées. Divisions du calice lancéolées ; tube cylindrique, élargi au sommet, atténué à la base, velu en dedans. Pétales ovales. Capsule (longue de 4 à 5 centim.) à côtes faiblement saillantes.

Iles de la Société : Tahiti, lieux humides (*Vesco! ; Lépine! ; Savatier!*).
Distrib. géogr. Toutes les régions chaudes.

2. J. repens L., *Mant.*, 381 ; DC., *Prodr.*, III, 54 ; Jardin, *l. c.*

Plante rampante ou flottante. Feuilles obovales-lancéolées (longues de 3 à 4 cent.), glabres ou pubescentes. Fleurs plus courtes que les feuilles. Divisions du calice lancéolées ; tube grêle. Pétales obovales. Capsule linéaire (longue de 2 à 3 cent.).

Iles de la Société : Tahiti, lieux humides (*Jardin!*).
Distrib. géogr. Toutes les régions chaudes. Espèce sans doute récemment introduite en Polynésie, comme la précédente.

La famille des Samydacées, qui compte un petit nombre de représentants aux îles Viti parmi les genres *Casearia* et *Homalium*, devrait figurer ici. Mais le *Casearia impunctata* que Hooker et Arnott (*Bot. Beech.*, 61) décrivent comme étant originaire des îles de la Société est une espèce trop douteuse pour pouvoir être admise comme véritablement indigène dans la Polynésie française. Voici cependant sa description :

« Foliis oblongo-ellipticis breve petiolatis coriaceis basi apiceque acutis obsolete dentatis glabris nitidis impunctatis, pedunculis brevibus glomeratis axillaribus, calyce 5-partito, staminibus fertilibus 10, stylo elongato, stigmatibus tribus capitatis. »

Le *Carica Papaya* L., qui figure dans les Flores de Seemann et de Hillebrand, semble simplement échappé de quelques cultures aux îles Marquises, et peut-être aussi à Tahiti.

CUCURBITACÉES.

Fleurs monoïques ou dioïques ; calice campanulé à cinq divisions plus ou moins longues. Cinq pétales quelquefois réunis à la base. Trois étamines ; anthères adhérant souvent entre elles : l'une le plus souvent uniloculaire, les autres biloculaires. Ovaire infère à trois loges ; ovules nombreux insérés sur des placentas pariétaux ; un style ; généralement trois stigmates. Fruit bacciforme ou capsulaire, indéhiscent; péricarpe quelquefois osseux; graines horizontales, souvent aplaties, quelquefois bordées ou ailées.

Plantes rampantes ou grimpantes. Feuilles alternes. Inflorescences variées; celle des fleurs mâles souvent différente des fleurs femelles.

Environ 600 espèces, originaires des pays tropicaux, très fréquemment cultivées, mais rarement spontanées, dans les régions tempérées.

1 {	Fleurs mâles en grappes ou en corymbes; fleurs femelles solitaires.	2
	Fleurs toutes solitaires	III. **Benincasa** *Savi.*
2 {	Étamines à anthères sinueuses.	3
	Étamines à anthères rectilignes.	IV. **Melothria** L.
3 {	Fruit dilaté au sommet	I. **Lagenaria** *Ser.*
	Fruit cylindrique, atténué aux deux extrémités.	II. **Luffa** *T.*

I. — LAGENARIA *Ser.*

Fleurs monoïques. Calice campanulé à cinq dents courtes. Cinq pétales libres, oblongs-obovales. Trois étamines; anthères sinueuses, adhérant entre elles : une uniloculaire, les autres biloculaires. Ovaire oblong; style court, à trois stigmates bilobés. Fruit indéhiscent, presque ligneux, élargi au sommet.

Plantes grimpantes. Vrilles bifides. Fleurs solitaires.

Une espèce, répandue dans les pays chauds.

1. L. vulgaris Ser., in DC., *Prodr.*, III, 299; Hook. et Arn., *Bot. Beech.*, 63; Endl., *Fl. Suds.*, n. 1379; Guill., *Zephyr. Tait.*, n. 283; Pancher, in Cuzent, *Tahiti*, 232; Seem., *Fl. Vit.*, 106; Nadeaud, *Enum.*, n. 428; Cogniaux, in A. DC., *Monogr. Phan.*, III, 417.

Cucurbita Lagenaria L., *Sp.*, 1434; Forst., *Prodr.*, n. 361; *Cucumis bicirrha* Forst., *mss.*, in Guill., *Zephyr. Tait.*, n. 286 (ex Cogniaux, *l. c.*, 418).

Tige épaisse, anguleuse. Feuilles cordiformes (larges de 10 à 20 cent.), légèrement pubescentes. Fleurs mâles plus grandes et plus longuement pédonculées que les femelles, dépassant le pétiole. Calice pubescent. Ovaire fortement velu. Fruit glabre.

Iles de la Société (*Lay et Collie*) : Tahiti (*Banks et Solander; Forster; Nadeaud 423!; Savatier 972!*).

Distrib. géogr. Inde et Afrique tropicale. Cultivée dans toute la Polynésie

II. — LUFFA *T.*

Fleurs monoïques. Calice campanulé, à cinq divisions ovales-aiguës. Cinq pétales obovales, étalés. Trois étamines insérées dans le tube du calice. Anthères sinueuses : une uniloculaire; deux biloculaires.

Ovaire sillonné ou anguleux, réduit à une glande dans les fleurs mâles; style cylindrique à trois stigmates bifides. Fruit oblong ou cylindrique. Graines comprimées.

Plantes annuelles grimpantes. Vrilles multifides. Fleurs mâles en grappes axillaires. Fleurs femelles solitaires, à l'aisselle des feuilles.

Environ 6 espèces, originaires pour la plupart des régions chaudes de l'Ancien Monde.

Fruit lisse. . . . . 1. **L. cylindrica** *Rœm.*
Fruit à côtes. . . . . 2. **L. acutangula** *Roxb.*

1. **L. cylindrica** Rœm. et Sch., *Syn.*, *Fasc.* 2, 63 ; Cogniaux, in A. DC., *Monogr. Phan.*, III, 456.

Var. β *insularum* Cogniaux, *l. c.*, 457.

Cucurbita multiflora Soland., in Forst., *Prodr.*, n. 556, et in Parkins., *Draw. Tahit. Pl.*, t. 108 (ined., ef. Seem., *Fl. Vit.*, 105) ; DC., *Prodr.*, III, 318 ; Endl., *Fl. Suds.*, n. 1384 ; Guill., *Zephyr. Tait.*, n. 389 ; Pancher, in Cuzent, *Tahiti*, 232 ; Nadeaud, *Enum.*, n. 422 ; *L. insularum* A. Gr., *Bot. Wilkes*, 664 ; Nadeaud, *l. c.*, n. 121 ; Seem., *Fl. Vit.*, 105.

Noms indigènes à Tahiti : *Huerhaho* (Solander) ; *Huaroro* (Pancher) ; *Aroro* (Nadeaud).

Plante glabre, à tiges sillonnées. Feuilles grandes (atteignant une largeur de 20 cent.), pétiolées, pentagonales dans leur contour, échancrées en cœur à la base, palmatinerviées, à trois lobes, le médian aigu, les deux latéraux obtus, incisés, sinueux, velues sur les nervures, couvertes sur les deux faces d'aiguillons crochus, très courts. Vrilles plus longues que le pétiole. Grappe des fleurs mâles lâche, trois ou quatre fois plus longue que la feuille. Pédoncule des fleurs femelles gros, plus court que le pétiole. Fruit lisse, graines ailées.

Iles de la Société : Tahiti, collines de Taravao (*Lépine* 36!) ; sans désignation de localité (*Banks et Solander* ; *Forster* ; *Ribourt!*).
Distrib. géogr. Iles Viti, Tonga, Nouvelle-Calédonie, Australie, etc.

2. **L. acutangula** Roxb., *Hort. Beng.*, 70 ; Cogniaux, in A. DC., *Monogr. Phan.*, III, 459.

Plante glabre, à tige anguleuse, scabre. Feuilles arrondies (atteignant une longueur et une largeur de 20 cent.), palmatinerviées, légèrement anguleuses ou lobées. Fruit cylindrique à dix côtes. Graines non ailées.

Iles de la Société : Tahiti (*Banks et Solander*).
Habite les régions tropicales de l'Ancien Monde.

III. — BENINCASA *Savi.*

Fleurs monoïques. Calice campanulé à cinq divisions. Cinq pétales.

Trois étamines. Anthères sinueuses insérées dans le tube du calice. Trois staminodes dans les fleurs femelles. Ovaire oblong; style épais à trois stigmates ondulés. Fruit gros, bacciforme. Graines horizontales. Plantes grimpantes. Fleurs toutes axillaires.

Une espèce, répandue dans les régions chaudes de l'Ancien Monde.

1. **B. hispida** Cogn., in A. DC., *Monogr. Phan.*, III, 513.

Cucurbita hispida Thunb., *Fl. Jap.*, 232; *B. cerifera* Savi, in DC. *Prodr.*, III, 303; *Cucurbita pruriens* Soland., *mss.*, in Forst., *Prodr.* n. 544, *Prim. Fl. Ins. Pacif.*, et in Park., *Draw. of Tahit. Pl.*, t. 109 (ined., cf. Seem.); Endl., *Fl. Suds.*, n. 1383; Guill., *Zephyr. Tait.*, n. 286; Seem., *Fl. Vit.*, 107, ined.).

Herbe monoïque, à tiges rampantes ou grimpantes, couverte de poils glanduleux, hérissés. Vrilles bifides. Feuilles (longues de 5 à 10 cent.), pentagonales dans leur contour, échancrées à la base, à cinq lobes inégaux, le médian plus grand, lâchement dentées en scie, velues sur les deux faces. Pétiole plus court que le limbe. Calice à cinq divisions linéaires, lancéolées. Pétales velus à la base.

Iles de la Société : Tahiti (*Banks et Solander; Vesco!*). — Iles Marquises : Noukahiva (*Hombron!*).

IV. — MELOTHRIA *L.*

Fleurs monoïques. Calice campanulé à cinq dents. Cinq pétales, plus ou moins unis à la base. Trois étamines à anthères non sinueuses. Trois staminodes dans les fleurs femelles. Ovaire ovoïde, rudimentaire dans les fleurs mâles; style court, à trois stigmates linéaires. Fruit bacciforme; graines horizontales, souvent elliptiques, épaissies sur les bords.

Plantes grimpantes ou rampantes. Feuilles le plus souvent entières. Vrilles simples. Fleurs mâles en corymbes et axillaires. Fleurs femelles solitaires à l'aisselle des feuilles.

Une cinquantaine d'espèces, répandues sous les tropiques des deux Mondes.

1. **M. Grayana** Cogniaux, in A. DC., *Monogr. Phan.*, III, 591.

Karivia Samoensis A. Gr., *Bot. Wilkes.*, I, 643; Seem., in *Journ. Bot.*, 1864, 47, et *Fl. Vit.*, 103; Nadeaud, *Enum.*, n. 428; *Cucumis maderaspatana* Soland., *Prim. Fl. Ins. Pacif.*, 337, et in Parkins., *Draw. of Tahit. Pl.*, t. 3 (ined., cf. Seem., *Fl. Vit.* 103); *Bryonia Johnstoni* Pancher, in Cuzent., *Tahiti*, 232.

Nom indigène à Tahiti : *Hue-Hue.*

Plante herbacée rampante. Feuilles cordiformes (longues de 1 à 12 cent., larges de 4 à 8), entières, munies sur les bords de petites dents aiguës, espacées. Fleurs mâles en corymbe plus court que la feuille. Fleurs femelles égalant le pétiole. Pédoncule droit. Baie d'un beau rouge clair.

Iles de la Société : Tahiti, montagnes de 2 à 300 mètres (*Vesco!*); parties découvertes des vallées fraiches et montagnes élevées (*Nadeaud* 420!); sans indication de localité (*Cook; Banks et Solander; Ribourt!; Vieillard et Pancher!*)
Distrib. géogr. Iles Viti et Samoa.

On cultive aussi dans la Polynésie française :

1. **Cucumis Melo** L., *Sp.*, 1436 ; Ser., in DC., *Prodr.*, III, 300 ; Cogniaux, in A. DC., *Monogr. Phan.*, III, 482 ; Pancher, in Cuzent., *Tahiti*, 322.
Plante annuelle. Feuilles grandes, orbiculaires, anguleuses, plus ou moins velues sur les deux faces. Fleurs mâles en fascicules axillaires. Fleurs femelles solitaires à l'aisselle des feuilles. Fruit charnu, de forme ordinairement sphéroïdale, souvent très gros.
Var. α *agrestis* Naud., in *Ann. Sc. Nat.*, sér. 4, X, 73.
C. pubescens Wild., *Sp.*, IV, 614 ; DC., *Prodr.*, III, 301 ; *C. acidus* Jacq., *Obs.*, IV, 14 ; Seem., *Fl. Vit.*, 106 ; *C. Pancherianus* Naudin, *l. c.*, XII, 112 ; *Cucurbita aspera* Soland., ex Forst., *Prodr.*, n. 554, et *Prim. Fl. Ins. Pacif.*, 336 (ex Seem., *l. c.*), et in Parkins., *Draw. of Tahit. Pl.*, t. 119 (ined., cf. Seem., *l. c.*); Endl., *Fl. Suds.*, n. 1384.
Plante grêle; fruits petits.
Iles de la Société (*Banks et Solander ; Forster*). — Iles Marquises (*Dupetit-Thouars; Jardin* 98?).
Var. β *culta* Kurz, in *Trans. Acad. Sc. Beng.*, 1877, II, 102. (Melon.)
C. Melo L., in Seem., *Fl. Vit.* 106.
Plante plus forte; fruits gros.
Iles de la Société : Tahiti (*Pancher*). — Iles Marquises (*Jardin* 190?).

2. **C. sativus** L., *Sp.*, 1437 ; DC., *Prodr.*, III, 300 ; Cogniaux, in A. DC. *Monogr.*, *Phan.*, III, 498 (Concombre).
Feuilles palmatilobées.

3. **Citrullus vulgaris** Schrad., in *Linnæa*, XII, 412 ; Cogn., *l. c.*, 509 (Pastèque).
Plante annuelle, grimpante. Tige laineuse, sillonnée. Feuilles pinnatiséquées. Fleurs mâles et femelles le plus souvent solitaires. Fruit charnu, elliptique, assez gros.

4. **Momordica Charantia** L., *Sp.*, 1433 ; DC., *Prodr.*, III, 311 ; Seem., *Fl. Vit.*, 105 ; Cogniaux, *l. c.*, 436.
Tiges grêles. Feuilles trilobées. Vrilles simples. Fleurs toutes solitaires. Baie oblongue acuminée. Graines tuberculées.

5. **Cucurbita Pepo** L., *Sp.*, 1485 ; Pancher, in Cuzent, *Tahiti*, 232 ; Seem., *Fl. Vit.*, 107.
Plante annuelle, rampante ou grimpante. Feuilles largement quinquélobées. Fleurs toutes solitaires. Calice et corolle campanulés. Fruit très gros, plus ou moins sphéroïdal.

FICOÏDÉES.

Fleurs généralement hermaphrodites. Calice à quatre ou cinq divisions plus ou moins profondes. Pétales nuls (sauf dans quelques genres autres que le suivant). Étamines au nombre de cinq ou plus. Ovaire généralement libre, à trois ou cinq loges, et autant de styles. Ovules souvent nombreux. Fruit généralement capsulaire. Graines souvent nombreuses dans chaque loge, ordinairement réniformes, comprimées.

Plantes herbacées ou suffrutescentes, succulentes ; feuilles entières. Inflorescences diverses.

Environ 450 espèces, habitant surtout les régions chaudes.

1. — SESUVIUM *L.*

Calice généralement coloré, à cinq divisions ovales-aiguës, persistantes. Étamines insérées au sommet du tube du calice. Capsule s'ouvrant circulairement.

Feuilles opposées, munies de stipules. Fleurs axillaires, solitaires ou en cymes.

Espèces au nombre de 4, répandues sur les rivages des contrées chaudes.

1. **S. Portulacastrum** L., *Sp.*, 446 ; DC., *Prodr.*, III, 453 ; Hook. et Arn., *Bot. Beech.*, 65 ; Endl., *Fl. Suds.*, n. 1409 ; Hillebr., *Fl. Haw. Isl.*, 140.

Plante vivace à tiges couchées. Feuilles linéaires-oblongues (1-2 cent.) ; stipules scarieuses, ovales-acuminées. Fleurs très brièvement pédicellées. Divisions du calice d'un vert tirant sur le poupre, à bords scarieux. Capsule (large de 4-5 mill.), ovale.

Iles de la Société (*Lay et Collie*).
Distrib. géogr. Presque tous les rivages des pays chauds.

OMBELLIFÉRES.

Fleurs hermaphrodites, ou polygames, régulières ou irrégulières. Calice à cinq dents courtes, ou quelquefois nulles. Cinq pétales en préfloraison valvaire ou imbriquée. Cinq étamines. Disque de forme variable. Ovaire infère biloculaire ; un ovule pendant dans chaque loge ; deux styles. Fruit sec, se séparant en deux portions indéhiscentes, présentant cinq ou dix côtes plus ou moins saillantes, séparées par des intervalles appelés *vallécules ;* péricarpe parcouru par des canaux sécréteurs ou *bandelettes*, occupant des situations diverses.

Plantes ordinairement herbacées, à feuilles rarement entières. Fleurs en ombelles.

Espèces très nombreuses, habitant toutes les régions du globe.

I. — PEUCEDANUM *L*.

Calice à dents à peine apparentes. Pétales repliés en dedans et émarginés au sommet. Fruit comprimé par le dos. Carpelles à cinq côtes ; les latérales plus développées que les dorsales et les intermédiaires. Quatre bandelettes, ou moins dans chaque vallécule.

Environ 100 espèces, répandues dans toutes les régions du globe.

1. **P. graveolens** Benth. et Hook., *Gen.*, I, 919 ; Hillebr., *Fl. Haw. Isl.*, 144.

Anethum graveolens L., *Sp.*, 377 ; DC., *Prodr.*, IV, 186.

Plante annuelle, glabre. Feuilles plusieurs fois pinnatiséquées, à segments linéaires. Fleurs jaunes. Une bandelette dans chaque vallécule.

Iles de la Société : Tahiti (*Vesco*). Introduite.

L'*Eryngium aquaticum* L. semble avoir été indiqué par erreur aux îles de la Société par Hooker et Arnott.

ARALIACÉES.

Fleurs hermaphrodites ou polygames. Limbe du calice généralement court, à trois ou cinq dents. Pétales en nombre égal à celui des divisions du calice, ou en nombre indéfini, en préfloraison valvaire ou imbriquée. Étamines ordinairement aussi nombreuses que les pétales. Disque de forme variable. Ovaire infère, le plus souvent à deux loges, mais présentant souvent un nombre variable de fausses cloisons ; deux ou plusieurs styles. Fruit le plus souvent drupacé indéhiscent. Graines pendantes, solitaires dans chaque loge.

Arbres ou arbustes. Feuilles alternes, entières ou pennées. Stipules adnées au pétiole.

Plus de 300 espèces, habitant principalement les régions tropicales des deux Mondes.

<pre>
1 { Fleurs hermaphrodites   2
  { Fleurs dioïques. . . . . III. Meryta Forst.
2 { Styles distincts. . . . . I. Panax L.
  { Styles connés. . . . . II. Trevesia Visani.
</pre>

I. — PANAX *L.*

Fleurs hermaphrodites. Calice souvent campanulé, à dents courtes. Cinq pétales en préfloraisons valvaires. Cinq étamines. Ovaire à deux ou plusieurs loges; deux styles distincts, persistants. Fruit plus ou moins charnu, comprimé, à deux ou plusieurs loges monospermes.

Arbres à feuilles généralement composées. Fleurs en panicules.

Une trentaine d'espèces, habitant les régions chaudes de l'Ancien Monde.

1	Pédicelles articulés sous la fleur. . . .	2
	Pédicelles articulées à l'aisselle de la bractée.	1. **P. tahitense** *Nadeaud.*
2	Feuilles trifoliées.	2. **P. Bastardianum** *Decne.*
	Feuilles tripinnatifides·	3. **P. fruticosum L.**

1. P. tahitense Nadeaud, *Enum.*, n. 406.

Arbrisseau glabre (haut de 3 à 5 mètres). Feuilles (longues de 2 à 3 déc.) imparipennées, à 15 ou 19 folioles oblongues-lancéolées (longues de 6 à 10 cent., larges de 2 à 3), pétiolulées. Fleurs petites (2-3 mill.), en corymbes lâchement espacés le long des rameaux d'une grappe composée (longue de 20-30 cent.). Bractées et bractéoles ovales-acuminées. Pédicelles articulés immédiatement à l'aisselle de la bractée. Limbe du calice à dents égales. Pétales oblongs. Étamines à filets courts. Fruit comprimé, arrondi, rugueux, marqué sur chaque face d'un sillon assez profond et de côtes irrégulières.

Iles de la Société : Tahiti, gorges des monts Tahupoo (*Lépine* 159!); vallées de Tamanu, Orofero, Papehia à 900 ou 1000 mètres d'altitude (*Nadeaud* 406!)

2. P. Bastardianum Decne, *Voy. Vénus*, 24.

Aralia Bastardiana Decne, *l. c.*, 18.

Nom indigène à Tahiti : *Pimata.*

Arbre (haut de 10 à 15 m.) à écorce jaunâtre. Feuilles rassemblées au sommet des rameaux, longuement (8 à 10 cent.) pétiolées, à trois folioles ovales-aigus (8 cent. sur 6) rétrécis à la base, lâchement crénelés; pétiolule à peu près égal au limbe. Fleurs assez nombreuses, réunies en ombellules formant une panicule terminale un peu plus longue que la feuille, et à rameaux généralement ternés. Bractéoles très petites. Pédicelles articulés sous la fleur et plus longs qu'elle. Dents du calice très courtes. Pétales oblongs-lancéolés. Ovaire à trois ou cinq loges; de trois à cinq styles. Fruits obovales à trois ou cinq côtes obtuses.

Iles de la Société : Tahiti, montagnes (*Lépine!; Dupetit-Thouars!*)

3. P. fruticosum L., *Sp.*, 1515; DC., *Prodr.*, IV, 254.

Nothopanax fruticosum Miq., in *Bonplandia*, 1856, 139; Seemann, *Fl. Vit.*, 115.

Arbuste (haut de 1-2 mètres) glabre. Feuilles bi-tripinnatifides; segments lancéolés, cunéiformes à la base, irrégulièrement incisés-dentés; divisions acuminées. Ombellules longuement pédonculées, réunies en panicules corymbiformes. Pédicelles articulés sous la fleur. Dents du calice très courtes. Pétales oblongs. Ovaire généralement biloculaire, et à deux styles persistants. Fruit comprimé latéralement.

Iles Wallis (*Home*).
Distrib. géogr. Inde, Malaisie et Polynésie. Cultivée.

II. — TREVESIA *Vis.*

Fleurs hermaphrodites. Calice campanulé ou cupuliforme à divisions courtes, arrondies (ou quelquefois nulles). Six ou douze pétales, en préfloraison valvaire. Étamines en nombre égal à celui des pétales. Ovaire à huit ou douze loges souvent incomplètes, uniovulées; styles réunis en cône. Fruit légèrement charnu, ovoïde ou turbiné. Graines nombreuses.

Arbres à feuilles simples ou composées. Fleurs en ombelles.

Environ 9 espèces, habitant l'Asie tropicale, la Malaisie et les îles du Pacifique.

1. T. tahitensis.
Reynoldsia tahitensis Nadeaud, *Enum.*, n. 407.

Arbre (haut de 3 à 6 mètres), complètement glabre. Rameaux presque cylindriques, marqués des cicatrices des feuilles tombées; écorce faiblement rugueuse. Feuilles imparipennées; pétiole commun cylindrique (atteignant une longueur de 5 déc., mais quelquefois beaucoup plus court), dilaté et amplexicaule à la base, portant de 5 à 11 folioles coriaces, ovales, acuminées (longues environ de 10 à 15 cent.; larges de 3 à 5), lâchement dentées, brièvement pétiolulées. Fleurs de dimensions moyennes (4-5 mill.), réunies en ombelles composées (pédoncules longs de 5 à 6 cent.; rayons primaires de 2 à 3 cent.; pédicelles de 1 cent.), fasciculées au sommet des rameaux. Calice faiblement crénelé. Six pétales oblongs. Six étamines. Stigmate épais. Fruit turbiné à côtes peu saillantes, à douze loges; graines de forme irrégulière, épaissies du côté du raphé, légèrement recourbées.

Iles de la Société : Tahiti, cimes du Farerauape, col de Urufaa à 800 mètres (*Nadeaud* 407!); sans désignation de localité (*Vesco!*).

III. — MERYTA *Forst.*

Fleurs dioïques. Limbe du calice nul. De trois à six pétales en préfloraison valvaire ; de trois à six étamines ; anthères oblongues. Ovaire pluriloculaire ; stigmates sessiles en nombre égal à celui des loges, épais, recourbés en dehors. Drupe couronnée par les pétales et les stigmates persistants.

Arbres à feuilles simples. Fleurs sessiles, réunies en capitules disposés en grappes à l'aisselle de bractées écailleuses.

Environ 6 espèces, habitant la Polynésie, la Nouvelle-Calédonie, la Nouvelle-Zélande et l'île Norfolk.

1. M. lanceolata Forst., *Char. Gen.*, 120, t. 60, *Prodr.*, n. 558, et *Icon.*, t. 229 (ined., cf. Seem.); Endl., *Fl. Suds.*, 1670 ; Guill., *Zeph. Tait.*, n. 362 ; Nadeaud, *Enum.*, n. 408 ; Seem., *Fl. Vit.*, 118.

Botryodendron tahitense Guill., *l. c.*, n. 277 ; A. Gr., *Bot. Wilkes*, 731, t. 96 ; Decne., *Voy. Vénus*, 25, t. 19 ; Pancher, in Cuzent, *Tahiti*, 233 ; *B. cerberoides* et *lancifolium* Rich, in *Herb. U. S. Expl. Exped.* ; *Neara longifolia* Soland., *Prim. Fl. Ins. Pacif.*, 339 (ined., cf. Seem.).

Noms indigènes à Tahiti : *Toe-oe-phepara, Epuhuohi.*

Arbre glabre (haut de 8 à 10 mètres). Rameaux à écorce rugueuse, très spongieuse. Feuilles rassemblées au sommet des rameaux, simples, oblongues-lancéolées (longues de 20 à 25 cent. ; larges de 4 à 5), penninerviées ; pétiole sillonné et muni de côtes longitudinales, ainsi que la nervure médiane. Inflorescences un peu plus longues que le pétiole. Bractées obovales-cunéiformes, concaves. Fleurs mâles généralement à quatre pétales obovales. Étamines à filets très grêles. Fleurs femelles généralement à six pétales ovales-aigus. Drupe ovoïde (longue de 7 à 8 mill.).

Iles de la Société : Tahiti (*Banks et Solander ; Forster ; Bertero et Mœrenhout !; Vesco !; Lépine !; Pancher !; Nadeaud* 408 !).

RUBIACÉES.

Fleurs hermaphrodites, rarement unisexuées. Calice à cinq divisions, souvent peu profondes ou même nulles. Corolle le plus souvent hypocratériforme, à quatre ou cinq divisions. Étamines en nombre égal à celui des divisions de la corolle, insérées plus ou moins haut sur le tube ou à la gorge ; filets courts ou allongés ; anthères incluses ou exsertes, attachées par le dos ou par la base. Disque annulaire, entier ou bilobé, couronnant le sommet de l'ovaire. Ovaire infère à deux ou plusieurs loges; style le plus souvent allongé; stigmate simple ou bilobé, à lobes quelquefois connés; ovules solitaires ou en nombre indéfini dans chaque loge, ascendants, horizontaux, ou pendants. Fruit capsulaire, déhiscent ou indéhiscent, ou bien drupacé à deux ou plusieurs pyrènes. Graines polyédriques, ou conformes à la cavité de la loge. Albumen le plus souvent corné. Embryon droit ou courbé; radicule supère ou infère.

Arbres, arbustes ou herbes, dressés, couchés ou rampants. Feuilles opposées ou alternes, toujours entières. Stipules variables, persistantes ou caduques. Fleurs solitaires, ou en inflorescences variables.

Famille très nombreuse, répandue dans les régions tropicales ou tempérées des deux Mondes.

1	Arbres ou arbustes.	2
	Plantes herbacées ou suffrutescentes.	15
2	Fleurs en capitules globuleux, ou en ombelles; fruits s'unissant quelquefois entre eux à maturité.	3
	Fleurs solitaires, en cymes, ou en panicules; fruits restant toujours indépendants.	4
3	Fleurs en capitules globuleux.	I. **Nauclea** *L.*
	Fleurs en ombelles; fruits unis entre eux à maturité.	XIII. **Morinda** *Vaill.*
4	Anthères plus ou moins incluses dans la corolle; fleurs hermaphrodites	5
	Anthères pendantes hors de la corolle; fleurs unisexuées	XVIII. **Coprosma** *Forst.*
5	Préfloraison contournée	6
	Préfloraison imbriquée ou valvaire.	9
6	Fleurs en cymes ou en panicules.	7
	Fleurs le plus souvent solitaires.	VIII. **Gardenia** *L.*
7	Inflorescences terminales.	8
	Inflorescences axillaires.	VII. **Randia** *L.*
8	Ovules nombreux dans chaque loge.	VI. **Tarenna** *Gærtn.*
	Ovules solitaires dans chaque loge.	XII. **Ixora** *L.*
9	Limbe du calice régulier ou faiblement irrégulier	10
	Limbe du calice très irrégulier: un des lobes très développé.	V. **Mussænda** *L.*
10	Fruit drupacé	11
	Fruit capsulaire	II. **Bikkia** *Reinw.*
11	Cymes munies de larges bractées caduques.	12
	Cymes dépourvues de larges bractées.	13
12	Calice à limbe peu développé.	XIV. **Uragoga** *L.*
	Calice à limbe très développé.	XV. **Calycosia** *Gr.*
13	Graines cylindriques.	14
	Graines anguleuses.	XI. **Canthium** *Lamk.*
14	Limbe du calice légèrement irrégulier, caduc.	IX. **Guettarda** *L.*
	Limbe du calice régulier persistant.	X. **Timonius** *Rumph.*

15	Fruit charnu.	16
	Fruit sec.	17
16	Anthères pendantes	XVII. **Nertera** *Banks.*
	Anthères non pendantes.	XVI. **Geophila** L.
17	Capsule indéhiscente.	III. **Dentella** *Forst.*
	Capsule déhiscente.	IV. **Ophiorrhiza** L.

Tribu I. — Naucléées.

Préfloraison valvaire. Ovules nombreux. Fruit capsulaire. Capitules globuleux.

I. — NAUCLEA L.

Calice tétragone, à cinq ou sept divisions terminées par des appendices claviformes. Corolle tubuleuse-infundibuliforme. Cinq étamines insérées sur le tube de la corolle ; anthères exsertes. Ovaire biloculaire ; style dépassant la corolle ; stigmate fusiforme ; ovules nombreux attachés sur un placenta pendant du sommet de la loge. Capsule s'ouvrant en deux coques. Graines nombreuses, linéaires ou obovées ; albumen charnu.

Arbres. Fleurs en capitules globuleux.

Environ 30 espèces, habitant l'Asie et l'Océanie tropicales.

1. N. Forsteriana Seem., *Flor. Vit.*, 121 ; Nadeaud, *Enum.*, n. 357 ; Drake, *Illustr. Fl. Ins. Mar. Pacif.*, t. 13.

N. orientalis Forst., *Prodr.*, n. 85 (non alior.) ; Endl., *Fl. Suds.*, n. 1253 ; Soland., *Prim. Fl. Ins. Pacif.*, 225, et in Parkins., *Draw. of Tah. Pl.*, t. 20 (ined., cf. Seemann) ; *N. rotundifolia* Hook. et Arn., *Bot. Beech.*, 64 (non Bartl.) ; Endl., *l. c.*, n. 1252 ; Guill., *Zephyr. Tait.*, n. 257.

Arbre (haut de 10 à 15 mètres) à écorce grise ; rameaux articulés. Feuilles (5-15 cent., sur 3-10) entières, ovales-aiguës, quelquefois légèrement cordiformes à la base ; pétiole quatre ou cinq fois plus court que le limbe ; stipules terminales spatulées. Pédoncules solitaires, terminaux, plus courts que la feuille, articulés, souvent munis vers leur milieu de deux bractées caduques. Capitules (3 à 4 cent.) violet-foncé avant l'épanouissement des fleurs. Calice tomenteux. Corolle (longue de 1 cent.) blanchâtre. Anthères aiguës, légèrement sagittées à la base. Stigmate pubescent. Capsule anguleuse.

Iles de la Société (*Forster ; Banks et Solander ; Wiles et Smith*) : Tahiti, montagnes (*Vesco !*), gorges de Papeuriri (*Lépine !*), crêtes de Papaeva et d'Arue, vallée de Papenoo (*Nadeaud !*) ; sans indication de localité (*Lesson ! ; Bertero et Mœrenhout ! ; Pancher ! ; Savatier* 962 !).

Tribu II. — Condaminées.

Préfloraison valvaire. Ovules nombreux. Fruit capsulaire. Arbres ou arbustes.

II. — BIKKIA *Reinw.*

Calice turbiné à huit côtes étroites ; limbe à quatre ou cinq lobes linéaires-lancéolés, persistants. Corolle souvent infundibuliforme : limbe à quatre divisions. Étamines insérées à la base du tube de la corolle ; filets grêles ; anthères linéaires. Ovaire biloculaire ; ovules ascendants ; placentas plus ou moins révolutés ; style grêle ; stigmate claviforme ou bilobé. Capsule déhiscente, polysperme, se séparant du calice au moment de la maturité. Graines comprimées, anguleuses ; albumen charnu.

Arbustes glabres, à feuilles épaisses. Fleurs assez grandes, souvent solitaires, axillaires ou terminales.

Environ 12 espèces, habitant la Malaisie et la Polynésie.

1. B. tetrandra A. Gray, in *Proceed. Am. Ac.*, IV, 325 ; Seem., *Flor. Vit.*, 124.

Portlandia tetrandra Forst., *Prodr.*, n. 86, et *Icon.*, t. 48 (ined., cf. Seem., *l. c.* ; *B. grandiflora* Reinw., in Blume, *Bijdr.*, 1017 ; Miq., *Fl. Ind. Bat.*, III, 156 ; *Bikkia australis* DC., *Prodr.*, IV, 405 ; *Pelesia carnosa* Hook. et Arn., *Bo¹. Beech.*, 64.

Feuilles oblongues-ovales, obtuses au sommet, atténuées à la base. Stipules connées, formant une gaîne tronquée, mucronulée. Fleurs plus courtes que la feuille.

Le *B. tetrandra* ne semble pas avoir été trouvé dans les îles de la Société proprement dites ; mais différentes îles de la Polynésie française ayant été englobées par Hooker et Arnott sous la commune dénomination d' « Iles de la Société », cette plante peut trouver sa place ici ; elle habite, d'ailleurs, plusieurs îles de la Polynésie et de l'Archipel Malais.

Tribu III. — Hedyotidées.

Préfloraison valvaire. Ovules nombreux. Fruit capsulaire Plantes herbacées ou suffrutescentes.

III. — DENTELLA *Forst.*

Calice à tube globuleux, à cinq dents courtes. Corolle infundibuliforme ; tube velu à l'intérieur ; limbe à cinq divisions. Cinq étamines à filets courts ; anthères généralement courtes linéaires. Ovaire biloculaire; style court, à deux branches garnies de papilles. Capsule indéhiscente, hérissée, polysperme. Graines petites, anguleuses.

Plante herbacée. Fleurs axillaires, solitaires.

Une espèce, répandue dans l'Asie et l'Océanie tropicales.

1. D. repens Forst., *Char. Gen.*, 20, t. 13 et *Prodr.*, n. 97; *Icon.* (ined., cf. Seem., *Fl. Vit., p.* 124), t. 54; Endl., *l. c.*, n. 1264.

Plante herbacée, glabre ou hispide, à rameaux nombreux, grêles, diffus. Feuilles petites, linéaires-oblongues, rétrécies en pétiole; stipules scarieuses, connées. Fleurs solitaires, axillaires, plus courtes que la feuille.

Iles Marquises : Noukahiva, au bord des ruisseaux (*Hombron!*).

IV. — OPHIORRHIZA *L.*

Calice à tube très court, quelquefois muni de côtes; limbe à cinq dents courtes. Corolle hypocratériforme; tube très long; limbe court, à cinq divisions. Cinq étamines insérées sur le tube de la corolle : anthères linéaires, bifides à la base, attachées par le dos, incluses ou exsertes; filets de longueur variable. Disque annulaire. Ovaire à deux loges. Capsule comprimée, mitriforme, s'ouvrant au sommet, par une fente, en deux valves sillonnées au milieu, et munies chacune de deux dents courtes, rapprochées du sillon médian. Graines petites, anguleuses.

Plantes herbacées ou suffrutescentes, dressées ou couchées. Inflorescences en cymes nues ou munies de bractées, quelquefois raccourcies, ou bien scorpioïdes. Fleurs brièvement pédicellées.

Une cinquantaine d'espèces, habitant principalement l'Asie tropicale; moins communes en Polynésie et en Australie.

1	Plantes plus ou moins frutescentes. . . .	2
	Plante herbacée, basse.	5. **O. Solandri** *Seem.*
2	Cymes contractées.	3
	Cymes lâches scorpioïdes.	4. **O. scorpioidea** *Nadeaud.*
3	Cymes pauciflores, stipules oblongues ou très petites.	4
	Cymes multiflores, stipules sétacées. . .	3. **O. tahitensis** *Seem.*
4	Stipules oblongues, assez grandes. . . .	1. **O. Nelsoni** *Seem.*
	Stipules très petites.	2. **O. subumbellata** *Forst.*

1. O. Nelsoni Seem., *Flor. Vit.*, 126.

O. subumbellata Nadeaud, *Enum.*, n. 353 ex parte (n. Forster).

Plante suffrutescente, basse (2 ou 3 déc.), souvent pubérulente et rubigineuse au sommet des rameaux et sur les inflorescences, d'autres fois entièrement glabre. Feuilles oblongues-acuminées (longues de 8 à 10 cent., larges de 20 à 35 mill.), atténuées à la base en pétiole (1 cent. environ), vertes en dessus, pâles ou tirant sur le roux en dessous. Stipules (longues de 10 à 12 mill.), oblongues, atténuées au sommet en arête plus ou moins longue, souvent fimbriées. Cymes ombelliformes, presque aussi longues que la feuille; bractéoles linéaires-sétacées. Tube de la corolle allongé (environ 2 cent.), pubérulent ou glabre; lobes ovales-oblongs, aigus. Capsule large d'un centimètre.

Iles de la Société : Tahiti, environs du Marau. vallée de Pua (*Nadeaud* 353!); sans désignation de localité (*Nelson; Vesco!*)

2. **O. subumbellata** Forst., *Prodr.*, n. 66; Endl., *Fl. Suds.*, n. 263; Guill., *Zeph. Tait.*, n. 261; Seem., *Flor. Vit.*, 126.

O. fruticulosa Nadeaud, *l. c.*, n. 354.

Plante suffrutescente, entièrement glabre. Feuilles ovales-oblongues, acuminées (longues de 6 à 8 cent., larges de 2 à 3 à peine), atténuées en pétiole, vertes en dessus, pâles en dessous; stipules triangulaires ovales, très petites, caduques. Cymes raccourcies, pauciflores. Bractéoles subulées, filiformes. Tube de la corolle allongé (12 à 15 mill.); lobes ovales-oblongs. Capsule large de 5 mill. environ.

Iles de la Société : Tahiti, crêtes de Haamuta, Pirai, etc. (*Nadeaud* 355 !) sans désignation de localité (*Forster*).

3. **O. tahitensis** Seem., *Flor. Vit.*, 127.

O. subumbellata Nadeaud, *l. c.*, n. 353 (ex parte, non Forster).

Plante suffrutescente, glabre. Feuilles oblongues-acuminées (longues de 10 à 20 cent., larges de 3 à 6), atténuées à la base. Stipules sétacées, dilatées à la base (longues de 8 à 10 mill.). Cymes raccourcies, ombelliformes, plus courtes que la feuille; bractées sétacées; 10 ou 15 fleurs. Tube de la corolle glabre en dehors, très allongé (4 ou 5 cent.); lobes oblongs-aigus, pubérulents. Fruit inconnu.

Iles de la Société : Tahiti, vallée de Punaruu. plateau d'Anaorii (*Nadeaud* 353!); sans désignation de localité (*Vesco!; Lépine!*).

4. **O. scorpioidea** Nadeaud, *Enum.*, n. 355.

Plante suffrutescente, glabre. Feuilles oblongues-aiguës (longues environ de 8 à 10 cent., larges de 20 à 25 mill.), atténuées en pétiole. Stipules sétacées, dilatées à la base, caduques. Inflorescence lâche, aussi longue que la feuille; pédoncule commun (long de 3 à 4 cent.) se divisant en deux ou trois branches étalées, scorpioïdes, simples ou composées, munies de bractées persistantes ou caduques, portant chacune 10 ou 12 fleurs. Tube de la corolle peu allongé (15 mill.), étroit; lobes ovales-aigus, pubérulents. Capsule large de 2 à 3 millimètres.

Iles de la Société : Tahiti, flancs de l'Aorai (*Lépine* 76!), plateau d'Anaorii (*Nadeaud* 355!); sans désignation de localité (*Vesco!*).

5. **O. Solandri** Seem., *Flor. Vit.*, 127.
O. torrentium Nadeaud, *Enum.*, n. 356.
Plante herbacée, glabre (haute de 10 à 20 cent.), quelquefois rampante à la base. Feuilles elliptiques, atténuées aux deux extrémités (longues de 5 à 7 cent., larges de 8 à 15 mill.); stipules très petites, triangulaires. Pédoncule terminal, à 2 ou 3 fleurs, plus long que la feuille. Tube de la corolle allongé (2 à 3 cent.); lobes ovales-aigus. Fruit inconnu.

Iles de la Société : Tahiti, bords des torrents à Tearapau (*Nadeaud* 356!); sans désignation de localité (*Lépine* 77!).

Tribu IV. — MUSSÆNDÉES.

Préfloraison valvaire. Ovules nombreux. Fruit charnu.

V. — MUSSÆNDA *L*.

Calice subcampanulé à cinq divisions, dont quatre linéaires et la cinquième dilatée en un large appendice foliacé deux ou trois fois plus grand que la fleur. Corolle infundibuliforme. Cinq étamines souvent insérées à la gorge de la corolle. Ovaire à deux loges; style filiforme. Drupe à deux loges polyspermes. Graines petites, oblongues.
Plantes généralement frutescentes, à feuilles opposées ou verticillées. Inflorescences terminales.

Une quarantaine d'espèces, habitant les régions tropicales de l'Asie et de l'Afrique, une seule s'étendant jusqu'en Océanie.

1. **M. frondosa** L., *Sp.*, 251; Forst., *Prodr.*, n. 102; DC., *Prodr.*, IV, 370; Endlich., *Fl. Suds.*, n. 1255; Guillem., *Zephyr. Tait.*, n. 257; Pancher, in Cuzent, *Tahiti*, 233; Seem., *Fl. Vit.*, 223; Nadeaud, *Enum.*, n. 361.
Arbuste. Rameaux bruns, pubescents dans leur jeunesse, ainsi que les pédoncules avant la maturité du fruit, glabrescents ensuite. Feuilles (longues de 7 à 8 cent., larges de 2 à 3) elliptiques, rétrécies à la base, acuminées au sommet, pubescentes sur les deux faces. Fleurs (longues de 2 à 3 cent.), en corymbe. Calice pubescent (long de 5-6 mill.). Corolle pubescente en dehors, glabre en dedans.

Iles de la Société (*Lay et Collie*) : Tahiti, Ofaipapa, vallée de Pirae (*Nadeaud* 361!). — Iles Wallis (*Græffe*).
Distrib. géogr. Régions tropicales de l'Ancien Monde.

Tribu V. — GARDÉNIÉES.

Préfloraison contournée. Ovules nombreux. Fruit charnu.

VI. — TARENNA *Gærin.*

Tube du calice ovoïde; limbe court, à cinq divisions. Corolle infundi-buliforme; limbe à cinq divisions. Cinq étamines insérées à la gorge de la corolle; filets courts; anthères exsertes, linéaires-aiguës, attachées par le dos. Disque annulaire. Ovaire biloculaire; ovules en nombre indéfini; style dépassant de beaucoup la corolle; stigmate fusiforme. Baie globuleuse, à deux loges polyspermes. Graines anguleuses.

Arbres ou arbustes. Fleurs en cymes corymbes formes terminales.

Une quarantaine d'espèces, habitant l'Asie, la Polynésie et l'Afrique tropicale; une espèce est australienne.

1. T. sambucina Durand, *Ind. Gen.*, 177.

Coffea sambucina Forst., *Prodr.*, n. 92, et *Icon.* (ined., cf. Seem., *Fl. Vit.*, 124), t. 51; *Pavetta sambucina* DC., *Prodr.*, IV, 492; Endl., *Flor. Suds.*, n. 1294; *Chiococca sambucina* Spreng., *Syst.*, 1586; *Stylocorine racemosa* Hook. et Arn., *Bot. Beech.*, 64 (non Cav.); Endl., *l. c.*, n. 1256; Guillem., *Zephyr. Tait.*, n. 259; *S. pericarpa* Benth., in *Hook. Journ. Bot.*, II, 223; *S. sambucina* A. Gray, in *Proceed. Am. Ac.*, IV, 309; Seem., *Fl. Vit.*, 124; *Rondeletioides* Soland., in Forst., *Prodr.*, n. 511; Endl., *l. c.*, n. 1315; *Rondeletia tetragona* Parkins., *Draw. Tah. Pl.* (ined., cf. Seem.), t. 23.

Arbre (haut de 10 à 12 mètres) à rameaux tétragones. Feuilles (longues de 15 cent., larges de 4 à 5) elliptiques-aiguës, rétrécies en pétiole (3-4 cent.), glabres sur les deux faces; stipules ovales-aiguës, dentées. Fleurs très nombreuses, en corymbes terminaux plus courts que la feuille. Dents du calice courtes, obtuses, ciliées. Corolle pubescente extérieurement, presque glabre intérieurement. Étamines glabres. Style pubescent. Baie de la grosseur d'un pois. Graines tétraédriques.

Iles de la Société (*Banks et Solander; Luy et Collic*) : Tahiti, Amurahi, district d'Arue (*Nadeaud* 358!); sans indication de localité (*Lépine!; Savatier* 825!; *Vieillard et Pancher!*).

Distrib. géogr. Iles Viti et Tonga.

VII. — RANDIA *L.*

Calice campanulé. Corolle hypocratériforme ou infundibuliforme, à préfloraison contournée. Étamines à filets courts; anthères incluses ou exsertes. Disque annulaire. Ovaire à deux loges multiovulées; style gros, à deux stigmates connés ou quelquefois libres. Drupe charnue. Graines comprimées, anguleuses.

Arbres ou arbustes. Inflorescences axillaires.

Environ 90 espèces, habitant les régions tropicales des deux Mondes.

Inflorescences raccourcies . . . . 1. R. tahitensis *Nadeaud.*
Inflorescences lâches. . . . . 2. **R. coffeoides** *Seem.*

1. R. tahitensis Nadeaud, *Enum.*, n. 359; Drake, *l. c.*, t. 42.

Arbre (haut de 6 à 10 mètres) à rameaux comprimés ; écorce grisâtre. Feuilles (10-15 cent., sur 4-5 ; pétiole long de 10 à 15 mill.) obovales-acuminées, atténuées à la base, membraneuses, glabres en dessus, couvertes en dessous, sur les nervures, de poils épars et appliqués ; stipules connées, petites, ovales-oblongues, faiblement aiguës, pubérulentes, caduques. Fleurs en cymes raccourcies, à pédoncule commun très court, ligneux, insérées sur le vieux bois ; bractées scarieuses, petites, légèrement pubescentes ; pédicelles plus longs que le pédoncule (1 cent.). Calice campanulé, de même longueur, couvert de poils jaunes, épars, appliqués ; dents lâches, obtuses. Corolle glabre ; tube infundibuliforme (long de 1 cent.), muni d'un anneau de poils à l'intérieur ; limbe à cinq lobes larges à la base, aigus au sommet, d'abord connivents en pointe, étalés ensuite. Étamines insérées vers le milieu du tube de la corolle ; anthères incluses, terminées par une pointe incurvée. Style plus court que les étamines ; stigmate à deux lobes épais. Drupe ovoïde (large de 2 cent.).

Iles de la Société : Tahiti, crêtes de la vallée de Pirae qui vont à l'Aorai, vers 1,000 mètres d'altitude (*Nadeaud* 359 !).

2. R. coffeoides Benth. et Hook., *Gen.*, II, 88.

Stylocoryne coffeoides A. Gray, in *Proceed. Am. Ac.*, IV, 309 ; Seem., *Fl. Vit.*, 123 ; *Coffea cymosa*, β Forst. *mss.* ; *Stylocoryne racemosa* Cav., *Icon.*, IV, t. 368 (non Hook. et Arn.).

Rameaux cylindriques. Feuilles elliptiques-oblongues, aiguës à la base, acuminées au sommet, glabres. Panicules axillaires, dichotomes, lâches, deux fois plus courtes que la feuille. Corolle hypocratériforme, à cinq lobes plus courts que le tube.

Iles de la Société (*Wilkes*). — Iles Wallis (*Home* ; *Græffe* 32).
Distrib. géogr. Iles Viti, Tonga et aux Nouvelles-Hébrides.
Je n'ai pas vu cette plante. La description ci-dessus est traduite d'Asa Gray.

VIII. — GARDENIA *L.*

Tube du calice ovoïde ; limbe variable dans le nombre et la forme de ses divisions. Tube de la corolle allongé ; limbe hypocratériforme, à cinq divisions ou plus. Étamines insérées à la gorge de la corolle; filets très courts; anthères linéaires-oblongues. Ovaire imparfaitement biloculaire; style souvent bilobé au sommet. Fruit plus ou moins charnu, indéhiscent ou s'ouvrant irrégulièrement. Graines nombreuses, enveloppées dans une pulpe.

Arbustes à feuilles simples. Fleurs généralement axillaires.

Une soixantaine d'espèces, répandues dans les régions tropicales de l'Ancien Monde, et dans les îles du Pacifique.

1. G. tahitensis DC., *Prodr.*, IV, 380; Endl., *Fl. Suds.*, n. 1261 Guillem., *Zephyr. Tait.*, n. 260; Jardin, *Hist. nat. des îles Marq.*, 24; Pancher, in Cuzent, *Tahiti*, 234; Seem., *Flor. Vit.*, 122; Nadeaud, *Enum.*, n. 360.

G. florida Forst., *Prodr.*, n. 122 (non L.); Endl., *Fl. Suds.*, n. 1260.

Nom indigène à Tahiti : *Tiare.*

Arbrisseau glabre, lisse, résineux au sommet. Feuilles obovales, brièvement pétiolées, à peine aiguës (longues de 10 à 15 cent., larges de 6 à 8); stipules connées, triangulaires. Fleurs solitaires à l'aisselle des feuilles supérieures (longues de 8 à 10 cent.). Calice (long de 2 cent.), à quatre divisions inégales, oblongues-lancéolées, plus longues que le tube. Corolle deux ou trois fois plus longue que les divisions du calice; lobes (2 cent.) obovales-oblongs.

Iles de la Société (*Banks et Solander; Forster*) : Tahiti (*d'Urville!; Bertero et Mœrenhout!; Lépine* 203!; *Vesco!; Ribourt* 49!). — Iles Marquises (*Barclay; Dupetit-Thouars* 97!; *Jardin*!). — Iles Wallis (*Græffe* 28).

Distrib. géogr. Polynésie. Cultivée, ne quitte guère la région madréporique.

Tribu VI. — Guettardées.

Préfloraison imbriquée ou valvaire. Ovules solitaires, pendants. Drupe.

IX. — GUETTARDA *L.*

Calice campanulé, à dents souvent inégales. Corolle hypocratériforme; tube allongé; de quatre à neuf lobes en préfloraison imbriquée. Étamines de la corolle insérées sur le tube en nombre égal à celui de ses divisions; filets courts; anthères attachées par le dos. De quatre à neuf loges à l'ovaire; style à deux ou plusieurs lobes. Drupe souvent globuleuse; graines pendantes.

Arbres à feuilles opposées, munies de stipules. Inflorescences axillaires.

Environ 45 espèces : la suivante est répandue sur tous les rivages des pays tropicaux; les autres sont originaires d'Amérique.

1. G. speciosa L., *Sp.*, 1408; DC., *Prodr.*, IV, 461 ; Endl., *Fl. Suds.*, n. 1206; Hook. et Arn., *Bot. Beech. Voy.*, 63 ; Guillem., *Zeph. Tait.*, n. 265 ; Pancher, in Cuzent, *Tahiti*, 234 ; Nadeaud, *Enum.*, n. 351 ; Seem., *Flor. Vit.*, 131.

Pallantia odorata Forst., *mss.*, in Guill., *l. c.*

Arbre haut de 8 à 10 mètres. Feuilles obovales-aiguës (longues de 10 à 50 cent.), cordées à la base, glabres ou couvertes sur les nervures, à la face inférieure, de poils dressés. Cymes légèrement tomenteuses, longuement pédonculées (10 à 20 cent.); pédoncules secondaires plus courts. Fleurs presque sessiles. Calice campanulé, à une seule dent latérale, tomenteux extérieurement. Corolle velue au dehors, glabre en dedans. Drupe ligneuse, ovoïde, aplatie en dessus.

Iles de la Société (*Ranks et Solander; Forster*) : Tahiti (*Bertero et Mœrenhout! Vesco! Nadeaud* 351!); Moorea (*Vesco! Savatier*).

Var. tahitensis.

G. tahitensis Nadeaud, *l. c.*, n. 352.

Feuilles plus arrondies, offrant une pubescence plus accentuée à la face inférieure.

Iles de la Société : Tahiti : Vallée de Tipaearui (*Nadeaud* 352!).

X. — TIMONIUS *Rumph.*

Calice infundibuliforme, persistant. Tube de la corolle velu extérieurement; limbe à cinq divisions en préfloraison valvaire. Étamines insérées à la gorge de la corolle; anthères saillantes. Drupe à plusieurs loges monospermes. Graines cylindriques pendantes.

Arbres ou arbustes. Fleurs en cymes axillaires.

Une vingtaine d'espèces, habitant Ceylan, la Malaisie et la Polynésie.

1. T. Forsteri DC., *Prodr.*, IV, 461 ; Hook. et Arn., *Bot. Beech.*, 63 ; Endl., *Flor. Suds.*, n. 1287; Guill., *Zeph. Tait.*, n. 266; Pancher, in Cuzent, *Tahiti*, 234; Seem., *Flor. Vit.*, 130.

Erithalis polygama Forst., *Prodr.*, n. 101, et *Icon.* (ined. cf. Seem. t. 55); *Erithalis uniflora* Soland., *Prim. Fl. Ins. Pacif.*, 131, et in Parkins., *Draw. of Tah. Pl.* (ined., cf. Seem.); *E. cymosa* Soland., *l. c.*, 232 ; Parkins., *l. c.*, t. 25 ; Spreng., *Syst.*, I, 17 ; *E. obovata* Forst., *Prodr.*, *Herb.*, et *mss.*, (cf. Guillem., *l. c.*). *Burneya Forsteri* Cham. et Schlecht., in *Linnæa*, IV, 189; *Polyphragmon minus* A. Rich., *Rub.*, 151 ; *Bobea Forsteri* et *Gaertneri* Kruisk., in *Ned. Arch.*, II, 212 et 215.

Arbuste à rameaux articulés. Feuilles ovales, brièvement pétiolées, un peu coriaces (longues de 3-4 cent., ; larges de 2-3); stipules ovales-acuminées, pubescentes, ciliées. Pédoncules et pédicelles couverts, à la base, d'une pubescence fauve-clair. Calice tubuleux-infundibuliforme, à cinq dents aiguës. Corolle infundibuliforme, deux ou trois fois plus longue que le calice, pubescente en dehors. Drupe d'un noir violet.

Iles de la Société (*Forster; Banks et Solander; Lay et Collie*) : Tahiti (*Dupetit-Thouars!*); Borabora (*Vesco!*).
Distrib. géogr. Polynésie.

Tribu VII. — Vanguériées.

Préfloraison valvaire. Ovules nombreux. Fruit drupacé.

XI. — PLECTRONIA *L.*

Calice à tube très court, obconique, à cinq dents petites. Corolle généralement infundibuliforme; tube allongé. Étamines exsertes égales en nombre aux divisions de la corolle. Disque annulaire. Ovaire à deux loges. Graines pendantes, anguleuses.
Arbrisseaux. Fleurs en cymes axillaires.

Environ 90 espèces, habitant les régions chaudes de l'Ancien Monde.
Fleurs en cymes beaucoup plus courtes que la feuille.   1. **P. barbata** *B. et H.*
Fleurs en corymbes un peu plus longs que la feuille.   2. **P. odorata** *B. et H.*

1. P. barbata Benth. et Hook., *Gen.*, II, 110.
Chiococca barbata Forst., *Prodr.*, n. 96; DC., *Prodr.*, IV, 483; Hook. et Arn., *Bot. Beech.*, 65, t. 14; Endl., *Fl. Suds.*, n. 1291; Guill., *Zeph. Tait.*, n. 268; Jardin, *Hist. nat. Iles Marq.*, 24; Pancher, *l. c.*; Nadeaud, *Enum.*, n. 346; *C. odorata* Hook. et Arn., *l. c.* (n. Forst.).
Nom indigène à Tahiti : *Torotea.*
Arbrisseau à rameaux cylindriques. Feuilles glabres, ovales-acuminées (8-10 cent., sur 3-4), rétrécies à la base; pétiole très court. Fleurs en cymes axillaires plus courtes que la feuille. Pédicelles grêles. Corolle blanche d'abord, jaune ensuite, munie de poils à la gorge; tube velu intérieurement. Anthères ovales. Style dépassant les étamines; stigmate fusiforme. Drupe rouge, orbiculaire, de la grosseur d'un pois.

Iles de la Société (*Wiles et Smith; Banks et Solander; Forster; Matthews; Bidwill; Lay et Collie*); Tahiti, vallées (*Bertero et Mœrenhout!; Hombron!; Vesco!; Lépine 204!; Savatier 1094!; Nadeaud 346!*). — Iles Marquises (*Forster; Le Guillou!; Le Bastard!*). — Iles Pomotou : Morurea (*Savatier!*).

2. P. odorata Benth. et Hook., *l. c.;* Hillebr., *Fl. Haw. Isl.,* 175.
Coffea odorata Forst., *Prodr..* n. 74; *Canthium lucidum* Hook. et

Arn., *l. c.*, 85, Nadeaud, *l. c.*, n. 347. *C. odoratum* Seem., *l. c.*, **132**.
Nom indigène aux îles Marquises : *Kokénoua*.

Arbrisseau de 3 à 4 mètres. Feuilles elliptiques-aiguës (longues de
5 à 6 cent., larges de 2 à 3), atténuées à la base, brièvement pétiolées,
luisantes. Cymes axillaires et terminales un peu plus longues que la
feuille. Fleurs petites. Drupes obovoïdes, à côtes saillantes.

Iles de la Société (*Forster*): Tahiti (*Nadeaud* 347!). — Iles Marquises (*Dupetit-Thouars* 94!; *Mercier!; Jardin* 149!).
Distrib. géogr. Habite l'Océanie, ainsi que la précédente.

Tribu VIII. — Ixorées.

Préfloraison contournée. Ovules solitaires. Fruit drupacé.

XII. — IXORA *L.*

Calice à quatre· ou cinq dents courtes. Corolle infundibuliforme ;
tube allongé ; cinq lobes. Étamines linéaires aiguës ; filets courts ;
anthères saillantes, attachées par le dos. Ovaire à deux loges renfermant chacune un ovule attaché au milieu de la cloison ; style long ;
stigmate à deux lobes épais quelquefois connés.
Arbustes. Fleurs en cymes multiflores, terminales.

Une centaine d'espèces, habitant principalement les régions tropicales
de l'Asie et de l'Afrique.

1. **I. fragrans** A. Gray, in *Proceed. Am. Ac.*, IV, 39 ; Nadeaud,
Enum., n. 342.
Cephaelis fragrans Hook. et Arn., *Bot. Beech.*, 64, t. 13 ; Endl.,
Fl. Suds., n. 1304.
Arbrisseau grimpant. Rameaux cylindriques. Feuilles ovales (longues de 10 à 20 cent., larges de 4 à 8), aiguës, brièvement rétrécies
en pétiole (1 cent.) Stipules linéaires-lancéolées, longuement acuminées, caduques. Cymes terminales sessiles, portant de 3 à 5 fleurs
entourées de deux bractées ovales, carénées, brusquement acuminées. Calice tubuleux plus ou moins pubescent ; limbe cupuliforme,
à cinq dents aiguës. Corolle (longue d'environ 25 mill.) pubérulente
extérieurement ; lobes lancéolés aigus. Drupe ovoïde.

Iles de la Société : Tahiti ; Farerauape, vallée de Papeia, à 900 ou 1000 m.
d'altitude (*Nadeaud* 342!); sans désignation de localité (*Vesco!; Lépine!; Dupetit-
Thouars!*).
Il est possible que l'*Ixora triflora* (*Coffea triflora* Forst.) doive être rapporté
à cette espèce.

Tribu IX. — MORINDÉES.

Préfloraison valvaire. Ovules solitaires. Fruit drupacé.

XIII. — MORINDA *Vaill.*

Calice urcéolé à limbe court. Corolle souvent infundibuliforme, à tube court. Étamines en nombre égal à celui des lobes de la corolle : filets courts ; anthères attachées par le dos. Ovaire le plus souvent à deux loges, ovules ascendants ; style bifide. Fruits réunis en syncarpe. Graines obovoïdes ou réniformes.

Arbres ou arbustes, à feuilles opposées. Fleurs en faux capitules axillaires.

Une quarantaine d'espèces, habitant les régions tropicales de l'Ancien Monde.

Feuilles grandes, obovales. Capitules solitaires.. . . 1. **M. citrifolia** *L.*
Feuilles petites, elliptiques. Capitules en ombelles. . 2. **M. Forsteri** *Seem.*

1. **M. citrifolia** L., *Sp.*, 250 ; DC., *Prodr.*, IV, 446 ; Hook. et Arn. *Bot. Beech.* 66 ; Endl., *Fl. Suds.*, n. 1282 ; Guill., *Zephyr. Tait.* n. 262 ; Pancher, in Cuzent, *Tahiti*, 234 ; Seem., *Flor. Vit.*, 129 ; Nadeaud, *Enum.*, n. 348 ; Hillebr., *Fl. Haw. Isl.*, 177.

Noms indigènes : à Tahiti : *Nono ;* aux îles Marquises : *Niniohekoi.*

Arbrisseau glabre. Feuilles obovales-aiguës (longues de 15 à 20 cent., larges de 7 à 12), atténuées brièvement en pétiole ; stipules ovales-aiguës (5 mill.), caduques. Capitules solitaires, brièvement pédonculés (1 cent.). Calice tronqué. Corolle glabre, sauf à la gorge. Syncarpes globuleux (larges de 25 mill).

Iles de la Société : Tahiti, plages et premières collines (*Banks et Solander ; Forster ; Bertero et Mœrenhout ! ; Vesco ! ; Savatier* 823 ! ; *Nadeaud* 348 !). — Iles Marquises : Noukahiva (*Hombron ! ; Le Guillou ! ; Dupetit-Thouars ! ; Le Bastard* 23 !),
Distrib. géogr. Inde, Malaisie, Australie et îles du Pacifique.

2. **M. Forsteri** Seem., *Flor. Vit.*, 129.

M. umbellata Forst., *Prodr.*, n. 99 (non L.) ; Soland., *Prim. Fl. Ins. Pacif.*, 229 (ined., cf. Seem., *l. c.*) ; Guillem., *Zephyr. Tait.* n. 264 ; Pancher, in Cuzent, *Tahiti*, 234 ; Nadeaud, *Enum.*, n. 349 ; *M. sp.* Guill., *l. c.*, n. 263.

Arbrisseau grimpant, glabre. Feuilles elliptiques-aiguës (longues de 8 cent., larges de 3) rétrécies en pétiole ; stipules ovales-aiguës, scarieuses, très petites, caduques. Capitules en faux corymbes axillaires. Pédoncules et pédicelles grêles (longs chacun de 1 cent.). Limbe du calice à peine sinueux. Corolle velue à la gorge. Syncarpes globuleux (larges de 5 à 6 mill.).

Iles de la Société : Tahiti, collines à 2800 m. d'altitude (*Vesco!; Lépine* 154!; *Hombron!; Nadeaud* 349!). — Iles Marquises : Noukahiva (*Mercier!*).
Distrib. géogr. Iles Viti et Tonga.

Tribu X. — Uragogées.

Préfloraison valvaire. Anthères incluses ou à peine saillantes. Ovules solitaires, dressés. Fruit drupacé.

XIV. — URAGOGA *L.*

Calice campanulé, à quatre ou cinq divisions plus ou moins profondes, quelquefois nulles. Corolle généralement infundibuliforme, à quatre ou cinq divisions en préfloraison valvaire indupliquée ou réduplicative. Étamines insérées sur le tube de la corolle; filets courts; anthères plus ou moins saillantes, linéaires, attachées par le dos. Disque annulaire. Ovaire à deux loges; style généralement cylindrique; stigmate bilobé. Drupes à deux loges convexes. Graines conformes à la cavité de la loge. Pyrènes lisses ou pourvues d'une ou de plusieurs côtes longitudinales.

Plantes suffrutescentes. Fleurs solitaires ou en cymes pluriflores. Inflorescences souvent renfermées dans un involucre de quatre bractées caduques.

Espèces très nombreuses, habitant les régions tropicales des deux Mondes.

```
1 { Corolle pentamère. . . . . . . . . . . . .                         2
  { Corolle tétramère. . . . . . . . . . .     1. U. Lepiniana H. Bn.
2 { Fleurs n'atteignant pas 5 cent. . . . . .                         3
  { Fleurs dépassant 5 cent. . . . . . . . .   2. U. speciosa Drake.
3 { Cymes à 9-15 fleurs. . . . . . . . . . .                          4
  { Cymes à 3-5 fleurs. . . . . . . . . . :    3. U. marchionica Drake.
4 { Feuilles elliptiques-aiguës. . . . . . . .                        5
  { Feuilles obovales. . . . . . . . . . . .   4. U. Franchetiana Drake.
  ( Feuilles chartacées; fruit longtemps cou-
  {   ronné par le calice. . . . . . . . . .   5. U. tahitensis Drake.
5 {  Feuilles membraneuses; fruits rétus ou ob-
  (   cordés. . . . . . . . . . . . . . . .    6. U. Forsteriana.
```

1. U. Lepiniana H. Bn., in *Herb. Mus. Par.*; Drake, *Ill. Fl. Ins. Mar. Pacif.*, 19.

Psychotria cernua Nadeaud, *Enum.*, n. 345 (non Steud.).

Arbrisseau de 4 à 5 mètres. Rameaux cylindriques, glabres, articulés. Feuilles (longues de 8 à 12 cent., larges de 3' à 5) elliptiques-acuminées, atténuées en pétiole, lisses, glabres, vert-foncé en dessus, vert-clair en dessous. Stipules caduques. Fleurs (1 cent.) en cymes égales à la feuille, ou plus courtes qu'elle. Calice campanulé à quatre divisions. Limbe de la corolle à quatre lobes epais, en préfloraison valvaire réduplicative. Étamines insérées près de la base du tube ; anthères oblongues, faiblement auriculées ; connectif non prolongé au sommet. Drupe obovoïde, à quatre côtes saillantes, atténuée à la base, concave au sommet, les dents du calice persistant au fond de la concavité.

Iles de la Société : Tahiti, montagnes de Taravao (*Lépine* 195 !), à la base du mont Mahutaa, au fond de la vallée d'Orofero, et sur les étages inférieurs de l'Orohena (*Nadeaud* 345 !).

2. **U. speciosa** Drake, *l. c.*, t. 15.

Psychotria speciosa Forst., *Prodr.*, n. 89 ; DC., *Prodr.*, IV, 523 ; Endl., *Fl. Suds.*, n. 1303 ; Guillem., *Zephyr. Tait.*, n. 271 ; Nadeaud, *Enum.*, n. 343. *Cephaelis speciosa* Spreng., *Syst.*, I, 849 ; *Psychotria grandiflora* Forst., in *Herb. Mus. Par.* ; *P. involucrata* Forst., in Guill., *l. c.*

Arbuste haut de 2 mètres environ. Feuilles obovales (longues de 10 à 15 cent., larges de 6 à 8) obtuses ou longuement acuminées, atténuées à la base, glabres en dessus, munies en dessous, à l'aisselle des nervures, de touffes de poils roux. Pédoncules portant de 3 à 7 fleurs presque sessiles, enveloppées dans de larges bractées ovales-acuminées, bifides (longues de 6-7 cent.), caduques. Calice glabre, campanulé, à limbe entier, ou à cinq dents courtes, ou bien divisé assez profondément en cinq lobes inégaux, ovales-aigus. Corolle blanche, épaisse, infundibuliforme ; tube (6-7 cent.) glabre en dehors, pubescent en dedans ; limbe à cinq lobes étalés, tomenteux intérieurement. Cinq étamines à filets courts, barbus ; connectif prolongé au-dessus des loges de l'anthère. Style hérissé de poils ; stigmate à deux lobes épais. Drupe ovoïde.

Iles de la Société : Tahiti, mont Mahutaa (*Nadeaud* 343 !), lieux humides des montagnes vers 1000 m. d'altitude (*Vesco!*) ; sans indication de localité (*Forster*).

3. **U. marchionica** Drake, *l. c.*, 198.

Arbuste à feuilles ovales-aiguës (longues de 4-5 cent. ; larges de 3-4), atténuées à la base, coriaces, munies de poils bruns sur la face inférieure, le long de la nervure médiane. Pédoncules à 3 ou 5 fleurs de dimensions moyennes (3 cent., environ). Calice campanulé, entier. Corolle infundibuliforme, glabre extérieurement, velue intérieurement ; limbe à cinq divisions. Fruit inconnu.

Iles Marquises (*Le Bastard* 93 !).

4. **U. Franchetiana** Drake, *Ill. Ins. Mar. Pacif.*, t. 18.

Arbrisseau de 4-5 mètres. Feuilles obovales (longues de 13-20 cent., larges de 7-10), légèrement aiguës, atténuées en pétiole, faiblement coriaces, luisantes, prenant une couleur brune après la dessiccation, glabres en dessus, munies en dessous, le long des nervures, de poils appliqués, très-faiblement pubescentes entre les nervures. Cymes terminales, multiflores, raccourcies, dépassant à peine le pétiole. Calice entier, campanulé. Corolle à tube court, pubescent à l'intérieur; limbe glabre à cinq divisions. Cinq étamines; anthères jaunes, connectif apiculé. Style pubescent. Drupe ovoïde, rugueuse.

Iles de la Société : Tahiti (*Vesco! ; Lépine* 139 !; 182 !).

5. U. tahitensis Drake, *l. c.*, t. 17.
Psychotria asiatica Nadeaud, *Enum.*, n. 334 (non L., nec Forst.).
Arbrisseau de 3 à 4 mètres. Feuilles elliptiques-aiguës (longues de 8-10 cent. environ, larges de 3-5), atténuées à la base, chartacées, glabres en dessus, plus ou moins pubescentes en dessous, d'un vert gai, mais prenant une teinte violacée après la dessiccation; stipules connées, oblongues-aiguës, caduques. Cymes terminales, lâches, plus courtes que la feuille; bractées foliacées, oblongues-aiguës, tombant de bonne heure; bractéoles scarieuses, caduques. Fleurs petites (longues de 15 millim. environ), au nombre de 9 à 15. Limbe du calice entier ou à cinq dents aiguës, poilues au sommet. Tube de la corolle plus long que le calice, glabre en dehors; gorge barbue; lobes réfléchis, pubescents. Cinq étamines à filets courts; anthères à loges jaunes, et à connectif violet, épaissi, apiculé. Style pubescent, plus long que le tube de la corolle; stigmate à deux lobes ovales. Drupe rouge, aiguë ou obtuse, couronnée par les dents du calice.

Iles de la Société : Tahiti, montagnes vers 1000 m. (*Vesco! ; Lépine* 181 !), Anorii et Mariati (*Nadeaud* 344 !).

6. U. Forsteriana.
Psychotria asiatica Forst., *Prodr.*, n. 90 (non L.); *P. Forsteriana* A. Gr., in *Proceed. Am. Ac.*, IV, 44; Seem., *Fl. Vit.*, 135.
Diffère du précédent, suivant la description des auteurs, par ses feuilles membraneuses et ses fruits rétus ou obcordés.

Iles de la Société : Tahiti (*Wilkes*).
Distrib. géogr. Iles Viti et Samoa.

XV. — CALYCOSIA *A. Gr.*

Calice à cinq divisions très amples, plus ou moins persistantes, ciliées ordinairement. Le reste comme dans le genre précédent.

Environ 6 espèces, habitant la Polynésie.

1. C. trichocalyx Drake, *l. c.*, 196.

Psychotria speciosa, var. *cymosa* Nadeaud, *l. c.,* n. 343; *Uragoga trichocalyx* Drake, *l. c.,* t. 16.

Arbrisseau de 4 à 5 mètres. Rameaux garnis, vers le sommet, de poils épars devenant violacés après la dessiccation. Feuilles obovales-oblongues (18-20 cent., sur 6-7), acuminées, atténuées à la base, légèrement coriaces, d'un vert foncé ; pétiole hérissé de poils roux; stipules ciliées, caduques, intrapétiolaires. Cymes pluriflores, raccourcies; pédoncules florifères (longs de 1 cent.) velus ; bractées grandes, ovales, caduques. Calice campanulé, velu à la base; lobes aigus, accrescents, d'abord ciliés, puis glabrescents comme le reste du calice. Corolle infundibuliforme; tube étroit, très allongé (6-7 centim.); limbe à cinq lobes étalés, ovales-aigus. Cinq étamines presque sessiles, à peine exsertes; connectif légèrement prolongé au-dessus de l'anthère. Style pubescent, saillant hors du tube de la corolle; stigmate à deux lobes ovales. Drupe violacée, ovoïde, couronnée par la cicatrice des lobes du calice qui persistent quelque temps.

Iles de la Société : Tahiti, mont Taiarabu, vers 900 m. (*Lépine 184!*); mont Marau (*Nadeaud 343!*).

XVI. — GEOPHILA *Don.*

Calice à divisions étroites, grêles. Fleurs solitaires (en ombelles dans quelques espèces), axillaires ou terminales.

Plantes herbacées. Le reste comme dans les *Uragoga.*

Une dizaine d'espèces, répandues dans presque toutes les régions tropicales.

1. G. reniformis Cham. et Schl., in *Linnæa,* 1829, 157; DC., *Prodr.,* IV, 537; Hook. et Arn., *Bot. Beech.,* 66; Endl., *Fl. Suds.,* n. 1305; Guillem., *Zephyr. Tait.,* n. 272; Pancher, in Cuzent, *Tahiti,* 234; Seem., *Fl. Vit.,* 125; Nadeaud, *Enum.,* n. 341.

Psychotria herbacea L., *Sp.,* 245; Forst., *Prodr.,* n. 91.

Plante rampante. Feuilles réniformes (large de 1-2 cent.), entières; pétiole (long de 3-4 cent) pubescent dans sa partie supérieure ; stipules petites, membraneuses. Pédoncules égaux à la feuille. Drupe globuleuse.

Iles de la Société : Tahiti, vallées fraiches (*Forster ; Lay et Collie ; Bertero et Mœrenhout!; Chamisso; Hombron!; Nadeaud 341!; Savatier 949!; Ribourt 54!*). **Distrib. géogr.** Régions tropicales.

Tribu XI. — Anthospermées.

Préfloraison valvaire. Anthères pendantes hors de la corolle. Ovules solitaires, dressés. Fruit drupacé.

XVII. — NERTERA *Banks.*

Fleurs hermaphrodites en général. Tube du calice ovoïde; limbe faiblement denté. Corolle infundibuliforme, à gorge glabre, et à quatre ou cinq lobes. Filets des étamines allongés, grêles; anthères apiculées. Ovaire biloculaire; style à deux branches filiformes, distinctes dès la base. Drupe à deux loges monospermes.

Plantes herbacées, basses, rampantes. Feuilles opposées; stipules connées. Fleurs petites, axillaires.

Environ 6 espèces, habitant les montagnes de Java, les îles Philippines et Hawaï, l'Australie, la Nouvelle-Zélande, les terres antarctiques et les Andes de l'Amérique du Sud.

1. N. depressa Banks, in Gærtn., *Fruct.*, 124, t. 26; DC., *Prodr.*, III, 451; Hillebr., *Fl. Haw. Isl.*, 350.

N. setulosa Nadeaud, *Enum.*, n. 350 (non Hook.).

Feuilles ovales-aiguës (longues de 6 à 8 millim., larges de 3 à 4), atténuées en pétiole un peu plus court que le limbe, glabres en dessus, hispidules en dessous. Gaîne stipulaire acuminée, entière. Fleurs très petites, glabres.

Iles de la Société : Tahiti, bords des torrents, près du Marau; Tearapau vers 1000 m. (*Nadeaud* 350!).
Distr. géogr. Mêmes régions.

XVIII. — COPROSMA *Forst.*

Fleurs polygames ou dioïques. Tube du calice ovoïde; limbe faiblement denté. Corolle infundibuliforme, à gorge glabre, et à quatre ou cinq lobes. Filets des étamines grêles; anthères longuement exsertes, apiculées. Ovaire biloculaire; styles à deux branches distinctes, longues, filiformes. Drupe ovoïde, charnue, à deux loges monospermes; graines planes-convexes.

Arbrisseaux ou arbustes. Feuilles opposées; stipules connées. Fleurs petites, en fascicules axillaires.

Environ 35 espèces, habitant surtout les îles Hawaï, la Nouvelle-Zélande, quelques-unes des autres îles du Pacifique et l'île Juan-Fernandez.

    Fruits gros comme une petite cerise. . . . . **C. tahitensis** *A. Gray.*
    Fruits à peine gros comme un pois. . . . . **C. Nadeaudiana** *Drake.*

1. C. tahitensis A. Gray, in *Proceed. Am. Ac.*, IV, 49.

Arbuste entièrement glabre. Feuilles obovales-oblongues (4 à 6 cent., sur 1-2), atténuées à la base, obtuses, apiculées ou émarginées au sommet. Gaîne des stipules portant de chaque côté une dent triangulaire-subulée. Pédoncules courts. Fruits de la grosseur d'une petite cerise. Fleurs inçonnues.

Iles de la Société : Tahiti (*Wilkes*). — Iles Pomotou (*Savatier!*).

2. **C. Nadeaudiana** Drake, *l. c.*, *p.* 201.
C. tahitensis Nadeaud, *Enum.*, n. 540 (non A. Gray).

Arbre (haut de 6 à 8 mètres) dioïque, pubérulent à l'extrémité des rameaux, sur les stipules ainsi que les pétioles et les pédoncules au moins dans leur jeunesse ; les autres parties glabres. Feuilles oblongues-aiguës (6 cent., sur 3 environ) atténuées en pétiole. Gaîne des stipules portant de chaque côté une dent triangulaire. Fleurs en cymes axillaires, à peine deux fois plus longues que le pétiole ; bractéoles triangulaires. Fleurs (longues de 2 à 3 mill.) d'un vert violacé. Drupe obovale de la grosseur d'un pois.

Iles de la Société : Tahiti, montagnes, à 800-1000 m. d'altit. (*Vesco!*; *Lépine!*) ; monts Rereaoe et Farerauape (*Nadeaud* 340!).

Bien que je n'aie pas vu les échantillons types d'A. Gray, sa description me semble mieux convenir à la plante précédente qu'à celle-ci.

COMPOSÉES.

Fleurs hermaphrodites, unisexuées, ou neutres. Calice à limbe nul, ou affectant la forme d'une aigrette persistante ou caduque, et composée d'un nombre variable de soies, ou de paillettes. Corolle gamopétale, tubuleuse-infundibuliforme, à quatre ou cinq divisions, ou bien irrégulière et, dans ce dernier cas, *hémiligulée* (c'est-à-dire à tube développé antérieurement en languette plane, tridentée ou trilobée au sommet, les deux lobes complètement ou presque complètement avortés), *ligulée* (c'est-à-dire à tube développé antérieurement en languette plane, à cinq dents ou à cinq lobes au sommet), ou enfin *bilabiée* (chez les Mutisiacées, étrangères à la Polynésie française). Quatre ou cinq étamines à anthères connées, le plus souvent appendiculées au sommet, entières, sagittées, ou appendiculées à la base. Ovaire bicarpellé, uniloculaire ; un ovule dressé ; style à deux branches souvent à peine distinctes, filiformes, aplaties ou cylindriques, mutiques ou appendiculées. Achaine couronné ou non par l'aigrette.

Arbres, arbustes ou herbes, à feuilles opposées ou alternes. Fleurs en capitules *homogames* (c'est-à-dire composés de fleurs toutes hermaphrodites et tubuleuses, ou toutes ligulées) ou *hétérogames* (c'est-à-dire composés au centre, de fleurs hermaphrodites et tubuleuses et à la circonférence de fleurs femelles ou neutres, hémiligulées ou tubuleuses). Réceptacle nu, alvéolé, fimbrillifère, ou bien à paillettes persistantes ou caduques.

Famille comprenant un nombre très grand d'espèces, répandues en plus grand nombre dans les régions tempérées qu'entre les tropiques.

1	Capitules homogames.		2
	Capitules hétérogames		5
2	Fleurs toutes ligulées.		3
	Fleurs toutes tubuleuses.		4
3	Arbres.	XI. **Fitchia** *Hook.*	
	Herbes.	XII. **Sonchus** *L.*	
4	Plantes couvertes de poils glanduleux. .	I. **Adenostemma** *Forst.*	
	Plantes dépourvues de poils glanduleux .	II. **Ageratum** *L.*	
5	Fleurs toutes tubuleuses		6
	Fleurs de la circonférence hémiligulées .		7
6	Plantes dressées. Feuilles de moyennes dimensions	III. **Dicrocephala** DC.	
	Plantes couchées. Feuilles petites, spatulées	X. **Centipeda** *Lour.*	
7	Réceptacle pailleté		8
	Réceptacle nu.	IV. **Erigeron** *L.*	
8	Paillettes concaves		9
	Paillettes linéaires, planes.		11
9	Feuilles de moyennes dimensions.		10
	Feuilles petites	V. **Eclipta** *L.*	
10	Feuilles couvertes de poils glanduleux. .	VI. **Siegesbeckia** *L.*	
	Feuilles plus ou moins scabres.	VII. **Wedelia** *Jacq.*	
11	Achaines munis d'arêtes à aiguillons réfléchis.	VIII. **Bidens** *L.*	
	Achaines nus ou à arêtes dépourvues d'aiguillons	IX. **Coreopsis** *L.*	

Tribu I. — Eupatoriées.

Fleurs toutes tubuleuses. Anthères obtuses à la base. Branches du style cylindriques obtuses.

I. — ADENOSTEMMA *Forst.*

Involucre presque hémisphérique, à folioles imbriquées sur deux rangs. Réceptacle nu. Corolle campanulée, à cinq lobes. Étamines légèrement apiculées au sommet, obtuses à la base; filets grêles. Style à deux branches aussi longues que lui, élargies, planes, épaisses. Achaines obovoïdes, comprimés, tuberculeux, couronnés par quatre arêtes étroites, divariquées à la fin.

Herbes souvent glanduleuses, à feuilles opposées. Capitules de dimensions moyennes, disposées en corymbes terminaux.

Espèces peu nombreuses, habitant les régions chaudes de l'Amérique; la suivante est répandue dans les régions tropicales des deux Mondes.

1. **A. viscosum** Forst., *Char. Gen.*, 89, *t.* 45, et *Prodr.*, n. 284; *Icon.* (ined., cf. Seem., *Flor. Vit.*, 140), t. 207; Endl., *Flor. Suds.*, n. 966; Guill., *Zeph. Tait.*, n. 252; Pancher, in Cuzent, *Tahiti*, 234; Seem., *l. c.*; Nadeaud, *Enum.*, n. 333; Hillebr., *Fl. Haw. Isl.*, 192.

Adenostemma parviflorum DC., *Prodr.*, V, 211; Jardin, *Hist. natur. Iles Marquises*, 24; *Lavenia erecta* Gaudich., *Voy. Freyc.*, *Bot.*, 470 (excl. syn.); *L. glutinosa* Soland., *Prim. Fl. Ins. Pacif.*, 294, et in Parkins., *Draw. of Tah. Pl.*, 77 (ined., cf. Seem., *l. c.*).

Plante annuelle, plus ou moins couverte de poils visqueux. Feuilles ovales-aiguës (longues de 8 cent., larges de 4), atténuées en pétiole, lâchement dentées en scie. Capitules larges de 3 à 4 mill. Folioles oblongues-aiguës, ciliées. Corolle velue en dehors.

Iles de la Société (*Banks et Solander ; Forster ; Lay et Collie*); Tahiti (*Bertero et Mœrenhout ! ; Hombron! ; Lépine! ; Nadeaud 333!*). — Iles Marquises (*Dupetit-Thouars* 98! ; *Le Bastard* 24! ; *Le Guillou!*). — Iles Gambier (*Le Guillou!*).

Distrib. géogr. Toutes les régions tropicales.

II. — AGERATUM *L.*

Involucre et réceptacle de l'*Adenostemma*. Corolle faiblement quinquélobée. Étamines appendiculées au sommet, obtuses à la base. Branches du style obtuses. Achaines anguleux, couronnés par cinq ou dix arêtes paléacées.

Herbes dressées, souvent velues. Capitules de dimensions moyennes, disposés en corymbes ou en panicules.

Environ 16 espèces, originaires d'Amérique pour la plupart; la suivante est répandue dans toutes les régions tropicales.

1. **A. conyzoides** L., *Sp.*, 1175 ; DC., *Prodr.*, V, 108; Seem., *Fl. Vit.*, 140.

Plante annuelle, dressée, couverte çà et là de poils étalés. Feuilles ovales ou rhomboïdales, crénelées, rétrécies en pétiole assez long. Bractées de l'involucre striées. Ligules blanches ou d'un bleu pâle. Achaines noirs ; paillettes de l'aigrette denticulées à la base.

Iles Marquises : Noukahiva (*Jardin! ; Savatier!*).

Tribu II. — ASTÉROIDÉES.

Capitules hétérogames, ou homogames par avortement. Anthères obtuses à la base. Branches du style aplaties, appendiculées.

III. — DICHROCEPHALA *DC.*

Capitules hétérogames. Involucre petit, à un ou deux rangs de bractées ovales. Réceptacle nu. Corolles toutes tubuleuses : celles des fleurs de la circonférence minces, à deux ou trois dents ; celles des fleurs du centre campanulées, à cinq divisions. Style des fleurs du centre à branches munies d'un appendice lancéolé. Achaines comprimés, bordés ; ceux de la circonférence nus, ceux du centre à deux ou trois paillettes très petites.

Plantes annuelles. Capitules en panicules terminales.

Environ 5 espèces, originaires de l'Asie ou de l'Afrique ; la suivante est répandue dans toutes les régions tropicales.

1. D. latifolia DC., *Prodr.*, V, 372 ; Seem., *Flor. Vit.*, 145 ; Nadeaud, *Enum.*, n. 334.

Cotula bicolor Soland., *Prim. Flor. Ins. Pacif.*, 295, et in Parkins., *Draw. of Tahit. Pl.*, 78 (cf. Seem., *l. c.*).

Nom indigène à Tahiti : *Tatavera.*

Plante annuelle, dressée, légèrement pubescente. Feuilles entières ou lyrées, grossièrement dentées, atténuées en un pétiole assez long. Panicules courtes, à rameaux divariqués. Capitules petits, globuleux.

Iles de la Société (*Banks et Solander*) ; Tahiti (*Lépine* 42 ! ; *Nadeaud* 334 ! ; *Savatier* 1015 !). — Iles Marquises (*Barclay*).

IV. — ERIGERON *L.*

Capitules hétérogames. Bractées de l'involucre presque égales, le plus souvent sur un ou deux rangs. Réceptacle nu. Fleurs de la circonférence disposées sur plusieurs rangs, ligulées, très étroites, jamais jaunes. Étamines entières à la base. Branches du style terminées par un appendice lancéolé. Achaines comprimés, pubescents. Aigrette composée d'un nombre indéfini de soies presque égales.

Plantes herbacées, annuelles ou vivaces. Fleurs rarement solitaires, le plus souvent terminales, disposées en panicules.

Espèces très nombreuses, répandues dans les régions tempérées et tropicales.

1. E. albidus A. Gray, in *Bonplandia*, IX, 36 ; Seem., *Fl. Vit.*, 140.

Conyza albida Willd., ex Spreng., *Syst.*, III, 514 ; *C. erigeroides* DC., *Prodr.*, V, 378.

Plante dressée, plus ou moins velue ou pubescente, blanchâtre.

Feuilles linéaires, aiguës (longues de 5 à 6 cent., larges de 2 à 3 mill.) rapprochées sur la tige et les rameaux. Panicules amples. Capitules petits. Bractées de l'involucre linéaires.

Iles de la Société : Tahiti (*Lépine!*). — Iles Marquises (*Dupetit-Thouars!*).
Distrib. géogr. Originaire de l'Amérique tropicale; répandue dans toutes les régions chaudes.

Tribu III. — HÉLIANTHÉES.

Capitules hétérogames, ou homogames par avortement. Anthères obtuses à la base. Branches du style non aplaties, appendiculées ou non.

V. — ECLIPTA *L.*

Capitules hétérogames, campanulés. Bractées sur un ou deux rangs; les intérieures plus petites. Paillettes du réceptacle filiformes, très peu nombreuses, manquant le plus souvent au centre. Fleurs de la circonférence femelles, ligulées. Fleurs du centre tubuleuses. Corolle à quatre divisions. Étamines très légèrement sagittées à la base. Style à deux branches cylindriques, terminées par de courts appendices triangulaires. Achaines de la circonférence triangulaires, ceux du centre aplatis. Aigrette nulle.

Capitules petits, en cymes axillaires ou terminales.

Environ 4 espèces, habitant les régions chaudes des deux Mondes.

1. **E. alba** Hassk., *Pl. jav. rar.*, 528.
Cotula alba L., *Syst. Nat.*, II, 564; *E. prostrata* L., *Mant.*, 286; Forst., *Prodr.*, n. 382, et *Icon.* (ined., cf. Seem., *Flor. Vit.*), t. 141; *E. erecta* DC., *Prodr.*, V, 490; Jardin, *Hist. natur. Iles Marquises*, 24.

Herbe annuelle, dressée ou rampante, rameuse, hispide. Feuilles oblongues, aiguës (longues de 2 à 6 cent., larges de 7 à 15 mill.), atténuées en un court pétiole. Cymes plus courtes que la feuille. Bractées de l'involucre ovales-obtuses. Fleurs petites, blanches.

Iles de la Société : Tahiti (*Vesco!*; *Lépine!*; *Ribourt!*; *Savatier* 820!; *Nadeaud!*).
Distrib. géogr. Rivages de tous les pays chauds.

VI. — SIEGESBECKIA *L.*

Capitules hétérogames. Bractées de l'involucre sur deux rangs; les extérieures spatulées, glanduleuses-hispides. Fleurs de la circonférence hémiligulées, femelles, disposées sur un seul rang; celles du disque hermaphrodites. Réceptacle à paillettes linéaires. Corolle des fleurs femelles à tube court; limbe à deux ou trois lobes; celle des fleurs hermaphrodites brièvement tubuleuse ; limbe infundibuliforme à cinq divisions. Cinq étamines ; anthères inappendiculées à la base, apiculées au sommet. Style à deux branches courtes. Achaines arqués, tétragones, nus au sommet.

Herbes le plus souvent annuelles. Feuilles opposées. Capitules petits, en panicules lâches.

Deux espèces : la suivante, et une autre habitant le Pérou.

1. **S. orientalis** L., *Sp.*, 1269 ; Forst., *Prodr.*, n. 303 ; DC., *Prodr.*, V, 495 ; Endl., *Fl. Suds.*, n. 984 ; Hook. et Arn., *Bot. Beech.*, 66 ; Guill., *Zephyr. Tait.*, n. 253 ; Pancher, in Cuzent, *Tahiti*, 245 ; Seem.. *Fl. Vit.*, 142 ; Nadeaud, *Enum.*, n. 335 ; Hillebr., *Fl. Haw. Isl.*, 204.

Nom indigène à Tahiti : *A-mia ;* aux îles Marquises : *Nio-ou.*

Plante annuelle, pubescente. Feuilles ovales-aiguës et cunéiformes dans leur contour, irrégulièrement incisées-dentées, glanduleuses-pubescentes sur les deux faces. Bractées de l'involucre hérissées de poils glanduleux ; les extérieures souvent plus longues que les intérieures.

Iles de la Société (*Banks et Solander* ; *Forster* ; *Barclay*) ; Tahiti (*Bertero et Mœrenhout! ; Hombron! ; Lépine!*). — Iles Marquises (*Barclay* ; *Dupetit-Thouars!*). — Iles Gambier (*Jacquinot!*).
Distrib. géogr. Asie et Océanie.

VII. — WEDELIA *Jacq.*

Capitules hétérogames. Fleurs de la circonférence ∼unisériées, femelles, hémiligulées ; celles du disque tubuleuses, quinquélobées. Bractées externes de l'involucre foliacées : les internes scarieuses. Paillettes du réceptacle concaves. Étamines entières ou sagittées à la base. Style des fleurs hermaphrodites à deux branches velues au sommet. Achaines obovoïdes enveloppés dans les paillettes du réceptacle, couronnés plus ou moins complètement par une ou plusieurs aigrettes caduques.

Plantes suffrutescentes ou herbacées, plus ou moins scabres.

Espèces très-nombreuses, habitant les régions tropicales des deux Mondes.

1. **W. biflora** DC., in Wight, *Contrib.*, 18.
Verbesina biflora L., *Sp.*, 1272 ; *Bupthalmum helianthoides* Forst., *Prodr.*, n. 304 (non Lhér.) ; *Verbesina strigulosa* Gaudich., *Voy. Freyc., Bot.*, 463 ; *Wollastonia strigulosa* DC., in Decaisne, *Nouv. Ann. Mus.*, III, 414 ; Seem., *Fl. Vit.*, 142 ; *Wedelia aristata* Less., in *Linnæa*, VI, 160 ; Endl., *Fl. Suds.*, n. 988.

Plante suffrutescente, couchée ou grimpante, plus ou moins couverte de poils scabres. Feuilles ovales-lancéolées, longuement pétiolées. Capitules peu nombreux, lâchement disposés en corymbes terminaux. Bractées de l'involucre ovales-aiguës. Achaines cunéiformes à la base, tronqués au sommet.

Iles Wallis (*Home*).
Distrib. géogr. Rivages des contrées chaudes de l'Ancien Monde.

VIII. — BIDENS *L.*

Capitules hétérogames : les fleurs de la circonférence ligulées, stériles, sur un seul rang ; celles du centre hermaphrodites, tubuleuses, Involucre campanulé ; bractées sur un ou deux rangs ; réceptacle garni de paillettes linéaires, égales aux achaines. Corolle des fleurs tubuleuses à cinq dents. Étamines généralement entières à la base, appendiculées au sommet. Stigmates hérissés-glanduleux, terminés par un appendice aigu. Achaines à quatre côtes, à deux ou cinq arêtes divergentes munies quelquefois d'aiguillons réfléchis.

Plantes herbacées, vivaces ou annuelles ou plus rarement suffrutescentes, à feuilles opposées.

Espèces très-nombreuses, habitant presque toutes l'Amérique; quelques-unes sont répandues aussi dans les régions tropicales et même dans les régions tempérées de l'Ancien Monde.

1 { Arbustes ou arbrisseaux. 2
{ Plante herbacée . . . . 1. **B. pilosa** *L.*
2 { Fleurs en panicules multiflores. . . . . 2. **B. paniculata** *Hook. et Arn.*
{ Pédoncules à 1-3 fleurs . . . . 3. **B. lantanoides** *A. Gr.*

1. **B. pilosa** L. *Sp.*, 1166 ; Forst., *Prodr.*, n. 283 ; DC., *Prodr.*, V, 597 ; Endl., *Fl. Suds.*, n. 991 ; Jardin, *Iles Marq.*, 24 ; Seem., *Fl. Vit.*, 143 ; Hillebr., *Fl. Haw. Isl.*, 217.

Plante herbacée, feuilles ovales-lancéolées (longues de 5 cent., larges de 2) fortement dentées en scie, les inférieures pennatiséquées, légèrement velues ; pétiole (long de 2 à 3 cent.) cilié à la base. Capitules peu nombreux, en corymbe. Bractées à peu près égales entre elles. Arêtes des achaines extérieures divergentes, celles des intérieures droites.

Iles de la Société : Tahiti (*Lépine* 23 ! ; *Savatier* 1072 !).
Distrib. géogr. Toutes les contrées chaudes.

2. **B. paniculata** Hook. et Arn., *Bot. Beech. Voy.*, 66 ; DC., *Prodr.*, V, p. 604 ; Endl., *Fl. Suds.*, n. 933 ; Guillem., *Zeph. Tait.*, n., 254 ; Nadeaud, *Enum.*, n. 366.

Coreopsis fruticosa Soland., *Prim. Fl. Ins. Pacif.*, 295 (cf. Seem., *Fl. Vit.*, 143) ; Forst., *Prodr.*, n. 544? ; *Bidens fruticosa* DC., *Prodr.*, V, 396.

Nom indigène à Tahiti : *Alha-alha-vau* ; *Piripiri*.

Arbrisseau (haut d'environ 2 mètres) glabre ; rameaux striés. Feuilles ovales, ou ovales-lancéolées (longues de 4 à 8 cent., larges de 2 à 4), atténuées en pétiole, dentées en scie. Panicules axillaires et terminales à branches divariquées, dépassant beaucoup les feuilles. Pédicelles grêles. Bractées petites, linéaires, dilatées au sommet. Capitules (larges de 4 à 5 mill.) pauciflores. Bractées et paillettes de l'involucre linéaires. Fleurs de la circonférence stériles ; ligule ovale. Corolle des fleurs tubuleuses à cinq divisions. Achaines stériles presque lisses ; les fertiles munis de côtes, finement tuberculeux, ciliés, épineux au sommet, et couronnés par deux arêtes à poils réfléchis.

Iles de la Société : Tahiti, vallées sèches et crêtes (*Lépine !* ; *Vesco !*), vallée de Tipearui (*Nadeaud* 336 !), sans désignation de localité (*Banks et Solander* ; *Lay et Collie*) ; Moorea (*Vesco !*).

3. **B. lantanoides** A. Gr., in *Proceed. Am. Ac.*, V, 128.

Arbuste entièrement glabre. Feuilles rassemblées au sommet des rameaux, obovales (longues de 5 cent., larges de 25 mill.), atténuées en pétiole (1 cent.) à la base, aiguës au sommet, dentées à la partie supérieure. Pédoncules solitaires ou géminés, axillaires vers le haut des rameaux. Capitules larges de 1 centimètre environ. Bractées de l'involucre oblongues-aiguës. Paillettes linéaires. Ligules courtes. Achaines à quatre ou six dents courtes.

Iles de la Société : Tahiti (*Vesco !* ; *Wilkes !*) ; Moorea (*Wilkes !*).

IX. — COREOPSIS *L.*

Achaines quelquefois arqués (sect. *Campylotheca*), nus au sommet, ou terminés par des arêtes caduques dépourvues d'aiguillons réfléchis. Le reste comme dans les *Bidens*.

Environ 60 espèces, habitant l'Amérique, la Polynésie et l'Afrique tropicale.

1 {	Capitules larges de 1 cent. au moins.	2
	Capitules larges de 4 ou 5 millim. au plus.	1. **C. polycephala.**
2 {	Feuilles atténuées à la base.	3
	Feuilles cordées à la base.	3. **C. cordifolia.**
3 {	Feuilles à dents rapprochées.	2. **C. Jardini.**
	Feuilles à dents lâches.	4. **C. serrulata.**

1. **C. polycephala.**
B. polycephala Schultz-Bip. in *Flor.*, XXXIX, 360.

Arbuste à rameaux cylindriques, striés, marqués des cicatrices des feuilles tombées. Feuilles décussées, rapprochées, ovales-oblongues, dentées en scie. Capitules petits (larges de 4 à 5 mill.). Bractées oblongues, lancéolées, obtuses. Achaines linéaires, allongés, légèrement comprimés et flexueux, souvent munis de soies vers le sommet.

Iles Marquises : Noukahiva (*Jardin* 40!).

2. C. Jardini.
B. Jardini Schultz-Bip., *l. c.*

Petit arbuste à feuilles espacées, ovales-oblongues, ou linéaires-oblongues, atténuées brusquement en pétiole (longues de 6 à 8 cent., larges de 4 environ), dentées en scie au milieu, entières au sommet et à la base. Capitules de dimensions moyennes (longs de 6 mill., larges de 12). Folioles de l'involucre linéaires-lancéolées, scarieuses sur les bords, ciliées vers le sommet. Fleurs de la circonférence ligulées. Achaines (ceux de la circonférence longs de 22 mill., ceux du centre de 4 cent.), plus ou moins flexueux, striés, granulés, couverts, sauf au sommet, de soies dressées.

Iles Marquises : Noukahiva (*Jardin* 41 !; *Dupetit-Thouars!; Mercier* 49 !).

3. C. serrulata.
B. serrulata Sch. Bip., *l. c.*, 361.

Plus robuste que la précédente. Feuilles lâchement dentées en scie.

Iles Marquises : Noukahiva (*Jardin* 132!).

4. C. cordifolia.
B. cordifolia Schultz-Bip., *l. c.*

Petit arbuste légèrement pubescent. Feuilles légèrement connées (les inférieures longues de 8 cent. environ, larges de 35 mill., les supérieures plus courtes), ovales-oblongues, cordées, acuminées, légèrement scabres en dessus, fortement pubescentes en dessous, finement dentées en scie. Capitules grands (longs de 1 cent., larges de 2). Folioles de l'involucre ovales-lancéolées. Fleurs inconnues. Achaines de la circonférence recourbés (longs de 45 mill.), ceux du centre droits (longs de 7 cent. environ), tous bordés de longues soies ciliées au sommet.

Iles Marquises : Noukahiva (*Jardin* 199).

Tribu IV. — Anthémidées.

Capitules hétérogames, ou homogames par avortement. Bractées de l'involucre scarieuses au sommet.

X. — CENTIPEDA *Lour*.

Capitules hétérogames. Involucre hémisphérique. Bractées bisériées, scarieuses sur les bords. Réceptacle nu. Fleurs de la circonférence femelles, sur plusieurs rangs. Corolle tubuleuse, étroite, à deux ou trois lobes. Fleurs du centre hermaphrodites; corolle campanulée à quatre ou cinq divisions. Anthères obtuses à la base. Style à branches tronquées. Achaines à trois ou quatre côtes, nus au sommet.

Plantes herbacées. Feuilles alternes.

Environ 3 espèces, habitant les régions tropicales.

1. C. minuta Benth. et Hook., *Gen.*, II, 430.

Cotula minuta Forst., *Prodr.*, n. 57; *Myriogyne minuta* Less., in *Linnæa*, VI, 219; Endl., *Fl. Suds.*, n. 1010; Guill., *Zeph. Tait.*, n. 256; Pancher in Cuzent, *Tahiti*, 234.

Plante annuelle, étalée. rameuse, glabre ou légèrement laineuse. Feuilles oblongues atténuées à la base. Capitules solitaires (larges de 5 à 8 mill.). Corolle des fleurs femelles très-mince. Achaines légèrement velus.

Iles de la Société : Tahiti (*Savatier* 1020 !).
Distrib. gèogr. — Régions tropicales de l'Ancien Monde.

Tribu V. — CICHORIÉES.

Capitules homogames. Fleurs toutes ligulées. Anthères sagittées à la base. Styles à branches courtes.

XI. — FITCHIA *Hook. f.*

Capitules homogames. Fleurs toutes ligulées. Involucre à plusieurs rangs de bractées imbriquées, resserrées à la base, les extérieures plus petites. Réceptacle garni de paillettes membraneuses, linéaires-aiguës. Tube de la corolle long; limbe à cinq dents. Étamines appendiculées au sommet, brièvement auriculées à la base. Branches du style courtes, aiguës. Achaines soyeux, terminés par deux longues arêtes plumeuses.

Arbres glabres à feuilles alternes. Capitules penchés. Fleurs jaunes.

Genre particulier aux îles de la Société.

Feuilles ovales-aiguës. Capitules gros. . . . . 1. **F. nutans** *Hook. f.*
Feuilles oblongues lancéolées. Capitules plus
    minces. . . . . 2. **F. tahitensis** *Nadeaud.*

1. F. nutans Hook. f., in *Hook. Lond. Jonrn.*, IV, 640, t. 23; Nadeaud, *Enum.*, n. 337.

Nom indigène à Tahiti : *Anei.*

Feuilles ovales-aiguës (limbe long de 8 à 10 cent., large de 6 à 7; pétiole long de 6 à 7 cent.). Capitules gros, solitaires. Bractées épaisses arrondies. Arêtes plus courtes que l'achaine.

Iles de la Société: Tahiti : Montagnes vers 1000 mètres (*Banks et Solander; Cuming? Nadeaud* 337!).

2. F. tahitensis Nadeaud, *Enum.*, n. 338 ;
Nom indigène à Tahiti : *Toromeho*.
Feuilles oblongues-lancéolées. Capitules souvent réunis par deux ou trois, plus petits que dans l'espèce précédente. Bractées de l'involucre plus minces ; les externes ovales-aiguës ; les internes oblongues-aiguës. Soies de l'achaine grêles, plus longues que lui.

Iles de la Société : Tahiti, montagnes vers 800-1000 mètres, Mahaena, l'Aramaoro, etc. (*Nadeaud* 338!).

XII. — SONCHUS *L.*

Capsules ovoïdes. Bractées de l'involucre imbriquées. Réceptacle nu. Achaines ovoïdes ou ellipsoïdes. Aigrette composée de soies membraneuses, brillantes, soudées à la base et tombant ensemble
Plantes herbacées à suc laiteux. Fleurs souvent jaunes.

Environ 24 espèces, répandues dans l'Ancien Monde. Quelques-unes, les deux suivantes principalement, se sont introduites presque partout.

1. S. oleraceus L., *Sp.*, 1116 (ex parte); Hillebr., *Fl. Haw. Isl.*, 238.
S. lævis Vill., *Delph.*, III, 158 ; Jardin, *Hist. nat. Iles Marq.*, 24.
Plante annuelle, dressée. Tige creuse. Feuilles entières ou pinnatifides, irrégulièrement sinuées, dentées, embrassantes-auriculées à la base. Capitules en corymbe terminal, plus ou moins serré. Achaines comprimés, munis de trois côtes sur chaque face et de rugosités transversales.

Iles Marquises (*Jardin* 185!).

1. S. asper Vill., *l. c.*; Seem., *Fl. Vit.*, 145.
S. oleraceus L., *Sp.*, 1116 (ex parte); Forster, *Prodr.*, n. 270 ; Endl., *Fl. Suds.*, n. 960.
Diffère du précédent par ses achaines dépourvus de rugosités transversales, mais marginés et munis de côtes plus saillantes.

Iles de la Société : Tahiti (*Savatier!*).

GOODENIACÉES.

Fleurs hermaphrodites régulières ou quelquefois irrégulières. Calice à cinq lobes persistants. Corolle à cinq lobes en préfloraison valvaire.

Étamines insérées à la base de la corolle, mais indépendantes d'elle ; anthères le plus souvent libres. Ovaire infère, à une ou deux loges contenant chacune un ou plusieurs ovules dressés ou ascendants ; style simple ; stigmate inclus dans une indusie cupuliforme. Fruit indéhiscent, souvent drupacé.

Plantes ordinairement suffrutescentes, dépourvues de suc laiteux. Feuilles alternes le plus souvent entières. Fleurs axillaires en général.

Environ 200 espèces, dont la majeure partie habite l'Australie.

I. — SCÆVOLA *L.*

Tube de la corolle fendu en avant. Anthères libres. Deux ovules dans chaque loge. Fruit indéhiscent : exocarpe charnu ; endocarpe induré.

Une soixantaine d'espèces, habitant l'Australie et les îles du Pacifique. L'une d'elles est répandue sur les rivages de toutes les régions tropicales.

1. **S. Kœnigii** Vahl, *Symb.*, III, 36 ; Endl., *Flor. Suds.*, n. 1037 ; Guill., *Zeph. Tait.*, n. 249 ; Pancher, in Cuzent, *Tahiti*, 234 ; Seem., *Flor. Vit.*, 145.

S. Lobelia Forst., *Prodr.*, n. 87 (an. L. ?) ; *S. sericea* Forst., *Prodr.*, n. 504.

Nom indigène aux îles de la Société : *Naupata.*

Arbuste (haut de 1 mètre) pubescent-soyeux ou glabre, sauf à l'aisselle des feuilles toujours garnie d'une touffe de poils soyeux plus ou moins abondants. Rameaux à écorce rugueuse, marqués des cicatrices des feuilles tombées. Feuilles obovales-oblongues, atténuées en pétiole dilaté à la base (longues de 10 à 12 cent., larges de 2 à 3). Cymes axillaires (longues de 3 à 4 cent.) à trois ou cinq fleurs. Divisions du calice linéaires-oblongues. Lobes de la corolle ciliés ; tube velu à l'intérieur, ainsi que le style et l'indusie.

Iles de la Société (*Banks et Solander* ; *Lay et Collie*) : Moorea (*Lépine* 165 ! ; *Savatier* 1696 !). — Iles Pomotou (*Savatier* 802 !).
Distrib. géogr. — Rivages de toutes les régions tropicales.

CAMPANULACÉES.

Fleurs hermaphrodites. Calice à cinq divisions. Corolle quinquélobée, souvent irrégulière, à tube fendu longitudinalement. Cinq étamines souvent inégales, insérées sur le disque, près de la base de la corolle, alternes avec ses lobes ; filets et anthères souvent unis en tube.

Ovaire infère, généralement à une ou deux loges; placentas angulaires ou pariétaux; ovules nombreux; style simple, allongé.

Plantes frutescentes ou suffrutescentes, à suc laiteux. Feuilles alternes.

Un millier d'espèces, répandues dans les régions chaudes et tempérées.

Ovaire uniloculaire. . . . . I. **Apetahia** *H. Bn.*
Ovaire biloculaire . . . . II. **Sclerotheca** *A. DC.*

I. — APETAHIA *H. Bn.*

Calice turbiné à cinq divisions linéaires-aiguës. Tube de la corolle fendu en avant jusqu'à la base; limbe oblique, à cinq divisions presque égales. Étamines unies par leurs filets et leurs anthères. Celles-ci inégales : les trois plus grandes pénicillées au sommet, les deux plus petites nues. Ovaire uniloculaire à placentas pariétaux. Stigmate entouré d'un anneau de poils. Fruits inconnus.

Arbrisseau à suc laiteux.

Une seule espèce : la suivante.

1. **A. raiateensis** H. Bn., in *Bull. Soc. Linn. Par.*, 1882, 310; Drake, *Ill. Fl. Ins. Mar. Pacif.*, t. 9.

Arbrisseau (haut de 1 ou 2 mètres) glabre. Rameaux spongieux, à écorce rugueuse, marqués des cicatrices des feuilles tombées. Celles-ci rassemblées vers le sommet des rameaux, oblongues-aiguës (longues de 8 à 10 cent., larges de 2 à 3), atténuées en pétiole, dentées sur leur partie supérieure. Pédoncules axillaires uniflores (longs de 1 cent.). Calice égalant environ le pédoncule. Corolle blanche : tube 4 ou 5 fois plus long que le calice. Limbe (large de 2 ou 3 cent.), à divisions étalées, ovales-aiguës.

Iles de la Société : Raiatea (*Vesco!*; *Savatier!*; *Nadeaud!*).

II. — SCLEROTHECA *A. DC.*

Calice ovoïde à cinq divisions. Tube de la corolle allongé ou raccourci, à une ou cinq fentes longitudinales; limbe plus ou moins irrégulier, à cinq divisions. Cinq étamines inégales, adhérentes dans toute leur longueur: les trois postérieures plus grandes et à anthères nues, les deux antérieures plus petites et à anthères pénicillées. Style dépassant le tube staminal; stigmate légèrement bifide. Capsule obovoïde, convexe et biaristée au sommet, s'ouvrant par deux pores, longtemps entourée par le tube du calice, puis nue, indurée. Graines nombreuses à périsperme granuleux.

Arbrisseaux à suc laiteux. Fleurs axillaires, solitaires.

Genre particulier aux îles de la Société.

Tube de la corolle dépassant longuement le calice.   1. **S. arborea** A. DC.
Tube de la corolle dépassant à peine le calice. .   2. **S. Forsteri** Drake.

1. S. arborea A. DC., *Prodr.*, VII, 2, 356 (ex parte); Drake, *Ill. Fl. Ins. Mar. Pac.*, t. 7.
Lobelia arborea Forst., *Prodr.*, n. 308 (non Guill.).
Nom indigène à Tahiti : *Maame.*

Arbrisseau glabre (haut de 3 à 8 mètres et plus). Rameaux cylindriques, à écorce verdâtre, rugueuse. Feuilles membraneuses oblongues-aiguës (longues de 10 à 20 cent., larges de 3 à 6), finement dentées sur leur moitié supérieure, plus pâles en dessous qu'en dessus. Pédoncules un peu grêles (longs de 5 à 10 cent.). Bractéoles linéaires (1 cent.). Fleurs à peu près aussi longues que les pédoncules. Lobes du calice linéaires, d'abord dressés, puis réfléchis. Corolle jaune, violette à l'intérieur; tube deux ou trois fois plus long que le calice; lobes linéaires-aigus. Capsule (longue de 1 cent. et plus) atténuée à la base.

Iles de la Société : Tahiti, sans désignation de localité (*Forster* 166!; *Vesco!*; *Lépine* 200!).

2. S. Forsteri Drake, *l. c.*, t. 8.
Lobelia arborea Guill., *Zeph. Tait.*, n. 250; Nadeaud, *Enum.*, n. 339; *S. arborea* A. DC., *l. c.* (ex parte).
Nom indigène à Tahiti : *Aarai-fau.*

Arbrisseau (haut de 2 ou 3 mètres). Rameaux grêles, cassants. Feuilles oblongues-aiguës (longues de 6 à 10 cent.; larges de 2 à 3), finement dentées sur leur moitié supérieure, membraneuses, d'un vert gai, plus pâles en dessous, entièrement glabres. Pédoncules courts (1 cent.). Lobes du calice linéaires-aigus, non réfléchis avant la chute de la corolle. Celle-ci d'un beau jaune, pourpre au sommet; tube très court, inégalement quinquéfide, la fente antérieure atteignant la base de la corolle, les autres n'en dépassant pas le milieu. Lobes réfléchis, atténués en onglet. Capsule obovale, rétrécie à la base (longue à peine de 1 cent.)

Iles de la Société : Tahiti, vallée de Fautahua, à 700 mètres d'altitude (*Vesco!*); versants humides au-dessous de 1000 mètres, vallée d'Arue, et sur le mont Marau (*Nadeaud* 339).

VACCINIACÉES.

Calice à quatre ou cinq divisions. Corolle le plus souvent urcéolée ou campanulée. Quatre ou cinq lobes imbriqués, généralement courts.

Étamines en nombre double de celui des lobes de la corolle, adhérant faiblement à la base de la corolle. Anthères souvent appendiculées, s'ouvrant au sommet, par un pore. Ovaire infère, à quatre ou cinq loges ; un style ; stigmate simple. Baie polysperme. Graines petites.

Arbrisseaux à feuilles entières ou légèrement crénelées, éparses.

De 300 à 400 espèces, habitant pour la plupart les montagnes de l'Asie et de l'Amérique tropicales.

I. — VACCINIUM *L.*

Calice campanulé à quatre ou cinq divisions. Corolle urcéolée à cinq dents. De huit à dix étamines. Baie globuleuse à quatre ou cinq loges. Graines nombreuses, petites, comprimées.

Arbrisseaux à feuilles généralement petites, persistantes.

Une centaine d'espèces environ. Même distribution géographique que la famille.

1. V. cereum Forst., *Prodr.*, n. 167 ; Endl., *Flor. Suds.*, n. 1066 ; Guill., *Zephyr. Tait.*, n. 248 ; Jardin, *Hist. nat. Marq.*, 23 ; Pancher, in Cuzent, *Tahiti*, 234 ; Nadeaud, *Enum.*, n. 405.

V. alaternoides Soland., *Prim. Fl. Ins. Pacif.*, 250, et in Parkins., *Draw. Tah., Pl.*, 43 (ined., cf. Seem., *Fl. Vit.*, 146) ; *V. adinandrum* Decne, *Voy. Vénus*, t. 17.

Feuilles obovales ou ovales-orbiculaires (longues de 2-4 cent.), mucronulées, finement dentées en scie, réticulées, coriaces, brièvement pétiolées. Fleurs axillaires, naissant vers le sommet des rameaux. Calice plus ou moins pubescent, à divisions triangulaires. Corolle souvent pubérulente à l'extérieur. Filets des étamines ciliés ou glabres ; loges de l'anthère terminées chacune par un appendice aigu ; connectif muni au sommet de deux arêtes subulées.

Iles de la Société : Tahiti (*Hombron !* ; *Lépine* 174 ! ; *Nadeaud* 405 !). — Iles Marquises : Noukahiva (*Dupetit-Thouars !* ; *Jardin* 101 !).

ÉPACRIDACÉES.

Fleurs hermaphrodites. Calice à quatre ou le plus souvent cinq divisions distinctes, imbriquées. Corolle urcéolée ou campanulée, à quatre ou le plus souvent cinq lobes. Étamines en nombre égal à celui des divisions de la corolle ; filets plus ou moins adhérents au tube de la corolle ; anthères uniloculaires, s'ouvrant par une seule fente longitudinale. Disque le plus souvent annulaire. Ovaire supère, à plusieurs loges ; ovules souvent solitaires, pendants ; style subulé. Fruit sec ou charnu. Graines petites.

Plantes ordinairement frutescentes, à feuilles le plus souvent alternes, petites et nombreuses.

Plus de 300 espèces, habitant presque toutes l'Australie, la Nouvelle-Zélande et les îles antarctiques.

I. — CYATHODES *Labill.*

Tube de la corolle dépassant généralement le calice; lobes imbriqués dans le bouton, ordinairement velus à l'intérieur. Étamines insérées au sommet du tube de la corolle. Style inclus; stigmate petit. Fruit charnu.

Arbustes à feuilles petites, rapprochées sur les rameaux. Pédoncules axillaires, courts, à une ou rarement deux et trois fleurs. Bractées scarieuses, imbriquées au-dessous de la fleur.

Environ 13 espèces, habitant l'Océanie.

> Arbuste dressé. . . . . 1. **C. Pomaræ** *A. Gr.*
> Arbuste à rameaux ascendants . . . . . 2. **C. Tameiameiæ** *A. Gr.*

1. C. Pomaræ A. Gr., in *Proceed. Am. Ac.*, V., 324.
C. tahitensis Nadeaud, *Enum.*, n. 403.
Arbrisseau dressé. Rameaux couverts dans leur jeunesse d'une pubescence rousse, devenant noire ensuite. Feuilles oblongues-aiguës (10-15 mill., sur 2 environ), atténuées à la base, munies au sommet d'une pointe entourée d'une touffe de poils, glabres sur les deux faces, blanchâtres en dessous. Pédoncules axillaires, uniflores ou pluriflores. Bractées et sépales ovales-obtus, ciliés. «Tube de la corolle deux fois plus long que le calice; style subulé, trois fois plus long que l'ovaire (A. Gray) ». Baie globuleuse.

Iles de la Société : Tahiti, crêtes de l'Aorai et col de Ureohiro *(Nadeaud 403 !)*; sans indication de localité *(Pickering)*.

2. C. Tameiameiæ A. Gr., *l. c.*, 326 ; Nadeaud, *Enum.*, n. 404.
Var. Societatis A. Gr.
Arbrisseau à rameaux ascendants : les jeunes faiblement pubérulents. Feuilles linéaires, étroites, mucronulées, à peine ciliées dans leur jeunesse, pâles en dessous, multinervées. Fleurs toujours solitaires. Bractéoles et sépales arrondis, ciliés. Tube de la corolle n'excédant pas le calice; lobes linéaires-oblongs, aigus, velus au dedans. Style un peu plus long que l'ovaire. Baie globuleuse.

Iles de la Société : Tahiti, crêtes de Haamuta, etc. *(Nadeaud 404 !)*.
Distrib. géogr. Iles Hawaï (var. α).

PLUMBAGINACÉES.

Fleurs hermaphrodites. Calice le plus souvent tubuleux, à cinq dents. Corolle à cinq divisions plus ou moins adhérentes. Cinq étamines unies à la base des divisions de la corolle ou à des hauteurs variables ; filets grêles ; anthères ovales-oblongues. Ovaire supère, uniloculaire ; un seul ovule suspendu par son funicule qui se dresse dans un angle et près de la base de la loge ; cinq styles filiformes, souvent réunis sur une assez grande longueur. Capsule monosperme, à déhiscence transversale.

Herbes ou arbustes. Inflorescences terminales.

Environ 200 espèces, habitant les régions chaudes et tempérées.

I. — PLUMBAGO *L.*

Calice glanduleux. Corolle hypocratériforme à tube dépassant le calice.

Plantes herbacées devenant quelquefois plus ou moins suffrutescentes. Fleurs en épis terminaux.

Une dizaine d'espèces, dont une (la suivante) est répandue dans toutes les régions tropicales.

1. **P. zeylanica** L., *Sp.*, I, 215 ; Boiss., in A. DC., *Prodr.*, XII, 692 ; Endl., *Flor. Suds.*, n. 956 ; Guill., *Zephyr. Tait.*, n. 262 ; Pancher, in Cuzent, *Tahiti*, 236 ; Nadeaud, *Enum.*, n. 332 ; Seem., *Flor. Vit.*, 194.

Nom indigène à Tahiti : *Avaturatura.*

Plante suffrutescente, formant d'épais buissons. Rameaux quelquefois grimpants. Feuilles ovales-acuminées (longues de 4 à 5 cent., larges de 2 à 3), embrassantes à la base. Épis (longs de 10 cent.) hérissés de poils glanduleux. Fleurs (longues de 1 cent.) munies d'une bractée et de deux bractéoles plus petites, toutes trois oblongues, terminées par un petit crochet. Corolle blanche. Capsule à cinq angles, plus courte que le calice.

Iles de la Société : Tahiti, lieux boisés de la plaine et des vallées basses (*Vesco !*), collines sèches vers 2-300 m. (*Lépine* 80 !), ravins secs de Tipaearui et Papeava (*Nadeaud !*), sans désignation de localité (*Hombron ! ; Ribourt* 33 ! ; *Savatier* 888 !)

MYRSINÉACÉES.

Fleurs hermaphrodites ou polygames. Calice à quatre divisions. Corolle à tube court ; limbe campanulé à quatre divisions. Étamines en nombre égal à celui des divisions de la corolle, et opposées à elles. Ovaire le plus souvent supère, uniloculaire ; ovules nombreux attachés sur un placenta central. Fruit indéhiscent plus ou moins charnu ; une ou plusieurs graines.

Arbres ou arbustes. Feuilles entières opposées. Fleurs petites, le plus souvent en cymes raccourcies.

Environ 500 espèces, habitant les régions tropicales des deux Mondes.

I. — MYRSINE *L.*

Calice persistant. Lobes de la corolle en préfloraison valvaire ou imbriquée.
Cymes axillaires.

1	Feuilles de petites ou moyennes dimensions	2
	Feuilles le plus souvent amples et fortement coriaces	1. **M. tahitensis** *A. Gr.*
2	Fleurs pédicellées.	3
	Fleurs sessiles	2. **M. myricæfolia** *A. Gr.*
3	Corolle presque deux fois plus longue que le calice	3. **M. collina** *Nadeaud.*
	Corolle à peine plus longue que le calice.	4. **M. Vescoi** *sp. nov.*

1. M. tahitensis A Gr., in *Proceed. Am. Acad.*, V (1860-60), 330.
M. coriacea et *ovalis* Nadeaud, *Enum.*, n. 399 et 400.
Arbre (haut de quelques mètres) glabre. Écorce faiblement rugueuse. Feuilles souvent très coriaces, ovales-oblongues, ou presque lancéolées, de dimensions très variables (longues de 10 à 40 cent., larges de 6 à 11), brièvement pétiolées, ou quelquefois sessiles. Cymes à 4 ou 7 fleurs. Pédicelles grêles (longs de 5 à 7 mill.). Divisions du calice ovales-aiguës. Lobes de la corolle obtus. Fruits ovales ou plus ou moins arrondis (longs de 4 à 5 mill.).
Var. longifolia.
M. longifolia Nadeaud, *Enum.*, n. 401.
Feuilles étroites, très longues, plus ou moins sessiles.

Iles de la Société : Tahiti : Farerauape, monts Pinai et Marau (*Nadeaud* 399 ! ; 400 !) sans désignation de localité (*Lépine!* ; *Ribourt* 51 ! ; 68 !).

2. M. myricæfolia A. Gr., *l. c.*
Arbre glabre. Feuilles oblongues, spatulées (longues de 5 à 7 cent., larges de 2 à 3), parsemées de petits points serrés, sur les deux faces. Fleurs sessiles. Divisions du calice ovales-obtuses. Fruits globuleux.

Iles de la Société : Moorea (*Wilkes*).
Je n'ai pas vu cette espèce. La description précédente est empruntée à Asa Gray.

3. M. collina Nadeaud, *Enum.*, n. 397.

M. falcata Nadeaud., *l. c.*, n. 398.

Arbrisseau glabre. Feuilles oblongues-aiguës, atténuées à la base (longues de 6 à 7 cent., larges de 2 à 3), souvent inéquilatérales, faiblement coriaces. Cymes très nombreuses, portant de 4 à 7 fleurs. Pédicelles grêles. Calice à divisions ovales-aiguës. Lobes de la corolle près de deux fois plus longs que le calice, ovales-obtus. Fruits globuleux, très petits.

Iles de la Société : Tahiti (*Nadeaud* 397 ! ; 398 !).

4. M. Vescoi *sp. nov.*

Arbrisseau glabre. Feuilles oblongues-aiguës, atténuées à la base (longues de 12 à 15 cent., larges de 3 à 4). Cymes portant de 5 à 8 fleurs. Pédicelles courts et épais. Calice pubérulent, à divisions ovales-aiguës. Lobes de la corolle obovales, dépassant peu le calice. Étamines atténuées au sommet.

Iles de la Société : Tahiti (*Vesco!*).

SAPOTACÉES.

Fleurs le plus souvent hermaphrodites. Sépales au nombre de quatre à six, souvent sur deux rangs, les deux extérieurs valvaires, les intérieurs imbriqués. Corolle gamopétale à divisions profondes, en nombre égal à celui des sépales ou bien double ou quadruple. Étamines attachées vers la base de la corolle, et brièvement adhérentes en tube, en nombre égal à celui des lobes de la corolle, et alternant avec autant de staminodes, ou bien en nombre double, et sans staminodes. Anthères souvent attachées par le dos, renversées en arrière, extrorses. Disque généralement peu développé. Ovaire supère ; de trois à six loges ; style court ; ovules solitaires, attachés à l'angle interne de la loge. Baie indéhiscente. Graines ellipsoïdes, souvent comprimées.

Arbres à feuilles le plus souvent alternes ou rassemblées au sommet des rameaux. Fleurs brièvement pédicellées, solitaires ou en cymes axillaires.

Plus de 200 espèces, habitant les régions tropicales.

I. — PALAQUIUM *Blanco*.

Cinq sépales : deux extérieurs et trois intérieurs. Corolle à six divisions sur deux rangs. Douze étamines ; filets atténués au sommet ;

anthères oblongues. Staminodes nuls. Ovaire velu, à six loges ; style subulé-conique.

Arbres à suc laiteux.

Une trentaine d'espèces, répandues principalement dans l'Inde et dans la Malaisie.

1. P. (?) Nadeaudi *sp. nov.*

Mimusops dissecta Nadeaud, *Enum.*, n. 402 (non R. Br.).

Arbre glabre, sauf une légère pubérulence rousse répandue sur les bourgeons, les jeunes pétioles et les pédoncules. Feuilles elliptiques (longues de 10 à 12 cent., larges de 3 à 4; pétiole long de 3 à 4 cent.), atténuées aux deux extrémités, penninerviées, finement réticulées en dessous, coriaces, luisantes. Fleurs réunies par 2 ou 4 en cymes axillaires (pédicelles longs de 6 à 8 mill.). Sépales ovales, les extérieurs à peine pubérulents, les intérieurs presque glabres. Corolle glabre à lobes arrondis. Étamines glabres. Fruit inconnu.

Iles de la Société : Tahiti, versants de Tipaearui, vers 800 m. (*Nadeaud* 402!).

Cette plante n'est certainement pas le *M. dissecta* R. Br. (*Achras dissecta* Forst.) dont il existe des échantillons authentiques au Muséum d'Histoire naturelle de Paris. Elle n'appartient pas au genre *Mimusops*, à cause de l'absence de staminodes dans ses fleurs. Le *M. dissecta* Br. a des feuilles plus petites, et des fleurs solitaires à pédicelles grêles.

OLÉACÉES.

Fleurs le plus souvent hermaphrodites. Calice campanulé, à dents courtes ou nulles. Corolle gamopétale, à lobes imbriquées ou valvaires. Généralement deux étamines. Ovaire biloculaire ; ovules pendants ou dressés. Fruit charnu ou quelquefois sec.

Plantes le plus souvent frutescentes, quelquefois grimpantes.

Environ 300 espèces, habitant les régions chaudes et tempérées.

I. — JASMINUM *L.*

Lobes de la corolle en préfloraison imbriquée. Ovules dressés. Fruit charnu, didyme; une graine dans chaque loge du fruit.

Arbrisseaux le plus souvent à feuilles opposées.

Une centaine d'espèces, habitant l'Asie, l'Afrique et l'Océanie.

1. J. didymum Forst., *Prodr.*, n. 8 ; Soland., *Prim. Flor. Ins. Pacif.*, et in Parkins., *Draw.* of *Tahit. Pl.*, t. 2 (ined., cf. Seem., *Fl. Vit.*, 154) ;

Endl., *Fl. Suds.*, n. 1319; Guill., *Zephyr. Tait.*, n. 204; Pancher, in Cuzent, *Tahiti*, 235; Nadeaud, *Enum.*, n. 362; Seem., *l. c.*

J. divaricatum R. Br., *Prodr.*, 521; Labill., *Austr. Caled.*, t. 27; Endl., *l. c.*, n. 1320; *J. azoricum* Hook. et Arn., *Bot.*, *Beech.*, 66.

Nom indigène à Tahiti : *Tia-tia mana; tafifi.*

Arbrisseau grimpant, couvert d'une légère pubescence sur les rameaux, les pétioles, la nervure médiane et la face inférieure des feuilles, et sur les inflorescences. Feuilles ternées; folioles inégales, la médiane plus grande (longue de 4 à 6 cent., large de 25 à 30 mill. ; pétiole commun long de 1 à 2 cent.). Cymes axillaires plus courtes que les feuilles, ou formant une panicule terminale. Calice très petit (1 mill.), à dents nulles ou très courtes, aiguës. Corolle (longue de 5 à 6 mill.) à lobes ovales. Baies globuleuses (larges de 5 à 6 mill.).

Iles de la Société : Tahiti, lieux secs et peu boisés des collines (*Bertero et Mœrenhout!; Lay et Collie; Bidwill!; Vesco!; Nadeaud* 362!).

Distrib. géogr. Iles Viti, Nouvelle-Calédonie et Australie.

APOCYNACÉES.

Calice à tube presque nul, à cinq divisions. Corolle généralement hypocratériforme ou infundibuliforme à cinq lobes imbriqués ou contournés. Cinq étamines insérées sur le tube de la corolle; anthères linéaires-oblongues. Disque annulaire, quinquélobé, ou nul. Ovaire biloculaire ou formé de deux ou quatre carpelles; deux ou plusieurs ovules, sur un ou plusieurs rangs; un style, épaissi au sommet. Fruit indéhiscent, drupacé ou à périsperme fibreux, ou bien déhiscent, et formé de deux follicules. Graines solitaires ou nombreuses, souvent comprimées, quelquefois appendiculées.

Arbres ou arbustes à feuilles entières, penninerviées.

Famille répandue principalement dans les régions tropicales.

1 {	De deux à quatre carpelles.	2
	Ovaire biloculaire	VII. **Geniostoma** *Forst.*
2 {	Fruit indéhiscent.	3
	Fruit déhiscent, formé de deux follicules. .	IV. **Alstonia** R. *Br.*
3 {	Fruits libres au sommet	4
	Trois ou quatre carpelles unis au sommet. .	II. **Lepinia** *Decne.*
4 {	Fruits solitaires, ou géminés et non divariqués.	5
	Fruits géminés et divariqués.	6
5 {	Fleurs petites (moins de 2 cent.).	I. **Gynopogon** *Forst.*
	Fleurs assez grandes	III. **Cerbera** L.
6 {	Fruits recourbés à leur extrémité	V. **Tabernæmontana** L.
	Fruits non recourbés à leur extrémité. . .	VI. **Ochrosia** *Juss.*

I. — GYNOPOGON *Forst.*

Calice à cinq divisions profondes, ovales-aiguës. Corolle hypocratériforme ; tube élargi au point d'insertion des étamines ; lobes étalés, en préfloraison contournée. Anthères incluses. Deux carpelles distincts, contenant chacun de quatre à six ovules sur deux rangs ; style filiforme. Drupes solitaires ou géminées, monospermes, ou moniliformes à articles monospermes. Graines souvent sillonnées à la face interne.

Arbrisseaux glabres à feuilles ternées ou opposées. Fleurs petites en cymes axillaires.

Environ 45 espèces, habitant l'Asie, l'Océanie et Madagascar.

Feuilles ternées. . . . . 1. **G. stellatum** *Forst.*
Feuilles opposées . . . . 2. **G. scandens** *Forst.*

1. G. stellatum Forst., *Char. Gen.*, 36, t. 18, et *Prodr.*, n. 117.
Alyxia stellata Rœm. et Schult., *Syst.*, IV, 439 ; Endl., *Flor. Suds.*, n. 1245 ; Guill., *Zeph. Tait.*, n. 245 ; A. DC., *Prodr.*, VIII, 342 ; Pancher, in Cuzent, *Tahiti*, 235 ; Seem., *Fl. Vit.*, 157 ; Nadeaud, n. 367.
Nom indigène à Tahiti : *Maire.*
Feuilles ternées, elliptiques-ovales, ou oblongues, quelquefois très-étroites (longues de 5 à 8 cent , larges de 1 à 4), brièvement pétiolées, luisantes. Cymes axillaires beaucoup plus longues que le pétiole. Bractéoles petites. Fleurs jaunes. Stigmate pubérulent.

Iles de la Société (*Forster !*) : Tahiti, montagnes de Vairoa, vers 800 ou 1000 m., presqu'île de Taravao (*Lépine* 191 !), crêtes élevées à Tumatairi et sur l'Aorai (*Nadeaud* 367 !) ; sans désignation de localité (*Bertero et Mœrenhout ! ; Savatier !*)
Distrib. géogr. Iles Viti, Tonga et Nouvelle-Calédonie.

2. G. scandens Forst., *Prodr.*, n. 119 ; *Icon.*, 69, et in Park., *Draw. of Tah. Pl.*, t. 34 (ined., cf. Seem., *l. c.*).
Alyxia scandens Rœm. et Schult , *Syst.*, IV, 440 ; Endl., *l. c.*, n. 1250 ; Guill., *Zeph. Tait.*, n. 246 ; A. DC., *l. c.* ; Pancher, *l. c.* ; Seem., *l. c.* 156 ; Nadeaud, *l. c.*, n. 368.
Nom indigène à Tahiti : *Tafifi.*
Arbrisseau grimpant, à suc laiteux. Feuilles opposées, ovales (longues de 8 à 12 cent., larges de 3 à 4). Cymes axillaires très courtes. Le reste comme dans l'espèce précédente.

Iles de la Société (*Nelson ; Lay et Collie ; Wiles et Smith*) : Tahiti, crêtes des montagnes, précipices (*Forster ; Pancher ! ; Nadeaud* 368 !), sans désignation de localité (*Vesco ! ; Lépine* 192 ! ; *Ribourt* 43 !). — Iles Pomotou (*Savatier !*).
Distrib. géogr. Iles Viti.

II. — LEPINIA *Decne.*

Calice à cinq divisions ovales. Corolle hypocratériforme à cinq lobes contournés se recouvrant de droite à gauche. Cinq étamines incluses presque sessiles ; anthères apiculées. Disque nul. De trois à quatre carpelles. Style filiforme ; stigmate terminé en pointe. Fruits à péricarpe fibreux, indéhiscents, se réunissant au sommet, longuement stipités à la base à maturité. Graines solitaires, oblongues, creusées d'un sillon.

Genre limité à l'espèce suivante.

1. L. tahitensis Decne, in *Ann. Sc. nat., Bot.*, sér. 3, XII, 194, t. 9, et in *Flore des Serres*, VII, 225 ; Nadeaud, *Enum.*, n. 369.

Nom indigène à Tahiti : *Maamaatai ; Aia.*

Arbre de huit à dix mètres. Rameaux à écorce rugueuse. Feuilles (longues de 15 à 20 cent., larges de 5 à 7 ; pétiole long de 2-4 cent.) oblancéolées, atténuées à la base, brusquement acuminées au sommet, glabres, luisantes, à nervures parallèles et très fines. Fleurs en cymes terminales. Divisions du calice ciliées (longues de 2 à 3 mill.). Corolle longue de 1 à 2 cent. Fruits atteignant une longueur de 15 cent. et plus.

Iles de la Société : Tahiti, vallées de Papenoo et Papeia (*Nadeaud* 369 !), sans désignation de localité (*Vesco !; Lépine !*) ; Moorea, vallée de Tevaiahia (*Nadeaud*).

III. — CERBERA *L.*

Calice à cinq divisions profondes. Corolle presque infundibulforme ; tube renflé à la hauteur des anthères ; lobes en préfloraison contournée. Étamines incluses. Deux carpelles quadriovulés ; style filiforme. Fruit formé d'une seule drupe, à une ou deux graines. Endocarpe ligneux.

Arbrisseaux à feuilles alternes. Fleurs assez grandes, en cymes axillaires ou terminales.

Environ 4 espèces, habitant l'Asie tropicale, les Iles du Pacifique et Madagascar.

1. C. Odolla Gaertn., *Fruct.*, II, 193, t. 124 ; A. DC., *Prodr.*, VIII, 353.
C. Manghas Forst., *Prodr.*, n. 120 ; Guill., *Zephyr. Tait.* n. 242 ; Jardin, *Hist. nat. Iles Marq.*, 24 ; *Tanghinia Manghas* Pancher, in Cuzent, *Tahiti*, 235 ; *C. Forsteri* Seem., *Flor. Vit.*, 157.

Feuilles oblongues-aiguës, atténuées à la base (longues de 18 cent. et plus, larges de 5), glabres. Cymes terminales (pédoncule long de 4-5 cent.). Fleurs (longues de 2 à 3 cent., larges de 3 à 4), brièvement pédicellées. Bractées ovales. Corolle blanche à lobes obovales. Drupe ovoïde (longue de 5 à 8 cent.).

Iles de la Société : Tahiti, entrée des vallées (*Bertero et Mœrenhout!; Vesco!; Lépine* 204!); Borabora (*Lesson!*). — Iles Marquises (*Dupetit-Thouars* 54!; *Le Bastard* 23!; *Jardin!*). — Iles Gambier (*Le Guillou!; Hombron!; Jacquinot!*).
Distrib. géogr. Asie et Océanie.

IV. — OCHROSIA *Juss.*

Calice à cinq divisions oblongues, imbriquées. Corolle hypocratériforme. Limbe à cinq divisions contournées de gauche à droite. Cinq étamines ; anthères incluses, presque sessiles, aiguës au sommet, appendiculées à la base. Deux carpelles ; style filiforme ; stigmate oblong, bifide au sommet. Deux drupes ovoïdes, divariquées ; épicarpe charnu ; endocarpe osseux. Graines solitaires ou géminées, séparées par le placenta simulant une fausse cloison. Albumen charnu, cotylédons plans.

Arbres à feuilles verticillées.

Une douzaine d'espèces habitant les Iles Mascareignes, la Malaisie, l'Australie et les îles du Pacifique.

1. O. parviflora Hensl., in *Ann. of Bot.*, *I*, 345 ; A. DC., *Prodr.*, VIII, 357 ; A. Gr., in *Proceed. Am. Ac.*, V, 333 ; Seem., *Flor. Vit.*, 158 ; Nadeaud, *Enum.*, n. 366.

Cerbera parviflora Forst., *Prodr.*, n. 121 (non Hook. et Arn.) ; Endl., *Fl. Suds.*, n. 1234 ; *O. elliptica* Labill., *Austro-Caled.*, t. 30 ; Endl., *l. c.*, n. 1236 ; *Alyxia sp.* Soland., *Prim. Fl. Ins. Pacif.*, 241 (ined., cf. Seem., *l. c.*).

Arbre (haut de 10 mètres environ), à suc laiteux. Écorce rugueuse. Rameaux cylindriques. Feuilles ternées ou quaternées, oblongues-lancéolées (longues de 10-12 cent., larges de 1 à 2), atténuées à la base, acuminées au sommet, un peu coriaces, lisses, glabres, à veines parallèles, fines et serrées. De 3 à 5 fleurs, en cymes terminales.

Iles de la Société (*Banks et Solander; Nelson*) : Tahiti, à Teoa, Ahonu, et au Pirae vers 800 m. (*Nadeaud* 366!; *Vesco!*), montagnes de Fautahua, 7-800 m. (*Lépine* 187!); sans désignation de localité (*Dupetit-Thouars!; Ribourt* 45!).
Distrib. géogr. Océanie.

V. — TABERNÆMONTANA *L.*

Calice muni à la base de ses lobes d'une rangée de glandes. Corolle hypocratériforme ; tube renflé à la hauteur des étamines ; lobes en préfloraison contournée ; anthères incluses. Deux carpelles distincts, pluriovulés ; style filiforme. Drupes géminées, oblongues, recourbées en bec à leur extrémité. Graines plongées dans une pulpe ; albumen charnu.

Arbrisseaux à feuilles opposées. Cymes axillaires.

Espèces nombreuses, répandues dans les régions tropicales.

1. **T. orientalis** R. Br., *Prodr.*, 46 (non Decne); A. DC., *Prodr.*, VIII, 371 ; Seem., *Fl. Vit.*, 159 ; Nadeaud, *Enum.*, n. 370.

T. Cumingiana A. DC., *l.c.* ; *T. vitiensis* Seem., in *Bonpland.*, IX, 257 ; *T. citrifolia* Forst., *Prodr.*, n. 124 (non L.); Parkins., *Draw. of Tah. Pl.*, t. 36 (ined., cf. Seem.) ; Endl., *Fl. Suds.*, n. 1237.

Nom indigène à Tahiti : *Faiate*.

Arbuste glabre à rameaux grêles. Feuilles obovales-oblongues, acuminées au sommet, atténuées à la base (longues de 1 à 15 cent., larges de 5 à 6 ; pétiole long de 1 à 2 cent.), glauques en dessous, penninerviées. Pédoncules allongés (8 à 10 cent.), grêles, trifides, pauciflores. Fleurs (2 cent. environ), brièvement pédicellées. Divisions du calice plus ou moins aiguës. Lobes de la corolle ovales-oblongues. Drupes plus ou moins anguleuses, ridées (longues de 12 à 15 mill.).

Iles de la Société : Tahiti, précipices à Papaionu, Papara, vers 500 m. (*Nadeaud* 370!); sans désignation de localité (*Vesco!; Ribourt!*).

Distrib. géogr. Australie; îles Philippines.

VI. — ALSTONIA *R. Br.*

Calice à cinq divisions profondes. Corolle hypocratériforme; lobes en préfloraison contournée. Anthères incluses. Carpelles distincts, multiovulés; style court. Follicules géminés, linéaires, déhiscents. Graines oblongues, comprimées, atténuées en pointe aux deux extrémités, ciliées.

Arbres ou arbrisseaux dressés. Feuilles opposées. Cymes axillaires.

Une trentaine d'espèces, habitant l'Asie et l'Océanie.

1. **A. costata** R. Br., in *Trans. Wern. Soc.*, I, 75 ; Endl., *Fl. Suds.*, 1238 ; Guill., *Zephyr. Tait.*, n. 244 ; A. DC., *Prodr.*, VIII, 408 ; Pancher, in Cuzent, *Tahiti*, 235 ; Seem., *Flor. Vit.*, 161 ; Nadeaud, *Enum.*, n. 371.

Echites costata Forst., *Prodr.*, n. 123, et *Icon.*, t. 71 (ined., cf. Seem.); Soland., *Prim. Fl. Ins. Pacif.*, et in Parkins., *Draw. of Tahit. Pl.*, t. 35 (ined., cf. Seem.).

Nom indigène à Tahiti : *Atahe ; Utureva ; Afairetou*.

Arbre (haut de 8 à 10 mètres) glabre, à suc laiteux. Feuilles linéaires-oblongues, ou ovales-elliptiques (longues de 6 à 20 cent., arges de 2 à 8), légèrement sinueuses sur les bords, acuminées, chartacées, luisantes. Cymes corymbiformes, à fleurs nombreuses, petites (7 à 10 mill.). Divisions du calice ovales-aiguës. Lobes de la corolle linéaires-aiguës. Gorge barbue. Follicules souvent très longs (35 cent.), contournés, arqués.

Iles de la Société (*Banks et Solander; Forster; Wiles et Smith; Barclay; Bidwill*) : Tahiti, montagnes vers 800 m. (*Bertero et Mœrenhout!; Hombron!; Vesco!; Lépine* 198! 199!; *Ribourt* 46!; *Nadeaud* 371!); Moorea (*Vesco!; Lépine!*); Ulietea (*Banks*).

VII. — GENIOSTOMA *Forst.*

Calice à cinq divisions aiguës. Corolle le plus souvent campanulée, à cinq lobes. Anthères ovales, quelquefois appendiculées. Ovaire biloculaire, multiovulé : style court ou nul; stigmate aplati. Capsule déhiscente, laissant les placentas à nu. Graines nombreuses enveloppées dans une pulpe.

Arbres ou arbrisseaux glabres. Feuilles opposées; stipules connées, engaînantes. Cymes raccourcies, axillaires.

Environ 20 espèces, habitant la Malaisie, les îles Mascareignes, l'Australie, la Nouvelle-Zélande et les îles du Pacifique.

<pre>
Style court, stipules entières . . . .   1. G. rupestre Forst.
Style nul, stipules bifides. . . . .   2. G. astylum A. Gr.
</pre>

1. G. rupestre Forst., *Char. Gen.*, 24, t. 12, *Prodr.*, n. 103, et *Icon.*, (ined., cf. Seem., *Fl. Vit.* 164), t. 58; Endl., *Flor. Suds.*, n. 1286; A. DC., *Prodr.* XI, 26; Pancher, in Cuzent, *Tahiti*, 235; Seem., *l. c.*; Nadeaud, *Enum.*, n. 363.

Arbre de 10 à 12 mètres. Feuilles oblongues-aiguës (longues de 10 cent., larges de 5). Stipules entières. Cymes (longues de 3 à 4 cent.), pauciflores, bractées triangulaires, très petites, pédoncules secondaires et pédicelles divariqués. Fleurs blanches (1-2 mill.). Corolle velue. Anthères violettes. Style court. Capsule oblongue-aiguë (1 cent.).

Iles de la Société Tahiti, gorges de Tautera (*Lépine* 208!), flancs des montagnes (*Nadeaud* 363!); sans désignation de localité (*Vesco!*). — Iles Wallis (*Græffe*).

Distrib. géogr. Iles Viti, Nouvelle-Calédonie et Nouvelles-Hébrides.

2. G. astylum A. Gr., in *Proceed. Am. Ac.* IV, (1860), 321.

« Plante glabre; stipules tronquées, bifides; feuilles ovales; sépales ovales, corolle glabre à l'intérieur; en préfloraison quinconciale; stigmate entier, sessile, subglobuleux. Fruits oblongs-étroits. »

Iles de la Société : Tahiti (*Wilkes*).
Je n'ai pas vu cette plante.

ASCLEPIADACÉES.

Fleurs hermaphrodites. Calice à divisions imbriquées, généralement au nombre de cinq. Corolle gamopétale, à cinq lobes, en préfloraison valvaire ou contournée. Cinq étamines insérées près de la base de la corolle, unies en un tube qui entoure le stigmate avec lequel les anthères sont plus ou moins unies et forment le *gynostège* ; anthères introrses ; pollen agglutiné en masses unies par des caudicules à des corpuscules placés sous le stigmate ; connectif portant souvent des appendices de formes variées. Ovaire formé de deux carpelles distincts ; deux styles distincts sauf à leur extrémité qui forme un stigmate unique, le plus souvent ovoïde, à cinq angles ; ovules nombreux pendants. Follicules déhiscents. Graines comprimées, souvent ailées et surmontées de longs poils.

Plantes herbacées ou ligneuses. Feuilles souvent alternes.

Environ 1300 espèces, habitant toutes les régions chaudes et tempérées.

I. — ASCLEPIAS *L.*

Tube staminal plus court que les anthères. Appendices du connectif terminaux, formant une couronne à écailles concaves.

Plantes herbacées, vivaces.

Une soixantaine d'espèces, presque toutes américaines.

1. A. curassavica L., *Sp.*, 314 ; Hook. et Arn., *Bot. Beech. Voy.*, 66 ; Endl. *Flor. Suds.*, n. 1232 ; Decne, in A. DC., *Prodr.*, VIII, 566 ; Jardin, *Hist. Nat. Iles Marq.*, 24 ; Pancher, in Cuzent, *Tahiti*, 235.

Plante glabre, sauf sur les pédoncules et les pédicelles. Feuilles lancéolées (longues de 6 à 7 cent.). Cymes ombelliformes, axillaires et terminales, égalant la feuille. Pédoncule allongé. Corolle rouge. Anthères jaunes. Follicules (longs de 5 à 6 cent.), oblongs, atténués à la base.

Iles de la Société (*Lay et Collie*) ; Tahiti (*Savatier!*). – Iles Marquises : Noukahiva (*Savatier!* ; *Jardin!*).

Distrib. géogr. Toutes les régions chaudes. Plante d'introduction récente, mais abondamment répandue sur les plages et dans les vallées basses.

BORAGINACÉES.

Calice à quatre ou cinq divisions. Corolle gamopétale rarement irrégulière, à quatre ou cinq divisions. Étamines insérées sur le tube de la corolle, en nombre égal à celui de ses divisions et alternes avec elles. Disque annulaire. Gynécée supère, formé d'un ovaire quadrilocellaire, ou bien de deux carpelles bilocellaires et bilobés; ovules généralement solitaires dans chaque logette; style simple ou deux fois bifide, ou simple avec stigmate bilobé. Fruit drupacé, quadrilocellaire, ou sec, se séparant en quatre coques. Graines avec ou sans albumen.

Arbres, arbustes, herbes vivaces ou annuelles à feuilles alternes dépourvues de stipules, généralement hispides ou velues. Fleurs le plus souvent en cymes.

Espèces très nombreuses, habitant toutes les contrées du globe.

<table>
<tr><td rowspan="2">1</td><td>Style simple. Stigmate bilobé . . . .</td><td>2</td></tr>
<tr><td>Style deux fois bifide. . . . .</td><td>I. Cordia L.</td></tr>
<tr><td rowspan="2">2</td><td>Fruit drupacé, ne se séparant pas en quatre coques . . . .</td><td>II. Tournefortia L.</td></tr>
<tr><td>Fruit se séparant en quatre coques . . . . .</td><td>III. Heliotropium L.</td></tr>
</table>

I. — CORDIA *L.*

Calice tubuleux, campanulé, à dents courtes, lisse ou marqué de côtes. Tube de la corolle plus ou moins long; limbe oblique, à quatre ou cinq lobes arrondis, imbriqués, ou légèrement contournés. Anthères oblongues ou linéaires. Ovaire entier, quadrilocellaire; style deux fois bifide. Drupe entourée par le calice persistant.

Arbres ou arbustes. Fleurs en cymes souvent courtes.

Environ 200 espèces, habitant toutes les régions chaudes.

Calice dépourvu de côtes, feuilles assez
 grandes . . . . 1. **C. subcordata** *Lam.*
Calice muni de côtes, feuilles plutôt petites. 2. **C. marchionica** *Drake.*

1. **C. subcordata** Lam., *Ill.*, n. 1899; Cham., in *Linnæa*, IV, 474; Endl., *Flor. Suds.*, n. 1212; A. DC., *Prodr.*, IX, 477; Pancher, in Cuzent, *Tahiti*, 235; Seem., *Flor. Vit.*, 108, t. 34; Nadeaud, *Enum.*, n. 375; Hillebr., *Fl. Haw. Isl.*, 321.

C. sebestana Forst., *Prodr.*, 108 (non L.); Soland., *Prim. Fl. Ins. Pacif.*, 235 et in Parkins., *Draw. of Tahit. Pl.*, t. 29 (ined., cf. Seem.); Endl., *l. c.*, n. 1208; *C. orientalis* Rœm. et Schult., *Syst.*, IV, 449; Guillem., *Zephyr. Tait.*, n. 239.

Nom indigène à Tahiti : *Tou.*

Arbre à rameaux presque entièrement glabres, pubérulents seulement au sommet. Feuilles glabres ou pubescentes à la face inférieure, ovales (longues de 10 cent., larges de 7; pétioles longs de 4 à 5 cent.), légèrement acuminées, à peine cordées à la base. Grappes plus courtes que le pétiole, pubérulentes, pauciflores. Calice (long de 1 cent.) cylindrique, lisse, à peine pubérulent extérieurement, fortement pubescent intérieurement. Corolle orangée, hypocratériforme (longue de 3 à 4 cent., large de 2 à 3), à six ou huit lobes étalés, arrondis. Drupe ovoïde.

Iles de la Société (*Banks et Solander; Forster*): Tahiti, plages (*Bertero et Mœrenhout!; Hombron!; Vesco!; Lépine!; Nadeaud* 375!; *Savatier* 828!). — Iles Marquises : Noukahiva (*Barclay; Dupetit-Thouars* 75!; *Le Bastard!*).
Distrib. géogr. Asie, Océanie, îles de l'Afrique orientale.

2. C. marchionica Drake, *Ill. Fl. Ins. Mar. Pac.*, 240.

Arbuste très rameux, touffu. Feuilles ovales (longues de 4 à 5 cent., larges de 2 environ), à peine aiguës, sinueuses-crénelées vers le haut, entières vers le bas, brièvement pétiolées, verruqueuses et hérissées de poils rudes et très courts en dessus, hispides en dessous. Cymes courtes (2 cent.); pédoncules hispides, à 5 ou 6 fleurs. Calice cylindrique (long de 1 cent.), à treize côtes et à cinq dents très obtuses, couvert de poils courts. Tube de la corolle dépassant légèrement le calice; limbe plus grand que le tube, à cinq lobes larges, arrondis. Sept étamines à filets très hispides sur leur partie inférieure; anthères oblongues, sagittées. Branches du style à peine épaissies au sommet. Fruit inconnu.

Iles Marquises (*Mercier!; Jardin* 54 !).

II. — TOURNEFORTIA *L.*

Calice à cinq divisions profondes. Corolle hypocratériforme à cinq lobes étalés. Cinq étamines; anthères incluses. Ovaire à quatre loges, chacune renfermant un ovule pendant; style souvent court; stigmate bilobé, entouré d'un anneau à sa base. Drupe à quatre noyaux monospermes plus ou moins adhérents les uns aux autres. Graines faiblement pourvues d'albumen.

Plantes frutescentes ou suffrutescentes. Feuilles alternes, entières; inflorescences souvent scorpioïdes.

Une centaine d'espèces, répandues dans les régions chaudes.

1. T. argentea L. f., *Suppl.*, 183; Forst., *Prodr.*, n. 1218; Endl., *Flor. Suds.*, n. 1218; Guill., *Zephyr. Tait.*, n. 239; Pancher, in Cuzent, *Tahiti*, 235; Nadeaud, *Enum.*, n. 376.

Nom indigène à Tahiti : *Tahinu.*

Arbuste couvert sur toutes ses parties de poils cendrés-argentés. Feuilles molles, oblongues, atténuées à la base (10-15 cent., sur 2-3), rassemblées au sommet des rameaux, et y laissant une cicatrice après leur chute. Panicule terminale, nue; pédoncule dépassant les feuilles, rameaux très nombreux, scorpioïdes, multiflores. Fleurs petites (2 à 3 mill.). Calice campanulé, très velu. Corolle hypocratériforme à cinq divisions inégales.

Iles de la Société (*Banks et Solander; Lay et Collie*); Tahiti, îles basses (*Vesco!; Lépine!*). — Iles Pomotou (*Savatier!*).
Distr. géogr. Régions tropicales maritimes.

Le *T. gnaphalodes* R. Br., originaire de l'Amérique tropicale, a sans doute été signalé par erreur aux îles de la Société par Hooker et Arnott.

III. — HELIOTROPIUM *7.*

Calice à cinq divisions profondes. Corolle hypocratériforme. Ovaire entier ou quadrilobé, quadriloculaire; style le plus souvent court; stigmate muni d'un anneau à sa base; ovules solitaires. Fruit finalement sec, se séparant en quatre coques distinctes. Graines souvent pauvres en albumen.

Plantes herbacées ou suffrutescentes. Feuilles alternes. Cymes scorpioïdes.

De 100 à 150 espèces, habitant les régions chaudes et tempérées.

Rameaux étalés; feuilles linéaires-oblongues.   1. **H. anomalum** *H. et A.*
Rameaux dressés; feuilles obovales-aiguës .   2. **H. marchionicum** *Dcne.*

1. H. anomalum Hook. et Arn., *Bot. Beech.*, 66; Endl., *Flor. Suds.*, n. 1214; Guillem., *Zephyr. Tait.*, n. 238; Hillebr., *Fl. Haw. Isl.*, 382.
Lithospermum incanum Forst., *Prodr.*, n. 63; *Pentacarya heliotropoides* A. DC., *Prodr.*, IX, 559.

Nom indigène aux îles Pomotou : *Parahiari.*

Arbuste entièrement couvert de poils rudes, appliqués, argentés. Rameaux étalés. Feuilles linéaires-oblongues, obtuses, atténuées à la base (longues de 2 cent., larges de 2 à 3 mill.). Cymes pédonculées. Fleurs petites (1 ou 2 mill.). Calice à lobes inégaux, deux oblongs, trois linéaires. Tube de la corolle velu extérieurement, plus long que le calice; lobes courts. Anthères barbues. Coques scabres.

Iles de la Société (*Lay et Collie*). — Iles Pomotou (*Savatier* 795!).
Distrib. géogr. Iles Hawaï.

2. H. marchionicum Dcne, *Voy. Vénus*, 21, t. 15.
Arbuste dressé, couvert de poils argentés. Feuilles obovales-aiguës (longues de 2 à 3 cent., larges de 1 à 1/2), brièvement atténuées en pétiole. Cymes axillaires vers le sommet des rameaux. Fleurs petites (2 à 3 mill.), serrées. Divisions du calice oblongues-aiguës, étroites.

Tube de la corolle ne dépassant pas le calice. Lobes ovales, plissés. Style pénicillé au sommet. Coques légèrement hérissées.

Iles Marquises : Noukahiva (*Le Bastard* 76 !).

CONVOLVULACÉES.

Fleurs régulières hermaphrodites. Calice à cinq divisions profondes. Corolle souvent infundibuliforme à cinq lobes, à peine distincts, indupliqués dans le bouton. Étamines en nombre égal à celui des divisions de la corolle et alternes avec elle, libres, insérées sur le tube de la corolle. Ovaire supère, à deux ou quatre loges généralement biovulées ; style simple ou à divisions plus ou moins profondes. Fruit capsulaire déhiscent, ou quelquefois drupacé. Graines contenant généralement peu d'albumen.

Plantes le plus souvent herbacées, grimpantes. Feuilles alternes, dépourvues de stipules. Pédoncules axillaires portant une ou plusieurs fleurs.

Famille très nombreuse, représentée surtout dans les régions chaudes.

I. — IPOMOEA *L.*

Sépales ovales ou linéaires, égaux ou inégaux, les deux extérieurs plus grands. Corolle infundibuliforme. Étamines inégales, exsertes ou incluses. Style filiforme. Capsule ovoïde.

Fleurs quelquefois très grandes.

De 300 à 400 espèces, habitant principalement les régions tropicales.

1 {	Ovaire à deux loges.	2
	Ovaire à six loges.	1. **I. Batatas** *Lam.*
2 {	Corolle grande, dépassant une longueur de 4 centimètres.	3
	Corolle petite, ne dépassant pas 4 centimètres de longueur	8
3 {	Feuilles entières ou à segments non laciniés.	4
	Feuilles à segments profonds et laciniés . .	7. **I. sinuata** *Willd.*
4 {	Feuilles plus ou moins glabres.	5
	Feuilles entières pubescentes	4. **I. Turpethum** *R. Br.*
5 {	Feuilles souvent grandes, mais non peltées.	6
	Feuilles très grandes, peltées	3. **I. peltata** *Choisy.*
6 {	Feuilles ovales, cordées à la base.	7
	Feuilles épaisses, obovales, émarginées ou profondément bifides.	2. **I. Pes-Capræ** *Sw.*
7 {	Graines glabres.	5. **I. Bona-nox** *L.*
	Graines soyeuses.	6. **I. campanulata** *L.*

8 { Feuilles ovales, toujours entières . . . . . 8. **I. obscura** *Ker.*
  Feuilles à contour pentagonal, entières ou
  divisées . . . . 9. **I. Forsteri** *A. Gr.*

1. I. Batatas Lam., *Encycl.*; Endl., *Fl. Suds.*, n. 1178; Guillem., *Zephyr. Tait.*, n. 219; Hillebr., *Fl. Haw. Isl.*, 314.

Convolvulus Batatas L., *Am. Ac.*, VI, 121; *C. chrysorhyzus* Soland., in Forst., *Pl. esc.*, 24, et *Prodr.*, n. 503; Soland., *Prim. Fl. Ins. Pacif.*, 224, et in Parkins., *Draw. of Tahit. Pl.*, t. 19 (ined. cf. Seem.. *Flor. Vit.*, 170); Endl., *l. c.*, n. 1173; *C. esculentus* Soland., in Forst., *Prodr.*, n. 123; *Batatas edulis* Choisy, *Convolv. Or.*, 53, et in A. DC., *Prodr.*, IX, 338; Pancher, in Cuzent, *Tahiti*, 235; Seem., *l. c.*; Nadeaud, *Enum.*, n. 382.

Nom indigène à Tahiti : *Umara.*

Plante glabre ou faiblement pubescente, racine tubéreuse, très épaisse. Tiges le plus souvent rampantes. Feuilles ovales-aiguës, plus ou moins anguleuses ou lobées. Pédoncules allongés, multiflores. Fleurs grandes. Sépales elliptiques-aigus. Corolle pourpre. Étamines incluses. Ovaire à quatre loges. Capsule à quatre loges, mais devenant quelquefois uniloculaire.

Cultivée et subspontanée dans toute la Polynésie.
Distrib. géogr. Toutes les régions chaudes.

2. I. Pes-Capræ Swartz, *H. Sub.*, ed. 2, 240; Choisy, in A. DC. *l. c.*, p. 349; Pancher, in Cuzent, *Tahiti*, 234; Seem., *Flor. Vit.*, 172; Nadeaud, *Enum.*, n. 379; Hillebr., *l. c.*, 313.

Convolvulus Pes-Capræ L., *Sp.*, 226; *C. brasiliensis* L., *l. c.*; Forst., *Prodr.*, n. 81; *I. maritima* R. Br., *Prodr.*, 486; Endl., *Fl. Suds.*, n. 1186; Guill., *Zephyr. Tait.*, n. 221; Jardin, *Iles Marq.*, 25.

Noms indigènes, à Tahiti : *Poué, Pohué-miti;* à Noukahiva : *Paniaoé.*

Plante grimpante, glabre. Feuilles épaisses, obovales (longues de 8 cent., larges de 6), souvent échancrées au sommet, et même profondément bifides, longuement pétiolées. Pédoncules dressés, à peu près aussi longs que la feuille, portant une ou plusieurs fleurs assez longuement pédicellées. Sépales ovales-obtus (longs de 6 à 8 mill.), les intérieurs plus longs. Corolle (longue de 4 à 5 cent.), rose ou blanche. Ovaire biloculaire, ou quadriloculaire avec de fausses cloisons.

Iles de la Société (*Banks et Solander; Lay et Collie*); Tahiti (*Bertero et Mœrenhout!; Lépine!; Nadeaud* 379!). — Iles Marquises (*Hombron!; Dupetit-Thouars* 8!; *Jardin!*).
Distrib. géogr. Régions tropicales.

3. I. peltata Choisy, *Conv. Or.*, 70, et in A. DC., *Prodr.*, IX, 359; Seem., *Flor. Vit.*, 172; Nadeaud, *Enum.*, 380.

Convolvulus peltatus L., *Sp.*, 121 ; Parkins., *Draw. of Tahit. Pl.*, 17 (ined. cf. Seem., *l. c.*) ; Endl., *Flor. Suds.*, n. 1172 ; Guillem., *Zephyr. Tait.*, n. 217 ; Pancher, in Cuzent., *l. c.*

Plante grimpante presque entièrement glabre. Feuilles très grandes (longues de 15 à 20 cent., à peu près aussi larges) souvent peltées, quelquefois acuminées. Cymes lâches, dépassant rarement le pétiole. Sépales coriaces, obtus (longs d'environ 15 mill.). Corolle (longue de 5 cent., et plus) blanche.

Iles de la Société : Tahiti (*Banks et Solander; Forster; Vesco!; Nadeaud* 380!; *Lépine* 39!).

Distrib. géogr. Régions chaudes de l'Ancien Monde.

4. **I. Turpethum** R. Br., *Prodr.*, 485 ; Endl., *Fl. Suds.*, n. 1177 ; Guill., *Zephyr. Tait,*, n. 218 ; Choisy, in A. DC., *Prodr.*, IX, 360 ; Seem., *Flor. Vit.*, 172 ; Nadeaud, *Enum.*, n. 388.

Convolvulus Turpethum L., *Sp.*, 221 ; Forst., *Pl. esc.*, 52, et *Prodr.*, n. 75 ; Pancher, in Cuzent, *Tahiti*, 234 ; *C. alatus* Soland., *Prim. Fl. Ins. Pacif.*, 222, et in Parkins., *Draw. of Tah. Plants*, 16 (ined. cf. Seem., *l. c.*).

Plante grimpante, d'un vert clair, même après la dessiccation, entièrement couverte, principalement sur les feuilles et les sépales, de poils appliqués, doux au toucher. Feuilles ovales (atteignant une longueur de 10 cent., sur une largeur de 6), cordées, plus ou moins acuminées, assez longuement pétiolées. Pédoncules à 1 ou 3 fleurs. Sépales ovales, mucronés (longs de 2 cent.) les deux extérieurs plus grands. Corolle (longue de 7 à 8 cent.) blanche.

Iles de la Société (*Banks et Solander; Forster; Nelson*) : Tahiti, à l'entrée des vallées, Papeete, Papaeva (*Vesco!; Lépine!; Ribourt!; Nadeaud* 378!).

Distrib. géogr. Asie et Océanie tropicales.

5. **I. Bona-nox** L., *Sp.*, 208 ; Forst., *Prodr.*, n. 82 ; Endl., *Flor. Suds.*, n. 1183 ; Guillem., *Zephyr. Tait.*, n. 220 ; Hillebr., *l. c.*, 314.

I. ambigua Endl., *Flor. Norf.*, n. 108, et *Fl. Suds.*, n. 1180 ; *I. carinata* Endl., *Flor. Norf.*, n. 107, et *Fl. Suds.*, n. 1179 ; *Convolvulus grandiflorus* L. f., *Suppl.*; Forst., *Prodr.*, 76? ; Endl., *Flor. Suds.*, 1170 ; *C. longiflorus* Soland., *Prim. Fl. Ins. Pacif.*, 222 et Parkins., *Draw. of Tahit. Pl.*, t. 16 (ined., cf. Seem., *Flor. Vit.*, 171) ; *Calonyctium speciosum* Choisy, *Convolv. Or.*, 59, et in A. DC., *Prodr.*, IX, 345 ; Jardin, in *Mém. Soc. Cherb.*, VII, 243 ; Seem., *l. c.*; Nadeaud, *Enum.*, n. 381.

Plante grimpante, glabre. Feuilles plus ou moins longuement pétiolées, de dimensions variables (6-15 cent., sur 3-10), échancrées à la base, obtuses ou acuminées au sommet. Pédoncules plus courts ou plus longs que la feuille, souvent épaissis, à une ou plusieurs fleurs. Sépales ovales, mucronulés (longs d'un cent. environ). Corolle (longue de 7 à 8 cent.) blanche. Anthères légèrement exsertes. Capsule ovoïde-oblongue, atténuée au sommet. Graines glabres.

Iles de la Société (*Banks et Solander*): Tahiti (*Bertero et Mœrenhout!; Hombron!; Lépine!; Dupetit-Thouars* 20!; *Savatier* 951!).
Distrib. géogr. Régions tropicales; cultivée et subspontanée.

6. **I. campanulata** L., *Sp.*, 228; Choisy, in A. DC., *Prodr.*, IX, 359.
Convolvulus grandiflorus Soland., *l. c.*, 221, et in Parkins., *l. c.*, t. 14 et 15 (ined., cf. Seem., *l. c.*, 172) [non Forst.].
Plante grimpante, presque entièrement glabre, sauf sur les parties les plus jeunes. Feuilles assez grandes (limbe atteignant 7 à 8 cent., pétiole long de 5 à 6) ovales-aiguës, cordées ou hastées. Pédoncules plus courts que la feuille, à une ou plusieurs fleurs. Sépales égaux (longs d'un cent. ou plus), ovales-obtus, glabres ou pubérulents. Corolle (longue de 4 à 8 cent.) plus ou moins profondément lobée. Capsule globuleuse. Graines soyeuses.

Iles de la Société : Tahiti (*Banks et Solander; Wiles et Smith*).
Distrib. géogr. Asie et Océanie tropicales.

7. **I. dissecta** Choisy, in A. DC., *Prodr.*, IX, 363.
Plante volubile. Tiges hispides. Feuilles palmatiséquées; segments oblongs-acuminés (5 à 6 cent.), incisés, lyrés. Pétiole égalant à peu près le limbe. Pédoncules uniflores, environ de la longueur de feuille, sépales oblongs-aigus (2 cent.). Corolle deux fois plus longue que les sépales, blanche, rouge à la gorge. Graines plus ou moins glabres.

Iles de la Société : Tahiti (*Savatier!*).
Distrib. géogr. Régions tropicales de l'Ancien Monde.

8. **I. obscura** Ker, *Bot. Reg.*, 239; Choisy, in A. DC., *Prodr.*, IX, 370.
Plante grimpante ou rampante. Feuilles (longues de 5 à 6 cent., un peu moins larges), ovales-cordées-acuminées, mucronulées, hispides sur le pétiole et sur les bords dans leur jeunesse, presque entièrement glabres plus tard. Pédoncules uniflores (longs de 2 à 3 cent.), hispidules sur leur moitié inférieure, munis de deux petites bractéoles. Sépales (3 mill.) ovales-aigus, mucronulés, glabres.

Ile de la Société : Tahiti, plages (*Savatier!*).
Distrib. géog. Régions chaudes de l'Ancien Monde.

9. **I. Forsteri** A. Gr., ex H. Mann, *Enum. Haw. Pl.*, in *Proceed. Am. Ac.*, VII (1865-68), 197; Hillebr., *l. c.*, 316.
I. obscura Guill., *Zephyr. Tait.*, n. 224 (non Ker); *I. sepiaria* Seem.,

in Bonpl., 1881, 258 (an Kœnig?); *I. denticulala* Nadeaud, *Enum.*,
n. 377 (non Choisy, in A. DC., *Prodr.*, IX, 379).

Plante rampante, presque entièrement glabre, prenant une teinte
rougeâtre après la dessiccation. Feuilles très variables de forme et de
dimensions (longues de 3 à 7 cent., larges de 2 à 7; pétiole toujours
plus long que le limbe), pentagonales dans leur contour, assez profondément échancrées à la base, plus ou moins auriculées, hastées;
auricules presque entières, ou à lobes souvent très développés, ovales
ou oblongs, aigus; nervure médiane munie d'une touffe de poils à la
base. Pédoncule uniflore, plus court que le pétiole, muni de deux
bractéoles très petites. Sépales (longs de 5 à 6 mill.) ovales-oblongs,
scarieux sur les bords, terminés par une pointe sétacée. Corolle infundibuliforme (longue de 3 à 4 cent.). Graines glabres.

Iles de la Société : Tahiti (*Bertero et Mœrenhout!; Lépine* 27!; *Savatier!*).
— Iles Marquises : Noukahiva (*Hombron!*). — Iles Gambier (*Le Guillou!; Jacquinot!*).

Distrib. géogr. Polynésie.

SOLANACÉES.

Fleurs hermaphrodites, le plus souvent régulières. Calice à quatre
ou cinq divisions. Corolle gamopétale, campanulée ou rotacée, à quatre
ou cinq lobes souvent pliés. Étamines insérées sur la corolle en nombre égal à celui des lobes. Anthères s'ouvrant par un pore apical, ou
par une fente longitudinale. Ovaire supère, généralement biloculaire;
ovules nombreux, insérés sur des placentas peltés, proéminents. Fruit
généralement formé d'une baie polysperme. Graines comprimées,
arrondies ou réniformes.

Herbes ou arbustes à feuilles alternes, dépourvues de stipules. Inflorescences axillaires ou terminales.

Famille nombreuse, représentée surtout dans les contrées chaudes du
globe.

1 { Feuilles alternes		2
{ Feuilles opposées.	III. Fagræa *Thunbg.*	
2 { Calice non vésiculeux.	I. **Solanum** *L.*	
{ Calice devenant vésiculeux.	II. **Physalis** *L.*	

I. — SOLANUM *L.*

Calice persistant, à cinq divisions. Corolle rotacée, à tube très court,
et à cinq lobes. Cinq étamines, insérées à la gorge de la corolle; filets
courts, anthères oblongues, atténuées au sommet, conniventes, s'ou-

vrant au sommet par un pore. Ovaire biloculaire; style simple; stigmate petit. Baie globuleuse. Graines nombreuses, aplaties et arrondies.

Plantes herbacées ou frutescentes, glabres ou pubescentes, à poils souvent étoilés. Fleurs en cymes terminales ou latérales.

Espèces très nombreuses, répandues dans toutes les régions chaudes et tempérées.

1 { Plantes frutescentes.   2
  { Plante herbacée ou suffrutescente à la base. . **1. S. nigrum** L.
2 { Arbrisseau faiblement pubescent.   3
  { Arbrisseau tomenteux, à poils étoilés. . . . . **4. S repandum** *Forst.*
3 { Corolle couverte de poils simples. . . . . . . **2. S. Uporo** *Dunal.*
  { Corolle couverte de poils étoilés. . . . . . . **3. S. viride** *R. Br.*

1. S. nigrum L., *Sp.*, 266; Forst., *Prodr.*, 106; Endl., *Fl. Suds.*, n. 1199; Guillem., *Zephyr. Tait.*, n. 230; Dunal, in A. DC., *Prodr.*, XIII, 1, 50; Jardin, *Hist. nat., Iles Marq.*, 25.

S. astroites Forst., *Prodr.*, 508?; Endl., *Flor. Suds.*, n. 1197?; *S. oleraceum* Dunal, in A. DC., *l. c.*, 50; Seem., *Flor. Vit.*, 175.

Herbacée ou suffrutescente à la base, glabre ou pubescente, à poils simples. Tiges plus ou moins lisse ou anguleuse et denticulée. Feuilles (longues généralement de 8 à 10 cent.) lancéolées dans leur contour, entières, ou plus souvent incisées-dentées vers la base. Cymes ombelliformes, égalant le tiers de la feuille. Pédicelles penchés. Fleurs petites. Sépales ovales-oblongs. Corolle blanche. Baie (large de 7 à 8 mill.) rouge ou noire.

Iles de la Société (*Banks et Solander*): Tahiti (*Nelson; Bertero et Mœrenhout!; Hombron!; Vesco!; Lépine!; Ribourt!*). — Iles Marquises (*Dupetit-Thouars 77!; Le Bastard 41!; Jardin!*). — Iles Gambier (*Jacquinot!; Le Guillou!*).
Distrib. géogr. Toutes les régions tempérées et tropicales.

La synonymie de cette espèce serait longue à établir d'une manière rigoureuse. Elle a reçu sans doute un très grand nombre de noms. D'après Bentham et Mueller (*Flor. Austr.*, IV, 446), les « Morellæ veræ » de Dunal (in A. DC., *l. c.*, 45) devraient presque toutes être réduites à cette unique espèce.

2. S. Uporo Dunal, *l. c.*, 138.
S. viride Soland., in Forst., *Pl. esc.*, n. 42; Guill., *Zephyr. Tait.*, n. 227; Parkins., *Draw. Tah. Pl.* (ined., cf. Seem., *l. c.*), n. 17 (non R. Br.); *S. aviculare* Guill., *l. c.*, n. 231 (non Forst.); *S. anthropophagorum* Seem., in *Bonpl.*, X, 274, t. 14, et *Fl. Vit.*, 175, t. 37; Nadeaud, *Enum.*, n. 87.

Arbuste presque entièrement glabre. Écorce lisse, verdâtre, marquée de petits points. Feuilles souvent couvertes, dans leur jeunesse, de poils simples, glabres ensuite, ovales-oblongues, acuminées (10-12 cent., sur 5-6), plus ou moins sinueuses dans leur contour. Fleurs en cymes courtes. Calice et corolle couverts de poils simples. Sépales acuminés. Divisions de la corolle ovales-aiguës. Anthères linéaires. Style très court. Baie rouge (large de 5 à 6 cent.).

Iles de la Société : Tahiti (*Solander; Nadeaud*).
Distrib. géogr. Polynésie.

3. **S. viride** R. Br., *Prodr.*, 445 ; Dunal., *l. c.*, 190 ; Jardin, *l. c.*, Nadeaud, *l. c.*, n. 385.

Semblable à la précédente comme port et comme feuillage, cette espèce en diffère par sa corolle parsemée de poils étoilés, par son style plus long que les étamines, et par ses fruits n'excédant pas la grosseur d'un pois.

Iles de la Société : Tahiti (*Nelson ; Nadeaud* 385 !) ;. — Iles Marquises (*Jardin*).
Distrib. géogr. — Australie.

4. **S. repandum** Forst., *Prodr.*, n. 105, et *Icon.*, 59 et 60 (ined., cf. Seem., *Flor. Vit.*, 177) ; Endl., *Fl. Suds.*, n. 1198 ; Guill., *Zeph. Tait.*, n. 229 ; Dunal, *l. c.*, 353 ; Jardin, *l. c. ;* Nadeaud, *l. c.*, n. 386.

S. quitense Hook. et Arn., *Bot. Beech.*, 67 (non Lam.) ; *S. latifolium* Parkins., *Draw. of Tah. Pl.*, 28 (cf. Seem.).

Nommé aux îles Marquises : *Kokoou.*

Sous-arbrisseau dépourvu d'épines, entièrement couvert de poils étoilés formant un tomentum plus ou moins épais. Feuilles chartacées, verdâtres en dessus, glauques en dessous, ovales-elliptiques (limbe long de 10 à 13 cent., large de 8 ; pétiole long de 4 à 5 cent.), à contour largement sinueux ; lobes triangulaires, sinus obtus. Cymes courtes, portant de 3 à 5 fleurs de moyenne grandeur (1-2 cent.). Sépales ovales-aigus. Pétales triangulaires-oblongs. Étamines oblongues-aiguës, égales au style. Baie ovoïde-aiguë (large de 4 cent.) hirsute, puis glabrescente, d'un jaune rougeâtre.

Iles de la Société (*Forster*) : Tahiti, vallées humides (*Hombron ! ; Vesco ! ; Lépine ! ; Nadeaud* 386 !). — Iles Marquises (*Mathews ; Dupetit-Thouars* 67 ! ; *Jardin !*).
Distrib. géogr. Iles Viti.

II. — PHYSALIS *L.*

Calice à cinq divisions, devenant vésiculeux à la maturité du fruit qu'il enveloppe complètement. Corolle campanulée. Cinq étamines ;

anthères courtes, à déhiscence longitudinale. Ovaire biloculaire; style linéaire; stigmate faiblement bilobé. Baie globuleuse. Graines réniformes.

Plantes annuelles ou vivaces, à feuilles alternes. Fleurs axillaires, solitaires.

Environ 30 espèces, originaires pour la plupart d'Amérique; quelques-unes sont répandues dans toutes les contrées chaudes.

Plante glabrescente. . . . . 1. **P. minima** L.
Plante pubescente. . . . . 2. **P. peruviana** L.

1. **P. minima** L., *Sp.*, 263; Dunal, in A. DC., *Prodr.*, XIII, 1, 445.
— *P. flaccida* Soland., in Forst., *Prodr.*, n. 506, et *Prim. Fl. Ins. Pacif.*, 233 (ined., cf. Seem., *Fl. Vit.*, 178); Endl., *Flor. Suds.*, n. 1191; Guill., *Zephyr. Tait.*, n. 225; *P. parviflora* R. Br., *Prodr.*, 447; Nadeaud, *Enum.* n. 383; *P. angulata* Hook. et Arn., *Bot. Beech.*, 67; Endl., *Fl. Suds.*, n. 1192; Guillem., *Zeph. Tait.*, n. 226; Jardin, *Hist. Nat. Iles Marquises*, 25; Pancher, in Cuzent, *Tahiti*, 236; Seem., *l. c.*, 178; Nadeaud, *l. c.*, n. 384.

Noms indigènes : à Taiti : *Tamanufairi;* aux Iles Marquises: *Ekonini.*

Plante faiblement pubérulente ou même presque glabre. Tige rampante, anguleuse; rameaux dressés, grêles. Feuilles ovales-acuminées (limbe long de 4 à 5 cent., large de 2 à 3), entières ou sinuées-incisées, rétrécies en un pétiole aussi long que le limbe. Pédicelles très grêles (longs de 2 cent.). Fleurs petites. Divisions du calice triangulaires-aiguës, hispidules. Corolle d'un jaune pâle.

Iles de la Société (*Lay et Collie*): Tahiti, plages (*Banks et Solander; Barclay; Bertero et Mœrenhout!; Vesco!; Lépine!; Nadeaud* 384!). — Iles Marquises (*Jardin!*).
Distrib. géogr. Régions tropicales.

2. **P. peruviana** L., *Sp.*, 1670; Dunal, in DC., *l. c.*, 440; Jardin, *l. c.;* Seem., *Fl. Vit.*, 178.
— *P. pubescens* R. Br., *Prodr.*, 447.

Plante herbacée, rameuse, entièrement couverte d'une pubescence douce au toucher. Feuilles ovales, cordées, acuminées, entières ou sinuées-dentées. Fleurs solitaires; pédoncules plus courts que le pétiole. Calice à dents étroites, égalant le tube, conniventes au moment de la fructification. Corolle marquée de cinq taches pourpres. Baie globuleuse jaune.

Iles de la Société : Tahiti (*Nadeaud!*). — Iles Marquises (*Jardin!*).
Distrib. géogr. Régions chaudes.

III. — FAGRÆA *Thunbg.*

Calice à cinq divisions profondes, imbriquées, généralement ovales, épaisses. Corolle infundibuliforme, à tube allongé ; lobes ovales, en préfloraison contournée. Étamines insérées sur le tube de la corolle. Anthères exsertes, oblongues-aiguës. Ovaire généralement biloculaire ; ovules nombreux ; style filiforme ; stigmate comprimé. Baie polysperme.

Arbres glabres, à feuilles opposées, coriaces ; pétioles souvent dilatées, concaves, auriculés à la base. Cymes terminales.

Une trentaine d'espèces, habitant l'Asie et l'Océanie.

1. F. Berteriana A. Gr., ex Benth., in *Linn. Soc. Journ. Bot.*, *I*, 96 ; Seem., *Fl. Vit.*, 164 ; Nadeaud, *Enum.*, n. 364.

Carissa grandis Bertero, ex Guillem., *Zephyr. Tait.*, n. 247 ; *Besleria laurifolia* Soland., *Prim. Flor. Ins. Pacif.*, 267, et in Parkins., *Draw. of Tah. Pl.*, 58 (ined., cf. Seem., *l. c.*).

Arbre (atteignant 15 mètres de haut) à rameaux articulés, comprimés, portant la cicatrice des feuilles tombées. Feuilles obovales, quelquefois acuminées (longues de 6 à 15 cent., larges de 3 à 7), atténuées en pétiole (1-3 cent.), épaisses, finement rugueuses. Cymes trichotomes (10 cent.). Bractées triangulaires, concaves, à bords scarieux. Pédicelles latéraux munis de deux bractéoles ; les médians nus et plus courts. Calice ovoïde (1 cent.). Tube de la corolle long de 6 à 7 cent. ; limbe large de 2. Drupe ovoïde (longue de 3 à 4 cent.).

Iles de la Société (*Banks et Solander ; Bidwill*) ; Tahiti, montagnes vers 800 m. (*Lépine* 84 ! ; *Nadeaud* 364 ! ; *Savatier* 900 !). — Iles Marquises (*Barclay*).
Distrib. géogr. Iles Viti et Nouvelle-Calédonie.

On cultive à Tahiti et aux îles Marquises :

1° **Capsicum frutescens** L., *Sp.*, 271 ; Dunal, in A. DC, *l. c.*, 413.
Plante frutescente, glabre. Feuilles ovales-acuminées. Calice campanulé, persistant. Corolle rotacée à cinq lobes lancéolées. Cinq étamines, insérées près de la base de la corolle. Ovaire biloculaire ; style dépassant les étamines. Baie rouge oblongue-obtuse, polysperme. Graines réniformes.

2° **Lycopersicum esculentum** Mill., *Dict.*, n. 2 ; Dunal, l. c., 26.
Plante herbacée, pubescente. Feuilles pinnatifides à divisions lyrées. Calice à cinq ou six divisions, persistant. Corolle rotacée, à cinq ou six lobes. Cinq ou six étamines. Ovaire à deux ou trois loges. Baie globuleuse comprimée.

SCROPHULARIACÉES.

Fleurs hermaphrodites, souvent irrégulières. Calice persistant. Corolle à cinq divisions : les deux postérieures formant ordinairement la lèvre supérieure, et les trois antérieures la lèvre inférieure de la corolle. Étamines le plus souvent au nombre de quatre, inégales, insérées plus ou moins haut sur le tube de la corolle, et alternes avec ses lobes ; anthères souvent rapprochées par paires, à loges s'ouvrant longitudinalement. Ovaire à deux loges multiovulées ; style simple à stigmate ordinairement bilobé. Fruit le plus souvent capsulaire. Graines albuminées, à testa généralement ridée ou réticulée.

Plantes herbacées pour la plupart. Feuilles alternes ou opposées, dépourvues de stipules. Fleurs axillaires ou en grappes terminales.

Espèces nombreuses, habitant toutes les contrées du globe.

1	Corolle plus ou moins irrégulière		2
	Corolle rotacée.	III. **Scoparia** *L.*	
2	Lèvre supérieure droite.		3
	Lèvre supérieure de la corolle étalée	IV. **Bramia** *Lamk.*	
	Étamines toutes insérées dans le tube de la corolle.	I. **Ambulia** *Lamk.*	
3	Étamines antérieures insérées à la gorge de la corolle.	II. **Vandellia** *L.*	

I. — AMBULIA *Lamk.*

Fleurs irrégulières. Calice à cinq divisions assez profondes, presque égales. Corolle à tube cylindrique. Lèvre supérieure extérieure dans le bouton, dressée, entière ou plus ou moins profondément bilobée ; lèvre inférieure trilobée. Quatre étamines didynames insérées sur le tube de la corolle ; filets grêles ; anthères à deux loges séparées, plus ou moins stipitées. Style légèrement infléchi au sommet ; stigmate à deux lamelles courtes. Capsule s'ouvrant en quatre valves ; cloison demeurant isolée au milieu du fruit avec les placentas persistant sur ses deux faces.

Herbes souvent basses, à feuilles opposées, ou verticillées. Fleurs axillaires, ou quelquefois en grappe terminale, munies d'une bractéole à leur base.

Environ 20 espèces, habitant les régions chaudes de l'Ancien Monde.

1. A. fragrans.

Ruellia fragrans Forst., *Prodr.*, 243, et *Icon.*, t. 182 (ined., cf. Seem.) ; Endl., *Fl. Suds.*, n. 1166 ; *Adenosma fragrans* Sprg., *Syst.*, II, 829 ; Guill., *Zephyr. Tait.*, n. 214 ; Pancher, in Cuzent, *Tahiti*, 236 ; *Limno-*

phila serrata Gaudich., *Voy. Freyc., Bot.*, 448; Benth., in A. DC., *Prodr.*, X, 286; Nadeaud, *Enum.*, n. 388; *L. fragrans* Seem., *Fl. vit.*, 180.

Nom indigène à Tahiti : *Mapua, Punoraiu.*

Plante glabre, rampante. Feuilles (longues de 10 à 15 mill., larges de 5 à 6), oblongues-aiguës, rétrécies à la base, presque sessiles, finement dentées à leur partie supérieure. Fleurs sessiles, n'égalant pas la moitié de la feuille. Bractéoles et divisions du calice linéaires-subulées. Corolle étroite, environ deux fois plus longue que le calice. Limbe court. Lèvre supérieure émarginée; l'inférieure à lobes arrondis. Capsule ovoïde.

Iles de la Société (*Forster*); Tahiti (*Bertero et Mœrenhout!; Barclay!; Savatier* 1704!; *Nadeaud* 388!).

Distrib. géogr. Océanie.

II. — VANDELLIA *L.*

Fleurs irrégulières. Calice à tube non ailé, à cinq divisions plus ou moins profondes. Tube de la corolle cylindrique; lèvre supérieure extérieure dans le bouton, dressée, concave, émarginée ou bifide; l'inférieure étalée, trilobée. Quatre étamines fertiles : les deux antérieures attachées à la gorge de la corolle, rapprochées sous sa lèvre supérieure, à filets arqués, appendiculés à la base; les deux postérieures incluses dans le tube de la corolle; anthères à deux loges confluentes. Stigmate à deux lobes aplatis. Capsule de forme variable, s'ouvrant en quatre valves; cloison restant libre au milieu du fruit avec les placentas attachés à chacune de ses faces. Graines nombreuses, ridées.

Plantes herbacées, à feuilles opposées. Fleurs le plus souvent axillaires.

Environ 30 espèces, habitant l'Asie tropicale.

1. **V. crustacea** Benth., *Scroph. ind.*, 35, et in A. DC., *Prodr.*, X, 413; Guillem., *Zeph. Tait.*, n. 41; Pancher, in Cuzent, *Tahiti*, 236; Seem., *Flor. Vit.*, 180; Nadeaud, *Enum.*, n. 389.

Capraria crustacea L., *Mant.*, 86 ; *Torenia crustacea* Cham. et Schlecht., in *Linnæa*, II, 570; *Antirrhinum hexandrum* Forst., *Prodr.*, 230 et *Icon.*, t. 176 (ined., cf. Seem.). *Vandellia petiolata* Soland., *Prim. Flor. Ins. Pacif.*, 268 (ined , cf. Seem.).

Noms indigènes à Tahiti : *Moomai-pere* (Forster), *Haehaa, Mataura* (Nadeaud).

Plante herbacée, glabre; tiges grêles, couchées. Feuilles ovales (longues de 10 à 12 mill., larges de 6 à 7), aiguës, rétrécies en un pétiole court, entières ou légèrement dentées. Pédoncules solitaires, axillaires, deux ou trois fois plus longs que la feuille. Calice à cinq lobes courts. Corolle à peine deux fois plus longue que le calice. Capsule oblongue, plus courte que le calice.

Iles de la Société : Tahiti (*Forster; Cook; Bertero et Mœrenhout!; Barclay; Lépine!; Ribourt!; Savatier!; Nadeaud* 389!).
Distrib. géogr. Toutes les régions tropicales.

III. — SCOPARIA *L.*

Fleurs régulières. Calice à quatre ou cinq divisions profondes, imbriquées. Corolle rotacée : gorge barbue ; limbe à quatre divisions arrondies. Quatre étamines à filets grêles ; anthères sagittées. Style claviforme. Capsule à déhiscence septicide ; cloison demeurant libre. Graines nombreuses, obovoïdes.

Plantes herbacées ou suffrutescentes : feuilles opposées ou verticillées. Fleurs axillaires.

Environ 6 espèces, originaires d'Amérique. La suivante est répandue dans toutes les régions tropicales.

1. S. dulcis L., *Sp.*, 168 ; Benth., in A. DC., *Prodr.*, X, 143 ; Endl., *Flor. Suds.* n. 1101 ; Guillem., *Zephyr. Tait.*, n. 205 ; Seem., *Flor. Vit.*, 180.

Plante annuelle, glabre, rameuse. Feuilles souvent ternées, elliptiques-lancéolées, rétrécies à la base. Fleurs nombreuses ; pédicelles grêles (8 à 10 mill.). Quatre sépales ovales-oblongs. Corolle (large de 4 à 5 mill.) blanche. Capsule (3 à 4 mill.) globuleuse.

Iles de la Société : Tahiti (*Lay et Collie*).

IV. — BRAMIA *Lamk.*

Fleurs presque régulières. Calice à cinq divisions, la postérieure souvent plus grande, les autres plus étroites. Corolle légèrement bilabiée : lèvre supérieure souvent bifide ; l'inférieure trilobée : toutes deux étalées. Quatre étamines didynames, incluses, plus ou moins rapprochées par paire ; anthères souvent parallèles. Stigmate émarginé ou bilamellé. Capsule s'ouvrant en deux ou quatre valves laissant la cloison libre avec deux placentas. Graines nombreuses, petites.

Plantes herbacées, à feuilles opposées, et à fleurs axillaires.

Une cinquantaine d'espèces, habitant toutes les régions chaudes.

1. B. Monniera.
Gratiola Monniera L., *Sp.*, 24 ; Forst., *Prodr.*, n. 16 ; Benth., in A. DC., *Prodr.*, X, 400 ; Jardin, *Hist. Nat. Iles Marquises*, 25 ; Hillebr., *Fl. Haw. Isl.*, 323 ; *B. indica* Lamk., *Encycl.*, I, 459.

Plante glabre. Tiges couchées. Feuilles obovales-oblongues ou spatulées, atténuées à la base (longues de 8 à 10 mill., larges de 4 à 5). Pédicelles au moins deux fois plus longs que la feuille. Bractéoles linéaires. Division postérieure du calice ovale; les autres ovales-lancéolées. Corolle deux fois plus longue que le calice. Capsule ovoïde-aiguë, incluse.

Iles Marquises (*Forster; Barclay; Hombron!; Le Guillou!; Mercier!; Jardin* 113!).
Distrib. géogr. Toutes les contrées chaudes.

GESNÉRACÉES.

Fleurs hermaphrodites, le plus souvent irrégulières. Calice généralement à cinq divisions plus ou moins profondes. Corolle gamopétale; tube de longueur variable; limbe généralement oblique avec cinq lobes inégaux formant deux lèvres plus ou moins distinctes. Étamines fertiles normalement au nombre de quatre, souvent réduites à deux avec deux staminodes (en arrière); filets généralement arqués; anthères parallèles (mais assez fréquemment divergentes chez des genres non polynésiens). Disque annulaire. Ovaire supère (chez les Cyrtandrées), à une loge; placentas pariétaux s'avançant plus ou moins à l'intérieur du fruit, généralement couverts d'un grand nombre d'ovules; style simple; stigmate souvent bilobé. Fruit (chez les Cyrtandrées) charnu, indéhiscent. Graines ténues, manquant plus ou moins d'albumen.

Plantes herbacées ou frutescentes. Feuilles opposées. Fleurs souvent en cymes axillaires ou terminales.

I. — CYRTANDRA *Forst.*

Calice tubuleux ou campanulé à divisions peu profondes, se fendant longitudinalement et se détachant à la base par une fente circulaire avant la chute de la corolle (ou bien rotacé et persistant, dans des espèces non mentionnées ci-dessous). Corolle à tube souvent plus long que le calice.

Plantes frutescentes. Cymes à deux ou plusieurs fleurs, allongées ou raccourcies, munies de bractées grandes ou petites, connées ou libres, embrassantes ou non, plus ou moins persistantes.

Environ 170 espèces; près de la moitié est répartie dans les différents groupes d'îles de l'Océan Pacifique; le reste habite la Malaisie.

1	Bractées larges embrassantes, formant une sorte d'involucre, persistant assez longtemps	2
	Bractées faiblement ou non embrassantes, souvent petites et tombant de bonne heure.	4
2	Arbrisseaux glabres ou presque glabres.	3
	Arbrisseau tomenteux dans presque toutes ses parties	1. **C. induta** *Gr.*
3	Feuilles très coriaces, d'un brun foncé en dessus et blanchâtres en dessous dans l'herbier. Corolle tomenteuse extérieurement.	2. **C. nigra** *Clarke.*
	Feuilles faiblement coriaces restant vertes dans l'herbier, plus pâles en dessous qu'en dessus	3. **C. Nadeaudi** *Clarke.*
4	Arbrisseaux plus ou moins glabres . . .	5
	Arbrisseau tomenteux.	5. **C. vestita** *Drake.*
5	Feuilles plus ou moins larges et ovales ou obovales	6
	Feuilles étroites, elliptiques, entières . .	6. **C. Vairiæ** *Drake.*
6	Cymes pauciflores.	7
	Cymes contractées multiflores	4. **C. taitensis** *Rich.*
7	Pétioles indépendants.	8
	Pétioles connés à la base.	9. **C. connata** *Nadeaud.*
8	Feuilles ovales ou obovales.	9
	Feuilles elliptiques aiguës, dentées . . .	10. **C. glabrata** *Solander.*
9	Feuilles mucronulées au sommet. . . .	10
	Feuilles non mucronulées	11
10	Pédicelles droits; feuilles ovales	11. **C. mucronata** *Nadeaud.*
	Pédicelles penchés; feuilles ovales-oblongues	12. **C. apiculata** *Clarke.*
11	Jeunes pousses non rubigineuses	8. **C. biflora** *Forst.*
	Jeunes pousses rubigineuses	9. **C. Bidwillii** *Clarke.*

1. C. induta A. Gr., in *Proceed. Am. Acad.*, 1862, 38 ; Clarke, in A. et C. DC., *Monogr. Phaner.*, V, 264.

Arbre de 8 à 10 mètres, à suc laiteux jaune (Lépine). Rameaux quadrangulaires, légèrement tomenteux, ainsi que les pétioles et les pédoncules. Feuilles un peu coriaces, ovales (limbe long environ de 15 cent., large de 10; pétiole long de 5 à 7 cent.), aiguës et mucronulées au sommet, rétrécies à la base, bordées de dents très petites, munies de sept à huit nervures de chaque côté de la nervure médiane, couvertes à la face supérieure de poils ras et épars, mollement tomenteuses et blanchâtres à la face inférieure. Cymes courtes, à 5-6 fleurs. Bractées embrassantes (longues de 2 cent. et plus), ovales-acuminées, pubescentes. Pédicelles velus (15 mill.), rigides. Calice pubescent, campanulé (3-4 cent.), à cinq divisions oblongues-acuminées. Tube de la corolle pubérulent, dépassant les dents du calice; limbe (large de 3 à 4 cent.), à cinq lobes arrondis, légèrement pubérulents en dehors. Ovaire glabre; style parsemé de poils courts; stigmates larges. Capsule oblongue.

Iles de la Société : Tahiti : Montagnes de 6-800 m. (*Lépine* 125!).

Var. α. Bractée et calice glabrescents.

Iles de la Société : Tahiti (*Vesco*).

2. C. nigra Clarke, *l. c.*; Nadeaud, *Enum.*, n. 395.

Arbrisseau (haut de 3 à 4 m.), à rameaux glabres un peu comprimés. Feuilles coriaces, elliptiques-ovales (longues de 10 à 20 cent., larges de 6 à 8; pétiole long de 2 à 5) rétrécies à la base, acuminées-mucronées au sommet, entières, glabres, ou pubescentes seulement dans leur première jeunesse, d'un brun noir à la face supérieure et d'un fauve clair à la face inférieure après la dessiccation. Cymes de 3 ou 5 fleurs. Pédoncules fortement tomenteux d'un brun noir (longs de 2 cent.). Bractées ovales-acuminées, soudées en involucre. Calice caduc. Tube de la corolle (long de 3 cent.) tomenteux; limbe (large de 3 cent. et demi) à lobes arrondis, glabrescents.

Iles de la Société : Tahiti, sommets du Touhi et du Rereaore, vers 1100 m. (*Nadeaud!*); sans désignation de localité (*Vesco!; Ribourt!*).

3. C. Nadeaudi Clarke, *l. c.*, 264.
C. tahitensis Nadeaud, *Enum.*, n. 396 (non Rich).

Arbre (haut de 3 à 4 mètres) presque entièrement glabre. Rameaux tétragones. Feuilles souvent très grandes (20-30 cent.) ovales-oblongues, atténuées à la base, aiguës au sommet, à peine crénelées à leur partie supérieure, pâles en dessous. Cymes contractées, dichotomes, pluriflores, à rameaux enveloppés dans de larges bractées blanches, soudées en involucre. Calice (long de 5 cent.) caduc, pubescent, campanulé, à cinq divisions aiguës. Tube de la corolle à peu près égal au calice, parsemé de poils à l'extérieur. Limbe (large de 5 cent.) glabre.

Iles de la Société : Tahiti, vallée de Pua vers 900 m. (*Nadeaud* 396!); sans désignation de localité (*Lépine* 126!).

4. C. taitensis Rich, ex A. Gr., in *Proceed. Am. Ac.* (1862), 39 (non Nadeaud); Clarke, *l. c.*, 267.

Arbrisseau (haut de 3 à 4 mètres) glabre; sommet des rameaux rubigineux. Feuilles elliptiques, aiguës, atténuées à la base (longues de 30 cent. environ, larges de 15), légèrement dentées. Cymes contractées, dichotomes, pluriflores, à rameaux munis de bractées (3 à 4 cent.) ni embrassantes, ni soudées ensemble, caduques. Bractéoles ovales-lancéolées. Calice (long de 2 cent.) cylindrique et terminé en bec avant l'anthèse. Tube de la corolle étroit, glabre. Baie oblongue, faiblement atténuée aux extrémités.

Iles de la Société : Tahiti (*Wiles et Smith; Wilkes!*).

5. C. vestita Drake, *Ill. Fl. Ins. Mar. Pac.*, t. 50.

Arbrisseau (haut de 3 à 4 mètres) à rameaux épais, comprimés, couverts sur leur partie supérieure d'un tomentume brun. Feuilles ovales (limbe long de 10 à 15 cent., large de 6 à 9; pétiole long de 4 à 5 cent.), obtuses, ou à peine aiguës, mucronulées, très finement denticulées sur les bords, vertes en dessus et parsemées de poils courts, doux au toucher, pâles et tomenteuses en dessous. Inflorescences en cymes raccourcies, pauciflores, entièrement veloutées ainsi que le calice. Pédoncules (longs de 2 à 3 cent.) assez épais. Pédicelles (longs de 1 cent.) munis de bractées linéaires-oblongues, non embrassantes. Calice (long de 2 cent.) campanulé, cylindrique, à cinq divisions oblongues-aiguës. Corolle pubérulente au sommet et en dedans; tube à peine deux fois plus long que le calice ; limbe (large de 3 à 4 cent.) à lobes arrondis. Baie inconnue.

Iles de la Société : Tahiti (*Vesco!*).

6. C. Vairiæ Drake, *l. c.*, t. 46.

Arbuste presque glabre. Feuilles elliptiques-aiguës (longues de 7 à 8 cent., larges de 15 mill.), pâles en dessous. Pédoncules bi-flores (longs de 2 cent.), légèrement courbés; pédicelles (longs de 1 cent.) rigides, enveloppes de deux bractées ovales-aiguës unies à leur base. Calice (long de 1 à 2 cent.) à divisions linéaires-oblongues, très aiguës. Corolle glabre ; tube plus long que le calice; lobes ovales. Style pubérulent, glanduleux. Capsule oblongue.

Iles de la Société : Tahiti, près du lac Vairia, à 1000 ou 1100 m. (*Lépine* 130!).

7. C. biflora J. R., et G. Forster, *Char. Gen.*, 6, t. 3; Endl., Fl. Suds., n. 1105. Guillem., *Zeph. Taït.*, n. 207; Clarke, *l. c.*, 271.
Besleria biflora Forst., *Prodr.* n. 236.

Arbre glabre. Feuilles oblongues, aiguës ou obtuses (longues de 10 à 15 cent., larges de 6 à 7), atténuées à la base, entières, quelquefois inéquilatérales. Cymes plus courtes que la feuille. Involucre caduc, formé de deux bractées connées, oblongues-acuminées. Corolle blanche, à tube étroit (long de 3 cent.); lobes largement ovales, obtus. Ovaire glabre; style pubérulent. Baie oblongue.

Iles de la Société : Tahiti (*Bunks et Solander; Forster! Savatier!*).

8. C. Bidvillii Clarke, *l. c.*, 272.
C. biflora Hook. et Arn., *Bot. Beech.*, 67; Nadeaud, *l. c*, n. 391 (non Forst.).

Arbuste presque glabre; sommet des rameaux couvert d'un tomentum rubigineux. Feuilles faiblement coriaces, pâles en dessous, oblongues ou ovales (longues de 6 à 13 cent., larges de 3 à 5), obtuses ou à peine aiguës, atténuées à la base en un pétiole court. Bractées à peu près semblables aux feuilles (1 cent.), libres. Pédoncules biflores ou triflores quelquefois extrêmement courts. Pédicelles rigides (1 cent.), revêtus d'une pubérulence brun-fauve. Calice cylindrique un peu renflé, brusquement terminé en bec dans le bouton (long de 1 cent. à peine, faiblement pubescent). Tube de la corolle (long de 4 cent. environ) étroit, glabre extérieurement. Baie oblongue.

Iles de la Société (*Bidwill*); Tahiti (*Bertero et Mœrenhout!*; *Nadeaud* 381!). — Iles Pomotou (*Moseley*).

9. **C. connata** Nadeaud, *Enum.*, n. 394; Clarke, *l. c.*

Arbrisseau (haut de 1 mètre), glabre, sauf sur les plus jeunes parties, qui sont couvertes d'une légère pubescence brune. Rameaux tétragones, striés. Feuilles coriaces, d'un brun foncé en dessus, après la dessiccation, d'un fauve clair en dessous, ovales-oblongues (limbe long de 7 à 12 cent., large de 3 à 6; pétiole long de 15 à 20 mill.), quelquefois inéquilatérales, entières, aiguës au sommet, rétrécies à la base; pétioles connés. Cymes pauciflores. Bractées non réunies en involucre, caduques, lancéolées (longues de 12-15 mill.), embrassantes à la base. Pédicelles courts. Boutons obovales-oblongs, prolongés en bec. Calice (long de 1 cent.) légèrement pubérulent, divisé presque jusqu'au milieu en cinq lobes oblongs-acuminés. Tube de la corolle (long de 2 à 3 cent.), glabre, recourbé; limbe (large de 1 cent. à peine) à cinq lobes arrondis, presque égaux. Style égalant la moitié du tube de la corolle, pubérulent; stigmates épais. Disque annulaire. Baie oblongue-aiguë.

Iles de la Société : Tahiti, vallée de Papenoo, grotte de Pua; vallée de Faaiti au pied de l'Aorai (*Nadeaud* 384!).

10. **C. glabrata** Soland. *mss.*, in *Herb. Mus. Brit.* et in Clarke, *l. c.*, 277.

Arbrisseau glabre, sauf sur les parties jeunes, qui sont couvertes d'un léger tomentum. Feuilles le plus souvent inéquilatérales, rubigineuses, elliptiques-aiguës ou bien acuminées, sinuées-dentées, pâles en dessous. Pédoncules (2 cent.) à 1 ou 3 fleurs. Pédicelles grêles (15 mill.). Calice cylindrique, à divisions linéaires-lancéolées (long de 1 cent.). Corolle deux fois plus longue; tube étroit, à peine courbé, glabre extérieurement. Style glanduleux-pubérulent. Baie largement oblongue, atténuée à la base.

Iles de la Société : Tahiti : Montagnes 400 m. (*Lépine* 127! *Vesco!*).

11. **C. mucronata** Nadeaud, *Enum.*, n. 392; Clarke, *l. c.*, 278.
Arbuste rampant, à rameaux cylindriques, rugueux. Feuilles ovales

(longues de 7 à 8 cent., larges de 3 à 4), brièvement pétiolées, à peine
aiguës, mucronulées au sommet, crénelées, vertes et glabres en dessus,
pâles et parsemées de touffes de poils rubigineux, en dessous. Pédoncules courts (5 à 6 mill.), biflores. Pédicelles peu épais, dressés (longs
de 10 à 15 mill.). Bractées petites-ovales. Calice campanulé, faiblement
tomenteux au dehors, velu au dedans. Corolle poilue extérieurement.
Style parsemé de légères touffes de poils. Baie oblongue, faiblement
atténuée aux extrémités.

Iles de la Société : Tahiti, vallées humides à Tearapau vers 1000 m. (*Na-*
deaud 392 !); sans désignation de localité (*Lépine!*; *Ribourt!*).

12. **C. apiculata** Clarke, *l. c.*

C. pendula Nadeaud, *Enum.*, n. 393 (non Blume).

Arbuste à rameaux débiles, comprimés, rougeâtres au sommet, à
écorce rugueuse. Feuilles glabres, ovales-elliptiques (limbe long de
6 à 10 cent., large de 35 à 50 mill. ; pétiole long de 15 à 25 mill.),
aiguës, mucronulées, crénelées. Pédoncules grêles, plus longs que le
pétiole; pédicelles penchés (1 ou 2 cent.). Bractées rubigineuses
étroites, lancéolées, caduques. Calice presque glabre, campanulé
(15 mill.), à divisions arrondies, divariquées. Ovaire glabre; style
pubérulent vers le sommet. Baie oblongue, atténuée aux deux extrémités.

Iles de la Société : Vallées humides de Tearapau (*Nadeaud* 393 !); sans désignation de localité (*Lépine!*; *Vesco!*; *Ribourt!*).

ACANTHACÉES.

Fleurs hermaphrodites, généralement irrégulières. Calice à quatre
ou cinq divisions plus ou moins unies. Corolle souvent à deux lèvres :
la supérieure entière ou bifide; l'inférieure trilobée. Deux étamines
(quatre dans un très grand nombre de genres, non représentés en
Polynésie). Anthères à loges distinctes s'ouvrant par une fente longitudinale. Disque souvent cupuliforme. Ovaire supère, biloculaire,
souvent biovulé. Style simple; stigmate entier ou bilobé. Fruit capsulaire, souvent oblong, à déhiscence loculicide; placentas se détachant
quelquefois inférieurement et se redressant de bas en haut. Graines
ascendantes, souvent comprimées, albuminées.

Plantes herbacées ou frutescentes, à feuilles opposées, dépourvues
de stipules. Fleurs souvent en cymes terminales.

Environ 1300 espèces, habitant presque toutes les régions chaudes.

I. — DICLIPTERA *Juss.*

Calice à cinq divisions assez profondes, souvent inégales. Tube de la corolle grêle. Étamines plus courtes que les lèvres de la corolle.

Plantes suffrutescentes. Cymes munies au sommet de leurs ramifications de bractéoles souvent plus grandes que les bractées inférieures, connées à la base et enveloppant trois fleurs ou une seule avec deux autres avortées. La fleur fertile munie de deux bractéoles.

Une cinquantaine d'espèces, habitant les contrées chaudes des deux Mondes.

1	Bractées supérieures ovales ou obovales	2
	Bractées supérieures linéaires spatulées. . . .	1. **D. clavata** *Juss.*
2	Inflorescences égales à la feuille ou plus longues qu'elle.	3
	Inflorescences plus courtes que la feuille. . .	4. **D. velata** *Seem.*
3	Bractées obovales atténuées à la base.	2. **D. frondosa** *Juss.*
	Bractées ovales obtuses à la base.	3. **D. bracteata** *Seem.*

1. D. clavata Juss., in *Ann. Mus.*, IX, 269 ; Nees, in A. DC., *Prodr.*, XI, 490 ; Pancher, in Cuzent, *Tahiti*, 236 ; Seem., *Flor. Vit.*, 183.

Dianthera clavata Forst., *Prodr.* n. 15 ; Endl., *Flor. Suds.*, n. 1164 ; Guill., *Zephyr. Tait.*, n. 215.

Plante presque glabre, hispidule, glanduleuse au sommet et sur les inflorescences. Feuilles oblongues-obovales (longues de 8 à 15 cent., larges de 4 à 8) acuminées, atténuées en pétiole (long de 1 à 4 cent.). Cymes longuement pédonculées (atteignant une longueur totale de 20 cent.). Bractées supérieures linéaires-spatulées (la plus grande longue de 5 à 6 mill., large de 2 ; la plus petite d'un tiers moindre). Bractéoles et divisions du calice hispides, linéaires-aiguës. Corolle pubérulente en dehors.

Iles de la Société : Tahiti (*Banks et Solander ; Forster ; Nelson ; Lépine* 78 !).

2. D. frondosa Juss., *l. c.* ; Nees., *l. c.*, 474 ; Guillem. *l. c.*, n. 216 ; Seem., *l. c.*, 183.

Justicia frondosa Vahl, *Enum.*, I, 141. *Dianthera floribunda* Soland., *Prim. Fl. Ins. Pacif.* (ined., cf. Seem.), 203.

Plante presque glabre, hispidule au sommet et sur les inflorescences. Feuilles ovales-acuminées (longues de 4 à 5 cent., larges de 2 à 3), rétrécies en pétiole (long de 1 cent. à peine). Cymes lâches (longues de 6 à 10 cent.). Bractées inférieures petites, oblongues-linéaires, mucronulées ou subulées. Bractées supérieures ovales (la plus grande longue de 5 à 6 mill., large de 4 à 6 ; la plus petite presque deux fois moindre). Fleurs dépassant à peine les bractées. Divisions du calice et bractéoles linéaires-aiguës, hispides. Corolle pubérulente en dehors.

Capsule oblongue, atténuée à la base, brièvement acuminée au sommet, hispidule.

Iles de la Société; Tahiti (*Forster; Bertero et Mœrenhout!; Hombron!; Lépine* 79 !; *Nadeaud* 390 !).

3. **D. bracteata** Seem., *l. c.*, 184.

Dianthera bracteata Soland., *Prim. Fl. Ins. Pacif.*, 202, et in Parkins., *Draw. of Tahit. Pl.*, t. 4 (ined., cf. Seem., *l. c.*).

Diffère, suivant la description de Solander, de l'espèce précédente, par ses bractées inférieures oblongues-ovales et par les supérieures non rétrécies à la base.

Iles de la Société : Tahiti (*Banks et Solander*).

4. **D. velata** Seem., *l. c.*, 183.

Dianthera velata Soland., *Prim. Fl. Ins. Pacif.*, 220, et in Parkins., *Draw. of Tahit. Pl.*, t. 3 (ined. cf., Seem.).

Diffère, suivant l'auteur, du *D. frondosa*, par ses inflorescences plus courtes que la feuille et par ses bractées supérieures plus larges que longues, non rétrécies à la base.

Iles de la Société : Tahiti (*Banks et Solander*).

VERBÉNACÉES.

Fleurs ordinairement hermaphrodites et irrégulières. Calice persistant, gamosépale, à divisions généralement peu profondes ou presque nulles. Corolle gamopétale à tube plus ou moins long et à limbe souvent oblique ou bilabié, divisé en cinq lobes souvent inégaux. Quatre étamines didynames. Ovaire d'abord uniloculaire mais se divisant plus tard en deux ou quatre loges; ovules attachés latéralement sur les bords des carpelles; style terminal; stigmate brièvement bifide. Fruit drupacé ou biloculaires à quatre nucules. Graines souvent dépourvues d'albumen.

Plantes souvent frutescentes. Feuilles opposées, dépourvues de stipules. Fleurs en cymes paniculées.

Environ 700 espèces, habitant pour la plupart, les régions tropicales.

1 {	Drupe à quatre nucules.	2
	Drupe biloculaire.	I. **Nesogenes** A. DC.
2 {	Lobes de la corolle presque égaux	II. **Premna** L.
	Lobe antérieur plus grand que les autres. . .	III. **Vitex** L.

I. — NESOGENES *A. DC.*

Calice à dix côtes, et à cinq dents courtes. Corolle presque régulière, à cinq lobes faiblement inégaux. Ovaire se divisant incomplètement en deux loges renfermant chacune un ovule. Drupe imparfaitement biloculaire.

Plantes herbacées.

Genre ne comprenant, outre l'espèce suivante, qu'une autre espèce, habitant l'île Rodriguez.

1. **N. euphrasioides** A. DC., *Prodr.*, XI, 703; A. Gr., in *Proceed. Am. Ac.*, VI, 51.

Myoporum euphrasioides Hook. et Arn., *Bot. Beech.*, 61.

Plante rampante, hispidule sur toutes ses parties. Feuilles ovales-lancéolées (1 cent.), atténuées en pétiole. Fleurs géminées ou ternées, en cymes axilaires plus courtes que la feuille. Dents du calice aiguës. Corolle presque bilabiée; lobes arrondis.

Iles Pomoto : Whitsunday (*Lay et Collie*); King (*Wilkes!*).

II. — PREMNA *L.*

Calice irrégulier. Corolle à tube court, à limbe oblique et à quatre divisions inégales; gorge souvent velue. Anthères incluses. Ovaire se divisant incomplètement en quatre loges renfermant chacune un ovule. Drupe se partageant en quatre nucules.

Arbres ou arbustes à feuilles entières.

De 30 à 40 espèces, habitant principalement les régions tropicales de l'Ancien Monde.

Calice cyathiforme à quatre dents quelquefois nulles. . . . . 1. P. tahitensis *Schauer.*
Calice bilabié. Plante blanchâtre . . . . . . 2. P. serratifolia *L.*

1. **P. tahitensis** Schauer, in A. DC., *Prodr.*, XI, 638; Seem., *Flor. Vit.*, 181, t. 43; Nadeaud, *Enum.*, n. 374.

P. integrifolia Hook. et Arn., *Bot. Beech.*, 67 (non L.); *Endl.*, *Fl. Suds.*, n. 1126; Guillem., *Zephyr. Tait.*, n. 210; *Scrophularioides arborea* Forst., *Prodr.*, n 528; *S. pacifica* Forst., *Herb.*, et *Icon.*, t. 178 (cf. Seem.); *Lomatia cymosa* Soland., *Prim. Fl. Ins., Pac.* 271, et in Parkins., *Draw. Tah. Pl.*, t. 60 (ined.. cf. Seem.).

Nom indigène à Tahiti : *Avaro.*

Arbre (haut de 10 à 15 mètres), ou simplement arbrisseau, presque entièrement glabre : les jeunes pousses, les inflorescences, le pétiole, et le bas de la nervure médiane à la face inférieure des feuilles, seuls quelquefois faiblement tomenteux. Feuilles ovales (longues de 7 à 11 cent., larges de 4 à 8; pétiole long de 2 à 3 cent.), acuminées, atténuées ou légèrement cordées, souvent inéquilatérales à la base. Panicules terminales (longues de 1 déc. environ), multiflores. Pédoncules rigides; rameaux (au nombre de 6 à 8) d'abord presque divariqués, puis ascendants. Bractées très petites, subulées. Calice cyathiforme à quatre divisions aiguës, courtes ou presque nulles. Corolle d'un blanc verdâtre. Drupe violette, de la grosseur d'un pois.

Iles de la Société (*Lay et Collie*): Tahiti, montagnes et collines (*Lépine* 206 !; *Nadeaud* 374 !; *Savatier* !). — Iles Marquises (*Forster*; *Mathews*) : Noukahiva (*Le Bastard* !; *Ribourt* 38 !; *Mercier* !; *Dupetit-Thouars* 9 !).
Distrib. géogr. Iles Viti.

2. **P. serratifolia** L., *Mant.*, 253; Schauer, *l. c.*, 638.

Arbre ou arbuste, couvert d'une pubérulence cendrée sur les inflorescences et la face inférieure des feuilles, plus ou moins glabre ailleurs. Feuilles ovales, à peine aiguës (longues environ de 10 cent., larges de 5 à 6), lâchement sinuées-dentées. Corymbes assez fleuris (larges de 5 à 10 cent.).Calice bilabié; la lèvre inférieure bidentée, la supérieure presque entière. Corolle d'un blanc verdâtre. Drupe globuleuse (large de 5 à 6 mill.).

Iles Marquises : Noukahiva (*Le Bastard* !).
Distrib. géogr. Asie et Océanie tropicales.

III. — VITEX *L.*

Calice campanulé. Corolle bilabiée : la lèvre inférieure trilobée, avec le lobe médian plus grand que tous les autres. Étamines généralement exsertes. Ovaire imparfaitement divisé en quatre loges uniovulées. Drupe à endocarpe osseux. Graines oblongues ou ovoïdes.

Arbres ou arbustes; feuilles généralement à trois ou cinq folioles.

Environ 60 espèces, habitant toutes les contrées chaudes.

1. **V. trifolia** L. f., *Suppl.*, 293; Forst., *Prodr.*, n. 243; Endl., *Fl. Suds.*, n. 1184; Schauer, in A. DC., *Prodr.*, XI, 683; Seem., *Fl. Vit.*, 190; Hillebr., *Fl. Haw. Isl.*, 342.

Arbrisseau de taille peu élevée, couvert d'un tomentum blanc sur les rameaux, les inflorescences et la face inférieure des feuilles. Celles-ci généralement à trois folioles obovales-oblongues (3 à 7 cent.). Panicules terminales courtes. Corolle tomenteuse. Baie globuleuse (large de 8 à 10 mill.).

Iles Marquises : Noukahiva (*Le Bastard* !).
Distrib. géogr. Régions chaudes de l'Ancien Monde.

LABIÉES.

Fleurs hermaphrodites, le plus souvent irrégulières. Calice bilabié, ou à dents égales ou presque égales, généralement persistant. Corolle le plus souvent à deux lèvres. Deux ou quatre étamines insérées plus ou moins haut sur le tube de la corolle. Disque hypogyne. Ovaire supère, formé de quatre carpelles presque entièrement distincts, au milieu desquels est placé un style allongé, bifide au sommet; ovules solitaires dans chaque carpelle, dressés, anatropes. Fruit composé de quatre nucules, sèches ou charnues, se séparant à maturité.

Plantes herbacées ou frutescentes, à feuilles opposées, dépourvues de stipules. Fleurs généralement en verticilles réunis en thyrses ou en épis.

Famille très nombreuse, répandue sur toute la surface du globe.

1	Quatre étamines.		2
	Deux étamines	III. Salvia *L.*	
2	Nucules sèches		3
	Nucules charnues	IV. Phyllostegia *Benth.*	
3	Lèvre supérieure de la corolle glabre ou presque glabre.	I. Ocimum *L.*	
	Lèvre supérieure de la corolle velue.	II. Leucas *R. Br.*	

I. — OCIMUM *L.*

Calice campanulé, à cinq divisions inégales : la supérieure à bords décurrents. Tube de la corolle court, sans anneau de poils à l'intérieur ; lèvres à peu près égales : la supérieure quadridentée, l'inférieure entière, plus ou moins concave. Quatre étamines déjetées sur la lèvre inférieure de la corolle; loges de l'anthère convergentes. Nucules ovoïdes, quelquefois granulées.

Herbes ou arbustes. Verticilles disposés en grappes terminales, et entourés de bractées souvent assez grandes.

Environ 40 espèces, habitant les régions chaudes du globe.

1. **O. Basilicum** L., *Sp.* 833; Benth., in DC., *Prodr.* XII, 32; Jardin, *Iles Marq.*, 23.

O. gratissimum Hook. et Arn., *Bot. Beech.* 67 (non L.); Endl., *Flor. Suds.*, n. 1131 ; Guill., *Zephyr. Tait.*, n. 214 ; Pancher, in Cuzent, *Tahti*, 236 ; Seem., *Fl. Vit.*, 191.

Plante annuelle, à rameaux diffus ou ascendants, glabres ou pubescents. Feuilles ovales, atténuées à la base, plus ou moins profondément dentées. Lobe supérieur du calice arrondi, plus grand que les autres ; les deux latéraux les plus petits de tous, ovales-aigus ; les deux inférieurs lancéolés, acuminés. Corolle deux fois plus longue que le calice.

Iles de la Société : Tahiti (*Vesco!*). — Iles Marquises (*Barclay; Hombron!; Dupetit-Thouars!; Jardin*). — Naturalisée.
Distrib. géogr. Toutes les régions chaudes.

II. — LEUCAS *R. Br.*

Calice campanulé, marqué de côtes saillantes, à gorge droite ou oblique, à huit ou dix dents généralement courtes. Tube de la corolle inclus, avec ou sans anneau de poils à l'intérieur; lèvre supérieure de la corolle entière, concave, très velue extérieurement; l'inférieure à trois lobes étalés, inégaux, le médian plus grand. Quatre étamines dressées, rapprochées par leurs anthères. Branches du style inégales : l'antérieure subulée, la postérieure très petite. Nucules ovoïdes, obtuses.

Plantes herbacées ou suffrutescentes; fleurs en verticilles axillaires ou terminaux.

Une cinquantaine d'espèces, habitant surtout les régions chaudes de l'Ancien Monde.

1. **L. decemdentata** Smith, in Rees, *Cycl.*; Benth., *Lab.*, 602, et in A. DC., *Prodr.*, XII, 523; Endl., *Fl. Suds.*, n. 1140; Guill., *Zephyr. Tait.*, n. 213; Pancher, in Cuzent, *Tahiti*, 236; Seem., *Fl. Vit.*, 192; Nadeaud, *Enum.*, n. 372.

Stachys decemdentata Forst., *Prodr.*, n. 526; Parkins., *Draw. of Tah. Pl.* (ined., cf. Seem.), t. 57; Pancher, *l. c.*; *L. stachyoides* Spreng., *Syst. Veg.*, II, 743.

Nom indigène à Tahiti : *Niuroaiti.*

Plante hispide ou pubescente. Tiges couchées ou ascendantes. Feuilles ovales-oblongues (5-8 cent. sur 3-4), aiguës, atténuées en un pétiole grêle, lâchement dentelées-crénelées. Verticilles axillaires, à 15 ou 20 fleurs brièvement pédicellées. Calice campanulé (long de 5 mill.), à gorge droite, à dix côtes, et dix dents triangulaires subulées. Tube de la corolle aussi long que le calice; limbe un peu plus court que le tube.

Iles de la Société: Tahiti, collines sèches (*Banks et Solander; Forster; Mathews; Cuming; Vesco!; Lépine!; Savatier 883!*).
Distrib. géogr. Polynésie.

III. — SALVIA *L.*

Calice bilabié : la lèvre supérieure tridentée, l'inférieure bifide. Tube de la corolle généralement court; la lèvre supérieure plus ou moins concave ou recourbée, l'inférieure trilobée. Deux étamines ; connectif à deux branches très écartées : l'une dirigée en haut, portant une loge fertile, l'autre en bas et en avant, portant une loge stérile. Style à deux branches subulées. Achaines ovoïdes, lisses.

Herbes ou arbustes. Fleurs en verticilles.

Environ 450 espèces, répandue dans les contrées chaudes et tempérées.

1. S. occidentalis Sw., *Fl. Ind. occ.*, I, 43 ; Benth., in A. DC., *Prodr.*, XII, 296 ; Hillebr., *Fl. Haw. Isl.*, 345.

Plante herbacée à rameaux diffus. Feuilles ovales-acuminées, longuement pétiolées, dentées en scie, légèrement pubescentes. Grappes lâchement rameuses ; verticilles floraux longuement espacés, à 2 ou 3 petites fleurs. Calice glanduleux ; la lèvre supérieure à trois dents obtuses. Corolle plus longue que le calice. Style glabre ; lobes du stigmate aplatis et élargis.

Iles de la Société : Tahiti (*Vesco*). Naturalisée.
Distrib. géogr. Amérique.

IV. — PHYLLOSTEGIA *Benth.*

Calice campanulé à cinq divisions, distendu ou même rompu à la maturité. Tube de la corolle allongé ; lèvre supérieure plane, dressée, entière, l'inférieure à trois lobes souvent inégaux. Quatre étamines, à peine exsertes, rapprochées près de la lèvre supérieure de la corolle. Disque plus ou moins lobé. Styles à deux lobes courts, tronqués au sommet. Nucules charnues.

Plantes herbacées ou suffrutescentes. Fleurs en verticilles axillaires ou réunis en grappes terminales plus ou moins feuillees.

Une vingtaine d'espèces, toutes spéciales aux îles Hawaï, sauf la suivante.

1. P. tahitensis Nadeaud, *Enum.*, n. 373 ; Drake, *Ill. Ins. Mar. Pacif.*, t. 22.

Plante herbacée ou suffrutescente à la base, hispide dans presque toutes ses parties. Tiges ascendantes, grêles, anguleuses Feuilles ovales-oblongues (6-8 cent. sur 2-3), aiguës, rétrécies en pétiole, finement dentées en scie. Verticilles à 6 fleurs (longues de 15-20 mill.). Pédicelles grêles, plus courts que le reste de la fleur. Calice plus court que le pédicelle, à dents oblongues-linéaires. Tube de la corolle au moins deux fois plus long que le calice, sans anneau de poils ; lèvre supérieure plus courte que le tube, arrondie ; lèvre inférieure près de deux fois plus grande que la supérieure, à trois lobes inégaux, le médian plus grand que les latéraux. Nucules velues au sommet dans leur jeunesse, glabres ensuite.

Iles de la Société : Tahiti, flancs du Marau, vers 1200 m. (*Nadeaud* 373 !).

PLANTAGINACÉES.

Fleurs hermaphrodites. Calice à quatre sépales imbriqués. Corolle scarieuse, persistante, à quatre lobes imbriqués dans le bouton, puis étalés. Quatre étamines insérées sur le tube de la corolle, et alternant avec ses lobes; filets grêles, souvent allongés; anthères à deux loges parallèles s'ouvrant longitudinalement. Ovaire supère, le plus souvent à deux ou quatre loges contenant chacune plusieurs ovules; style simple, filiforme. Fruit ordinairement capsulaire, s'ouvrant transversalement. Graines peltées, contenant un albumen charnu. Embryon généralement droit.

Herbes souvent acaules et à feuilles toutes radicales. Épis portés sur des pédoncules plus ou moins allongés.

A peine une centaine d'espèces, presque toutes (sauf deux) appartenant au genre suivant, et répandues dans toutes les régions du globe.

I. — PLANTAGO *L.*

Caractères ci-dessus.

1. **P. major** L., *Sp.*, 163; Endl., *Flor. Suds.*, n. 957; Guill., *Zephyr. Tait.*, n. 263; Decne, in A. DC., *Prodr.*, XIII, 1, 696; Pancher, in Cuzent, *Tahiti*, 236; Seem., *Flor. Vit.*, 193; Hillebr., *Fl. Haw. Isl.*, 366.

Herbe vivace. Feuilles oblongues-ovales, entières ou lâchement dentées. Pédoncules courts. Épi cylindrique, étroit, allongé. Bractées égales et semblables aux sépales. Corolle glabre. Graines anguleuses.

Iles de la Société : Tahiti (*Bertero et Mœrenhout!*).
Distrib. géogr. Toutes les régions chaudes et tempérées.

NYCTAGINACÉES.

Fleurs hermaphrodites ou unisexuées. Une seule enveloppe florale. Calice infundibuliforme, à cinq lobes, persistant en tout ou en partie, et même accrescent. Étamines en nombre variable; filets grêles; anthères didymes. Ovaire uniloculaire, supère, plus ou moins resserré dans le tube du calice; ovule dressé, presque basilaire; style souvent grêle; stigmate simple, entier ou divisé. Fruit indéhiscent, formé par l'ovaire étroitement inclus dans le calice épaissi ou induré. Graine pourvue d'un albumen farineux souvent enveloppé par les cotylédons. Embryon souvent droit et à radicule infère.

Herbes ou arbres à feuilles alternes, opposées ou verticillées, dépourvues de stipules. Inflorescences axillaires ou terminales.

Espèces peu nombreuses, habitant les contrées chaudes en général.

Arbres. Calice entièrement persistant. . . . . . I. **Pisonia** *L.*
Herbes. Calice caduc dans sa partie supérieure. . II. **Boerhaavia** *L.*

I. — PISONIA *L.*

Calice souvent coloré et à cinq dents. Étamines au nombre de six à dix ; anthères fertiles didymes, exsertes ; les stériles (quand elles existent) ovales-oblongues, incluses. Ovaire plus ou moins allongé ; style des fleurs femelles souvent exsert, avec un stigmate à deux lobes pectinés ; celui des fleurs mâles (quand il existe) souvent plus court que les étamines, avec un stigmate latéral ovale, entier, et spongieux. Fruit portant souvent à sa base les filets persistants des étamines, enveloppé dans le calice entier et devenu charnu, lisse ou muni de glandes épineuses, quelquefois peu visibles.

Arbres à feuilles opposées ou subverticillées. Grappes terminales, axillaires ou latérales.

Une soixantaine d'espèces, habitant principalement l'Amérique tropicale ; quelques-unes sont répandues en Asie et en Océanie.

1. P. umbellifera Seem., in *Bonpl.*, X, 154, et *Flor. Vit.*, 175 ; Nadeaud, *Enum.*, n. 325 ; Hillebr., *Fl. Haw. Isl.*, 368.
Ceodes umbellifera Forst., *Char. Gen.*, 141, t. 71 ; *C. umbellata* Forst., *Prodr.*, n. 569 ; *P. inermis* Forst., *Prodr.*, n. 397 (non Jacq.), *Icon.*, t. 285 (sec. Seem.) ; Hillebr., *Fl. Haw. Isl.*, 369 ; *P. grandis* R. Br., *Prodr.*, 422 ; Choisy, in A. DC., *Prodr.*, XIII, 2, 441 ; Nadeaud, *Enum.*, n. 323 ; Parkins., *Draw. Tah. Pl.*, t. 117 (in Seem., *Fl. Vit.* 195) ; *P. macrocarpa* Presl., *Symb.*, 56 ; *P. excelsa* Blume, *Bijdr.*, 735 ; Choisy, *l. c.* ; *P. Brunoniana* Endl., *Fl. Norf.*, n. 88 ; Choisy, *l. c.*, Nadeaud, *Enum.*, 324 ; *P. mitis* Endl., *Flor. Suds.*, n. 933 (non Willd.) ; *P. procera* Bertero, *Herb.*, et in Guill., *Zephyr. Tait.*, n. 201 ; Deless., *Icon. select.*, III, 61, t. 87 ; *P. Forsteriana* Endl., in *Herb. Meyen*, ex Schauer et Walp., in *Nov. Act. Nat. Cur.*, XIX, *Suppl.*, 403, t. 51 ; *P. Sinclairii* Hook. f., *Fl. New-Zeal.*, 1, 209, t. 50 ; *P. Mooreana* F. Mueller. *Fragm.*, V, I, 20 ; *P. sandvicensis* Hillebr., *l. c.*
Nom indigène à Tahiti : *Buatea.*
Arbre presque entièrement glabre. Feuilles opposées ou subverticillées au sommet des rameaux, plus ou moins coriaces, oblongues ou ovales, obtuses ou aiguës au sommet, légèrement cordées, rétrécies, ou atténuées à la base (longues de 15 à 20 cent. et plus, larges de 4 à 6). Grappes terminales ou latérales, rarement axillaires (longues de 10 à 15 cent.) naissant par 2 ou par 4 soit sur les extrémités des rameaux, quelquefois renflées et couvertes de poils rougeâtres, soit sur des nodulosités situées dans la partie inférieure des branches. Pédon-

cules glabres ou pubescents, ainsi que le reste de l'inflorescence, souvent allongés et à ramifications courtes, ou bien raccourcis et à ramifications plus longues et étalées. Périgone infundibuliforme (5-6 mill.). Grappes fructifères beaucoup plus grandes que les florifères. Périgone fructifère (long de 4 à 5 cent., large de 3 à 4 mill.) oblong, à cinq côtes lisses ou munies de petites épines, atténué à la base, claviforme au sommet, exsudant un suc visqueux.

Iles de la Société : Tahiti, plages, vallées et montagnes (*Banks et Solander; Forster!; Vesco!; Lépine* 177!; *Dupetit-Thouars!; Hombron!; Nadeaud* 323!, 324!, 325!).

Distrib. géogr. Asie et Océanie tropicales.

Espèce très-polymorphe. Aucun des caractères sur lesquels les auteurs se sont appuyés pour distinguer le *P. inermis* Forst. du *P. umbellata* Seem., ne paraît suffisant.

II. — BOERHAAVIA *L.*

Fleurs hermaphrodites. Calice persistant dans sa moitié inférieure; la moitié supérieure caduque, généralement infundibuliforme, et à cinq divisions. Étamines le plus souvent au nombre de trois ou quatre. Style grêle : stigmate pelté. Fruit enveloppé dans la partie inférieure du calice, qui devient globuleuse.

Une trentaine d'espèces, répandues dans toutes les régions chaudes.

Corymbes ombelliformes. Feuilles ovales. . .   1. **B. tetrandra** *Forst.*
Panicules corymbiformes. Feuilles lancéolées. 2. **B. diffusa** *L.*

1. B. tetrandra Forst., *Prodr.*, n. 5; Hook. et Arn., *Bot. Beech.*, 93; Endl., *Fl. Suds.*, n. 931; Guill., *Zeph. Tait*, n. 199; Choisy, in A. DC., *Prodr.*, XIII, 2, 456; Pancher, in Cuzent, *Tahiti*, 237; Nadeaud, *Enum.*, n. 322; Hillebr., *Fl. Haw. Isl.*, 367.

Plante vivace rampante, faiblement hispidulo-pubérulente, ou glabre. Feuilles ovales (longues de 2 à 3 cent., larges de 15 à 18 mill., pétiole long de 1 cent. environ) obtuses, rétrécies à la base. Corymbes ombelliformes axillaires. Pédoncules filiformes grêles (long de 10 cent., rayons sept à huit fois plus courts). Bractées linéaires-aiguës, persistantes. Périgone violet. Fruit ovoïde, anguleux, hispido-glanduleux.

Iles de la Société (*Lay et Collie*); Tahiti, plages et collines (*Pancher! Nadeaud* 322!); Huaheine (*Forster*); Moorea (*Lépine* 32!).

Distrib. géogr. Océanie.

2. B. diffusa L., *Sp.*, 4; Choisy, *l. c.*; Jardin, *Hist. nat. Iles Marquises*, 25; Seem., *Fl. Vit.*, 196; Nadeaud, *Enum.*, n. 321; Hillebr., *l. c.*

B. erecta Gærtn., *Fruct.*, II, 209; Forst., *Prodr.*, n. 4, et *Pl. esc.*, n. 41; Endl., *Fl. Suds.*, n. 930; Guill., *Zephyr. Tait.*, n. 198; *B. hirsuta* L., *Sp.*, 4; Endl., *l. c.*, n. 932; Guill., *l. c.*, 200.

Plante vivace couchée, glabre ou quelquefois pubérulente. Feuilles oblongues-lancéolées (longues de 3 à 4 cent., larges de 1 à 1 et demi), obtuses ou aiguës, souvent munies d'une dent au sommet. Panicules corymbiformes; pédoncules et pédicelles grêles. Bractées linéaires, caduques. Fleurs petites (1 ou 2 mill.). Deux étamines. Fruits oblongs.

Iles de la Société (*Lay et Collie; Berlero et Mœrenhout*) : Tahiti plages et premières collines (*Nadeaud* 3211; *Savatier* 807). — Iles Marquises (*Jardin!*).
Distrib. géogr. Toutes les contrées chaudes.

AMARANTACÉES.

Fleurs unisexuées ou hermaphrodites. De trois à cinq sépales. Étamines souvent au nombre de trois à cinq, libres ou unies en cupule, quelquefois avec un nombre égal de staminodes; anthères attachées par le dos, s'ouvrant par deux fentes longitudinales. Ovaire uniloculaire; un ou plusieurs ovules dressés ou pendants, attachés à un placenta basilaire; un style. Fruit le plus souvent en forme d'utricule.

Plantes herbacées ou suffrutescentes; feuilles alternes ou opposées.

Espèces nombreuses, habitant les régions chaudes et tempérées.

1	Fleurs hermaphrodites	2
	Fleurs unisexuées	I. **Amarantus** *J.*
2	Fleurs toutes complètement développées	II. **Achyranthes** *L.*
	Fleurs fertiles unies à des fleurs avortées. . . .	III. **Cyathula** *L.*

I. — AMARANTUS *L.*

Fleurs monoïques. Calice à trois ou cinq divisions scarieuses. Étamines libres. Pas de staminodes. Style bifide ou trifide; ovule solitaire, dressé. Utricule déhiscent ou indéhiscent. Graines lenticulaires.

Herbes annuelles. Feuilles alternes. Fleurs en glomérules axillaires, ou bien en grappes terminales, simples ou composées.

Espèces nombreuses, souvent cultivées, habitant les contrées chaudes.

1	Grappes terminales	2
	Fleurs en glomérules axillaires.	3. **A. melancholicus** *Moq.*
2	Feuillage entièrement vert.	1. **A. viridis** *L.*
	Feuillage plus ou moins coloré.	2. **A. gangeticus** *L.*

1. **A. viridis** L., *Sp.*, 1405; Hook. et Arn., *Bot. Beech.*, 68; Endl., *Fl. Suds.*, n. 908; Guill., *Zephyr. Tait.*, n. 190.

Euxolus caudatus Moq., in A. DC., *Prodr.*, XIII, 2, 274; Seem., *Flor. Vit.*, 198.

Nommée à Tahiti : *Ea-ea-mata*.

Plante annuelle dressée, glabre; tiges striées. Feuilles ovales ou rhomboïdales (longues de 3 à 6 cent., larges de 2 à 4), aiguës, rétrécies en pétiole souvent plus long que le limbe. Grappes simples ou rameuses, allongées, grêles. Glomérules plus ou moins distants. Fleurs vertes. Trois sépales linéaires-spatulés. Utricule rugueux.

Iles de la Société (*Lay et Collie*) : Tahiti (*Banks et Solander; Bertero et Mœrenhout! ; Lépine 68! ; Savatier!*). — Iles Marquises (*Dupetit-Thouars 99!*).
Distrib. géogr. Toutes les contrées chaudes; cultivée ou spontanée.

2. **A. gangeticus** L., *Sp.*, 1403; Forst., *Prodr.*, n. 349; Soland., *Prim. Ins. Pacif.* (ined., cf. Seem., *l. c.*, 197), 328; Endl., *l. c.*, n. 907; Guill., *l. c.*, n. 192; Moq., *l. c.*, 261; Pancher, in Cuzent, *Tahiti*, 237; Nadeaud, *Enum.*, n. 318.

Nommé à Tahiti : *Upootii*.

Plante haute de 30 à 45 cent. Tiges dressées, striées. Feuilles ovales, ou ovales-lancéolées (longues 5 à 10 cent., larges de 25-50 mill.), légèrement obtuses, atténuées en pétiole canaliculé (long de 3 à 8 cent.); nervures saillantes en dessous, pourpres ou blanchâtres. Épi terminal simple. Bractées oblongues, acuminées. Fleurs rougeâtres. Sépales oblongs-acuminés. Utricule bi-tridenté, presque lisse.

Iles de la Société (*Forster*) : Tahiti (*Nadeaud 318!*).
Distrib. géogr. Régions chaudes de l'Asie et de l'Océanie.

3. **A. melancholicus** Moq., *l. c.*, 262; Seem., *l. c.*, 197; Nadeaud, *l. c.*, n. 319.

Var. β *tricolor* Lam., *Ill.*, t. 767, f. 1.

A. tricolor L., *Sp.*, 1403; Endl., *l. c.*, n. 906; Guill., *Zeph. Tait.*, n. 191.

Plante haute de 30 à 45 cent. Feuilles oblongues-lancéolées (15-20 cent., sur 3-5), atténuées en pétiole (5 à 8 cent.), tricolores, offrant un mélange de rouge, de vert, et de jaune. Fleurs en glomérules axillaires. Bractées inégales, triangulaires-ovales, apiculées. Trois sépales. Trois étamines. Utricule ovale, trifide au sommet, presque lisse.

Iles de la Société (*Forster*) : Tahiti, plages et vallées (*Nadeaud 319!*). Cultivée et subspontanée.
Distrib. géogr. Asie et Océanie tropicales.

II. — ACHYRANTHES *L.*

Calice à quatre ou cinq sépales, généralement scarieux, oblongs-aigus. Cinq étamines à filets réunis en cupule, alternant avec un nombre égal de staminodes. Ovaire uniloculaire, en forme de bouteille; ovule pendant à l'extrémité d'un funicule dressé au fond de la loge; style subulé. Fleurs en épis, entourées chacune de trois bractées.

Herbes annuelles ou vivaces, feuilles opposées.

Environ 12 espèces, habitant les régions tropicales.

Feuilles oblongues-aiguës . . . . 1. **A. velutina** *Hook. et Arn.*
Feuilles obovales-acuminées . . . . . . 2. **A. aspera** *L.*

1. **A. velutina** Hook. et Arn., *Bot. Beech.*, 68; Endl., *Fl. Suds.*, n. 916; Guill., *Zeph. Tait.*, n. 195; Moq., in A. DC., *Prodr.*, XIII, 2, 316; Pancher, in Cuzent., *Tahiti*, n. 237.

Nom vulgaire à Tahiti : *Erofaï.*

Plante herbacée, quelquefois ligneuse à la base, haute souvent de 2 à 3 mètres, entièrement velue-soyeuse, blanchâtre. Feuilles oblongues-aiguës (8-10 cent., sur 4-5), atténuées en pétiole (2 à 3 cent.), molles, velues, d'un vert cendré en dessous. Épis allongés (de 10-20 cent.). Bractées paléacées, terminées par un aiguillon égalant à peu près le limbe. Sépales d'un brun fauve, ovales-oblongs, acuminés.

Iles de la Société : Tahiti (*Vesco!*). — Iles Pomotou (*Lay et Collie*).

2. **A. aspera** L., *Sp.*, 295; Endl., *Flor. Suds.*, n. 912; Guill., *Zeph. Tait.*, n. 194; Moq., in A. DC., *l. c.*, 314; Jardin, *Hist. nat. Iles Marquises*, 25; Pancher, *l. c.*; Seem., *Flor. Vit.*, 199; Nadeaud, *Enum.*, n. 316.

Plante herbacée, annuelle ou bisannuelle, rampante ou dressée, soyeuse, pubescente. Feuilles obovales (longues de 5 à 10 cent., larges de 2 à 4) brièvement acuminées, atténuées en pétiole (2 à 4 cent.), molles, velues sur les deux faces, d'un vert cendré en dessous. Épis (longs de 10 à 15 cent.) assez fournis. Bractées paléacées (2 à 3 cent.), terminées par un aiguillon plus long que le limbe. Sépales oblongs-acuminés, d'un vert brillant.

Var. β canescens.

A. canescens R. Br., *Prodr.*, I, 417; Moq., *l. c.*, 312.

Plante plus velue et à feuilles plus épaisses.

Iles de la Société (*Banks et Solander; Barclay; Lay et Collie*): Tahiti (*Savatier! Nadeaud 316!*). — Iles Marquises (*Jardin 21!*). — Var. β, Tahiti, collines (*Lépine 66!; Vesco!*).

Distrib. géogr. Toutes les régions chaudes.

III. — CYATHULA *Lour.*

Sépales des fleurs stériles se transformant en aiguillons. Périanthe des fleurs fertiles à cinq divisions ovales-aiguës. Cinq étamines unies à la base en cupule avec un égal nombre de languettes courtes, alternant avec elles. Ovaire en forme de bouteille; style grêle; stigmate petit, capitellé. Utricule oblong, aréolé au sommet; graine renversée.

Plantes herbacées; fleurs réunies en fascicules globuleux ou spici-formes.

Une dizaine d'espèces, habitant toutes les régions tropicales.

1. C. prostrata Blume, *Bijdr.*, 549; Moq., in A.DC., *Prodr.*, XIII, 2, 326; Seem., *Flor. Vit.*, 199; Nadeaud, *Enum.*, n. 317.

Achyranthes prostrata L., *Sp.*, 296.

Var. debilis Moq., *l. c.*; Jardin, *Hist. nat. Iles Marquises*, 25.

A. debilis Poir., *Dict.*, *Suppl.*, II, 10; *Desmochæta micrantha* DC., *Cat. Hort. monsp.*, 102; Hook. et Arn., *Bot. Beech.*, 68; Endl., *Fl. Suds.*, n. 920; Guill., *Zephyr. Tait.*, n. 196.

Nom indigène : *Toroura.*

Plante annuelle, légèrement pubescente. Tiges couchées, ascen-dantes. Feuilles opposées, ovales-rhomboïdales (longues de 3 à 4 cent., larges de 1 à 2), brièvement pétiolées, garnies de poils épars. Grappe lâche. Pédoncules triflores; une fleur fertile, et deux stériles.

Iles de la Société (*Banks et Solander ; Lay et Collie*): Tahiti, collines (*Lé-pine* 67!), Tipaearui, Farerauape vallées jusqu'à 800 m. (*Nadeaud* 317!). — Iles Marquises (*Jardin* 153!).

Distrib. géogr. Toutes les régions chaudes.

POLYGONACÉES.

Fleurs hermaphrodites ou rarement unisexuées. Calice à quatre ou six divisions imbriquées, généralement connées, persistantes. Éta-mines souvent opposées aux divisions du calice. Disque annulaire, glanduleux, ou nul. Ovaire supère, uniloculaire, composé de deux à quatre carpelles; ovule solitaire orthotrope, basilaire; styles en nombre égal à celui des carpelles, libres ou soudés à une hauteur variable; stig-mates souvent capitellés. Fruit sec, indéhiscent, monosperme. Graine dressée. Albumen farineux.

Plantes le plus souvent herbacées. Feuilles généralement alternes avec des stipules scarieuses, unies en gaîne. Fleurs souvent réunies en fascicules entourés d'une bractée engaînante.

Environ 600 espèces, répandues dans presque toutes les régions du globe.

I. — POLYGONUM *L.*

Fleurs hermaphrodites. Calice souvent coloré, à quatre ou cinq divi-sions. De six à huit étamines à filets grêles; anthères ovales, introrses.

Ovaire comprimé ou trigone; style souvent à deux branches filiformes; ovule dressé. Capsule indéhiscente, comprimée ou trigone, souvent incluse dans le périgone persistant.

Environ 150 espèces, répandues partout.

1. P. glabrum Willd., *Sp.*, 2, 447; Chamisso, in *Linnæa*, III. 46; Meissn., in A. DC., *Prodr.*, XIV, 114; Seem., *Flor. Vit.*, 201; Hillebr., *Fl. Haw. Isl.*, 378.

P. imberbe Soland., in Forst., *Prodr.*, n. 517; Endl., *Flor. Suds.*, n. 926; Guill., *Zeph. Tait.*, n. 186; Meissn., *l. c.*, 115; Pancher, in Cuzent, *Tahiti*, 237; Nadeaud, *Enum.*, n. 320; *P. persicaria* Hook. et Arn., *Bot. Beech.*, 68 (non L.); Endl., *Fl. Suds.*, n. 925.

Nom indigène à Tahiti : *Tamolé*.

Plante entièrement glabre, tige dressée. Feuilles oblongues-lancéolées (10-18 cent., sur 2-4), acuminées; la nervure médiane de la face inférieure, et les bords quelquefois légèrement scabres. Gaînes tronquées, ordinairement de moitié plus courtes que les entre-nœuds. Grappes axillaires et terminales, plus longues que les feuilles, à rameaux grêles, confluents. Feuilles florales linéaires-lancéolées. Achaine lisse, lenticulaire.

Iles de la Société (*Banks et Solander*): Tahiti, plages et vallées, bords du lac Vairia (*Nadeaud* 320 !); sans désignation de localité (*Bertero et Mœrenhout !; Vesco !; Lépine !; Pancher !; Savatier !*).
Distrib. géogr. Régions tropicales.

PIPÉRACÉES.

Fleurs hermaphrodites ou unisexuées. Périanthe nul. Généralement quatre étamines ou moins, rarement plus; filets ordinairement courts; anthères à deux loges souvent confluentes. Ovaire presque toujours uniloculaire à un seul ovule dressé, orthotrope. Baie indéhiscente. Graine ordinairement globuleuse. Albumen abondant. Embryon petit, renfermé dans un sac placé au sommet de l'albumen.

Plantes frutescentes ou herbacées, à feuilles alternes, opposées ou verticillées, pourvues ou dépourvues de stipules. Fleurs très petites, généralement réunies en chatons allongés, à l'aisselle de bractées souvent peltées.

Environ un millier d'espèces, appartenant toutes, sauf une dizaine, aux deux genres suivants, répandues dans toutes les contrées chaudes.

Plantes frutescentes. . . . .   I. **Piper** L.
Plantes herbacées. . . . .   II. **Peperomia** R. *et P.*

I. — PIPER *L.*

Dix étamines, ou moins. De deux à quatre stigmates. Baie ovoïde. Arbuste à feuilles alternes.

Environ 600 espèces.

1	Chatons axillaires ou terminaux.	2
	Chatons opposés aux feuilles	4. **P. methysticum** *Forst.*
2	Pétioles engainants au plus sur leurs deux tiers inférieurs.	3
	Pétioles engainants presque jusqu'à la base du limbe	3. **P. latifolium** L. *f.*
3	Chatons femelles géminés ou ternés, plus courts que le pétiole.	1. **P. excelsum** *Forst.*
	Chatons femelles solitaires, aussi longs que la feuille	2. **P. Mac-Gillivrayi** *C.D.C.*

1. P. excelsum Forst., *Prodr.*, n. 20; C.DC., in A. DC., *Prodr.*, XVI, 1, 334.

Arbuste glabre. Feuilles arrondies, atténuées au sommet et à la base (longues de 8 à 12 cent., larges de 6 à 10), à sept nervures. Pétiole (long de 3 à 4 cent.) engaînant sur ses deux tiers inférieurs. Chatons axillaires ou disposés par trois au sommet des rameaux. Pédoncules légèrement aplatis (longs de 2 cent.).

Iles de la Société : Tahiti (*Lépine !; Savatier !*).
Distrib. géogr. Océanie.

3. P. Mac-Gillivrayi C. DC., in Seem., *Fl. Vit.*, 262, et in A. DC., *l. c.*, 335.

Diffère de l'espèce précédente par ses chatons femelles solitaires, plus grêles et beaucoup plus longs.

Iles de la Société (*Barclay*).
Distrib. géogr. Iles Viti et Tonga. Je n'ai pas vu cette espèce.

2. P. latifolium L. f., *Suppl.*, 91; Forst., *Prodr.*, n. 22; Hook. et Arn., *Bot. Beech.*, 70; Endl., *Flor. Suds.*, n. 831; Guill. *Zeph. Tait.*, n. 158; Pancher, in Cuzent, *Tahiti*, 238; Seem., *Flor. Vit.* 261; C.DC., *l. c.*, 335; Nadeaud, *Enum.*, n. 290.

Nom indigène à Tahiti : *Avaavairai.*

Arbuste presque entièrement glabre. Limbe des feuilles comme dans l'espèce précédente, mais à douze nervures. Pétiole engaînant presque jusqu'à la base du limbe. Chatons axillaires, géminés ou ternés. Pédoncules filiformes.

Iles de la Société : Tahiti, vallées (*Forster; Lay et Collie; Vesco !; Nadeaud 290 !*).
Distrib. géogr. Iles de l'Océanie.

3. **P. methysticum** Forst., *Pl. esc.*, 50, et *Prodr.*, n. 21; Hook. et
Arn., *Bot. Beech.*, 96; Endl., *Flor. Suds.*, n. 830; Guill., *Zeph. Tait.*,
n. 157; Deless., *Ic. select.*, t. 89; Jardin, *Hist. nat. Iles Marq.*, 25;
Pancher in Cuzent, *Tahiti*, 237; Seem., *Flor. Vit.*, 260; C. DC.,
l. c., 354; Nadeaud, *Enum.*, n. 290; Hillebr., *Flor. Haw. Isl.*, 417.

P. spurium Forst., in *Herb. Mus. Par.*; *P. inebrians* Soland., *Prim.
Fl. Ins. Pacif.*, 204, et in Parkins., *Draw. Tah. Pl.*, t. 6 (ined., cf. Seem.,
l. c.); Bertero, *Mss.* in guill., *l. c.*

Nom indigène: *Ava, Kava.*

Arbuste dioïque, presque glabre. Feuilles ovales-arrondies (longues
de 12 cent., larges de 10) acuminées, profondément cordées, brièvement pétiolées (2 cent.) à peine pubescentes sur les nervures à la
face inférieure, et sur le pétiole. Chatons opposés à la feuille, et beaucoup plus courts qu'elle.

Iles de la Société: Tahiti (*Banks et Solander; Forster; Bertero et Mœrenhout!;
Vesco! Lépine!; Savatier!*). — Iles Marquises: Noukahiva (*Jardin!*). — Iles
Wallis (*Home*).

Distrib. géogr. Polynésie. Cultivée et spontanée.

II. — PEPEROMIA *Ruiz et Pavon.*

Deux étamines. Style souvent nul. Fruit petit; péricarpe mince.

Herbes le plus souvent basses, à feuilles alternes, opposées ou verticillées.

Environ 400 espèces.

1	{ Feuilles alternes		2
	{ Feuilles verticillées.		3
2	{ Feuilles aiguës à cinq ou sept nervures.	1. **P. rhomboidea** *H. et A.*	
	{ Feuilles obtuses à trois ou sept nervures.	2. **P. pallida** *Dietr.*	
3	{ Feuilles glabres en dessus.	3. **P. reflexa** *Dietr.*	
	{ Feuilles pubescentes sur les deux faces.	4. **P. leptostachya** *Hook. et Arn.*	

1. **P. rhomboidea** Hook. et Arn., *Bot. Beech.*, 70; Endl., *Flor.
Suds.*, n. 838; Guill., *Zeph. Tait.*, n. 619; Pancher, *l. c.*; C.DC., in
A. DC., *Prodr.*, XVI, 1, 412; Nadeaud, *Enum.*, n. 294.

Piper polymorphum Soland., *Prim. Fl. Ins. Pacif.*, 206, et in
Parkins., *Draw. Tah. Pl.*, t. 8 (cf. Seem., *l. c.*); *P. acuminatum* Forst.,
Prodr., n. 223.

Plante formant des touffes de plusieurs tiges redressées, glabres.
Feuilles alternes, obovales-elliptiques ou rhomboïdales, atténuées aux
deux extrémités (longues de 3 à 5 cent., larges de 2) à trois ou sept
nervures, quelquefois glabres, mais plus souvent hispidules sur les
deux faces, ou sur la face inférieure seulement, presque toujours
ciliées. Pétioles pubescents. Chatons grêles, allongés. Pédoncules plus
ou moins pubérulents. Bractée peltée, arrondie.

Ilés de la Société (*Forster!; Lay et Collie*) : Tahiti (*Lépine?; Ribourt?*).

2. **P. pallida** Dietr., *Sp., Pl.*, I, 151 ; Hook. et Arn., *Bot. Beech.*, 96 : Endl., *Flor. Suds.*, n. 835 ; Guill., *Zeph. Tait.*, n. 161 ; Seem., *Flor. Vit.*, 259 ; C. DC., *l. c.*, 418 ; Nadeaud, *Enum.*, n. 922 ; *Hillebr.*, *Fl. Haw. Isl.*, 419.

Piper pallidum Forst., *Prodr.*, n. 24.

Plante annuelle, glabre. Tiges basses, radicantes. Feuilles alternes (longues de 2 à 3 cent., larges de 7 à 8 mill.) oblongues-rhomboïdales, obtuses, atténuées à la base, brièvement pétiolées, à trois nervures, les deux latérales peu apparentes. Chatons axillaires (longs de 5 cent.). Pédoncules grêles. Bractée petite, arrondie.

Iles de la Société (*Forster ; Lay et Collie*) : Tahiti (*Nadeaud* 292! 296?).
Distrib. géogr. Polynésie.

3. **P. reflexa** Dietr., *l. c.*, 181 ; Endl., *Flor. Suds.*, n. 837 ; Guillem., *Zeph. Tait.*, n. 159 ; Pancher, in Cuzent, *Tahiti*, 238 ; C.DC., *l. c.*, 451 ; Nadeaud, *Enum.*, n. 293 ; Hillebr., *Fl. Haw. Isl.*, 426.

Piper reflexum L. f., *Suppl.*, 91 ; *P. tetraphyllum* Forst., *Prodr.*, n. 23 (non L.); *Peperomia tetraphylla* Hook et Arn., *Bot. Beech.*, 97 ; *Piper æmulum* Endl., *Flor. Norf.*, n. 77 ; *Peperomia æmula*, Endl. *Flor. Suds.*, n. 836.

Nom indigène à Tahiti : *Tia papa*.

Plante glabre. Tiges glabres ou faiblement hispidules. Feuilles généralement verticillées par quatre, obovales, obtuses (longues de 1 cent., larges de 7 à 8 mill.), à peine visiblement trinerviées, réticulées, glabres en dessus, hispidules en dessous et sur le pétiole. Chatons terminaux, plus longs que les feuilles; pédoncules pubescents.

Iles de la Société : Tahiti (*d'Urville!; Lépine* 110!; *Vesco!: Nadeaud,* 293 !).
Distrib. géogr. Toutes les régions tropicales.

4. **P. leptostachya** Hook. et Arn., *l. c.*, 96 ; Endl., *Fl. Suds.*, n. 840 ; C.DC., *l. c.*, 448 ; Nadeaud, *Enum.* n. 295 ; Hillebr., *Flor. Haw. Isl.*, 423.

P. Mœrenhouti C.DC., *l. c.*, 458.

Nom indigène à Tahiti : *Nohau*.

Plante plus ou moins hispide-pubérulente dans toutes ses parties, et sur les deux faces des feuilles. Tiges ascendantes, radicantes. Feuilles opposées, ovales, ou obovales-rhomboïdales plus ou moins aiguës, de dimensions très variables (longues de 1 à 3 cent., larges de 5 à 15 mill.), brièvement pétiolées, à trois ou cinq nervures. Chatons axillaires, grêles, allongés. Bractéole arrondie, peltée. Stigmate d'abord oblique, puis redressé à la maturité du fruit.

Iles de la Société : Tahiti (*Bertero et Mœrenhout!; Vesco!; Nadeaud* 295! *Savatier!*). — Iles Marquises : Noukahiva (*Jardin!; Dupetit-Thouars* 60!).

CHLORANTHACÉES.

Fleurs ordinairement unisexuées. Périanthe nul (existant cependant chez les fleurs femelles dans le genre *Hedyosmum*). Le plus souvent une seule étamine presque sessile ; anthère souvent apiculée au sommet, à deux loges s'ouvrant par une fente longitudinale. Ovaire libre, uniloculaire ; ovule solitaire, pendant, orthotrope ; stigmate plus ou moins sessile, souvent tronqué. Drupe ovoïde, charnue. Graine albuminée. Embryon très petit à cotylédons divariqués ; radicule infère.

Plantes frutescentes ou herbacées. Feuilles opposées. Stipules connées avec le pétiole et formant une gaine souvent courte. Fleurs en grappes terminales souvent composées.

Environ 25 espèces, habitant les régions tropicales de l'Asie, de l'Amérique et de l'Océanie.

I. — ASCARINA *Forst.*

Caractères de la famille.

Environ 4 espèces, habitant l'Océanie.

1. A. polystachya Forst., *Char. Gen.*, 117, t. 59 ; *Prodr.*, n. 364 ; *Icon.*, 264, 265 (cf. Seem., *Flor. Vit.*, 258) ; Endl., *Flor. Suds.*, n. 842 ; Guill., *Zephyr. Tait.* n. 162 ; Solms-Laubach, in A. DC., *Prodr.*, XVI, 1, 478 ; Nadeaud, *Enum.*, n. 289.

Psilotum serratum Soland., *Prim. Fl. Ins. Pacif.*, 338, et in Parkins., *Draw. of. Tah. Pl.*, t. 112 (cf Seem).

Arbrisseau (haut de 4 à 5 mètres) glabre. Rameaux comprimés, anguleux, articulés. Feuilles oblongues, aiguës ou obtuses (longues de 6 à 10 cent., larges de 3 à 4), atténuées à la base, grossièrement dentées sur leurs deux tiers supérieurs au moins. Grappes (longues de 5 à 7 cent.) à rameaux confluents, un peu tordus, anguleux. Bractées embrassantes. Bractéoles très réduites.

Iles de la Société : Tahiti, montagne d'Arue (*Lépine* 101 !), Farerauape, mont Pinai (*Nadeaud* 289 !) ; sans désignation de localité (*Forster* ; *Bidwill* ; *Barclay*).

LAURACÉES.

Fleurs hermaphrodites ou unisexuées. Calice généralement à six divisions imbriquées sur deux rangs. Six ou neuf étamines sur deux ou trois séries, remplacées, chez les fleurs femelles, par un nombre correspondant de staminodes généralement glanduleux; filets aplatis; anthères s'ouvrant par deux valves enroulées de bas en haut. Ovaire infère, uniloculaire ovule; pendant, anatrope; style court; stigmate simple ou dilaté, à quatre lobes. Fruit charnu, indéhiscent. Graine pendante dépourvue d'albumen. Embryon droit; cotylédons épais, radicule courte, supère.

Plantes herbacées ou frutescentes à feuilles alternes, sans stipules, ou même entièrement dépourvues de feuilles. Fleurs disposées en panicules et souvent fasciculées à l'aisselle d'une ou de plusieurs bractées.

Environ 900 espèces, habitant surtout les contrées chaudes.

Plantes grimpantes, aphylles. . . . . **I. Cassytha L.**
Arbres dressés. Feuilles généralement grandes.. . **II. Hernandia L.**

I. — CASSYTHA *L.*

Fleurs hermaphrodites. Périanthe souvent turbiné; les trois divisions externes beaucoup plus petites que les autres. Neuf étamines sur trois rangs : les filets du troisième rang munis d'une glande à la base. Stigmate capitellé. Fruit enveloppé dans le calice persistant.

Herbes grimpantes, aphylles. Fleurs petites, souvent disposées en épis.

Une quinzaine d'espèces, presque toutes australiennes : la suivante est répandue dans toutes les régions tropicales.

1. **C. filiformis** L., *Sp.*, 35; Endl., *Fl. Suds.*, n. 395; Guill., *Zeph. Tait.*, n. 187; Pancher, in Cuzent, *Tahiti*, 237; Meissn., in DC., *Prodr.*, XV, 1, 252; Seem., *Flor. Vit.*, 203; Hillebr., *Fl. Haw. Isl.*, 383; Nadeaud, *Enum.*, n. 326.

Plante glabre ou pubérulente seulement au sommet et sur les inflorescences. Rameaux filiformes entrelacés, munis çà et là d'écailles ciliées, très réduites. Fleurs éparses sur des épis à rachis volubiles. Divisions externes du calice arrondies et ciliées ainsi que les bractéoles : les internes ovales. Fruit globuleux, environ de la grosseur d'un pois.

Iles de la Société : Tahiti, vallées basses (*Forster; Lesson!; Bertero et Mœrenhout!; Vesco!; Lépine!; Pancher!; Savatier!; Nadeaud* 326!). — Ile Gambier (*Le Guillou!*). — Iles Pomotou (*Savatier!*).

II. — HERNANDIA *L.*

Fleurs monoïques. Périanthe des fleurs mâles infundibuliforme à six divisions. Étamines en nombre égal à celui des divisions, et opposées à elles; filets munis d'une ou de deux glandes à la base. Périanthe des fleurs femelles infundibuliforme : tube étroit, allongé, muni à sa base d'un calicule cupuliforme, persistant; limbe à huit ou dix divisions. Staminodes glanduleux, en nombre égal aux divisions du limbe. Stigmate épais, dilaté, à quatre lobes. Fruit renfermé dans le calicule épaissi.

Arbres à feuilles alternes. Panicules axillaires. Fleurs fasciculées par trois dans un involucelle de quatre à cinq bractées; les latérales mâles, la médiane femelle.

Environ 8 espèces, habitant les régions tropicales.

Filets des étamines munis de deux glandes
   à la base. . . . .   1. **H. peltata** *Meissn.*
Filets des étamines munis d'une seule glande
   à la base. . . . .   2. **H. Mœrenhoutiana** *Guill.*

1. **H. peltata** Meissn., in DC., *Prodr.*, XV, 1, 263 ; Pancher, in Cuzent, *Tahiti*, 237. Seem., *Flor. Vit.*, 204, t. 52 ; Nadeaud, *Enum.*, n. 330.

H. sonora Forst., *Prodr.*, n. 340 (non L., sec. Seem.) ; Guill., *Zeph. Tait.*, n. 188 ; *H. ovigera* Soland., *Prim. Fl. Ins. Pacif.*, et in Parkins., *Draw. Tah. Pl.*, 93 (cf. Seem., *l. c.*).

Nom indigène à Tahiti : *Tïa-nina.*

Rameaux presque cylindriques. Écorce faiblement rugueuse. Feuilles glabres, peltées, ovales-acuminées (longues de 10 à 23 cent. ; larges de 8 à 18; pétiole long de 7 à 13), à six ou sept nervures digitées. Inflorescences légèrement tomenteuses sur presque toutes leurs parties (longues de 10 à 12 cent.). Bractées oblongues-obtuses. Divisions du calice oblongues, atténuées à la base. Filets des étamines munis de deux glandes à la base. Staminodes pubérulents. Style tomenteux. Drupe globuleuse, ombiliquée au sommet.

Iles de la Société (*Banks et Solander*) : Tahiti, plages et vallées basses (*Bertero et Mœrenhout!; Vesco!; Lépine!; Savatier!; Nadeaud 330!*). — Ile Wallis (*Home*).
Distrib. géogr. Régions tropicales de l'Ancien Monde.

2. **H. Mœrenhoutiana** Guill., *l. c.*, n. 189 ; Meissn., *l. c.*, 64 ; Nadeaud, *l. c.*, n. 331.

Feuilles glabres en dessus, assez fortement pubescentes en dessous sur les nervures et sur le pétiole, ovales-oblongues, obtuses, très légèrement peltées (longues de 10 à 12 cent., larges de 5 à 6). Corymbes pauciflores. Pédoncules allongés. Bractées obovales-oblongues. Divisions du calice ovales-oblongues. Filets des étamines munis d'une seule glande à la base.

Iles de la Société : Tahiti (*Bertero et Mœrenhout!; Nadeaud 331!*).

THYMÉLÉACÉES.

Fleurs hermaphrodites. Calice généralement infundibuliforme, à tube allongé (muni à l'intérieur, dans quelques genres, mais non dans le suivant, d'écailles diversement situées), et à quatre divisions imbriquées. Étamines insérées à la gorge du périanthe; filets généralement courts; anthères attachées près de la base. Ovaire supère, uniloculaire; style ordinairement court; stigmate capitellé; ovule solitaire, pendant. Baie monosperme. Graine pourvue d'un albumen souvent peu abondant, ou en manquant complètement. Embryon droit; cotylédons charnus; radicule courte; supère.

Plantes le plus souvent frutescentes, et à feuilles opposées ou alternes. Fleurs souvent en épis raccourcis.

Environ 360 espèces, habitant principalement les régions tempérées de l'Ancien Monde, moins nombreuses dans les régions tropicales ou dans le Nouveau Monde.

I. — WICKSTROEMIA *Endl.*

Huit étamines. Anthères oblongues. Disque annulaire, à deux ou quatre divisions. Fruit plus ou moins longtemps enveloppé dans le périgone.

Arbustes à feuilles opposées.

Une vingtaine d'espèces, habitant l'Asie et l'Océanie tropicales.

1. **W. indica** C.-A. Meyer, in *Bull. Ac. Petersb.*, IV, 4; Meissn., in DC., *Prodr.*, XIV, 543.

Daphne indica L., *Sp.*, 511.

Var. fœtida R. Br., *Prodr.*, 362; Hook. et Arn., *Bot. Beech.*, 68, t. 15; Endl., *Flor. Suds.*, n. 950; Guill., *Zeph. Tait.*, n. 185.

D. fœtida L. f., *Suppl.*, 225; Forst., *Prodr.*, n. 168; Pancher, in Cuzent, *Tahiti*, 237; *W. Forsteri* Decne, *Voy. Jacq.*, 146; Nadeaud., *Énum.*, n. 239; *W. fœtida* A. Gr., in *Seem.*; *Journ. Bot.*, 1865, 302; Seem., *Flor. Vit.*, 207; Hillbr., *Fl. Haw. Isl.*, 385 *D. capitata* Soland., *Prim.*, *Flor. Ins. Pacif.*, 251; Parkins., *Draw. Tah. Pl.*, t. 1: Forst., *Icon.*, 119 (ined., cf. Seem., *l. c.*); *D. capitata* L., ex Pancher, *l. c.*, ?; *W. coriacea* Seem., *l. c.*

Nom vulgaire à Tahiti : *Oaao. Ovau-ao;* aux îles Marquises : *Aou-era.*

Arbuste presque entièrement glabre. Feuilles ovales-lancéolées, de dimensions et de consistance variables (atteignant 7 cent. de longueur, sur une largeur de 35 mill.). Inflorescences axillaires ou terminales, pubescentes. Périanthe pubérulent. Ovaire hispidule aux extrémités ainsi que le style. Drupe oblongue.

Iles de la Société (*Lay et Collie*); Tahiti (*Banks et Solander ; Forster ; Nelson ; Barclay ; Bertero et Mœrenhout ! ; Vesco ! ; Lépine ! ; Ribourt* 81 ! ; *Nadeaud* 329 ! ; *Savatier !*). — Iles Marquises (*Le Bastard* 27 ! ; *Dupetit-Thouars* 23 !, 70 !).

Distrib. géogr. Asie et Océanie tropicales.

LORANTHACÉES.

Fleurs hermaphrodites ou unisexuées. Une ou deux enveloppes florales ; l'extérieure manquant souvent, à tube plus ou moins long, et à limbe généralement entier, plus ou moins développé ; l'intérieure formée de quatre à cinq pétales libres ou unis à une hauteur variable. Étamines souvent insérées sur les pétales. Ovaire infère, uniloculaire ; ovule solitaire adhérent aux parois ovariennes ; style simple ; stigmate obtus. Fruit le plus souvent drupacé, monosperme. Graine adhérente au péricarpe. Albumen charnu. Embryon droit ; radicule supère.

Arbustes parasites, à feuilles alternes ou opposées, souvent réduites à l'état de simples écailles.

Fleurs en grappes quelquefois très raccourcies.

Environ 500 espèces, pour la plupart originaires des régions tropicales.

Fleurs hermaphrodites. Feuilles développées . .   I. **Loranthus** *L.*
Fleurs unisexuées. Feuilles souvent réduites à
   l'état d'écailles. . . . .   II. **Viscum** *L.*

I. — LORANTHUS *L.*

Fleurs hermaphrodites. Deux enveloppes florales. Feuilles développées.

Plus de 300 espèces, habitant les régions chaudes des deux Mondes.

1. **L. Forsterianus** Schult., *Syst.*, VII, 114 ; DC., *Prodr.*, IV, 295 ; Endl., *Flor. Suds*, n. 1295 ; Guill., *Zephyr. Tait.*, n. 276 ; Jardin, *Hist. nat. des îles Marq.*, 52.

S. stelis Forst., *Prodr.*, n. 157 et *Icon.*, t. 109 (cf. Seem., *Flor. Vit.*, 120) ; Parkins., *Draw. Tah. Pl.*, t. 41 (cf. Seem.) ; *L. reflexus* Forst., in *Herb. Mus. Par.* ; *Dendropthoe Forsterianus* DC., ex Pancher, *Tahiti* 233, et Nadeaud, *Enum.*, n. 412.

Nom indigène à Tahiti : *Upaupa-tumeaure.*

Arbuste glabre à rameaux cylindriques ; écorce rugueuse. Feuilles ovales-oblongues, obtuses, atténuées à la base (longues de 6 à 7 cent. ; larges de 3 environ), brièvement pétiolées, un peu coriaces. Grappes de 12-15 fleurs, très raccourcies (pédoncule commun long de 3 cent.). Fleurs (longues de 2 cent.), presque sessiles à l'aisselle d'une bractée ovale, arrondie. Calice (2 mill.) à tube cylindrique ; limbe cupuliforme. Cinq pétales linéaires-aigus, devenant libres, unis en tube étroit sur leurs deux tiers inférieurs, puis réfléchis ; de couleur jaune en bas, rouge au sommet. Étamines insérées immédiatement au-dessous de la partie réfléchie des pétales ; filets courts ; anthères linéaires, jaunes. Style étroit ; stigmate rouge. Fruit ovoïde, couronné par le calice.

Iles de la Société : Tahiti, Sur les *Daphne* et *Metrosideros* (*Forster ; Bertero et Mœrenhout! ; Vesco! ; Lépine* 149! ; *Ribourt! ; Nadeaud* 412! ; *Savatier* 836 !). — Iles Marquises (*Jardin* 99!).

II. — VISCUM *L.*

Fleurs unisexuées. Une enveloppe florale. Baie visqueuse.

Feuilles le plus souvent réduites à l'état d'écailles. Fleurs en petits fascicules à l'aisselle ou au sommet des rameaux.

Une trentaine d'espèces : distribution géographique de la famille.

1. V. articulatum Burm., *Flor. ind.*, 311 ; DC., *Prodr.*, IV, 284 ; Guill., *Zeph. Tait.*, n. 273 ; Pancher, in Cuzent, *Tahiti*, 233 ; Nadeaud, *Enum.*, n. 409 ; Hillbr., *Fl. Haw. Isl.*, 392.

V. opuntioides Forst., *Prodr.*, n. 369 (n. Linn.), Hook. et Arn., *Bot. Beech.*, 66 ; *V. platycaulon* Bertero., *Herb. Mus. Par.*

Nom indigène à Tahiti : *Piripapa*.

Plante dépourvue de feuilles. Rameaux divisés en articles arrondis ou aplatis, atténués à la base, élargis au sommet. Écailles courtes, arrondies, munies à leur aisselle d'une touffe de poils roux. Cymes axillaires à trois fleurs très petites. Baie couronnée par les dents à peine visibles de la corolle.

Var. salicornioides Hillbr., *l. c. V. salicornioides* Cunn., in Hook. *Fl. Nerw-Zeal.*, I, 101 ; Nadeaud, *Enum.*, *l. c.*, n. 410 ; *V. aoraiense* Nadeaud, *l. c.*, 411.

Articles des rameaux plus petits, légèrement arrondis, plus ou moins épais au sommet. Touffes de poils noirs ou roux.

Iles de la Société : Tahiti : var. α (*Bertero* et *Mœrenhout! ; Vesco! ; Lépine* 135! ; *Hombron! ; Nadeaud* 409!) ; var. β (*Vesco! ; Lépine* 134! ; *Nadeaud* 410!, 411!). — Iles Marquises : Noukahiva (*Mercier!*).

Distrib. géogr. Asie et Océanie tropicales.

SANTALACÉES.

Fleurs généralement hermaphrodites. Périanthe simple, à trois ou cinq divisions généralement valvaires. Étamines en nombre égal aux divisions du périanthe et opposées à elles ; filets généralement courts.

Ovaire le plus souvent infère, uniloculaire; deux ou trois ovules pendants, attachés au sommet d'un placenta central; style de longueur variable; stigmate capitellé, quelquefois à deux ou trois lobes. Fruit souvent drupacé. Gaines ovoïdo-globuleuses. Albumen charnu. Embryon cylindrique, radicule supère.

Plantes souvent pubescentes, à feuilles opposées ou alternes, dépourvues de stipules.

Environ 300 espèces, répandues dans toutes les contrées chaudes ou tempérées.

I. — SANTALUM *L.*

Périanthe tubuleux-campanulé; lobes munis d'une touffe de poils à la base; étamines insérées à la gorge du périanthe; anthères ovoïdes. Disque formé par des glandes situées au sommet du tube du périanthe, et alternant avec ses lobes. Style allongé, cylindrique.

Arbustes à feuilles opposées. Fleurs en panicules axillaires ou terminales.

Environ 8 espèces, habitant l'Inde, la Malaisie, l'Australie et la Polynésie.

1. **S. Freycinetianum** Gaudich., *Voy. Freyc.*, 442, t. 43; Guillem., *Zephyr. Tait*, n. 184; A. DC., *Prodr.*, XIV, 682; Jardin, *Hist. nat. Marq.*, 25; Pancher, in Cuzent, *Tahiti*, 237; Hillbr., *Fl. Haw. Isl.*, 389.
S. insulare Bertero, *mss.*; Nadeaud, *Enum.*, n. 328.

Nom indigène à Tahiti : *Ahï;* aux îles Marquises : *Kouina.*

Arbrisseau glabre. Rameaux cylindriques. Feuilles obovales ou ovales-aiguës (longues de 9 à 10 cent.; larges de 4 à 5) atténuées en pétiole (1 cent.). Fleurs (longues de 3 à 4 mill.) groupées par trois ou cinq aux extrémités des rameaux généralement divariqués des panicules (longues de 8 à 10 cent.). Divisions du périanthe, ovales-triangulaires, charnues, épaissies en dedans sur les bords. Glandes obovales obtuses, courtes. Filets des étamines plus courts que les anthères. Stigmate faiblement divisé en trois ouquatre lobes.

Iles de la Société : Tahiti (*Bertero et Mœrenhout!; Vesco!; Lépine* 194!; *Dupetit-Thouars* 47!; *Nadeaud* 328!). — Iles Marquises : Noukahiva (*Mercier!; Le Bastard!; Jardin* 99).
Distrib. géogr. Iles Hawaï.

BALANOPHORACÉES.

Fleurs unisexuées. Périanthe des fleurs mâles nul ou à trois ou huit lobes valvaires. Périanthe des fleurs femelles nul. Ovaire à trois loges uniovulées; trois stigmates. Fruit coriace, indéhiscent, monosperme.

Plantes parasites, fongueuses, aphylles, à rhizome tubéreux émettant des spadices plus ou moins épais, munis d'écailles à la base, et portant les fleurs mâles à l'aisselle de bractées, et les femelles nues.

Environ 40 espèces, habitant les régions chaudes des deux Mondes.

I. — BALANOPHORA *Forst.*

Périanthe mâle à trois lobes. Étamines en nombre égal à celui des lobes du périanthe ou indéfini.

Environ 11 espèces, habitant l'Asie tropicale et l'Océanie.

1. **B. fungosa** Forst., *Char. Gen.*, t. 50; Eichler, in A. DC., *Prodr.*, XVII, 145; Nadeaud, *Enum.*, n, 219.
Rhizome dépourvu de pustules. Spadice biséxué; bractées mâles formant un réseau irrégulier.

Iles de la Société : Tahiti (*Nadeaud* 219).
Distrib. géogr. Australie, Nouvelle-Calédonie et Nouvelles-Hébrides.

EUPHORBIACÉES.

Fleurs hermaphrodites ou unisexuées. Périanthe normalement développé sur un, ou plus rarement deux rangs, chacun à trois ou six divisions, mais quelquefois réduit à une écaille, ou même entièrement avorté. Disque affectant ordinairement la forme de glandes ou de languettes intrastaminales ou épigynes; quelquefois nul. Étamines en nombre défini ou indéfini; anthères à deux loges parallèles ou divariquées. Ovaire à trois ou six loges renfermant un ou deux ovules généralement anatropes, attachés au sommet de l'angle interne de la loge; stylés en nombre égal à celui des loges de l'ovaire, libres ou unis en colonne. Fruit déhiscent, se séparant en coques bivalves, ou bien indéhiscent sec, ou charnu. Graines albuminées. Cotylédons plans.
Arbres, arbustes ou plantes herbacées contenant le plus souvent un suc laiteux. Feuilles alternes ou opposées. Inflorescences diverses.

Famille très nombreuse, représentée dans toutes les contrées du globe, mais en plus grand nombre sous les tropiques qu'ailleurs.

1 { Fleurs en inflorescences unisexuées. . .		2
{ Fleurs mâles hermaphrodites.	**I. Euphorbia** L.	
2 { Deux rangs d'enveloppes florales		3
{ Enveloppe florale sur un seul rang. . . .		4
3 { Réceptacle staminifère conique.	**VI. Aleurites** *Forst.*	
{ Réceptacle staminifère non conique. . .	**II. Actephila** *Bl.*	

Tribu I. — EUPHORBIÉES.

Fleurs hermaphrodites.

I. — EUPHORBIA L.

Fleurs hermaphrodites, décrites par quelques auteurs comme une réunions de fleurs unisexuées : les mâles groupées par quatre ou cinq faisceaux autour d'une fleur femelle solitaire. Calice à quatre ou cinq divisions alternant ordinairement avec autant de glandes plus ou développées. Étamines disposées en quatre ou cinq faisceaux, et alternant généralement avec un égal nombre de languettes de forme variable; filets articulés. Ovaire stipité, souvent muni de trois écailles à sa base; trois loges uniovulées; styles bifides. Capsules se séparant en trois coques bivalves.

Herbes ou arbustes, à feuilles le plus souvent alternes.

Environ 600 espèces, largement répandues dans les régions tempérées, plus rares sous les tropiques.

1 {	Arbuste	2
	Herbe annuelle	3. **E. pilulifera** *L.*
2 {	Styles non dilatés. Graines lisses.	1. **E. Atoto** *Forst.*
	Styles dilatés. Graines tuberculeuses.	2. **E. tahitensis** *Boiss.*

1. E. Atoto Forst., *Prodr.*, n. 207 et *Icon.*, 147 (cf. Seem; Endl., *Flor. Suds.*, n. 1566; Jard., *Hist. nat. Marq.*, 26 (*E. alata*); Pancher, in Cuzent, *Tahiti*, 237; Boiss., in DC., *Prodr.*, XV, 2, 12; Seem., *Flor. Vit.*, 216; Nadeaud, *Enum.*, n. 452.

E. develata Soland., *Prim. Fl. Ins. Pac.*, 263, et in Parkins., *Draw Tah. Pl.*, 53 (cf. Seem.), *E. ovaria* Muell. Arg., *mss.*, in *Herb. Hook.* (Seem.).

Nom indigène à Tahiti : *Atoto.*

Arbuste glabre (haut de 20 à 30 cent.) à rameaux renflés sur les nœuds. Feuilles oblongues-obtuses (longues de 2 à 4 cent.). Stipules petites, fimbriées. Cymes axillaires égalant à peine les feuilles. Bractées petites, foliacées ; gorge de l'involucre légèrement velue ; divisions triangulaires. Glandes étroitement appendiculées. Styles non dilatés. Graines ovoïdes, lisses.

Iles de la Société (*Banks et Solander ; Forster*) : Tahiti (*Vesco !*).
Distrib. géogr. Asie et Océanie tropicales.

2. **E. taitensis** Boiss., *Cent. Euph.*, 5, et in DC., *Prodr.*, XV, 2, 14 ; Nadeaud, *Enum.*, n. 453.

E. Atoto Guill., *Zeph. Tait.*, n. 183 (non Forst.).

Arbuste glabre (haut de 30 à 40 cent.) ; rameaux renflés sur les nœuds. Feuilles elliptiques, entières (longues de 2 à 4 cent., larges de 1 à 1 et demi), glauques en dessous ; stipules triangulaires, acuminées. Cymes axillaires, égales aux feuilles. Bractées petites, scarieuses. Involucre cupuliforme, hérissé en dedans ; divisions herbacées, triangulaires, ciliées. Glandes presque orbiculaires, munies d'un appendice blanchâtre. Étamines glabres. Ovaire glabre, ovoïde, trigone. Styles bifides un peu dilatés au sommet. Coques de la capsule lisses. Graines ovoïdo-tétraédriques, rugueuses, tuberculées.

Iles de la Société : Tahiti, plages (*Nadeaud 453 !* ; *Savatier 1012 !*), sans désignation de localité (*Bertero et Mœrenhout ! ; Vieillard et Pancher !*) ; Moorea, collines de 100 à 200 mètres (*Lépine 120 !* ; 121 !).

3. **E. pilulifera** L., *Amœn.*, III, 114 ; Boiss., in DC., *Prodr.*, XV, 2, 21 ; Endl., *Flor. Suds.*, n. 1567 ; Seem., *Fl. Vit.*, 216.

Plante annuelle, rameuse à la base. Tiges (hautes de 20 à 25 cent.), rougeâtres, hérissées de poils jaunes, très abondants vers le sommet, plus rares vers la base. Feuilles ovales-aiguës, irrégulières, échancrées d'un côté, dentées vers le haut, recouvertes de poils glanduleux, longs en dessous, très courts et très rares en dessus. Stipules peltées, fimbriées. Glomérules axillaires. Involucre turbiné, hérissé en dehors, glabre en dedans, glandes petites, orbiculaires, concaves. Ovaire hérissé de poils jaunes. Styles bilobés, capitellés. Graines rugueuses.

Iles de la Société : Tahiti, plages et terrains vagues (*Savatier* 892 !). — Iles Marquises : Noukahiva (*Savatier !*).
Distrib. géogr. Toutes les contrées chaudes.

Tribu II. — PHYLLANTHÉES.

Fleurs unisexuées. Ovules géminés.

II. — ACTEPHILA *Blume*.

Fleurs souvent monoïques. Calice à cinq ou six divisions imbriquées, membraneuses. Pétales en même nombre, généralement petits. Disque quinquélobé. De trois à six étamines insérées sur un réceptacle non allongé. Anthères s'ouvrant par deux fentes parallèles. Ovaire (rudimentaire dans les fleurs mâles) à trois loges biovulées. Styles unis à la base, bifides dans leur partie supérieure.

Environ 25 espèces, habitant l'Asie et l'Océanie.

1. A. nitida Benth. et Hook., *Gen.*, III, 269.
Securinega nitida Lindl., *Coll.*, t. 9; *Lithoxylon nitidum* Müll. Arg., in A. DC., *Prodr.*, XV, 2, 232; Nadeaud, *Enum.*, n. 454?
« Divisions du calice arrondies, plus grandes et obovales dans les fleurs femelles. »

Iles de la Société : Tahiti (ex Lindley).
Les échantillons de l'herbier de M. Nadeaud sont dépourvus de fleurs. Les feuilles ne se rapportent très exactement ni à la figure de Lindley, ni à la description du Prodrome. Celles du *L. nitidum* Müll. sont décrites et figurées comme légèrement aiguës, à 4-5 nervures arquées et à ramifications anastomosées. Au contraire, les feuilles de l'échantillon de M. Nadeaud sont oblongues-obtuses, à 6-8 nervures principales qui se bifurquent à angle droit près du bord de la feuille, et qui sont réunies entre elles et d'autres nervures intermédiaires par leurs ramifications de manière à former un réseau assez fin. La plante de M. Nadeaud est un arbre haut de 10 à 15 mètres.

III. — PHYLLANTHUS *L.*

Fleurs dioïques ou monoïques, apétales. Cinq ou six sépales à peu près semblables dans les fleurs de l'un et de l'autre sexe. Trois étamines, libres ou unies; anthères apiculées ou mutiques, s'ouvrant longitudinalement ou transversalement. Glandes ligulées, unies en urcéole, quelquefois nulles. Ovaire à cinq ou six loges biovulées. Styles libres ou unis en colonne. Capsule déhiscente. Graines striées longitudinalement ou transversalement. Albumen charnu. Embryon presque droit; cotylédons aplatis.

Herbes ou arbustes à feuilles opposées. Fleurs solitaires ou en petits fascicules axillaires; ceux des fleurs mâles brièvement pédicellés, ceux des fleurs femelles plus longuement, souvent dans les mêmes glomérules que les mâles, d'autres fois solitaires.

Environ 450 espèces, habitant les régions chaudes des deux Mondes.

1	Styles unis en colonne. Anthères apiculées	2
	Styles libres ou unis seulement à la base. Anthères mutiques.	5
2	Ovaire glabre	3
	Ovaire pubescent	4
3	Fleurs portées sur des pédicelles plus ou moins longs.	1. **P. ramiflorus** *Müll.*
	Fleurs en fascicules axillaires	2. **P. Manono** *Müll.*
4	Feuilles plus ou moins largement ovales.	3. **P. tahitensis** *Müll.*
	Feuilles ovales-lancéolées	4. **P. Grayanus** *Müll.*
5	Fleurs monoïques.	6
	Fleurs dioïques	10
6	Feuilles petites (2 cent. au plus).	7
	Feuilles assez grandes (plus de 2 cent). .	9
7	Rameaux latéraux ne dépassant pas le bourgeon terminal.	8
	Rameaux latéraux dépassant le bourgeon terminal	11. **P. Niruri** *Müll.*
8	Stipules lancéolées.	5. **P. Societatis** *Müll.*
	Stipules demi-sagittées.	10. **P. simplex** *Retz.*
9	Rameaux comprimés, non ailés.	8. **P. urceolatus** *Baill.*
	Rameaux comprimés, ailés.	9. **P. aoraiensis** *Nadeaud.*
10	Feuilles elliptiques	7. **P. pacificus** *Müll.*
	Feuilles largement obovales	6. **P. Jardini** *Müll.*

1. **P. ramiflorus** Müll. Arg., in *Flora*, 1865, 374, et in A. DC., *Prodr.*, XV, 2, 289 ; Seem., *Fl. Vit.*, 218 ; Nadeaud, *Enum.*, n. 455.

Glochidion ramiflorum Forst., *Prodr.*, n. 361 ; Pancher, in Cuzent, *Tahiti*, 238 ; *Bradleia Glochidion* Gærtn., Fruct., II, 128, t. 109 ; Endl., *Flor. Suds.*, n. 1548 ; Guill., *Zeph. Tait.*, n. 178.

Nom indigène à Tahiti : *Ula-moe-mou ; Mahame.*

Arbuste glabre. Feuilles oblongues-ovales ou lancéolées (longues de 7 à 10 cent., larges de 3 à 5), vertes en dessus, tirant sur le rouge brun en dessous, après la dessiccation. « Fleurs mâles et femelles petites, assez longuement pédicellées ; divisions du calice des fleurs mâles ovales, concaves ; ovaire globuleux, à six loges, glabre ; colonne stylaire à peine distincte ; styles courts, connivents ; capsule déprimée-globuleuse, creusée au sommet d'une fovéole, et marquée de douze sillons. »

Iles de la Société : Tahiti, vallées (*Forster ; Bertero et Mœrenhout! ; Nadeaud* 455!). — Iles Marquises : Noukahiva (*Jardin!*).

2. **P. Manono** Müll. Arg., *l. c.*, 1865, 377, et in A. DC., *Prodr.*, XV, 2, 296 ; Seem., *l. c.*, 219 ; Nadeaud, *l. c.*, n. 210.

Glochidion Manono H. Bn., *Monogr.*, 637 ; *Bradleia nitida* Soland., *l. c.*, 330 (ex Seem.).

Arbuste glabre à rameaux comprimés. Feuilles ovales-aiguës (longues de 10 cent., larges de 5), brièvement pétiolées. Fleurs mâles en fascicules axillaires très petits (4 mill.). Pédicelles grêles. Calice à divisions elliptiques. Anthères apiculées. Fleurs femelles en glomérules axillaires un peu plus longs que ceux des fleurs mâles. Pédicelles plus épais. Divisions du calice oblongues-aiguës. Ovaire glabre ; styles soudés en colonne conique. Capsule comprimée, discoïde.

Iles de la Société : Tahiti (*Banks et Solander ; Vesco! ; Nadeaud* 210!). — Iles Marquises : Noukahiva *(Mercier!)*.
Distrib. géogr. Iles Viti.

3. **P. tahitensis** Müll. Arg., *l. c.*, 1865, 380, et in A. DC., *Prodr.*, XV, 2, 300 ; Nadeaud, *l. c.*, n. 456.
Glochidion tahitense H. Bn., *l. c.*, 637 ; *Bradleia pubescens* Soland., *l. c.*, 329.
Nom indigène à Tahiti : *Mame*.
Arbrisseau (haut de 4 à 5 mètres) à rameaux couverts d'un léger tomentum blanchâtre. Feuilles ovales, arrondies ou allongées, plus ou moins aiguës au sommet (longues de 6 à 10 cent., larges de 5 à 7), très brièvement pétiolées, vertes et glabres en dessus, glauques ou cendrées, pubescentes en dessous. Stipules intrapétiolaires, ovales-aiguës. Fleurs mâles inconnues. Fleurs femelles brièvement pédicellées. Divisions du calice elliptiques-aiguës, pubérulentes en dehors, glabres en dedans. Styles soudés en colonne élargie à la base, quatre ou cinq fois plus longue que l'ovaire.

Iles de la Société : Tahiti (*Banks et Solander ; Vesco! ; Lépine* 209! ; *Nadeaud* 456!).

Var. glabrescens Müll., *l. c.*
Feuilles glabrescentes en dessous.

Iles de la Société : Tahiti (*Wilkes ; Savatier* 932!).

4. **P. Grayanus** Müll. Arg., *l. c.*, 1865, 380, et in A. DC., *Prodr.*, XV, 2, 302 ; Nadeaud, *l. c.*, n. 457.
Arbuste monoïque. Écorce brune. Rameaux couverts, dans leur jeunesse, d'un tomentum brun, devenant cendré, puis disparaissant. Feuilles ovales-lancéolées (longues de 4 à 5 cent., larges de 20-25 mill.), brièvement pétiolées, glabrescentes et d'un vert foncé en dessus, plus claires et d'abord tomenteuses-cendrées, puis glabres en dessous. Stipules intrapétiolaires, ovales-aiguës, presque triangulaires, environ de la longueur des pétioles. Fleurs axillaires, solitaires ou géminées : les mâles sur des pédicelles grêles (longs de 2 mill.) glabres ; anthères apiculées ; fleurs femelles sur des pédicelles plus gros, pubescents ; divisions du calice ovales-aiguës, ciliées, pubérulentes sur

le dos; colonne stylaire deux fois plus longue que les sépales, cylindro-conique, pubescente, trilobée. Capsule déprimée.

Iles de la Société : Tahiti, au Tiairi, vallée de Haaripo, à 900 mètres d'altitude (*Nadeaud* 497!); sans désignation de localité (*Un. St. Expl. Exp.*).

5. **P. Societatis** Müll. Arg., in A. DC., *Prodr.*, XV, 2, 364.

« Rameaux presque cylindriques; fleurs monoïques : les femelles solitaires sessiles; les mâles fasciculées, pédicellées; divisions du calice oblongues-ovales; celles du calice fructifère ne s'accroissant pas; glandes du disque mâle libres; celles du disque femelle connées en urcéole entier; colonne staminale entière; ovaire fortement ondulé-verruqueux; styles bifides à branches cylindriques acuminées; capsules marquées vers le haut de bandes transversales légèrement verruqueuses; graines à côtes transversales. »

Iles de la Société : Maitia (*Wilkes.*).
Je n'ai pas vu cette plante. Suivant l'auteur de la description ci-dessus, les feuilles sont presque sessiles, oblongues-obovales, brièvement mucronulées, et les stipules sont lancéolées, denticulées.

6. **P. Jardini** Müll. Arg., in *Linnæa*, XXXII, 21, et in A. DC., *Prodr.*, XV, 2, 368.

Arbuste dioïque. Rameaux grêles, lisses. Feuilles petites (longues d'un cent.) largement obovales. Stipules linéaires-lancéolées. Fleurs solitaires, très petites; les mâles inconnues. Calice des fleurs femelles à divisions rhomboïdo-obovales. Disque urcéolé. Styles réfléchis, bifides. Capsule globuleuse-déprimée, glabre. Graines lisses.

Iles Marquises (*Jardin!*).

7. **P. pacificus** Müll. Arg., *l. c.*, 31 et in A. DC., *Prodr.*, XV, 2, 386.

Arbuste dioïque. Rameaux légèrement comprimés, faiblement anguleux au sommet. Feuilles elliptiques (longues de 2 à 3 cent., larges de 10-15 mill.), quelquefois rétrécies à la base, très brièvement pétiolées. Stipules scarieuses, ovales-obtuses, laciniées. Fleurs mâles presque sessiles, en glomérules axillaires. Calice à cinq ou six divisions très courtes. Glandes libres, charnues. Filets des étamines libres, anthères mutiques. Fleurs femelles moins nombreuses que les mâles. Pédicelles s'allongeant beaucoup à la maturité de la capsule. Divisions du calice elliptiques. Styles libres, bipartis. Graines couvertes de fines aspérités.

Iles Marquises (*Barclay; Dupetit-Thouars!; Mercier!; Jardin!*).

8. **P. urceolatus** H. Bn., in *Adansonia*, II, 239; Müll. Arg., in A. DC., *Prodr.*, XV, 2, 386; Nadeaud, *l. c.*, n. 458.

Arbuste monoïque, glabre. Feuilles ovales-aiguës, un peu irrégulières, lisses. Stipules petites, scarieuses, semi-hastées. Fleurs en

petits glomérules axillaires, les mâles portées sur des pédicelles filiformes ; ceux des fleurs femelles plus épais, s'allongeant à maturité.
Calice mâle à cinq ou six divisions profondes. Disque formé de six
glandes petites, épaisses, creusées. Filets des étamines épaissis au
sommet. Anthères à loges divergentes. Calice femelle urcéolé à six
lobes. Trois styles bifides, à branches horizontales.

Iles de la Société : Tahiti, crêtes du Pinai, à 900 mètres d'altitude (*Nadeaud*
458!); sans désignation de localité (*Pancher* 362!; 480!).
Distrib. géogr. Nouvelle-Calédonie.

9. **P. aoraiensis** Nadeaud, *l. c.*, n. 459.

Arbuste (haut de 1 mètre) monoïque. Rameaux glabres, sinueux,
comprimés, ailés. Feuilles lancéolées, légèrement cordées à la base
(longues de 10 cent. environ, larges de 3) très brièvement pétiolées.
Stipules scarieuses, semi-hastées. Fleurs très petites ; bractéoles ovales-aiguës ; fleurs mâles en glomérules axillaires, portées sur des pédicelles filiformes, les femelles généralement solitaires au milieu des
mâles, sur des pédicelles plus épais, s'allongeant beaucoup à la maturité
de la capsule. Calice des fleurs mâles à cinq divisions ovales-obtuses.
Trois étamines : anthères arrondies, extrorses. Disque à cinq glandes
épaisses Calice des fleurs femelles à cinq divisions oblongues-aiguës,
disque faiblement lobé. Styles bifides. Capsule large de 4 à 5 mill.
Graines marquées de points verruqueux.

Iles de la Société : Tahiti : crêtes de l'Aorai, vers 1000 mètres (*Nadeaud* 459!).

10. **P. simplex** Retz, *Obs.*, 29 ; Müll. Arg., in A. DC., *Prodr.*, XV, 2,
391 ; Nadeaud, *l. c.*, n, 468 ; Seem., *l. c.*, 220.

P. virgatus Forst., *Prodr.*, n. 341 ; Endl., *Flor. Suds.*, n. 1548 ;
Guill., *Zeph. Tait.*, n. 179 ; Pancher in Cuzent, *l. c.; P. fruticosus*
Seem., in *Bonpl.*, 1861, 259.

Nom indigène à Tahiti : *Moe-moe.*

Petit arbuste monoïque. Rameaux ascendants, minces et rigides.
Feuilles oblongues le plus souvent étroites (longues de 2 centim. ;
larges de 3 à 6 millim.), quelquefois mucronulées au sommet, atténuées à la base, brièvement pétiolées, glauques en dessous. Stipules
scarieuses ovales-acuminées, semi-auriculées. Fleurs en petits fascicules ; femelles plus longuement pédicellées que les mâles. Divisions du
calice mâle ovales ; celles du calice femelle oblongues, à peine aiguës.
Filets staminaux libres. Anthères s'ouvrant par des fentes horizontales. Ovaire papilleux ; styles unis seulement à la base, à deux
divisions profondes. Graines trigones, avec la face extérieure convexe, marquées de petits points disposés en séries longitudinales.

Iles de la Société : Tahiti, plages et premières collines (*Forster; Jardin!;
Nadeaud* 468!; *Savatier!*). — Iles Wallis (*Weddell*).

Distrib. géogr. Asie et Océanie tropicales : la variété *virgata* est particulière à la Polynésie.

11. P. Niruri L. *Sp.*, 1392 ; Müll. Arg., in A. DC., *Prodr.*, XV, 2, 406.

Plante herbacée(haute de 40 à 50 cent.), glabre, monoïque. Feuilles petites (longues de 7 à 8 mill. ; larges de 3 à 4), oblongues, obtuses, légèrement rétrécies à la base. Stipules lancéolées acuminées. Fleurs petites (1 ou 2 millim.), généralement solitaires à l'aisselle des feuilles. Divisions du calice obovales, plus ou moins obtuses. Filets des étamines unis en colonne. Anthères s'ouvrant par une fente horizontale. Ovaire lisse; styles courts, bilobés. Capsule globuleuse comprimée. Graines striées longitudinalement.

Iles de la Société : Tahiti : Terrains vagues (*Lépine! ; Savatier!*). — Iles Marquises (*Savatier!*).
Distrib. géogr. Régions tropicales.

IV. — BISCHOFIA *Blume.*

Fleurs dioïques apétales. Fleurs mâles à cinq sépales; calice des fleurs femelles quinquépartit. Disque nul. Cinq étamines libres, filets courts ; anthères grandes, ovoïdes, à deux fentes longitudinales, quelquefois à l'état de staminodes dans les fleurs femelles. Ovaire (rudimentaire dans les fleurs mâles) à quatre loges biovulées. Baie globuleuse bacciforme. Albumen charnu.

Arbre à feuilles alternes, trifoliolées. Fleurs en panicules axillaires.

Une espèce, habitant l'Asie tropicale, la Malaisie et la Polynésie.

1. B. Javanica Blume, *Bijdr.*, 1168; Müll.,Arg., in A. DC., *Prodr.*, XV, 2, 478.

Folioles presque elliptiques, plus ou moins obtuses à la base et acuminées au sommet, légèrement crénelées. Pédicelles fructifères épaissis, un peu plus longs que le fruit; celui-ci à peau épaisse, rugueuse, faiblement contarcté à la base.

Iles de la Société : Tahiti (*Cook*, ex Seemann).

V. — BACCAUREA *Lour.*

Fleurs généralement dioïques, apétales. Calice semblable dans les fleurs de l'un et de l'autre sexe, à quatre ou six divisions imbriquées. Disque généralement nul. Étamines en nombre le plus souvent égal à celui des divisions du calice ; anthères s'ouvrant par deux fentes parallèles. Ovaire (rudimentaire dans les fleurs mâles), à trois loges biovulées; stigmates épais, presque sessiles. Fruit charnu indéhiscent. Graines pourvues d'un albumen charnu.

Arbres à feuilles alternes, assez grandes, coriaces, à nervures fortement saillantes sur la face inférieure. Fleurs en grappes.

Environ 33 espèces, habitant l'Inde, la Malaisie et les îles du Pacifique.

1. B. taitensis Müll., Arg., in DC., *Prodr.*, XV, 2, 462; Nadeaud, *Enum.*, n. 461.

« Rameaux faiblement pubescents au sommet, devenant glabres ensuite. Feuilles oblongues obovales, plus ou moins aiguës aux deux extrémités, membraneuses, glabres; côtes secondaires au nombre de cinq à huit de chaque côté de la nervure médiane, formant avec elle un angle d'environ 27 degrés, légèrement arquées; grappes mâles presques simples, fasciculées sur les rameaux; bractées ovales-aiguës, adnées aux pédoncules : ceux-ci triflores: calice mâle à quatre ou six divisions lancéolées-aiguës. Fleurs femelles et fruits inconnus. »

Iles de la Société : Tahiti (*Wilkes*).
Je n'ai pas vu cette plante. La description ci-dessus est tirée du Prodrome.

Tribu III. — Crotonées.

Fleurs unisexuées. Ovules solitaires.

VI. — ALEURITES *Forst.*

Fleurs monoïques. Calice se déchirant en deux ou trois lobes. Cinq pétales plus longs que le calice. Cinq glandes plus ou moins développées. Étamines nombreuses insérées sur un réceptacle conique. Anthères intorses s'ouvrant par deux fentes longitudinales. Ovaire (rudimentaire dans la fleur mâle) à deux ou cinq loges uniovulées; styles bifides. Capsule charnu, déhiscente. Graines dures. Albumen oléagineux.

Arbres à feuilles alternes, palmatinerviées, simples ou trilobées. Fleurs en panicules terminales.

Environ 3 espèces, habitant les régions tropicales, mais principalement l'Asie etles îles du Pacifique.

1. A. moluccana Willd., *Sp.*, IV, 590; Müll. Arg., in A. DC., *Prodr.*, XV, 2, 723; Nadeaud, *Enum.*, n. 462; Seem., *Fl. Vit.*, 223.
Jatropha moluccana L., *Sp.*, ed. 1, 1006; *Aleurites triloba* Forst.. *Char. Gen.*, 112, t. 56, *Prodr.*, n. 360, et *Icon.*, t. 262 (Seemann). *Telopia perspicua* Soland., *Prim. Fl. Ins. Pacif.*, 332, et in Parkins., *Draw. of Tahit. Pl.*, t. 105 et 106 (Seemann)
Nom indigène à Tahiti : *Tahii-Tairi.*

Rameaux, jeunes feuilles, inflorescences et calice recouverts d'un tomentum fauve clair, à poils étoilés. Feuilles obovales lancéolées dans leur contour (longues de 6 à 20 cent. ; larges de 8 à 15) entières ou trilobées, plus ou moins longuement pétiolées. Panicule longue de 10 centimètres environ. Pédicelles longs d'un centimètre. Pétales des fleurs mâles obovales, glabres sauf à la base; ceux des fleurs femelles ligulés. Ovaire tomenteux. Graines tomenteuses.

Iles de la Société (*Banks et Solander; Forster; Lay et Collie*); Tahiti (*Bertero et Mœrenhout!; Savatier* 855!). — Iles Marquises (*Dupetit-Thouars!*). — Iles Gambier (*Hombron!*).

Distrib. géogr. Asie et Océanie tropicales.

VII. — CLAOXYLON *Juss.*

Fleurs dioïques, ou rarement monoïques, apétales. Calice, au moins dans les fleurs mâles, à trois ou quatre sépales en préfloraison valvaire. Glandes du disque développées en languettes de forme variable. Étamines nombreuses, libres, insérées sur un réceptacle central; anthères ovoïdes, s'ouvrant par deux fentes parallèles. Ovaire à deux ou trois loges uniovulées; styles indivis, étalés. Fruit capsulaire. Graines presque globuleuses. Albumen charnu.

Arbres à feuilles alternes. Glomérules de fleurs en grappes simples, axillaires.

Environ 13 espèces, habitant les régions tropicales de l'Afrique, de l'Asie, de l'Australie et de la Polynésie.

1. C. taitense Müll. Arg., in A.DC., *Prodr.*, XV, 2, 788 ; Nadeaud, *Enum.*, n. 463.

Nom indigène à Tahiti ; *Anei; Manono.*

Arbre (haut environ de 10 mètres) à écorce jaunâtre. Rameaux fauves-soyeux dans leur jeunesse. Feuilles glabres, ovales-oblongues, aiguës, atténuées inférieurement (longues de 10 à 15 cent.; larges de 4 à 6), à bords presque entiers, munies, à la base du limbe, de deux stipelles triangulaires; pétioles aussi longs ou plus courts que le limbe. Pédicelles courts. Fleurs (3 ou 4 mill.) petites. Sépales des fleurs mâles herbacés, velus, ovales-aigus; languettes oblongues-ovales et ciliées dans les fleurs mâles; sépales violets et pétaloïdes dans les fleurs femelles. Ovaire tomenteux, soyeux. Capsule pubérulente ; graines fovéolées.

Iles de la Société : Tahiti, montagnes de Taravao (*Lépine* 214!); sans désignation de localité (*Forster; Cook; Vesco!; Wilkes; Savatier* 901!; *Vieillard et Pancher!; Nadeaud* 463!).

VIII. — ACALYPHA *L*.

Fleurs monoïques, apétales. Calice des fleurs mâles et femelles à quatre ou cinq divisions. De huit à seize étamines groupées au centre de la fleur sur un torus; filets libres; anthères tortueuses, s'ouvrant par une fente longitudinale. Ovaire à trois loges uniovulées. Fruit capsulaire.

Plantes souvent arborescentes. Fleurs mâles en épis amentiformes, chaque groupe de fleurs entouré d'une très petite bractée. Fleurs femelles en épis lâches, solitaires ou géminées à l'aisselle d'une bractée généralement plus grande qu'elles et de forme très variable.

Environ 220 espèces, habitant les contrées chaudes du globe.

Feuilles fortement pubescentes . . . . 1. **A. grandis** *Müll.*
Feuilles presque entièrement glabres. . . . . . 2. **A. Lepinei** *Müll.*

1. A. grandis Müll. Arg., in *Linnæa*, XXXIV, 10, et in A.DC., *Prodr.*, XV, 2, 806.

Arbuste légèrement tomenteux. Feuilles ovales (longues de 4 à 6 cent.; larges de 3 à 4), cordées, acuminées, crénelées, hispides en dessus, principalement sur les nervures, tomenteuses en dessous. Pétiole égalant le limbe. Épis tous axillaires, plus courts que la feuille, les mâles situés vers le haut des rameaux, les femelles vers le bas. Fleurs mâles en glomérules à l'aisselle d'une petite bractée sessile, ovale. Fleurs femelles solitaires à l'aisselle d'une bractée réniforme, irrégulièrement incisée. Styles laciniés.

Iles Wallis (*Hombron!*).
Distrib. géogr. Malaisie et îles du Pacifique.

2. A. Lepinei Müll. Arg., in A.DC., *Prodr.*, XV, 2, 819; Nadeaud, *Enum.*, n. 464.

Arbre haut de 4 à 5 mètres. Rameaux presque cylindriques, glabres, sauf vers le sommet ; inflorescences pubérulentes. Feuilles (longues de 10 à 15 cent. ; larges de 5 à 7) obovales-oblongues, aiguës ou presque acuminées au sommet, obtuses ou à peine aiguës à la base, penninerviées. Inflorescences le plus souvent unisexuées, mais portant quelquefois les fleurs mâles en haut et les femelles en bas, insérées au sommet des rameaux un peu au-dessus de l'aisselle des feuilles. Fleurs mâles en épi serré, grêle ; les femelles peu nombreuses, espacées sur un rachis sinueux, plus rigide que celui des fleurs mâles, entourées d'une bractée (large de 1 à 2 mill.) triangulaire-réniforme, d'une seconde bractée bilobée, beaucoup plus petite et de « deux bractéoles très ténues, linéaires, ciliées, de couleur pourpre (Müller). » Calice des fleurs mâles à quatre divisions obtusesciliées ; celui des fleurs femelles à quatre divisions ovales-aiguës, ciliées. Ovaire pubescent ; styles laciniés, beaucoup plus longs que l'ovaire. Capsule hispide. Graines ovoïdes, lisses.

Iles de la Société : Tahiti, montagnes (*Lépine* 416 !); vallée d'Orofero et de Punarun (*Nadeaud* 464 !).

IX. — MACARANGA *Dup.-Th.*

Fleurs généralement monoïques, apétales. Calice des fleurs mâles à quatre ou cinq divisions valvaires. Étamines nombreuses, libres ; anthères didymes, quadrivalves. Calice des fleurs femelles à divisions unies entre elles, se détachant par la base. Ovaire généralement à trois loges uniovulées. Styles unis à la base, souvent étalés. Capsule se séparant en plusieurs coques.

Arbres ou arbustes à feuilles alternes, généralement peltées. Fleurs en épis ou en grappes.

Environ 80 espèces, habitant les régions tropicales de l'Asie, de l'Afrique et de l'Australie, et les îles du Pacifique.

Stipules linéaires, lancéolées. . . . . 1. **M. taitensis** *Müll.*
Stipules ovales-triangulaires. . . . . 2. **M. Harveyana** *Müll.*

1. M. taitensis Müll. Arg., in A.DC., *Prodr.*, XV, 2, 997 ; Nadeaud, *Enum.*, n. 465.

Mappa taitensis Müll. Arg., in Linnæa, XXXIV, 197.

Arbuste à rameaux cylindriques ou légèrement comprimés. Écorce lisse, revêtue, ainsi que la face inférieure des feuilles et les inflorescences entières, d'un tomentum verdâtre. Feuilles peltées, ovales-acuminées (longues de 6 à 10 cent. ; larges de 5 à 8), glabrescente en dessus. Pétioles pubescents, cylindriques, égalant à peu près le limbe. Stipules linéaires-lancéolées, caduques. Bractées ovales-lancéolées.

Iles de la Société : Tahiti (*Vesco! ; Bidwill ; Vieillard ; Nadeaud* 465 !).

2. M. Harveyana Müll. Arg., in A.DC., *Prodr.*, XV, 2, 998 ; Seem., *Flor. Vit.*, 228.

Mappa Harveyana Müll. Arg., in *Flora*, 1864, 467.

Arbuste. Feuilles peltées, longuement pétiolées ; limbe ovale-orbiculaire, acuminé, parsemé de glandes d'un jaune d'or. Stipules grandes, triangulaires. Fleurs mâles en panicules, les femelles en grappes. Bractées des inflorescences mâles larges, tronquées, obtuses ou acuminées ; bractées stériles des inflorescences femelles lancéolées, entières ; les fertiles rhomboïdales-lancéolées. De neuf à douze étamines. Ovaire glanduleux ; styles très allongés, fortement papilleux. Capsule échinée.

Iles de la Société : Tahiti (*Wilkes*).
Distrib. géogr. Iles Viti.

X. — RICINUS *L.*

Fleurs monoïques, apétales. Calice des fleurs mâles à quatre ou cinq divisions valvaires. Étamines très nombreuses; filets plusieurs fois ramifiés et unis en faisceaux; anthères didymes-globuleuses. Calice des fleurs femelles spathacé. Ovaire à trois loges uniovulées. Styles bifides, papilleux. Capsule s'ouvrant en trois coques bivalves. Graines ovoïdes. Albumen charnu.

Une seule espèce, originaire d'Asie, cultivée et répandue dans toutes les contrées chaudes.

1. **R. communis** L., *Sp.*, 1007; Müll. Arg., in A. DC., *Prodr.*, XV, 2. 1017.

Plante herbacée de haute taille. Feuilles grandes, palmatilobées, longuement pétiolées. Panicules dressées. Bractées triangulaires : les fleurs mâles situées en bas, les femelles en haut.

Cultivée à Tahiti et aux Iles Marquises.

XI. — CARUMBIUM *Reinw.*

Fleurs monoïques, apétales. Calice à deux ou trois divisions courtes, comprimé dans les fleurs mâles, non comprimé dans les femelles. Étamines nombreuses libres ; anthères dressées, didymes. Ovaire à trois loges uniovulées; styles linéaires, entiers. Capsule charnue, le plus souvent indéhiscente.

Arbres ou arbustes à feuilles alternes. Fleurs mâles en épis terminaux ; les femelles axillaires, solitaires, ou situées à la base des épis mâles.

Environ 8 espèces, habitant la Malaisie, les îles du Pacifique et l'Australie.

Au plus 20 étamines . . . . 1. **C. nutans** *Müll. Arg.*
Plus de 20 étamines . . . . 2. **C. Mœrenhoutianum** *Müll. Arg.*

1. **C. nutans** Müll. Arg., in A. DC., *Prod.*, XV, 2, 1146; Nadeaud, *Enum.*, n. 467.

Croton nutans Forst., *Prodr.*, n. 354 ; *Stillingia nutans* Vahl, *Symb.* II, 16 ; Endl., *Flor. Suds.*, n. 1558. *Carumbium pedicellatum* Miq., *Fl. Ind. bat.*, 1, 2, 414.

Arbre (haut de 8 à 10 m.) entièrement glabre. Feuilles obovales-rhomboïdales (limbe long de 8 à 10 cent. ; large de 6 à 7; pétiole au moins aussi long que le limbe), brièvement acuminées au sommet, à peine aiguës à la base, penninerviées. Grappes terminales; fleurs femelles solitaires à la base de l'inflorescence; fleurs mâles nombreuses petites (1-2 mill.), brièvement pédicellées, munies de deux bractées glanduleuses. Calice mâle à un sépale réniforme. De dix à vingt étamines très finement scabres sur les filets et les anthères. Fruit ovoïde faiblement aigu, atténué à la base.

Iles de la Société : Tahiti, montagnes vers 600 mètres (*Lépine* 117!; *Nadeaud* 467!; *Savatier!*).
Distrib. géogr. Iles du Pacifique.

2. **C. Mœrenhoutianum** Müll. Arg., *l. c.*
Omalanthus nutans Guill., *Zeph. Tait.*, n. 181.
Diffère du précédent par ses pédoncules plus forts, par ses étamines plus nombreuses, et par ses fruits tronqués à la base.

Iles de la Société : Tahiti (*Bertero et Mœrenhout!*).

URTICACÉES.

Fleurs unisexuées ou rarement polygames, apétales. Périanthe formé de une à six divisions herbacées ou plus souvent scarieuses, valvaires ou imbriquées, quelquefois unies en utricule (dans les fleurs femelles). Étamines au nombre d'une à six; anthères dressées ou infléchies dans le bouton. Ovaire uniloculaire; style simple ou bifide, terminal ou latéral, souvent très court; ovule solitaire, dressé ou pendant. Fruit indéhiscent, sec ou charnu. Graine généralement conforme à la cavité du fruit, faiblement pourvue d'albumen, ou en manquant entièrement. Embryon droit ou courbé. Radicule supère.

Arbres, arbustes ou plantes herbacées, souvent couverts de poils brûlants, d'autres fois contenant un suc laiteux. Feuilles opposées ou alternes. Fleurs en épis ou en panicules, ou bien insérées sur un réceptacle charnu, quelquefois concave et les renfermant complètement.

Famille assez nombreuse, représentée dans toutes les régions du globe, mais surtout dans les régions chaudes.

4	Feuilles alternes, égales.	X. **Fleurya** *Gaudich.*
	Feuilles distiques, de grandeur inégale.	XIII. **Pellionia** *Gaudich.*
5	Fleurs incluses dans un réceptacle concave	6
	Fleurs non incluses dans un réceptacle concave.	8
6	Réceptacles unisexués.	7
	Réceptacles androgynes	VII. **Ficus** *L.*
7	Fleurs femelles solitaires.	VIII. **Antiaris** *Lesch.*
	Fleurs femelles nombreuses	IX. **Artocarpus** *Forst.*
8	Fleurs mâles et femelles en chatons, glomérules, épis ou panicules	9
	Fleurs mâles en glomérules : les femelles en capitules sur un réceptacle charnu.	XV. **Procris** *Juss.*
9	Inflorescences, au moins les mâles, en chàtons.	1
	Inflorescences en glomérules, épis ou panicules	12
10	Fleurs femelles en capitules globuleux .	11
	Fleurs femelles en épis.	VI. **Paratrophis** *Blume.*
11	Feuilles penninerviées.	IV. **Malaisia** *Blume.*
	Feuilles palmatinerviées.	V. **Broussonetia** *Vent.*
12	Fleurs en glomérules sessiles ou en épis.	13
	Fleurs en panicules	15
13	Feuilles alternes.	14
	Feuilles opposées	XVII. **Cypholophus** *Wedd.*
14	Feuilles vertes en dessous	XVI. **Bœhmeria** *Jacq.*
	Feuilles blanches en dessus	XVIII. **Pipturus** *Wedd.*
15	Panicules de 5 à 10 cent	16
	Panicules cymiformes de 2 à 3 cent. . .	17
16	Feuilles vertes en dessous	XI. **Laportea** *Gaudich.*
	Feuilles blanches en dessous	XIX. **Maoutia** *Wedd.*
17	Stipules libres.	18
	Stipules connées.	III. **Parasponia** *Blume.*
18	Sépales imbriqués.	I. **Celtis** *T.*
	Sépales valvaires	II. **Trema** *Lour.*

Tribu I. — CELTIDÉES.

Fleurs en cymes. Anthères dressées dans le bouton. Ovule descendant. Fruit drupacé.

I. — CELTIS *T.*

Fleurs hermaphrodites ou unisexuées. Divisions du périanthe imbriquées. Cinq étamines. Disque poilu. Branches du style (dans la sect. *Solenostigma*) bifides, dilatées à la base.

Arbres souvent dépourvus d'épines. Fleurs en petites panicules ou glomérules axillaires.

Environ 70 espèces, répandues principalement dans les contrées chaudes.

Plante entièrement glabre . . . . 1. **C. paniculata** *Planch.*

Plante pubérulente sur les jeunes rameaux
et les inflorescences . . . . 2. **C. pacifica** *Planch.*

1. C. paniculata Planch., in *Ann. Sc. Nat.* (*Bot.*), 1848, 305 et in
A. DC., *Prodr.*, XVII, 182.

Solenostigma paniculatum Endl., *Norf.*, 42 ; *Flor. Suds.*, n. 898.

Arbre de haute taille, entièrement glabre. Feuilles ovales, ou
ovales-oblongues (longues de 6 à 10 cent.; larges de 2 à 5) aiguës,
rétrécies à la base (pétiole long de 1 cent. à peine) triplinerviées ;
les nervures latérales plus ténues que la médiane ; veines très fines.
Stipules lancéolées caduques. Fleurs en grappes très courtes (2 cent.)
assez ramassées. Sépales finement ciliées. Drupe ovoïde-oblongue.

Iles de la Société : Tahiti, hautes vallées (*Pancher!; Nadeaud* 298!).
Distrib. géogr. Ile Norfolk et Nouvelle-Calédonie. |

2. C. pacifica Planchon in *Ann. Sc. nat.*, sér. 3, X, 308, et in A.DC.,
Prodr., XVII, 184.

Rameaux couverts de poils cendrés, appliqués. Feuilles ovales.
brièvement acuminées, glabres, les deux nervures inférieures s'étendant jusqu'au milieu du limbe : cymes mâles égalant ou dépassant
peu les pétioles ; rachis cendré-pubérulent ; fleurs sessiles, presque
glabres.

Iles Marquises (*Mathews*).
Distrib. géogr. Iles Tonga.

II. — TREMA *Lour.*

Fleurs polygames. Périanthe des fleurs mâles généralement à cinq
divisions en préfloraison valvaire ou quelquefois légèrement imbriquées : cinq étamines à filets subulés. Fleurs femelles ou hermaphrodites à cinq sépales plus ou moins imbriqués et concaves. Disque
poilu. Fruit petit, drupacé. Albumen charnu ; embryon plus ou moins
courbé ; cotylédons étroits.

Arbres à feuilles alternes ; stipules libres. Panicules cymiformes
généralement petites.

De 20 à 30 espèces, habitant les contrées chaudes du globe.

Rameaux couverts seulement dans leur jeunesse d'une pubescence soyeuse ; sépales
ovales-aigus. . . . . 1. **T. Amboinensis** *Blume.*
Rameaux plus âgés pubescents, sépales
oblongs-obtus. . . . . 2. **T. discolor** B. *et H.*

1. T. amboinensis Blume, *Mus. bot. Lugd. Bat.*, II, 63.
Celtis amboinensis Willd., *Sp.* IV, 997; Decne, in Brongn., *Voy.*

Coq. 212, t. 47; *Sponia velutina* Planchon, in *Ann. Sc. nat.*, sér. 3,327;
Seem., *Flor. Vit.*, 235; *Sponia Amboinensis* Planch., in A.DC., *Prodr.*,
XVII, 199; Hillebr., *Flor. Haw. Isl.* 405.

Rameaux couverts dans leur jeunesse d'une pubescence grise,
soyeuse, brillante. Feuilles ovales-oblongues, cuspidées, légèrement
cordées ou arrondies à la base, dentées en scie, triplinerviées,
scabres en dessus, mollement veloutées en dessous. Cymes brièvement pédonculées ou presque sessiles, égalant ou dépassant le pétiole,
pubescentes ainsi que les fleurs. Sépales ovales-aigus. Drupe ovoïde,
globuleuse, glabre ou légèrement poilue.

Iles Wallis (*Seemann*).
Distrib. géogr. Asie et Océanie tropicales.

2. **T. discolor** Benth. et Hook., *Gen.*, III, 355.
Celtis discolor Decne, *l. c.*, 215, t. 47, f. B; *Sponia discolor* Planchon, in A.DC., *Prodr.*, XVII, 201.

Arbre haut de 10 à 15 m., à rameaux cylindriques, pubescents.
Feuilles lancéolées, acuminées (longues de 8 à 10 cent.; larges de 3
à 4); triplinerviées, dentées en scie, scabres en dessus, couvertes en
dessous d'un tomentum gris cendré ou fauve. Fleurs en grappes serrées, à branches très courtes, couvertes de poils mous, dressés. Bractées ovales-aigües, ciliées. Sépales pubescents en dehors, oblongs
concaves. Drupe ovoïde.

Iles de la Société: Tahiti, plages et vallées (*Mœrenhout!; Vesco!; Lépine* 185!;
Dupetit-Thouars!; Nadeaud 299!).

III. — PARASPONIA *Blume.*

Fleurs monoïques ou polygames. Périanthe des fleurs mâles et
femelles à divisions imbriquées. Stipules intra-axillaires, connées. Le
reste à peu près comme dans les *Trema*.

Genre renfermant 2 espèces: la suivante, et une autre habitant la Malaisie.

1. **P. Andersonii** Planch. in A. DC., *Prodr.*, XVII, 193.
Celtis orientalis Forst., *Prodr.*, n. 394 (non L.); *Sponia orientalis*
Seem., in *Bonpl.*, 1861, 239; *S. Andersonii* Planchon, in *Ann. Sc.
nat.*, sér. 3, X, 336; Seem., *Fl. Vit.*, 233; *S. tahitensis* Nadeaud,
Enum., n. 300.

Arbre (haut de 15 à 20 m.) à rameaux cylindriques, argentés,
soyeux au sommet, devenant complètement glabres ensuite. Écorce
lisse ou faiblement rugueuse, noirâtre. Feuilles ovales, lancéolées (longues de 7 cent. environ; larges de 3; pétiole long de 1 cent.) légèrement aiguës, plus ou moins inéquilatérales à la base, dentées en scie,

triplinerviées, pubescentes en dessous dans leur jeunesse, faiblement scabres. Stipules lancéolées, caduques. Cymes à rameaux divariqués et couverts de poils appliqués. Bractées très petites, aiguës, ciliées Sépales verdâtres, ovales-obtus, ciliés, pubérulents en dehors, glabres en dedans.

Iles de la Société (*Banks et Solander; Forster*) : Tahiti, collines sèches, vers 800 mètres (*Vesco!*), flancs de l'Aorai (*Lépine* 183!), monts Rereaore et Marau (*Nadeaud* 300!), sans désignation de localité (*Ribourt* 27!).

Tribu II. — Morées.

Anthères renversées dans le bouton. Ovule desendant.

IV. — MALAISIA *Blanco*.

Fleurs dioïques. Périanthe des fleurs mâles à trois ou quatre divisions en préfloraison valvaire. Trois ou quatre étamines repliées dans le bouton. Périanthe des fleurs femelles urcéolé, à trois ou quatre dents, enveloppant entièrement l'ovaire. Style bifide à branches allongées. Achaine faiblement charnu.

Arbuste rampant ou grimpant, feuilles alternes, penninerviées, glabres. Inflorescences pubescentes : les mâles en épis, les femelles en capitules.

Une espèce, habitant la Malaisie, l'Australie et quelques iles de l'Océanie.

1. **M. tortuosa** Blanco, *Fl. Filip.* (*ed.* 2), 789; Bur., in A. DC., *Prodr.*, XVII, 221.

D'après Seemann, cette espèce aurait été trouvée à Tahiti par Cook et par Bidwill; elle est décrite dans le *Flora Vitiensis* sous le nom de *Caturus oblongatus* Seem. Mais il est vraisemblable que les neuf espèces mentionnées dans cet ouvrage doivent être rapportées à l'unique espèce de Blanco. La plante de Tahiti, que je n'ai pas vue, serait probablement la forme *viridescens* Bur. l. c.

V. — BROUSSONETIA *Vent.*

Fleurs dioïques. Périanthe des fleurs mâles à quatre divisions valvaires, plus ou moins profondes. Quatre étamines ; anthères globuleuses, didymes. Périanthe des fleurs femelles urcéolé, le plus souvent quadridenté, persistant. Ovaire porté par un gynophore s'allongeant à la maturité. Fruit dégagé du périanthe ; épicarpe mince ; mésocarpe charnu ; endocarpe dur. Graine conforme à la cavité du fruit. Embryon recourbé ; radicule supère.

Arbres à suc laiteux : feuilles mâles en chatons ; les femelles en épis globuleux.

Environ 4 espèces, habitant l'Asie et l'Océanie.

1. **B. papyrifera** Venten., *Tabl. Règne Vég.*, III, 547; Endl., *Fl. Suds.*, n. 894; Guill., *Zeph. Tait.*, n. 175; Pancher in Cuzent, *l. c.*, 239; Bur., in A. DC., *Prodr.*, XVII, 225; Seem., *Flor. Vit.*, 246; Nadeaud, *Enum.*, n. 301. Hillebr., *Fl. Haw. Isl.*, 407.

Morus papyrifera L., *Sp.*, 1899; Forst., *Prodr.*, n. 347.

Nom indigène à Tahiti : *Aute*.

Arbre (haut d'une dizaine de mètres) à rameaux légèrement comprimés, couverts dans leur jeunesse, ainsi que les inflorescences et les pétioles, d'une pubescence gris-cendré, hispidules ensuite. Feuilles entières ou trilobées, ovales-aiguës dans leur contour (longues de 10 à 15 cent., et souvent plus; larges de 8 à 10; pétiole long de 3-6 cent.), hispidules et vert foncé en dessus, hispido-tomenteuses et glauques en dessous, munies de sept nervures de chaque côté de la nervure médiane. Stipules (longues de 1 cent.) ovales-oblongues, hispido-tomenteuses, caduques. Chatons mâles allongés, glomérules femelles sphériques; bractées coniques au sommet, atténuées à la base. Périanthe des fleurs mâles à divisions triangulaires-aiguës; périanthe des fleurs femelles ovale-oblong, velu.

Iles de la Société (*Cook*) : Tahiti, sans désignation de localité (*Forster; Bertero et Mœrenhout!; Nadeaud* 301 !).

Distrib. géogr. Originaire sans doute de la Chine. Cultivée et subspontanée dans beaucoup de régions chaudes de l'Ancien Monde.

VI. — PARATROPHIS *Blume*.

Fleurs monoïques ou dioïques. Périanthe des fleurs mâles à quatre divisions concaves. Quatre étamines. Rudiment de l'ovaire turbiné. Périanthe des fleurs femelles à quatre divisions imbriquées. Ovaire sessile; style court ou nul, à deux divisions linéaires. Fruit presque drupacé. Graines faiblement pourvues ou dépourvues d'albumen. Cotylédons larges, plissés.

Arbres à suc laiteux. Feuilles alternes. Inflorescences mâles en chatons : les femelles généralement en épis lâches.

Environ 4 espèces, habitant l'Océanie.

1. **P. tahitensis** Benth. et Hook, *Gen.*, III, 364.

Uromorus tahitensis Bur., in A. DC., *Prodr.*, XVII, 237; *Pseudomorus Brunoniana*, var. *tahitensis* Nadeaud, *Enum.*, n. 304 (non Bur.).

Non indigène à Tahiti : *Tutu, Mati-Mati*.

Arbre dioïque. Rameaux glabres. Feuilles légèrement chartacées oblongues-elliptiques (5-12 cent., sur 3-7; pétiole long de 1 à 2 cent.), acuminées, entières ou lâchement denticulées sur les bords, vert foncé en dessus, glauques en dessous, munies de chaque côté de la nervure médiane de neuf à quinze nervures alternes ou presque opposées, et se divisant en deux rameaux confluents avant d'atteindre le bord de la feuille ; veines et veinules formant un réseau très-fin. Stipules oblongues-aiguës. Chatons axillaires : les mâles très serrés, les femelles plus lâches, deux fois plus longs qne les pétioles. Divisions du périanthe des fleurs mâles ovales, ciliées : celles des fleurs femelles ovales, très obtuses. Ovaire elliptique ovale ; stigmate sessile.

Iles de Société : Tahiti, montagnes à Taravao, Papeete à 4-500 m. d'altitude (*Lépine* 156 !) ; vallée d'Orofero au Pinai, crêtes de Pirae (*Nadeaud* 304 !) ; sans désignation de localité (*Vesco!; Ribourt* 78 !).

Tribu III. — Artocarpées.

Fleurs incluses dans un réceptacle charnu. Anthères dressées dans le bouton. Ovule descendant.

VII. — FICUS *T*.

Fleurs le plus souvent monoïques. Périanthe des fleurs mâles et des fleurs femelles à deux ou six divisions. Six étamines au moins. Ovaire d'abord droit, puis incurvé ; style simple, latéral. Achaines durs, renfermés dans le périanthe persistant.

Arbres à suc laiteux. Feuilles alternes entières (sect. *Urostigma*) ou divisées. Fleurs de l'un ou de l'autre sexe naissant à l'aisselle de bractéoles, et incluses dans un réceptacle charnu, concave, plus ou moins ovoïde, muni à son sommet de plusieurs bractées.

Environ 600 espèces, en grande partie originaires de la Malaisie, mais répandues aussi dans les îles du Pacifique et dans les contrées chaudes en général.

1 { Périanthe à 2 ou 3 divisions.		2
{ Périanthe gamophylle.	1. **F. prolixa** *Forst.*	
2 { Périanthe à 2 divisions ovales	3. **F. umbilicata** *Bur.*	
{ Périanthe à 3 divisions linéaires.	2. **F. tinctoria** *Forst.*	

F. prolixa Forst., *Prodr.*, n. 440 ; Endl., *Flor. Suds.* n. 885 ; Guillem., *Zephyr. Tait.*, n. 174 ; Pancher, in Cuzent, *l. c.*, 239 ; Bur., in *Ann. Sc. nat.*, sér. 5, XIV, 246.

Urostigma prolixum Miq., in *Hook. Lond. Journ. Bot.*, VI, 560 ; Nadeaud, *Enum.*, n. 302 ; *F. indica?* Forst., *Pl. esc.*, 38, et *Prodr.*, n. 406 ; *F. Forsteriana* Endl., *Fl. Suds.*, n. 890, Seem. *Fl. Vit.*, 290.

Arbre glabre. Feuilles elliptiques (longues de 10 à 15 cent., larges de 3 à 6) acuminées, tronquées à la base, trinerviées à la base, la nervure médiane portant dix nervures secondaires principales qui se divisent vers le bord du limbe en deux branches s'anastomosant avec leur voisine, et un certain nombre de nervures intermédiaires plus petites diversement ramifiées et réticulées. Stipules oblongues-aiguës.

Inflorescences portant à leur base trois bractées ovales. Bractéoles linéaires, lancéolées. Périanthe gamophylle. Une seule étamine; anthère apiculée. Achaine obovale.

Iles de la Société : Tahiti, bord de la mer, vallées (*Forster!; Batero et Mœrenhout!; Vesco!; Lépine!; Nadeaud* 302!). — Iles Marquises : Noukahiva (*Dupetit Thouars!; Mercier!; Le Bastard!*).
Distrib. géogr. Nouvelle-Calédonie.

2. **F. tinctoria** Forst., *Prodr.*, n. 405; Endl., *Fl. Suds.*, n. 884; Guillem., *Zeph. Tait.*, n. 173; Pancher, in Cuzent., *l. c.*; Miquel, *l. c.*, 436, t. 6 B.; Seem., *l. c.*, 249, t. 72; Nadeaud, *l. c.*, n. 303.

Petit arbre à branches diffuses. Feuilles à peu près semblables à celles de l'espèce précédente, mais plus fortement réticulées, d'un vert tirant sur le jaune en dessus et sur le rouge en dessous. Inflorescences brièvement pédicellées. Périanthe à trois divisions linéaires. Une seule étamine. Achaine obovale. Réceptacle devenant rouge à maturité.

Iles de la Société : Tahiti, collines (*Banks et Solander; Forster; Lesson!; Bertero et Mœrenhout!; Vesco!; Lépine!; Thiébault!; Nadeaud* 303!; *Savatier!*).
Distrib. géogr. Océanie.

3. **F. umbilicata** Bureau, in *Herb. Mus. Par.*
Rameaux arqués, articulés. Feuilles ovales (longues de 10 cent., larges de 5) légèrement acuminées, plissées. Pétioles courts, contournés. Inflorescences ramassées autour des feuilles, disciformes (larges de 5 mill.), ombiliquées. Bractées ovales-obtuses; bractéoles lancéolées. Périanthe à deux divisions ovales-obtuses, ponctuées de rouge. Une étamine; anthère ovale-obtuse. Style filiforme, glabre; stigmate ligulé.

Iles Mangarewa (*Hombron!*).

VIII. — ANTIARIS *Lesch.*

Fleurs monoïques; les mâles nombreuses dans les réceptacles, les femelles solitaires. Divisions du périanthe mâle et étamines au nombre de trois, ou plus souvent quatre. Périanthe nul dans les fleurs femelles. Ovaire adné à l'involucre : style bifide.
Arbres à feuilles entières. Réceptacles entourés de bractées.

Environ 6 espèces, habitant l'Asie et l'Océanie tropicales.

1. **A. Bennetii** Seem., in *Bonplandia*, IX, 259, X, 5, t. 7, et *Fl. Vit.*, 253, t. 72.
« Arbre de hauteur moyenne; rameaux et pétioles d'abord pubes-

cents, puis glabres; feuilles brièvement pétiolées, ovales-oblongues, acuminées, inéquilatérales et légèrement cordées à la base, presque glabres sur les deux faces, luisantes en dessus; fleurs mâles fasciculées (2-4); pédoncules veloutés-pubescents; bractées de l'involucre ovales-acuminées, réfléchies, aussi longues que le périanthe; drupe ovale-aiguë, fortement veloutée. »

Iles Wallis (*Home*).
Distrib. géogr. Iles Viti et Tukopia.

IX. — ARTOCARPUS *Forst.*

Fleurs monoïques. Périanthe des fleurs mâles à quatre divisions; celui des fleurs femelles tubuleux. Une étamine. Ovaire droit; style terminal ou plus ou moins latéral; stigmate généralement entier. Achaines enveloppés dans le périanthe persistant.

Arbres à suc laiteux. Fleurs mâles ou femelles dans des réceptacles distincts.

Plus de 40 espèces, habitant l'Asie et l'Océanie tropicales.

1. A. incisa L. f., *Suppl.*, 61; Forst., *Pl. esc.*, 23, et *Icon.*, (ined., cf. Seem.), t. 230-232; Endl., *Flor. Suds.* n. 882; Guill., *Zeph. Tait.*, n. 172; Trécul, in *Ann. Sc. nat.* sér. 3, VIII, 110; Pancher, in Cuzent, *l. c.;* Seem., *Flor. Vit.*, 255; Nadeaud, *Enum.*, n. 305; Hillebr., *Fl. Haw. Isl.*, 407.

Arbre haut de 3 à 4 mètres. Feuilles pinnatiséquées, à segments oblongs-acuminés, pubescentes, pâles en dessous. Stipules grandes oblongues caduques. Réceptacle mâle cylindrique; périanthe bifide. Réceptacle femelle globuleux; périanthe oblong, conique, entier. Syncarpe charnu atteignant souvent de grandes dimensions.

Cultivée dans toute la Polynésie.

Tribu IV. — URTICÉES.

Anthères renversées dans le bouton. Ovule dressé.

X. — FLEURYA *Gaudich.*

Fleurs monoïques ou dioïques. Périanthe des fleurs mâles à quatre ou cinq divisions ovales lancéolées, imbriquées. Quatre étamines. Périanthe des fleurs femelles à quatre divisions inégales, l'antérieure souvent très réduite. Ovaire ovoïde (rudimentaire dans les fleurs mâles); stigmate sessile, ovale, légèrement papilleux, d'abord droit, puis recourbé. Achaine comprimé, oblique, complètement libre. Graine conforme à la cavité du fruit. Cotylédons larges.

Plantes annuelles, souvent à poils brûlants. Feuilles alternes, trinerviées. Fleurs en petites cymes, espacées sur le rachis d'un épi ou d'une grappe.

Environ 8 espèces, répandues dans toutes régions tropicales.

<pre>
Plante munie de poils brûlants. . . . . .   1. F. interrupta Gaudich.
Plante dépourvue de poils brûlants . . . . 2. F. ruderalis Gaudich.
</pre>

1. F. interrupta Gaudich., *Bot. Voy. Freyc.*, 497; Weddell, in A. DC., *Prodr.*, XVI, 1, 74; Seem., *Flor. Vit.*, 237; Nadeaud, *Enum.*, n. 306; Hillebr., *Fl. Haw. Isl.*, 409.

U. interrupta Rumph., *Amb.*, VI, t. 20, L. *Sp.*, 1398; Soland., *Prim. Fl. Ins. Pac.*, 235, et in Park., *Draw. Tah. Pl.*, t. 100 (ined., cf. Seem., *l. c.*); *U. œstuans* Forst., *Prodr.*, n. 342?; Pancher, in Cuzent, *Tahiti*, 238?; *F. spicata* et *glomerata* Gaudich., *l. c.*; *U. affinis* Hook. et Arn., *Bot. Beech.*, 69; Endl., *Fl. Suds.*, n. 859; Guill., *Zeph. Tait.*, n. 166.

Plante herbacée annuelle, hérisée de poils brûlants. Feuilles ovales-acuminées (longues de 6 à 9 cent.; larges de 3 à 5), à peine atténuées à la base, assez profondément dentées en scie; pétiole environ de moitié plus court que le limbe. Glomérules de fleurs espacées sur un long pédoncule lâche (10-12 cent.). Périanthe mâle à quatre divisions.

Iles de la Société (*Banks et Solander; Lay et Collie*) : Tahiti (*Bertero et Mœrenhout!; Lépine!; Nadeaud* 306!). — Iles Marquises : Noukahiva (*Savatier*).
Distrib. géogr. Régions chaudes de l'Ancien Monde.

2. F. ruderalis Gaudich., *l. c.*, Wedd., *l. c.*
Urtica ruderalis Forst., *Prodr.*, n. 344; *Schykowskia ruderalis* Endl., *Fl. Suds.*, n. 862, t. 13.

Plante glabre, dépourvue de poils brûlants. Feuilles ovales à peine acuminées (longues de 3 à 10 cent., larges de 2 à 6), tronquées, obtuses ou cordées à la base, profondément dentées en scie. Glomérules de fleurs réunies en grappe lâche. Périanthe mâle à quatre divisions.

Iles de la Société : Tahiti (*Forster*).
Distrib. géogr. Malaisie et Nouvelle-Guinée.

XI. — LAPORTEA *Gaudich.*

Fleurs monoïques ou dioïques. Périanthe des fleurs mâles, à quatre ou cinq divisions ovales, imbriquées. Quatre étamines. Périanthe des fleurs femelles à quatre divisions inégales. Ovaire droit; stigmate linéaire, légèrement papilleux, recourbé à la maturité. Achaine oblique, légèrement resserré à la base par le calice. Graine conforme à la cavité du fruit.

Arbres à poils brûlants. Feuilles alternes, penniverviées. Fleurs en glomérules, le plus souvent paniculés.

Environ 26 espèces, généralement répandues sous les tropiques.

1. L. photiniphylla Wedd., *Monogr.*, 138, et in A. DC., *Prodr.*, XVI, 1, 83 ; Nadeaud, *Enum.*, n. 310.

Fleurya photiniphylla Kunth, *Ind. Sem. Hort. Ber.*, 11 ; *Laportea vitiensis* Seem., *Acc. Miss. Viti*, 427, et *Flor. Vit.*, 239, t. 60.

Arbre (haut de 15 mètres environ) à bois mou et cassant. Écorce rugueuse. Jeunes rameaux, feuilles et inflorescences couverts çà et là de poils brûlants. Feuilles ovales-aiguës (longues de 10 à 15 cent.; larges de 6 à 7) triplinerviées. Fleurs en panicules lâches, plus courtes que la feuille. Achaines aplatis, ovales, irréguliers, longs de 2 millimètres.

Iles de la Société : Tahiti, à Teoa (*Nadeaud* 310!).
Distrib. géogr. Australie, Nouvelle-Calédonie, Iles Viti.

XII. — LECANTHUS *Weddell.*

Caractères des *Elatostema*, sauf que les feuilles sont opposées.

Une espèce, répandue dans presque toutes les régions tropicales et l'Ancien Monde.

1. L. Wightii Wedd., in *Ann. Sc. nat.* sér. 4, I, 187.
Dorstenia oppositifolia Soland., *l. c.*, 322, et in Park., *l. c.*, 26 (ex Seemann); *L. Solandri* Seem., *Fl. Vit.*, 236.

Nom indigène à Tahiti : *Piripapa.*

Plante annuelle, glabre. Feuilles ovales, obtuses, entières, quelquefois légèrement cordées à la base, glabres, lisses, succulentes, sans nervures apparentes. Fleurs renfermées dans le même réceptacle; les mâles tétramères peu nombreuses, sur des pédicelles filiformes, les femelles plus nombreuses, presque sessiles.

Iles de la Société : Tahiti (*Banks et Solander*).
Je n'ai pas vu la plante de Banks et Solander; mais les caractères indiqués par ce dernier, et dont les plus essentiels sont rapportés dans la description ci-dessus, ne semblent pas suffisant pour en faire une espèce distincte.

XIII. — PELLIONIA *Gaudich.*

Fleurs dioïques ou monoïques. Périanthe des fleurs mâles à quatre ou cinq divisions imbriquées, obtuses, mucronées au-dessous du sommet. Cinq étamines. Rudiment de l'ovaire conique. Périanthe des fleurs femelles persistant, à quatre ou cinq divisions nues ou mucronées. Staminodes écailleux. Ovaire droit; stigmate sessile, pénicillé. Achaine souvent comprimé. Graine conforme à la cavité du fruit.

Plantes herbacées à feuilles alternes, distiques, inégales. Fleurs en glomérules axillaires.

Environ 15 espèces, habitant l'Asie orientale et les îles du Pacifique.

1. P. elatostemoides Gaudich., *Bot. Voy. Freyc.*, 494, t. 119; Wedd., in DC., *Prodr.*, XVI, 1, 169; Seem., *Flor. Vit.*, 239.

Procris rostrata Reinw., *mss.*; Blume, *Bijdr.*, 510.

Dioïque. Rameaux légèrement comprimés. Les plus grandes feuilles oblongues-obovales (10-15 cent., snr 5-7), acuminées, lâchement sinuées-dentées, atténuées en pétiole court, hispides-glanduleuses en dessus, glanduleuses en dessous; les plus petites ovales, entières. Fleurs en glomérules axillaires à peine plus longues que le pétiole. Divisions du périgone femelle aristées. Achaines presque complètement lisses.

Iles Marquises (*Hombron!*).
Distrib. géogr. Iles Viti, Moluques et Nouvelle-Guinée.

XIV. — ELATOSTEMA *Forst.*

Fleurs monoïques ou dioïques. Périanthe des fleurs mâles à quatre ou cinq divisions munies, au-dessous de leur sommet, d'une pointe garnie de poils. Quatre étamines. Rudiment de l'ovaire petit. Périanthe des fleurs femelles à quatre divisions non mucronées; staminodes petits. Ovaire ellipsoïde : stigmate sessile, pénicillé. Achaines ovales ou ellipsoïdes. Graine conforme à la cavité du fruit.

Herbes annuelles ou vivaces, à feuilles alternes. Fleurs en capitules involucrés, les mâles à l'aisselle de bractéoles spatulées, les femelles à l'aisselle de bractéoles linéaires-spatulées.

Une soixantaine d'espèces, répandues principalement dans les régions chaudes de l'Asie et de l'Océanie.

1. E. sessile Forst., *Char. Gen.*, 106, t. 53; Guill., *Zeph. Tait.*, n. 169, Wedd., *Monog.*, 294, t. 9, f. 9, et in A. DC., *Prodr.*, XVI, 1, 172; Pancher, in Cuzent, *Tahiti*, 239; Nadeaud, *Enum.*, n. 307.

E. serratum Forst., in *Herb. Mus. Par.*,; *Dorstenia pubescens* Forst., *Prodr.*, n. 59; *D. serrata* Soland., *Prim. Fl. Ins. Pac.*, 320, (ined., cf. Seemann, *Fl. Vit.*, 260); *Procris sessilis* Hook. et Arn., *Bot. Beech.*, 70; Endl., *Flor. Suds.*, n. 875.

Nom indigène à Tahiti : *Toa-tou; Amiamia.*

Annuelle. Feuilles presque sessiles, oblongues-acuminées (5-15 cent., sur 3-6) légèrement recourbées en faux, dentées en scie, tripli-nerviées, hirsutes en dessus, glabres en dessous. Stipules lancéolées, scarieuses. Pédicelles des capitules longs de 2 à 6 cent. Fleurs verdâ-tres. Bractéoles ciliées. Achaines ponctués.

Iles de la Société : Tahiti, lieux humides des vallées (*Nadeaud* 307!); sans désignation de localité (*Bertero et Mœrenhout!*; *Vesco!*; *Lépine!*; *Pancher!*; *Savatier* 813!).

Distrib. géogr. Régions chaudes de l'Ancien Monde.

XV. — PROCRIS *Juss.*

Fleurs monoïques ou dioïques. Périanthe des fleurs mâles à cinq divisions ovales, mutiques. Cinq étamines. Ovaire rudimentaire. Périanthe des fleurs femelles à cinq divisions spatulées, concaves. Ovaire ovoïde; stigmate sessile, pénicillé, caduc. Achaine souvent englobé dans les divisions épaissies du calice. Graine conforme à la cavité du fruit. Cotylédons ovales.

Arbrisseaux ou arbustes à suc laiteux. Feuilles alternes, très inégales. Fleurs mâles en glomérules ; les femelles sur un capitule charnu.

Environ 6 espèces, habitant les régions tropicales de l'Asie et de l'Océanie,

1. P. pedunculata Wedd., in A.DC., *Prodr.*, XVI, 1, 191; Nadeaud, *Enum.*, n. 308.

Elatostema pedunculatum Forst., *Char. Gen.*, 106, t. 53 ; *Dorstenia lucida* Forst., *Prodr.*, n. 58; Parkins., *l. c.*, t. 93 (Seemann). *Procris lucida* Spreng., *Syst.*, III, 846; Endl., *Flor. Suds.*, n. 878 ; *P. cephalida* Comm., *mss.*, ex Poiret, in Lamarck, *Encycl.*, IV, 629 ; Endl., *Flor. Suds.*, n. 876; Seem., *Flor. Vit.*, 241 ; *P. integrifolia* Hook. et Arn., *Bot. Beech.*, 69 ; Guillem., *Zephyr. Tait.*, n. 171 ; *Elatostema lucidum* Forst., *mss.*, in Guill., *l. c.*, n. 170.

Arbuste (haut de 2 à 5 déc.) à tige épaisse. Les plus grandes feuilles oblongues-acuminées (5-15 cent., sur 2-6) entières, glabres en dessus, hirsutes en dessous ; les plus petites feuilles ovales (1 cent.). fleurs mâles en petites panicules (longues de 1 à 2 cent.). Divisions du périanthe glabres. Fleurs femelles en capitules globuleux. Divisions du périanthe ciliées.

Iles de la Société (*Banks et Solander*) : Tahiti, gorges des montagnes (*Nadeaud* 308!); sans désignation de localité (*Bertero et Mœrenhout!*; *Hombron!*; *Vesco!*; *Lépine* 167!; *Ribourt!*; *Dupetit-Thouars!*; *Savatier* 812!). — Iles Marquises (*Ribourt!*).

Distrib. géogr. Java, Timor, îles Mascareignes et îles Viti.

XVI. — BOEHMERIA *Jacq.*

Fleurs monoïques ou dioïques. Périanthe des fleurs mâles à quatre divisions ovales-aiguës, valvaires ; quatre étamines ; rudiment de l'ovaire ovoïde. Périanthe des fleurs femelles tubuleux, à quatre dents ; ovaire inclus, stipité ou sessile ; stigmate persistant, allongé, hérissé d'un côté. Achaine inclus dans le périanthe persistant ; péricarpe crustacé ; graine conforme à la cavité du fruit. Cotylédons elliptiques.

Arbustes ou arbrisseaux à feuilles opposées (ou quelquefois alternes). Fleurs en glomérules espacés sur le rachis d'un épi simple ou composé. Bractées scarieuses.

Environ 45 espèces, habitant les régions tropicales.

1. **B. platyphylla** Don et Ham., *Fl. nep.*, 60 ; Wedd., *Monogr.*, 364, et in A.DC.. *Prodr.*, XVI, 1, 210 ; Nadeaud, *Enum.*, n. 311 ; Seem., *Fl. Vit.*, 242.

Var. *virgata* Wedd., in A.DC., *l. c.*

Urtica virgata Forst., *Prodr.*, n. 315 ; Endl., *l. c.*, n. 358 ; Soland., *l. c.*, 323, et Parkins., *l. c.*, t. 98 (Seemann). *B. virgata* Guill., *Zeph. Tait.*, n. 163 ; *B. interrupta* Gaudich., *Voy. Freyc.*, 500 ; Guill., *l. c.*, n. 164 ; *B. taitensis* Wedd., in *Ann. Sc. nat.*, sér. 4, I, 200.

Arbuste (haut de 1 à 4 mètres) à rameaux couverts de poils épars. Feuilles opposées, ovales-acuminées (longues de 5 à 20 cent. ; larges de 8 à 10 ; pétiole long de 3 à 10 cent.), crénelées, trinerviées, glabrescentes en dessus, fortement pubescentes en dessous sous les nervures, ainsi que sur le pétiole. Stipules lancéolées, intrapétiolaires, libres. Glomérules mâles ou androgynes brièvement espacés en épi généralement ramifié à la base : glomérules femelles en épi le plus souvent simple ; toutes les inflorescences de longueur variable, mais dépassant ordinairement la feuille. Périanthe des fleurs mâles et femelles hispide.

Iles de la Société (*Forster ; Banks et Solander*) : Tahiti, vallées humides, gorges de Papenoo, à 4-600 m. d'altitude (*Lépine ! ; Nadeaud* 311 !), sans désignation de localité (*d'Urville ! ; Bertero et Mœrenhout ! ; Vesco ! ; Ribourt ! ; Savatier* 934 !).
Distrib. géogr. Iles Viti et Nouvelles-Hébrides. Les nombreuses autres formes de cette espèce se rencontrent dans les régions tropicales de l'Ancien Monde.

XVII. — CYPHOLOPHUS *Wedd.*

Fleurs monoïques ou dioïques. Périanthe des fleurs mâles à quatre divisions valvaires ; quatre étamines ; rudiment de l'ovaire glabre ; disque poilu. Périanthe des fleurs femelles tubuleux, ventru, à quatre dents inégales. Ovaire adhérent au périanthe. Stigmate linéaire, recourbé, poilu, papilleux d'un seul côté. Achaine renfermé dans le calice devenu légèrement charnu. Graine conforme à la cavité du fruit. Cotylédons elliptiques.

Arbres ou arbustes à feuilles opposées. Fleurs en glomérules axillaires, sessiles.

Environ 9 espèces, habitant la Malaisie et les îles du Pacifique.

1. C. macrocephalus Wedd., in *Ann. sc. nat.*, sér. 4, I, 198, *Monogr.*, 434, t. 12, et in A.DC., *Prodr.*, XVI, 1, 235 [10]; Nadeaud, *Enum.*, n. 315.

Bœhmeria Harveyi Seem., in *Bonpl.*, 239; *B. mollis* Wedd., in *Ann. Sc. nat.*, *l. c.*, 203.

Arbre (haut de 5 à 6 mètres) à rameaux d'un fauve-clair, velus au sommet, hispides ou glabres à leur partie inférieure. Feuilles ovales-oblongues, acuminées (longues de 7 à 11 cent.; larges de 3 à 4; pétiole long de 1 à 2 cent.), dentées en scie, triplinerviées, rugueuses et parsemées de poils rares en dessus, plus fortement pubescentes sur les nervures en dessous. Pétiole très velu. Stipules (longues de 1 à 2 cent.) linéaires-oblongues, aiguës, ciliées sur la nervure dorsale, caduques. Périanthe des fleurs mâles à divisions oblongues-aiguës, mucronulées au-dessous de leur sommet, pubescentes en dehors, glabres en dedans. Périanthe des fleurs femelles légèrement hérissé.

Iles de la Société (*Banks et Solander*) : Tahiti : Monts Taraiabu à 6-700 m. d'altitude (*Lépine* 105!), aux bords des torrents (*Nadeaud* 315!).
Distrib. géogr. Iles Hawaï et Malaisie.

XVIII. — PIPTURUS *Weddell.*

Fleurs dioïques. Périanthe des fleurs mâles à quatre ou cinq divisions. Quatre ou cinq étamines. Rudiment de l'ovaire laineux. Périanthe des fleurs femelles tubuleux, atténué au sommet, à quatre ou cinq dents très petites. Ovaire adné au périanthe; style pubescent d'un seul côté, caduc. Achaine renfermé dans le périanthe persistant. Graine conforme à la cavité du fruit. Cotylédons larges.

Arbres ou arbrisseaux. Feuilles alternes, trinerviées. Fleurs en glomérules axillaires, sessiles ou espacés le long du rachis d'un épi simple ou rameux.

Environ 8 espèces, habitant la Polynésie, l'Australie et la Malaisie.

1 { Glomérules en épis ou en panicules		2
{ Glomérules sessiles.	1. **P. albidus** *Wedd*.	
2 { Glomérules en épis.	2. **P. argenteus** *Wedd*.	
{ Glomérules en panicules lâches.	3. **P. incanus** *Wedd*.	

1. P. albidus Wedd., in A.DC., *Prodr.*, XVI, 1, 245 [17]; Nadeaud, *Enum.*, n. 313.

Bœhmeria albida Hook. et Arn., *Bot. Beech.*, 96 ; *P. tahitensis* Wedd., in *Ann. Sc. nat.*, 4e sér., I, 197.

Arbre de 7 à 8 mètres. Rameaux couverts d'une pubescence cendrée, fortement accentuée au sommet et sur les pétioles, disparaissant plus ou moins dans la vieillesse. Feuilles de dimensions très variables (atteignant une longueur de 15 cent., et une largeur de 8), ovales-aiguës, ou même acuminées, cordées à la base, plus ou moins crénelées, trinerviées, blanchâtres, tomenteuses et à nervures plus ou moins velues en dessous, faiblement pubescentes en dessus. Pétiole égalant à peu près le limbe. Stipules lancéolées, pubescentes extérieurement. Fleurs mâles ou femelles en glomérules distincts, sessiles. Périanthe mâle à divisions ovales-aiguës, pubérulentes ; périanthe femelle oblong-aigu, pubérulent ainsi que le style.

Var. *tahitensis* Nadeaud, *l. c.*

Feuilles terminées par une petite pointe subulée.

Iles de la Société : Tahiti : Montagnes de Fataua (*Lépine* 106 !); vallée de Pua (*Nadeaud* 313 !).
Distrib. géogr. Iles Hawaï.

2. P. argenteus Weddell, in A.DC., *Prodr.*, XVI, 1, 235 [19].

Urtica argentea Forst., *Prodr.*, n. 343; *Bœhmeria Candolleana* Gaudich., *Voy. Freyc.*, t. 148. *B. argentea* Guill., *Zeph. Tait.*, n. 165. *P. propinquus* Weddell, *Monogr.*, 447 ; Seem., *Flor. Vit.*, 244.

Arbre (haut de 6 à 7 mètres) à rameaux couverts, surtout dans leur jeunesse, de poils argentés. Feuilles (longues de 10 à 15 cent.; larges de 5 à 7) ovales-acuminées, recourbées au sommet, entières, trinerviées ; face supérieure presque glabre, non cendrée ; face inférieure couverte de poils glanduleux cendrés, tomenteuse-argentée ailleurs. Pétiole (long de 5 à 8 cent.) revêtu d'une pubescence glanduleuse cendrée. Fleurs en glomérules sessiles, espacés sur le rachis d'un épi simple ou composé. Ovaire pubescent.

Iles de la Société (*Forster*) : Tahiti : Montagnes de Fataua à 6-700 m. d'altitude (*Lépine* 104 !). Vallées fraîches (*Nadeaud* 312 !).
Distrib. géogr. Océanie.

3. P. incanus Wedd., in A. DC., *Prodr.*, XVI, 235 [18].

Urtica incana Blume, *Bijdr.*, 497 ; *P. velutinus* Wedd., *Monogr.*, 446 ; Seem., *Flor. Vit.*, 243. *Urtica argentea* Soland,, *l. c.;* 345, et Parkins, *l. c.*, t. 101, 102 (Seem. *l. c.*).

Diffère du *P. argenteus* Wedd., par une teinte générale plus terne, par ses feuilles plus grandes et moins longuement acuminées, plus hispides sur la face supérieure, et par ses glomérules de fleurs disposés en panicules lâches.

Iles de la Société : Tahiti (*Banks et Solander; Lesson!; d'Urville!*). — Iles Marquises (*Barclay; Savatier* 923 !).

XIX. — MAOUTIA *Wedd.*

Fleurs monoïques ou dioïques. Périanthe des fleurs mâles à cinq divisions ovales-aiguës, valvaires. Cinq étamines. Rudiment de l'ovaire laineux. Périanthe des fleurs femelles le plus souvent nul. Ovaire ovoïde. Stigmate pénicillé, sessile ou brièvement pédicellé. Achaine ovale, légèrement comprimé. Graine conforme à la cavité du fruit. Cotylédons elliptiques.

Arbrisseaux à feuilles alternes. Fleurs en petits glomérules espacés le long du rachis d'une panicule ou à l'aisselle de ses rameaux. Glomérules mâles à bractées scarieuses.

Environ 8 espèces, habitant l'Inde, Malaisie et la Polynésie.

1. M. australis Wedd., *Monogr.*, 480, et in A. DC., *Prodr.*, XVI, 1, 235 [32].

Urtica candicans Soland., *l. c.*, 326 (ex Seem.).

Arbre le plus souvent dioïque. Rameaux couverts sur leur partie supérieure, ainsi que sur les pétioles, de poils blanc-cendré. Feuilles ovales-acuminées (longues de 12 cent.; larges de 6; pétiole de 3 cent.), trinerviées, dentées en scie, sauf vers le bas; dents ovales-aiguës; face supérieure verte, presque glabre; face inférieure d'un blanc cendré, pubescente sur les nervures. Stipules oblongues, subulées, soyeuses. Fleurs en cymes axillaires ombelliformes, égalant à peu près les pétioles, à rameaux divariqués, pubérulents. Périanthe des fleurs mâles à divisions scarieuses ovales-aiguës, pubérulentes. Filets des étamines courts. Ovaire hispide. Stigmate recourbé. Achaines terminés en bec court.

Iles de la Société (*Banks et Solander; Bidwill*) : Tahiti, montagnes au-dessus du lac Vairia à 700 m. d'altitude (*Lépine* 102 !).
Distrib. géogr. Iles Viti.

Espèce douteuse.

Morus insularis *Spreng.*, *Syst.*, 1, 492; Bur., in A. DC., *l. c.*, XVII, 248.

ORCHIDACÉES.

Fleurs hermaphrodites. Trois sépales le plus souvent pétaloïdes. Trois pétales, l'extérieur ou *labelle*, différent des autres. Organes sexuels unis et formant le *gynostème*, indépendant de la corolle, ou diversement uni au labelle par sa partie inférieure ou colonne, et terminé au sommet par l'*androcline* ou *clinandre*. En général une seule anthère fertile, biloculaire, reposant sur le clinandre. Les cinq autres (trois inférieures et deux supérieures) réduites à l'état de staminodes très variés d'aspect, ou même entièrement avortées. Pollen cireux ou pulvérulent, agglutiné en masses ou *pollinies* variables en nombre (d'une à quatre dans chaque loge), rattachées ou non à des caudicules souvent glandulo-visqueuses à leur extrémité. Ovaire infère, uniloculaire, à trois placentas pariétaux ; ovules très nombreux. Trois stigmates ; généralement un seul apte à recueillir le pollen ; les deux autres libres ou unis, formant vers le centre et en avant de la fleur un organe proéminent appelé *rostellum*. Capsule déhiscente, trivalve. Graines extrêmement ténues, dépourvues d'albumen.

Plantes herbacées, vivaces, terrestres ou épiphytes. Rhizome traçant ou tubérifère. Racines fibreuses. Tiges allongées ou très raccourcies. Rameaux souvent épaissis en une masse charnue, perennante, appelée *pseudo-bulbe*. Feuilles le plus souvent engaînantes, quelquefois articulées. Inflorescences terminales ou latérales.

Famille comprenant un nombre très grand d'espèces répandues dans les contrées chaudes et tempérées du globe.

1	Inflorescences terminales.	2
	Inflorescences latérales ou pseudo-terminales.	12
2	Feuilles non équitantes (quelquefois nulles).	3
	Feuilles distiques, équitantes	II. **Oberonia** *Lindl.*
3	Feuilles de dimensions normales. . .	4
	Feuilles nulles ou très petites (racines simulant des feuilles linéaires). . .	XII. **Tæniophyllum** *Bl.*
4	Labelle bossu ou éperonné	5
	Labelle ni bossu ni éperonné	8
5	Labelle bossu	6
	Labelle éperonné.	7
6	Plantes épiphytes.	IX. **Earina** *Lindl.*
	Plantes terrestres.	XIII. **Hetæria** *Blume.*
7	Stigmates pourvus d'appendices linéaires	XVI. **Habenaria** *Willd.*
	Stigmates sans appendice linéaire . .	X. **Calanthe** *Br.*
8	Labelle auriculé à la base.	I. **Microstylis** *Nutt.*
	Labelle non auriculé	9
9	Sépales réfléchis au moins dans leur partie supérieure.	10
	Sépales dressés.	11
10	Tiges pauci- ou unifoliées. Feuilles de dimensions petites ou moyennes. .	III. **Liparis** *L. C. Rich.*
	Feuilles nombreuses de grandes dimensions	XI. **Arundina** *Bl.*

11 {	Tiges unifoliées	XV. **Pogonia** *Juss.*
	Tiges plurifoliées.	XIV. **Mœrenhoutia** *Bl.*
12 {	Pseudo-bulbes portant à leur sommet une ou deux feuilles	13
	Tiges plurifoliées.	14
13 {	Sépales latéraux égalant le postérieur.	V. **Bulbophyllum** *Thouars.*
	Sépales latéraux très allongés. . . .	VI. **Cirrhopetalum** *Thouars.*
14 {	Plantes épiphytes	15
	Plantes terrestres.	VIII. **Spathoglottis** *Bl.*
15 {	Fleurs petites	VII. **Eria** *Lindl.*
	Fleurs moyennes.	IV. **Dendrobium** *Sw.*

Tribu I. — Epidendrées.

Pollinies libres. Pollen cireux.

I. — MICROSTYLIS *Nutt.*

Sépales presque égaux, étalés. Pétales latéraux généralement plus étroits que les sépales. Labelle muni à sa base de deux oreillettes aiguës, embrassant le gynostème ; celui-ci à deux ailes obtuses. Anthère dressée, arrondie. Quatre pollinies Capsule ovoïde.

Plantes terrestres à tige feuillée. Hampe terminale.

Environ 40 espèces, habitant l'Europe, l'Asie, l'Amérique et l'Océanie.

1. M. resupinata.

Epidendrum resupinatum Forst., *Prodr.*, n. 322 ; *Microstylis plantaginea* Nutt., ex Pancher, in Cuzent, *Tahiti*, 239 ; *Pterochilus plantagineus* Hook. et Arn., *l. c.; M. Rheedii* Guill., *Zeph. Tait.*, n. 142 (non Lindl).

Plante (haute de 30 cent. environ) dressée. Racine fibreuse. Feuilles (longues de 15 à 20 cent. ; larges de 3 à 5) elliptiques-lancéolées, acuminées, rétrécies en pétiole canaliculé, embrassant, un peu plus court que le limbe. Hampe dépassant les feuilles, fleurie sur son tiers supérieur ; les deux tiers inférieurs munis de cinq ou six bractées stériles, linéaires-aiguës ; bractées fertiles ovales-acuminées (longues de 2 à 3 mill.); 10-15 fleurs (longues environ de 1 cent.). Pédicelles grêles. Sépales oblongs, obtus (longs de 3 mill.). Pétales latéraux linéaires aigus. Labelle arrondi antérieurement, incisé-denté ; auricules aiguës, presque aussi longues que les pétales. Capsule oblongue, obtuse, atténuée à la base (longue de 1 à 2 centimètres).

Iles de la Société (*Lay et Collie*) : Tahiti, vallée de Fataua, à 700 m. d'altitude (*Lépine* 30!); sans désignation de localité (*Bertero et Mœrenhout!; Vesco!; Hombron!; Nadeaud!*).

La description de Forster, rapportée par Guillemin (*Zeph. Tait.*, n. 142); et la figure de Hooker et Arnott s'appliquent parfaitement à tous les échantillons de cette espèce que j'ai vus. Le nom de Forster, étant le plus ancien, doit être préféré à celui de ces derniers auteurs. Le *Microstylis platycheila*, Reich. f. semble, malgré l'opinion de Bentham et de Hooker (*Gen.* III, 494), une plante différente, aucun des termes de la description de l'auteur ne s'appliquant parfaitement à la plante ci-dessus. Le *M. Rheedii* Lindl. en diffère certainement par ses feuilles plus petites, plus ovales, son épi plus grêle, et son labelle moins profondément incisé.

II. — OBERONIA *Lindl.*

Sépales libres, étalés. Pétales plus étroits que les sépales. Labelle sessile. Colonne courte. Anthère incombante ; quatre pollinies.

Plantes épiphytes, sans pseudo-bulbes ; feuilles généralement équitantes. Inflorescences terminales. Fleurs petites.

Environ 50 espèces habitant l'Asie tropicale, l'Australie et les îles du Pacifique.

Feuilles caulinaires distiques. . . . . 1. **O. glandulosa** *Lindl.*
Feuilles presque toutes radicales . . . . . . 2. **O. tahitensis** *Lindl.*

1. O. glandulosa Lindl., *Fol., Orch.* 37.

Epidendrum equitans Forst., *Prodr.*, 316 ; *Oberonia brevifolia* Brongn., *Voy. Coq.*, 199 (non Lindl.) ; Guill., *Zeph. Tait.*, n. 140 ; *Malaxis glandulosa* Reich. f., in Walp., *Ann.*, VI, 215 ; Nadeaud, *Enum.*, n. 261 ; Seem., *Fl. Vit.*, 302.

Plante haute de 10 à 15 cent. Feuilles lancéolées, équitantes, d'un vert pâle. Inflorescence en épi allongé, glanduleuse dans toutes ses parties. Bractées linéaires-aiguës, plus courtes que les fleurs. Celles-ci nombreuses, petites, d'un jaune pâle. Sépales ovales-triangulaires. Pétales plus étroits que les sépales. Labelle obovale cunéiforme, émarginé ou denticulé au sommet. Capsule ovoïde, à dix côtes saillantes.

Iles de la Société (*Forster ; Lay et Collie*) : Tahiti (*Bertero et Mœrenhout! ; Vesco! ; Savatier* 793! ; *Nadeaud* 261!) ; Borabora (*d'Urville*).

2. O. tahitensis Lindl., *l. c.*

Malaxis tahitensis Reich. f., *l. c.* 208 ; *Oberonia iridifolia* Hook., *Bot. Mag.*, t. 4517 (non Lindl.).

Tige presque nulle. Feuilles presque toutes radicales (longues de 8 à 10 cent.) oblongues-aiguës. Épi un peu plus long qu'elles, couvert de fleurs d'un jaune brun. Bractées doublement dentées. Sépales verruqueux. Pétales linéaires entiers. Labelle oblong arrondi, denticulé à la base, divisé vers le sommet en deux lobes entiers.

Iles de la Société (*Bidwill*).

III. — LIPARIS *L. C. Rich.*

Sépales généralement étroits, réfléchis. Pétales à peu près sembla-bles aux sépales. Labelle souvent étalé, légèrement uni au gynostème par sa base. Colonne faiblement recourbée, ailée au sommet. Anthère incombante, quatre pollinies. Capsule obovoïde. Plantes souvent para-sites, avec ou sans pseudo-bulbe. Tiges fréquemment à plusieurs feuilles, mais toujours à une seule feuille dans les espèces suivantes. Inflorescence terminale.

Environ 100 espèces répandues dans toutes les régions chaudes et tem-pérées.

1 {	Plante munie de pseudo-bulbes.	2
	Plante dépourvue de pseudo-bulbes. . .	1. **L. revoluta** *Hook. et Arn.*
2 {	Inflorescence à 3-5 fleurs	3
	Fleur solitaire. Plante haute de 2 centi-mètres à peine	4. **L. minuta** *sp. nov.*
3 {	Plante haute de 10 à 20 centimètres . .	2. **L. clypeolum** *Lindl.*
	Plante ne dépassant pas une hauteur de quelques centimètres	3. **L. cuspidata** *Ridley.*

1. **L. revoluta** Hook. et Arn., *Bot. Beech. Voy.*, 70, t. 16 ; Guill., *Zeph. Tait.*, n. 143 ; Nadeaud, *Enum.*, n. 253 ; Ridl., *Monogr.*, in *Journ. Linn. Soc., Bot.*, XXII, 289.

Plante parasite (haute de 10 à 25 cent.). Tiges à une seule feuille linéaire-oblongue (longue de 10 cent., large de 5 mill.). Hampe por-tant de 15 à 20 fleurs. Bractées linéaires, subulées (les stériles longues de 7 à 12 mill. ; les fertiles longues de 4). Fleurs blanches (5 millim.) brièvement pédicellées. Sépales ovales-oblongs aigus. Pétales latéraux linéaires, enroulés. Labelle ovale-oblong, à bords repliés à la base, enroulé à l'extrémité. Colonne étroite presque cylindrique.

Iles de la Société : Tahiti, vallée de Papenoo et d'Orofero (*Nadeaud* 263!); sans désignation de localité (*Lay et Collie; Vesco!; Lépine!*).

2. **L. clypeolum** Lindl., *Orch.*, 29; Guill., *Zeph. Tait.*, n. 26; Pancher, in Cuzent, *Tahiti*, 239; Nadeaud, *Enum.*, n. 262; Ridley, *l. c.*, 266.

Cymbidium clypeolum Willd. ; *Epidendrum clypeolum* Forst. *Prodr.*, 323.

Plante parasite ou terrestre. Pseudo-bulbes à écailles lâches, mem-braneuses, blanchâtres. Tige à une seule feuille ovale-aiguë (longue de 8 à 10 cent. ; large de 7 à 10). Hampe florale nue sur ses deux tiers inférieurs, cinq à six fleurs petites (1 centim.). Bractées linéaires membraneuses, très petites. Pédicelles grêles. Sépales et pétales li-néaires, étroits. Labelle arrondi, émarginé. Gynostème légèrement recourbé. Capsule oblongue obovale.

Iles de la Société : Tahiti, vallée d'Arue et mont Marau (*Nadeaud* 262 !);
sans désignation de localité (*Vesco !; Lépine* 33 !).
Distrib. géogr. Iles Samoa.

3. L. cuspidata *Ridley*, *l. c.*

Diffère du précédent par sa plus petite taille et son labelle cuspidé.

Iles de la Société : Tahiti (*Lay et Collie*).
Je n'ai pas vu cette espèce.

4. L. minuta *sp. nov.*

Plante très basse (ne dépassant guère 1 cent.). Racine fibreuse. Pas
de pseudo-bulbes. Feuille ovale, cordée à la base (longue de 10 à
12 mill.; large de 6 à 7). Fleur dépassant à peine la feuille. Bractée
linéaire, très étroite (4 à 5 mill.). Sépale postérieur oblong, atténué
à la base, concave. Sépales et pétales latéraux très étroits. Labelle
cordiforme, atténué à la base, émarginé au sommet. Ailes du gynostème arrondies. Ovaire oblong, dépassant à peine la bractée.

Iles de la Société : Tahiti, sur l'écorce des arbres (*Lépine* 16 !).

IV. — DENDROBIUM *Swartz*.

Sépales le plus souvent connivents; les deux antérieurs unis en
sac bossu ou éperonné. Pétales généralement plus petits que les sépales. Labelle incombant ou adné à la colonne, atténué en un onglet
plus ou moins long, coudé et renfermé dans le sac des sépales. Gynostème généralement court, ailé au sommet, portant souvent deux
appendices courts. Anthère incombante. Quatre pollinies. Capsule
ovoïde ou oblongue.

Plantes épiphytes munies de pseudo-bulbes, à tiges allongées ou
raccourcies. Inflorescences latérales (quelquefois pseudo-terminales).

Vaste genre comprenant environ 300 espèces, répandues dans les régions
tropicales de l'Asie et de l'Océanie.

1 { Feuilles planes		2
{ Feuilles cylindriques.	4. D. crispatum *Swartz.*	
2 { Feuilles oblongues-lancéolées.		3
{ Feuilles linéaires, étroites	1. D. biflorum *Swartz.*	
3 { Lobe médian du labelle aigu.	2. D. involutum *Lindl.*	
{ Lobe médian du labelle obtus	3. D. glossotis *Reich. f.*	

1. D. biflorum Sw. in *Act. Holm.*, 1880, 246; Lindl., *Bot. Reg.*
1756; Endl., *Fl. Suds.*, n. 788; Guill., *Zephyr. Tait.*, n. 146; Nadeaud, *Enum.*, n. 266; Seem., *Flor. Vit.*, 303.

Epidendrum biflorum Forst., *Prodr.* n. 318; Pancher, in Cuzent,
l. c., 239.

Noms indigènes : *Mave; Ofe-ofe.*

Racine fibreuse. Tiges grêles, cylindriques, articulées, garnies sur toute leur longueur de feuilles linéaires-lancéolées (longues de 7 à 8 cent., larges de 2 à 8 mill.). Inflorescences biflores, raccourcies, à bractées petites, scarieuses, engaînantes. Pédicelles longs de 2 cent. environ. Sépales linéaires-lancéolées, à pointe sétacée. Sac court. Pétales étroits. Labelle onguiculé, à trois lobes; les latéraux courts, aigus; le médian étroit, allongé, fimbrié. Capsule oblongue.

Iles de la Société : Tahiti, vallées (*Forster; Lay et Collie; Mathews; Lépine* 21!; *Vesco!; Savatier!; Nadeaud* 266!).

2. D. involutum Lindley, in *Journ. Linn. Soc. (Bot.)*, III, 15.

Racine fibreuse. Souche courte, émettant plusieurs tiges grêles, pendantes, cylindriques, articulées. Feuilles nombreuses charnues; gaînes (longues de 1 cent.) striées; limbe oblong, lancéolé, obliquement émarginé au sommet (long de 3 cent. large de 8 mill.). Inflorescences raccourcies. Sépales linéaires-lancéolés, terminés en pointe recourbée. Pétales plus étroits, subulés. Labelle à trois lobes, le médian allongé, crispé, enroulé; les latéraux obtus. Gynostème muni en avant de deux petits appendices obtus.

Iles de la Société : Tahiti (*Mathews; Lépine* 25!; *Vesco!; Savatier!; Nadeaud!*).

3. D. crispatum Reich. f., *Xenia Orchidacea*, III, 31.

Tige dressée, articulée. Feuilles ligulées, acuminées. Lobe médian du labelle légèrement obtus (1).

Iles de la Société : Tahiti (*Wilkes*).
Distrib. géogr. Iles Viti.

4. D. crispatum Sw., in *Act. Holm.*, 1800, 247; Guill., *Zeph. Tait.*, n. 148; Pancher, in Cuzent, *Tahiti.* 239; Nadeaud, *Enum.*, n. 267; Seem., *Flor. Vit.*, 303.

Epidendrum crispatum Forst., *Prodr.*, n. 318.

Racine fibreuse. Tiges rameuses, articulées, lisses. Feuilles cylindriques rugueuses (longues de 10 cent.). Cinq ou six fleurs blanches (longues de 2 cent.). Pédicelles grêles. Sépales et pétales linéaires, sétacés. Sac deux ou trois fois plus court que le limbe des sépales. Labelle brièvement unguiculé; limbe cunéiforme, longuement lancéolé,

(1) « Affine *D. secundo* Lindl. et *Achillis* Reich. f.; caule elato sicco sulcato « breviarticulato, foliis papyraceis ligulatis acuminatis (3″ longis 2/3 latis), « racemis brevissimis, bracteis triangulis acutis membranaceis, sepalis ligu- « latis acutis, perula oblonga obtusa, sepalis ligulatis acutis, labello ab ungue « lineari, apice trilobo, lobo medio producto obtusiusculo, lobis lateralibus « obtusangulis, minutissime denticulatis, auriculis geminis erectis ante un- « guem transversis, androclinio 5-dentato. »

à bords crispés, muni au centre de trois arêtes longitudinales, ondulées.

Iles de la Société : Tahiti, à Teoa et Farerauape (*Nadeaud* 267!), sans désignation de localité (*Mœrenhout!; Hombron!; Vesco!; Lépine* 20!; *Savatier!*).

M. Nadeaud cite le *D. linguaeforme* Sw. comme indigène à Tahiti. Je n'en ai vu aucun échantillon bien authentique. Une Orchidée rapportée par Lépine, Savatier et Nadeaud semble s'en rapprocher. Elle est sans fleurs. La souche est rampante. La gaîne des feuilles est épaisse; les feuilles (longues de 5 à 6 cent.; larges de 15 à 18 mill.) sont oblongues, atténuées à la base. Ses grappes sont courtes, grêles, les bractées petites, triangulaires.

V. — BULBOPHYLLUM *Thouars.*

Sépales égaux, étalés; les latéraux brièvement unis en sac. Pétales plus courts que les sépales. Labelle contracté à la base, articulé avec le gynostème, incombant. Gynostème court, à deux ailes. Anthère terminale. Quatre pollinies. Capsule ovoïde ou oblongue.

Plantes parasites, munies de pseudo-bulbes portant une ou deux feuilles. Hampe florale nue, naissant latéralement au pseudo-bulbe.

Environ 80 espèces, répandues surtout dans l'Asie et l'Afrique tropicales, plus rares en Australie et en Amérique.

1. B. tahitense Nadeaud, *Enum.*, n. 265.

Rhizome traçant, écailleux. Feuille oblongue, atténuée au sommet et à la base (longue de 15 à 20 cent. ; large de 2 à 3). Hampe florale au moins deux fois plus longue que la feuille, droite, cylindrique et lisse sur la moitié inférieure non fleurie, sinueuse, articulée et à côtes sur sa moitié supérieure, portant 10, 20 fleurs et plus. Bractées ovales-aiguës, caduques. Fleurs (longues de 3 cent. environ) pédicellées. Sépales linéaires-oblongs, acuminés; le supérieur dressé, les latéraux courbés en dehors. Pétales latéraux ovales-aigus, très petits. Labelle ligulé, acuminé, élargi à la base. Divisions du périanthe d'un rouge violet, marquées de lignes longitudinales.

Iles de la Société : Tahiti, montagnes de Taravao vers 800 m. (*Lépine!*), vallées de Haaripo et Papeiha (*Nadeaud* 265!).

VI. — CIRRHOPETALUM *Thouars.*

Sépales latéraux plus longs que le postérieur. Ailes du gynostème prolongées en cornes. Le reste comme dans les *Bulbophyllum.*

Une trentaine d'espèces, presque toutes originaires de l'Inde et de la Malaisie.

1. C. Thouarsii Lindl., [*Orch.*, 58; Guill., *Zeph. Tait.*, n. 145; Pancher, *l. c.*

Epidendrum umbellatum Forst., *Prodr.*, n. 323 (non Sw.); *Cymbidium umbellatum* Spreng., *Syst.*, III, 273; *Zygoglossum umbellatum* Reinw., *Syll.*, II, 4; *Cirrhopetalum umbellatum* Hook. et Arn., *Bot. Beech.*, 71; *Bulbophyllum longiflorum* Thouars, *Orch. Afr.*, t. 98; Seem., *Flor. Vit.*, 803; Nadeaud, *Enum.*, 264.

Nom indigène à Tahiti : *Mafatu-anae.*

Pseudo-bulbes tétragones; une seule feuille oblongue. Hampe allongée portant de 6 à 8 fleurs d'un jaune pâle. Sépale postérieur ovale-aigu, terminé en pointe sétacée; les latéraux oblongs linéaires. Pétales latéraux ovales-aigus, ciliés. Labelle charnu, comprimé, ligulé. Cornes du gynostème denticulées.

Iles de la Société : Tahiti, sur les arbres, dans les vallées basses (*Forster; Lay et Collie; Vesco!; Lépine!; Savatier* 793!; *Nadeaud* 264!).
Distrib. géogr. Polynésie, Malaisie, Madagascar.

VII. — ERIA *Lindl.*

Sépales plus ou moins inégaux, les latéraux formant un sac court, ou légèrement proéminent. Pétales presque semblables aux sépales. Labelle contracté à la base, quelquefois articulé, appliqué contre le gynostème. Celui-ci court, large, quelquefois muni d'une dent au sommet en arrière. Anthère incombante; huit pollinies.

Plantes le plus souvent épiphytes, munies ou non de pseudo-bulbes. Feuilles quelquefois équitantes et articulées. Fleurs en grappes latérales.

Environ 90 espèces habitant l'Inde, la Chine et l'Océanie.

1 {	Feuilles articulées	2
	Feuilles non articulées	1. **E. Vieillardi** *Reich. f.*
2 {	Plantes dépourvues de pseudo-bulbes . . .	3
	Plantes munies de pseudo-bulbes faiblement développés.	2. **E. tahitensis** *Lindl.*
3 {	Épis verdâtres	3. **E. Myosurus.**
	Épis rougeâtres.	4. **E. Mathewsii** *Reich. f.*

1. **E. Vieillardi** Reich. f. in *Linnæa* XLI, 86; Drake, *Ill. Fl. Ins. Mar. Pac.*, t. 41.

Plante parasite ou pseudo-parasite (haute de 20 à 30 cent.), dépourvue de pseudo-bulle. Tige feuillée, renflée, écailleuse à la base. Feuilles (longues de 7 à 12 cent., larges de 8 à 15 mill.). Bractées ovales-aiguës, très petites. Fleurs petites, brièvement pédicellées. Périanthe long de 2 ou 3 millimètres. Sépales et pétales oblongs aigus. Labelle articulé oblong-rhomboïdal, aigu. Ovaire linéaire (long de 1 cent. environ).

Iles de la Société : Tahiti (*Vesco!; Lépine!; Nadeaud!; Savatier!*).
Distrib. géogr. Nouvelle-Calédonie.

2. **E. tahitensis** Reich. f., in Seem., *Flor. Vit.*, 30 ; Drake, *l. c.*,
t. 50.

Phreatia tahitensis Lindl., in *Journ. Linn. Soc., Bot.*, III, 12.

Plante haute de 15 à 25 centimètres. Pseudo-bulbes faiblement développés. Feuilles linéaires-oblongues (mesurant 10-18 cent. sur
1 2 environ) obliquement bilobées au sommet. Épi égalant à peu
près la feuille, portant sur sa moitié ou son tiers supérieur, environ
vingt ou trente fleurs. Bractées fertiles ovales-aiguës, concaves, égalant la fleur ; les stériles engainantes, à limbe nul ou presque nul.
Fleurs blanches, brièvement pédicellées (longues de 5 mill.). Sépale
postérieur oblong, concave ; les latéraux unis en un sac proéminent, presque aussi long que le reste de la fleur. Labelle rhomboïdal,
aigu, contracté, en un onglet coudé, articulé, brusque élargi dans sa
portion inférieure. Rostellum à deux lobes acuminés.

Iles de la Société : Tahiti (*Bidwill ; Vesco! ; Lépine* 17!; *Nadeaud!*).

3. **E. Myosurus** Reich. f., in Seem., *Fl. Vit.*, 300 (non in *Bonplandia*, 1857).

Epidendrum Myosurus Forst., *Prodr.*, n. 317 ; *Oberonia Myosurus*
Lindl., *Orch.*, 16 ; *Dendrobium Myosurus* Swartz, in *Act. Ac. Ups.*, VI,
82 ; *Titania miniata* Guill., *Zephyr. Tait.*, n. 141 ; Pancher, in Cuzent,
l. c. (non Endl., *Fl. norf.*, n. 71).

Plante basse, dépourvue de pseudo-bulbes, d'un vert clair après la
dessiccation. Feuilles linéaires (longues de 10 cent. ; larges de 7 mill.),
obliquement bilobées au sommet. Épis grèles, dépassant peu les
feuilles. Bractées translucides, énerviées, très petites : les stériles
oblongues-acuminées, à peine embrassantes ; les fertiles oblongues
sétacées, ne dépassant pas les fleurs complètement développées.
Fleurs d'un blanc verdâtre. Sépales ovales-aigus, les latéraux faiblement unis en sac. Pétales latéraux ligulés ; rostellum faiblement bilobé.

Iles de la Société (*Forster ; Lay et Collie*) : Tahiti (*Savatier!*).
Le *Titania miniata* Endl. doit être placé dans le genre *Oberonia* Lindl. (*O.
Titania* Lindl.). Le *Phreatia Myosurus* Lindl., in *Linn. Soc. Journ. bot.*, III, 61
(*Eria Myosurus* Reich., in *Bonplandia*, 1857) devrait, suivant Reichenbach f.,
être appelé *E. stachyurus* (cf. Seem. *Flor. Vit.*, 301).

4. **E. Mathewsii.**
P. Mathewsii Reich. f., *Xen. Orch.*, III, 31.

Plante basse, sans pseudo-bulbes. Feuilles linéaires (longues de
10 cent. ; larges de 4 mill.), d'un vert foncé après la dessiccation. Inflorescences prenant dans l'herbier une teinte rougeâtre, au moins aussi
longues que la feuille, et devenant une fois plus longues à la maturité
des fruits. Bractées faiblement nerviées : les stériles peu nombreuses,

embrassantes, sétacées-acuminées ; les fertiles plus courtes, ne dépassant pas les ovaires dans les fleurs complètement développées. Sépales ovales-triangulaires, aigus; les latéraux faiblement unis en sac. Pétales latéraux plus étroits, rétrécis à la base; labelle ligulé, concave à la base. Rostellum entier. Ovaire obovale-oblong.

Iles de la Société : Tahiti (*Mathews; Vesco!; Lépine!; Wilkes!; Nadeaud!*).

VIII. — SPATHOGLOTTIS *Blume.*

Sépales oblongs, presque égaux. Pétales à peu près semblables aux sépales. Labelle sessile à la base du gynostème, à trois lobes, dont deux latéraux dressés : le médian atténué en onglet, long, étroit, auriculé à la base. Gynostème étroit, presque cylindrique, arqué, muni vers son sommet de deux petites ailes. Anthère incombante. Huit pollinies. Capsule oblongue.

Plantes terrestres, à rhizome rampant. Hampe florale naissant directement du rhizome ou de la base des pseudo-bulbes.

Une dizaine d'espèces, habitant l'Asie, la Malaisie et les îles du Pacifique.

1. S. pacifica Reich. f., in Seem., *Flor. Vit.*, 300.
Plante haute de plusieurs décimètres. Feuilles grandes, ovales-oblongues. Lobe médian du labelle cordiforme, émarginé au sommet.

Iles de la Société : Tahiti (*Hombron ?*). — Iles Wallis (*Graeffe*).
Distrib. géogr. Iles Viti et Samoa.

IX. — EARINA *Lindl.*

Sépales étalés; presque égaux; pétales presque semblables aux sépales. Labelle dressé concave à la base, trilobé; les lobes latéraux dressés, le médian entier (sauf dans les espèces néo-zélandaises). Gynostème court, épais. Anthère incombante. Quatre pollinies.

Herbes épiphytes, dépourvues de pseudo-bulbes. Fleurs petites, en panicules à rameaux courts.

Environ 7 espèces : 2 originaires de la Nouvelle-Zélande, 4 ou 5 de la Nouvelle-Calédonie ou des îles du Pacifique.

1. E. laxior Reich. f., *Xenia Orchidacea*, 29 (1).

(1) « Foliis in ima caulis basis distichis, lineari-ligulatis apice minute bilo-
« bis, pedunculum subæquantibus, pedunculo elongato angusto transectione
« plano convexo, vagina unica prope obliterata, inflorescentia paniculata
« brachyclada ramis a bracteis tectis ut in *E. Deplanchei* R. f. »

Feuilles distiques insérées à la base de la tige, linéaires-ligulées, égalant presque le pédoncule; celui-ci étroit, allongé; gaine presque nulle; inflorescence à rameaux courts, recouverts par les bractées.

Iles de la Société : Tahiti (*Wilkes*).
Je n'ai pas vu cette plante.

X. — CALANTHE *Br*.

Sépales presque égaux, libres dressés. Pétales à peu près semblables aux sépales. Labelle enveloppant le gynostème par son onglet, éperonné à sa base, glanduleux au milieu, trilobé au sommet. Gynostème court, muni d'ailes auxquelles le labelle est adné. Anthère presque terminale (trois (?) anthères fertiles dans le *C. triantherifera* Nadeaud), à deux loges contenant chacune quatre pollinies oblongues, atténuées en caudicules qui les rattachent ensemble. Capsule oblongue.
Plantes terrestres. Tige feuillée. Grappe terminale.

Environ 40 espèces, habitant principalement l'Asie tropicale.

1	Une seule anthère fertile.		2
	Trois anthères fertiles	4. **C. triantherifera** *Nadeaud*.	
2	Fleurs assez petites (2 cent.).		3
	Fleurs assez grandes (4 ou 5 cent.). . .	3. **C. grandiflora** *Nadeaud*.	
3	Éperon plus long que la fleur	1. **C. gracillima** *Lindl*.	
	Éperon plus court que la fleur.	2. **C. tahitensis** *Naedaud*.	

1. C. gracillima Lindl., *Fol.*, 8, et in *Walp., Ann.*, VI, 918; Nadeaud, *Enum.*, 270.
C. veratrifolia Hook. et Arn., *Bot. Beech.*, 71 (non R. Br.); Endl., *Fl. Suds.*, n. 798.
Plante atteignant 1 mètre de hauteur. Grappe multiflore. Bractées ovales-acuminées (longues de 1 cent.). Fleurs blanches, nombreuses (longues de 1 à 2 cent.). Sépales ovales-aigus, acuminés. Pétales latéraux plus courts et plus étroits que les sépales, oblongs, atténués à la base, ciliolés. Labelle jaune, trilobé; les lobes latéraux auriculés, obtus, le médian bilobé. Éperon étroit plus long que la fleur.

Iles de la Société : Tahiti, gorges de Taravao (*Lépine* 27! 28!), vallée de Tipearui (*Nadeaud* 270!), sans désignation de localité (*Vesco!*; *Ribourt* 83!).

2. C. tahitensis Nadeaud, *l. c.*, n. 272.
Plante haute environ de 1 mètre. Grappe multiflore. Bractées linéaires-subulées, égalant à peu près la fleur (15 mill.). Fleurs verdâtres. Sépales ovales-aigus. Pétales oblongs-linéaires, obtus. Labelle trilobé; les lobes latéraux auriculés, le médian brièvement ligulé, obcordé au sommet, aussi long que large. Éperon court, claviforme.

Iles de la Société : Tahiti, montagnes de Taravao à 5-600 mètres d'altitude (*Lépine* 29!); vallées de Mahaena à 1000 mètres d'altitude (*Nadeaud* 272!); sans désignation de localité (*Vesco!*).

3. C. grandiflora Nadeaud, *Enum.*, n. 271.

Grappe pauciflore. Fleurs beaucoup plus grandes que dans les autres espèces. Sépales lancéolés, aigus. Pétales oblongs, plus étroits. Labelle à trois lobes égaux, bossus à la base. Fruit obovale.

Iles de la Société : Tahiti, vallée de Papenoo (*Nadeaud* 271!); sans désignation de localité (*Vesco!; Ribourt* 168!).

4. C. triantherifera Nadeaud, *l. c.*, n. 273.

Sépales ovales, subulés, le postérieur éperonné; pétales ovales. Labelle trilobé; les lobes latéraux arrondis, le médian bifide. Trois anthères; la médiane renfermant huit pollinies, les latérales chacune trois.

Iles de la Société : Tahiti, vallée de Papeiha (*Nadeaud*).
Je n'ai pas vu cette espèce.

XI. — ARUNDINA *Blume.*

Sépales libres. Pétales à peu près semblables aux sépales. Labelle dressé, embrassant le gynostème par ses lobes latéraux. Gynostème allongé, presque cylindrique, à deux ailes étroites. Anthère à deux loges distinctes.

Plantes terrestres, sans pseudo-bulbes. Tiges feuillées. Inflorescences terminales.

Environ 6 espèces, habitant l'Inde, la Chine et la Malaisie. La suivante est spéciale à Tahiti.

1. A. tahitensis Nadeaud, *Enum.*, n. 269.

Plante haute de 1 à 2 mètres. Tige striée. Feuilles elliptiques, acuminées (longues de 20 à 25 cent.; larges de 5 à 6), atténuées en gaîne à la base, marquées de neuf nervures saillantes. Panicule lâche (longue de 15 cent.), pluriflore. Bractées oblongues-aiguës (longues de 5 mill.). Fleurs longues de 15 millimètres. Sépales et pétales lancéolés, rapprochés sur leurs deux tiers inférieurs, puis réfléchis. Labelle obovale au sommet. Clinandre bifide.

Iles de la Société : Tahiti, vers 1000 mètres d'altitude; vallées de Papeiha et du Mamano (*Nadeaud* 269!).

Tribu II. — VANDÉES.

Pollinies rattachées au rostellum; pollen cireux.

XII. — TÆNIOPHYLLUM *Blume.*

Sépales le plus souvent connivents, presque égaux. Pétales presque semblables aux sépales. Labelle sessile, prolongé en sac à la base. Anthère terminale, incombante; huit pollinies. Rostellum bidenté. Capsule oblongue, à trois côtes.

Plantes naines, épiphytes, sans pseudo-bulbes. Racines aériennes fasciculées, linéaires, très longues, charnues. Feuilles nulles ou de dimensions très réduites. Fleurs très petites, en épis. Rachis souvent articulé, sinueux.

Environ 6 espèces, habitant l'Asie et l'Océanie tropicales.

1	Feuilles nulles	2
	Feuilles très petites	2. **T. Paifé** *sp. nov.*
2	Pédoncules épais	3
	Pédoncules capillaires.	4. **T. elegantissimum** *Reich. f.*
3	Labelle émarginé	1. **T fasciola** *Reich. f.*
	Labelle auriculé à la base	3. **T. asperulum** *Reich. f.*

1. T. Fasciola Reich. f.

Epidendrum Fasciola Forst., *Prodr.*, n. 320; *Limodorum Fasciola* Swartz, in *Act. Holm* (1800), 230; Nadeaud, *Enum.*, n. 276; *Vanilla Fasciola* Gaudich., *Voy. Freyc.*, 217.

Nom indigène à Tahiti : *Uramaore.*

Racines (longues de 20 cent.; larges de 2 à 3 mill.) entrelacées. Épis fasciculés au nombre de trois ou de quatre (longs de quelques centimètres). Sépales et pétales oblongs. Sac obtus.

Iles de la Société : Tahiti, monts Aorai, Marau, etc. vers 1100 m. (*Nadeaud* 276!), sans désignation de localité (*Vesco!; Lépine* 15!; *Dupetit-Thouars!*).

2. T. Paife *sp. nov.*

Nom indigène à Tahiti : *Paifé.*

Racines plus courtes et plus étroites que dans l'espèce précédente. Feuilles linéaires-oblongues, atténuées à la base. Rachis de l'épi faiblement ailé; bractées ovales-aiguës. Sépales ovales-aigus. Pétales un peu plus étroits que les sépales. Labelle oblong. Sac orbiculaire.

Iles de la Société : Tahiti (*Ribourt!; Lépine* 12! 13!).

3. T. asperulum Reich. f., *Xenia Orchid.*, III, 29.

Plante un peu rude. Bractées triangulaires, striées. Sépales et pétales ligulés. Labelle canaliculé au milieu, auriculé à la base. Sac cylindrique, comprimé.

Iles de la Société : Tahiti (*U. S. Expl. Exped.*).

Je n'ai pas vu cette plante.

4. T. elegantissimum Reich. f., *l. c.*

« Rachis de l'épi capillaire. Bractées ligulées obtuses. Sépales et
pétales linéaires-ligulés ; labelle oblong, semi-hasté de chaque côté
près de la base avant l'onglet ; éperon cylindro-conique égalant la
moitié de l'ovaire. Pédoncule très lisse. »

Iles de la Société : Tahiti (*U. S. Expl. Exped.*).
Je n'ai pas vu cette plante.

Tribu III. — Neottiées.

Anthère à deux loges parallèles : pollen granuleux.

XIII. — HETÆRIA *Blume.*

Sépales libres ou légèrement connés, généralement connivents. Pétales plus petits que les sépales. Labelle prolongé en sac à la base,
souvent muni de callosités en dedans. Gynostème court, muni sous le
stigmate de deux appendices plus ou moins adnés au labelle. Anthère
dressée. Capsule ovoïde-oblongue.

Plantes terrestres, dépourvues de pseudo-bulbes. Fleurs très petites, en épi terminal.

Environ 13 espèces, habitant la Polynésie et la Malaisie.

1. H. Societatis *sp. nov.*

Plante rougeâtre, absolument glabre. Tiges ascendantes (hautes de
4 à 5 déc.). Feuilles engaînantes, les inférieures réduites à une
gaine obliquement tronquée (longue de 1 à 2 cent.) ; limbe lancéolé
(long de 10 cent. ; large de 3). Épi terminal (long de 20 cent.) portant
environ 40 fleurs très serrées, très petites. Bractées ovales-acuminées (1 cent.) dépassant les fleurs. Sépales et pétales ovales aigus
(1 mill. 1/2) ; labelle oblong ; sac orbiculaire, hispide en dehors. Capsule longue de 1 centimètre environ.

Iles de la Société : Tahiti (*Vesco!*).
Voisine de l'*Hetæria rubicunda* (*Rhamphidia rubicunda* Reich. f.), qui est hispidule vers le sommet, et dont les bractées sont linéaires-sétacées.

XIV. — MOERENHOUTIA *Blume.*

Sépales égaux, oblongs-aigus, dressés. Pétales latéraux à peu près
de même forme, mais atténués en onglet. Labelle oblong, émarginé,
concave, un peu dressé, adné aux ailes du gynostème. Celles-ci larges,
munies au-dessus du labelle d'appendices triangulaires. Anthère dressée, acuminée. Capsule oblongue.

Plante terrestre, sans pseudo-bulbes. Épi terminal.

Une seule espèce à laquelle cependant Bentham et Hooker pensent qu'il en faudrait peut-être ajouter une autre originaire des îles Viti.

1. M. plantaginea Blume, *Orch. Arch. ind.*, 84, t. 28 et 42.

Notiophrys Commelynæ Lindl. (fide Benth. et Hook., *Gen.*, III, 604).

Plante haute de 30 à 40 centimètres. Feuilles lancéolées (longues de 10 à 12 cent., larges de 3 à 4; pétiole long de 2 cent.) acuminées. Épi lâche (long de 15 à 20 cent.), portant sur sa moitié supérieure de 12 à 16 fleurs. Bractées ovales-oblongues, terminées par une arête subulée, plus longues que l'ovaire. Fleurs (longues de 15 mill.), verdâtres, tachetées de violet intérieurement. Ovaire (7 à 8 mill.) oblong.

Iles de la Société : Tahiti, rochers humides (*Bertero et Mœrenhout!; Hombron!; Vesco!; Lépine* 31!).

XV. — POGONIA *Juss.*

Sépales et pétales connivents, presque égaux. Labelle non éperonné, embrassant le gynostème; celui-ci allongé, claviforme, souvent anguleux ou ailé au sommet. Anthère stipitée. Rostellum court.

Plantes terrestres, à rhizome tubéreux, à une seule feuille, apparaissant après les fleurs (*sect. Nervilia*).

Environ 30 espèces, répandues dans les deux Mondes.

1. P. Nervilia Blume, *Mus. Bot.*, I, 32; Nadeaud, *Enum.*, n. 275.

P. flagelliformis Lindl., in Wall., *Cat.*, 7400, et Miq., *Fl. Ind. bat.*, III, 715; *Nervilia Aragoana* Gaudich., *Voy. Freyc.*, 122, t. 35; *Nervilia* Comm., in Herb., *Mus. Par.*

Nom indigène à Tahiti : *Piarautahi.*

Haute de 15 à 20 centimètres. Feuille cordée (longue de 6 cent., d'une largeur à peu près égale) longuement pétiolée. Hampe pauciflore (15 cent.). Bractées stériles oblongues-aiguës, embrassantes; les fertiles linéaires. Pédicelles grêles (4 ou 5 mill.) de moitié plus courts que la fleur. Sépales et pétales verdâtres, lancéolés. Labelle blanc, rayé de violet, à trois lobes, les latéraux aigus, le médian crénelé, légèrement poilu. Capsule obovale.

Iles de la Société : Tahiti, vallées de Tipae-arui, Matatia (*Nadeaud* 275!); sans désignation de localité (*Vesco!; Lépine* 32!).

Distrib. géogr. Inde, Malaisie et Iles du Pacifique.

Tribu IV. — OPHRYDÉES.

Anthère à loges parallèles ou divergentes. Pollen granuleux; pollinies terminées en caudicule.

XVI. — HABENARIA *Willd.*

Sépales presque égaux. Pétales plus petits, de forme très variable. Labelle plus ou moins adné au gynostème, éperonné. Colonne courte. Anthère terminale, souvent obtuse. Stigmates souvent pourvus d'appendices ou processus dressés, de forme très variable. Rostellum bilobé. Capsule oblongue.

Plantes terrestres, racines fibreuses ; épi terminal.

Environ 400 espéces, habitant les contrées chaudes et tempérées.

Pétales latéraux à deux lobes linéaires divariqués.	1. **H. tahitensis** *Nadeaud.*
Pétales latéraux triangulaires	2. **H. cryptostyla** *Reich. f.*

1. H. tahitensis Nadeaud, *Enum.*, n. 274.

Plante haute de 1 mètre. Feuilles oblongues (2 à 3 décim.). Bractées oblongues-aiguës, concaves. Sépales ovales-aigus, mucronés, le postérieur concave, légèrement réfléchi, mucronulé. Pétales latéraux bipartis, à segments linéaires, divariqués. Labelle triparti, à segments cylindriques, épais ; le médian dépassant les autres. Éperon linéaire, près de deux fois plus long que les sépales. Processus stigmatiques aigus, plus courts que l'anthère.

Iles de la Société : Tahiti, ravins humides de Tearapau, à 1100 mètres d'altitude (*Nadeaud* 274!); sans désignation de localité (*Vesco!*).

2. H. cryptostyla Reich. f., *Xenia Orchid.*, III, 28.

Diffère de l'espèce précédente principalement par ses sépales triangulaires, le segment médian du labelle plus court que les autres.

Iles de la Société : Tahiti (*Wilkes*).
Je n'ai pas vu cette plante.

SCITAMINÉES.

Fleurs le plus souvent hermaphrodites. Sépales libres ou connés. Corolle irrégulière à trois divisions inégales, la postérieure généralement plus grande que les deux autres. Androcée composé d'une ou de cinq étamines fertiles : dans le premier cas, deux ou quatre étamines se transforment en staminodes pétaloïdes, et les autres avortent ; dans le deuxième cas, la sixième étamine ne se développe pas. Anthères à deux loges (quelquefois à une seule). Ovaire infère, triloculaire ; style allongé ; stigmate entier ou lobé. Ovules solitaires, dressés, ou en nombre indéfini sur des placentas pariétaux. Disque formé par deux glandes voisines de la base du style.

Herbes vivaces. Rhizome épais. Feuilles souvent radicales, entières, à nervures secondaires perpendiculaires à la nervure médiane. Fleurs en épi terminal ou naissant sur le rhizome. Bractées larges, imbriquées.

Environ 450 espèces, habitant les régions tropicales des deux Mondes.

1	(Une étamine fertile.	2
	(Cinq étamines fertiles.	IV. **Musa** L.
2	(Anthère appendiculée au sommet.	3
	(Anthère appendiculée à la base.	I. **Curcuma** L.
3	(Appendice de l'anthère élargi en forme de crête.	II. **Amomum** L.
	(Appendice de l'anthère allongé, étroit.	III. **Zingiber** *Adans*.

I. — CURCUMA *L.*

Fleurs hermaphrodites. Calice tubuleux à trois dents. Corolle à trois lobes inégaux, le postérieur plus large. Une étamine fertile ; filet dilaté, pétaloïde. Anthère à deux loges contiguës. Connectif muni de deux éperons à la base. Staminodes développés en un labelle émarginé ou bifide. Style filiforme ; stigmate capité. Capsule triloculaire, trivalve, à déhiscence loculicide. Graines arillées.

Plantes herbacées vivaces. Feuilles à gaine enroulée. Epis terminaux. Bractées spathacées enveloppant deux ou plusieurs fleurs munies d'une bractéole embrassante.

Une trentaine d'espèces, habitant les régions tropicales de l'Ancien Monde.

1. C. longa L. *Sp.*, 3 ; Endl., *Flor. Suds.* n. 816 ; Pancher, in Cuzent, *Tahiti*, 240 ; Nadeaud, *Enum.*, n. 278 ; Seem., *Flor. Vit.*, 291.

Amomum Curcuma Murr., *Syst.*, 240 ; Forst., *Prodr.* n. 12.

Racine oblongue, de couleur orangée. Feuilles lancéolées-aigües, longuement acuminées. Bractées spatulées.

Iles de la Société : Tahiti, vallées (*Vesco!; Lépine!*).
Distrib. géogr. Asie et Océanie tropicales.

II. — AMOMUM *L.*

Calice tubuleux à trois divisions. Corolle à trois lobes, le postérieur plus grand. Une étamine fertile ; filet court, aplati ; anthère à deux loges divergentes au sommet ; connectif muni au sommet d un appendice en forme d'une crête. Style linéaire ; stigmate subglobuleux. Disque formé de deux glandes linéaires. Fruit globuleux, indéhiscent.

Plantes herbacées, à rhizome traçant. Fleurs en épi ovoïde, à bractées imbriquées.

Une cinquantaine d'espèces, habitant l'Asie, l'Océanie et l'Afrique tropicales.

1. A. Cevuga Seem., *Flor. Vit.*, 291, t, 89 ; Nadeaud, *Enum.*, n. 279.

Nom indigène à Tahiti : *Opuhi.*

Haute de 2 à 3 mètres. Rhizome et tige d'un beau rouge. Feuilles oblongues-lancéolées (longues de 30 à 40 cent. ; larges de 5 à 8), acuminées, légèrement tomenteuses à leur extrémité, dans leur jeunesse. Épis (larges d'environ 1 déc.) ovoïdes-globuleux. Bractées rouges, oblongues, à peine aiguës (longues de 2 à 3 cent.), tomenteuses extérieurement vers le bas ; les inférieures engaînantes, stériles. Fleurs (longues de 1 à 2 cent.) munies d'une bractéole caliciforme, poilue. Périanthe jaune marqué de rouge.

Plante aromatique répandant une odeur analogue à celle du poivre.

Iles de la Société : Tahiti, vallées de Tautera, de Fataua (*Lépine !*) ; sans désignation de localité (*Vesco ! ; Nadeaud* 279 l ; *Dupetit-Thouars ! ; Savatier !*).
Distrib. géogr. Iles Viti.

III. — ZINGIBER *Adans.*

Calice tubuleux à trois divisions courtes. Tube de la corolle cylindrique ; limbe à trois lobes étroits, le postérieur dressé, concave, les latéraux étalés. Une étamine fertile ; filet court, connectif longuement appendiculé. Labelle entier ou legèrement bifide. Style filiforme ; stigmate subglobuleux. Capsule oblongue, trivalve à déhiscence loculicide. Graines arillées.

Plantes herbacées à rhizome traçant. Fleurs en épi ovoïde, bractées uniflores.

Environ 30 espèces, habitant surtout l'Inde, la Malaisie et la Polynésie.

Bractées mucronées . . . . 1. **Z. officinale** *L.*
Bractées arrondies . . . . 2. **Z. Zerumbet** *Rosc.*

1. Z. officinale Rosc., in *Trans. Linn. Soc.*, VIII, 348 ; Pancher, in Cuzent, *Tahiti*, 240.
Amomum Zingiber Willd., *Sp. Pl.*, I, 6.

Hampe florifère, et tige feuillée distinctes, partant toutes deux de la souche. Feuilles linéaires-lancéolées ; ligule de la gaine foliaire rétuse. Épi ovoïde oblong ; bractées obovales, mucronées. Lobe médian du labelle arrondi.

Iles de la Société : Tahiti (*Bertero et Mœrenhout !*). — Iles Marquises : Noukahiva (*Dupetit-Thouars !*).
Distrib. géogr. Asie et Océanie.

2. Z. Zerumbet Rosc., *l. c.* ; Endl., *Flor. Suds.*, n. 815 ; Guill., *Zephyr. Tait.*, n. 152 ; Pancher, *l. c. ;* Nadeaud, *Enum.*, n. 277.

Hampe florifère et tige feuillée distinctes. Feuilles oblongues-elliptiques, aiguës. Ligule de la gaîne foliaire allongée, fendue. Épi ovoïde. Bractées obovales, arrondies. Lobe médian du labelle émarginé.

Iles de la Société : Tahiti (*Banks et Solander; Forster; Vesco!; Lépine 6!; Dupetit-Thouars!*). — Iles Marquises : Noukahiva (*Le Bastard!*).
Distrib. géogr. Asie et Océanie tropicales.

IV. — MUSA *L.*

Calice tubuleux, à trois ou cinq dents, se fendant longitudinalement. Corolle plus courte que le calice. Cinq étamines fertiles; anthère linéaire. Ovaire à trois loges pluriovulées; style épaissi; stigmate infundibuliforme. Fruit charnu, triloculaire, indéhiscent.

Végétaux herbacés atteignant souvent de hautes dimensions. Feuilles très amples, formant par la réunion de leurs gaînes, une sorte de tige allongée. Fleurs en grappe très grande, sortant de la gaîne des feuilles.

Environ 20 espèces habitant les régions chaudes de l'ancien Monde.

Grappe penchée. . . . . 1. **M. paradisiaca** L.
Grappe dressée. . . . . 2. **M. Fehi** *Bertero.*

1. **M. paradisiaca** *L., Sp.*, 1477; Forst., *Pl. esc.*, n. 28, et *Prodr.*, n. 382; Endl., *Flor. Suds.*, n. 817; Guill., *Zephyr. Tait.*, n. 150; Jardin, *Hist. nat. Iles Marquises*, 26; Nadeaud, *Enum.*, n. 280.
M. Sapientum L., *Sp.*, 1477; Seem., *Flor. Vit.*, 289; Pancher, *l. c.*
Souche produisant des rejets. Grappe pendante. Spathe des fleurs mâles caduque. Fruits tétragones, un peu recourbés.

Iles de la Société et iles Marquises, vallées. Cultivée et spontanée.
Distrib. géogr. Régions tropicales.

2. **M. Fehi** Bertero, ex Vieillard, in *Ann. Sc. nat.*, sér. 4, XVI, 45. Sagot, in *Bull. Soc. Bot.* 1886 et *Bull. Soc. Hort., Par.*, 1887.
Diffère du précédent par sa grappe dressée, par son calice bossu à la base, et par sa corolle plus profondément divisée. Fruits souvent aspermes, mais contenant quelquefois des graines développées.

Iles de la Société : Tahiti, hautes vallées (*Nadeaud*).
Distrib. géogr. Nouvelle-Calédonie.

TACCACÉES.

Fleurs régulières, hermaphrodites. Périanthe urcéolé ou campanulé, à six divisions bisériées, le plus souvent pétaloïdes. Six étamines : filets dilatés, repliés en forme de capuchon au dedans duquel se

trouve l'anthère. Ovaire infère, uniloculaire, à trois placentas pariétaux; style court; trois stigmates aplatis, refléchis, bilobés. Fruit
charnu et indéhiscent ou sec, trivalve. Graines nombreuses.

Herbes vivaces à rhizome traçant. Feuilles et inflorescences radicales.

Famille ne comprenant que deux genres (le suivant et le *Schizocarpa* Hance,
originaire de Chine) et une dizaine d'espèces répandues dans les régions tropicales.

I. — TACCA *Forst.*

Fruit charnu.

Environ 9 espèces, répandues dans les régions chaudes des deux Mondes.

1. **T. pinnatifida** Forst., *Pl. esc.*, 59, *Prodr.*, n. 209 et *Icon.* (ined.
cf. Seem.), 151; Endl., *Fl. Suds.*, n. 740; Guill., *Zeph. Tait.*, n. 133;
Jardin, *Hist. nat. Iles Marquises*, 26; Pancher, in Cuzent, *Tahiti*, 240;
Seem., *Flor. Vit.*, 102.
Nom indigène à Tahiti et aux îles Marquises : *Pia.*
Rhizome souvent très développé. Feuilles heptagonales dans leur
contour (pétiole atteignant 1 mètre; limbe presque aussi long), palmatiséquées; trois segments pinnatifides, à pinnules très inégales,
ovales-acuminées, diversement incisées. Inflorescence en ombelle.
Pédoncules égalant le pétiole. Bractées (longues de 4 à 5 cent.;
larges de 2), oblancéolées, atténuées à la base, acuminées. Pédicelles
stériles, filiformes, dépassant les fleurs (10 cent.). Pédicelles fertiles (longs de 3 à 4 cent.) plus épais. Divisions du périanihe charnus, linéaires, oblongues. Baie (1 ou 2 cent.) obovoïde.

Iles de la Société (*Forster; Banks et Solander; Barclay*). — Tahiti (*Bertero et
Mœrenhout!; Vesco!; Lépine!*). — Iles Marquises (*Dupetit-Thouars!*).
Distrib. géogr. Asie et Océanie tropicales.

DIOSCORÉACÉES.

Fleurs unisexuelles, généralement dioïques. Périanthe à six divisions sur deux rangs. Trois ou six étamines. Six staminodes dans les
fleurs femelles. Pistil souvent rudimentaire et trifide dans les fleurs
mâles. Ovaire infère, triloculaire dans les fleurs femelles. Fruit
souvent capsulaire.

Herbes généralement grimpantes, à rhizome tubéreux.

Famille ne comprenant qu'un petit nombre d'espèces, appartenant presque
toutes au genre suivant.

I. — DIOSCOREA *L.*

Fruit capsulaire à trois angles ou trois ailes.

Environ 150 espèces, répandues dans les régions tropicales.

1 {	Feuilles entières.	2
	Feuilles palmatiséquées	1. **D. pentaphylla** *L.*
2 {	Tiges non bulbillifères.	3
	Tiges bulbillifères.	4. **D. sativa** *L.*
3 {	Tiges ailées.	2. **D. alata** *L.*
	Tiges non ailées, épineuses à la base . . .	3. **D. nummularia** *Lamk.*

1. **D. pentaphylla** L., *Sp.*, 1462; Forst., *Prodr.*, n. 374; Endl., *Flor. Suds.*, n. 775; Guillem., *Zephyr. Tait.*, n. 137; Kunth, *Enum.*, V, 396; Pancher, in Cuzent, *Tahiti*, 240; Seem., *Flor. Vit.*, 308; Nadeaud, *Enum.*, n. 254.

Plante grimpante. Tiges légèrement anguleuses; rameaux épineux, couverts dans leur jeunesse, ainsi que les pétioles et les inflorescences, de poils dressés. Feuilles digitées, à cinq folioles rhomboïdales (longues de 5 à 7 cent.; larges de 1 à 2), glabres en dessus, mollement hispides en dessous. Grappes simples ou composées (longues de 10 à 20 cent.), portant environ 20 fleurs espacées. Bractées petites, triangulaires, pubescentes. Fleurs petites. Divisions du périanthe ovales-lancéolées. Ovaire oblong, tomenteux, à trois ailes.

Iles de la Société (*Banks et Solander; Forster*) : Tahiti (*Vesco!; Lépine!; Savatier* 974!).
Distrib. géogr. Inde, Malaisie, Australie et Iles du Pacifique.

2. **D. alata** L., *Sp.* 1462; Forster, *Prodr.*, n. 375; Endl., *l. c.*, n. 776; Kunth, *l. c.*, 387; Jardin, *Hist. nat. Iles Marquises*, 26; Pancher, *l. c.*; Seem., *l. c.*, 301; Nadeaud, *l. c.* n. 253.

Nom indigène à Tahiti : *Uhi.*

Tiges ailées; feuilles ovales-oblongues, cuspidées, cordées ou sagittées à la base. Épis mâles verticillés.

Iles de la Société (*Banks et Solander*) : Tahiti (*Savatier* 973!; *Nadeaud*). — Iles Marquises (*Jardin*).
Distrib. géogr. Asie et Océanie tropicales.

3. **D. nummularia** Lam., *Encycl.*, III, 321; Kunth, *l. c.*, 376; Seem., *l. c.*

D. pirita Nadeaud, *l. c.*, n. 255.

Racine grosse, tubéreuse. Tiges épineuses sur leur partie inférieure. Feuilles pendantes, cordées, acuminées, à 7-9 nervures. Inflorescences femelles en panicules spiciformes. Fruits à trois ailes inégales, semi-circulaires. Graines arrondies, membraneuses.

4. D. sativa L., *Sp.*, 1463; Seem., *l. c.*, 308.

D. bulbifera Forst., *Prodr.*, 376 (non L., ex Benth., *Flor. Hongk.*, 368); Endl., *l. c.*, n. 777; Guillem., *Zephyr. Tait.*, n. 138; Pancher, *l. c.*; *Helmia bulbifera* Kunth, *l. c.*, 433; Nadeaud, *Enum.*, n. 256.

Nom indigène : à Tahiti : *Hoi ;* aux îles Marquises : *Pua-hoi.*

Plante glabre ; tige volubile portant souvent des bulbilles à l'aisselle des feuilles. Celles-ci cordiformes, aiguës (pétiole long de 10 cent. ; limbe long de 12, large de 8 à 10). Rameaux florifères très-allongés. Feuilles florales beaucoup plus petites que les autres. Fleurs mâles presque sessiles, en grappes axillaires, portant sur un axe très-raccourci quatre ou cinq branches flexueuses de longueur variable (4 à 10 cent.). Bractées petites, triangulaires. Fleurs femelles en grappes à deux ou trois branches droites (longues de 10 ou 15 cent.).

Iles de la Société (*Banks et Solander ; Forster*) : Tahiti (*Bertero et Mœrenhout!; Vesco!; Lépine!; Savatier* 789!; *Nadeaud* 256!).

Distrib. géogr. Asie et Océanie tropicales.

LILIACÉES.

Fleurs hermaphrodites, ou polygames, régulières. Périanthe à six divisions, sur deux rangs, généralement toutes pétaloïdes. Six étamines. Ovaire supère à trois loges contenant chacune un ou plusieurs ovules ; un style ; trois stigmates. Baie ou capsule. Graines pourvues d'un albumen charnu.

Plantes à rhizome traçant (bulbeuses ou plus rarement suffrutescentes dans un grand nombre d'espèces n'appartenant pas à la Polynésie française). Feuilles souvent radicales, les caulinaires nulles ou plus petites.

Famille très-nombreuse, représentée dans toutes les contrées chaudes ou tempérées.

1	Fleurs polygames.	II. **Astelia** *Banks et Sol.*
	Fleurs hermaphrodites	2
2	Étamines à filets grêles au moins sur leur portion supérieure	I. **Cordyline** *Comm.*
	Étamines à filets épais	III. **Dianella** *Lam.*

I. — CORDYLINE *Comm.*

Périanthe infundibuliforme à six divisions bisériées, oblongues-linéaires, unies à la base, réfléchies au sommet. Six étamines attachées par leur base aux divisions du périanthe ; filets grêles ou aplatis ; anthères oblongues, introrses, attachées par le dos.

Ovaire à trois loges; placentas pariétaux, ovules nombreux, campylotropes; style filiforme; stigmate très-petit.

Plantes ligneuses. Feuilles rassemblées au sommet de la tige. Panicules terminales; fleurs brièvement pédicellées et entourées d'une bractée et de deux bractéoles.

Environ 10 espèces, habitant l'Inde, la Malaisie, l'Australie, la Nouvelle-Zélande et les îles du Pacifique.

1. C. terminalis Kunth, in *Act. Ac. Ber.*, 1820, 30, et *Enum.*, V, 25 ; Pancher, in Cuzent, *Tahiti*; Seem., *Flor. Vit.*, 311.[1]

Asparagus terminalis L. , *Sp.* 450 ; *Dracæna terminalis* Reich., *Pl.*, 72 ; Forst., *Pl. esc.*, n. 32, et *Prodr.* n. 152; *C. Ti* Sch.-Bip., in *Bot. Zeit.*, 1828; *C. australis* Jardin, *Hist. nat. Iles Marquises*, 27 ; Nadeaud, *Enum.*, n. 252 (non Endl.).

Plante frutescente, portant au sommet de la tige un faisceau de feuilles oblongues-lancéolées, acuminées, lisses (pétiole long de 10 cent. ; limbe long de 25 à 30 cent., large de 6). Panicule ample, à rameaux divariqués (longs de 10 cent.), solitaires, géminés ou ternés. Bractées oblongues-aiguës (3 cent.). Filets des étamines aplatis en bas, subulés en haut.

Iles de la Société (*Banks et Solander*) : Tahiti, vallées (*Vesco!; Lépine!; Hombron!; Pancher!; Nadeaud* 252!; *Savatier!*). — Iles Marquises (*Dupetit-Thouars; Jardin; Le Bastard!*); Mangarewa (*Le Guillou!*).

Distrib. géogr. Inde, Malaisie et Polynésie.

II. — ASTELIA *Banks*.

Fleurs polygamo-dioïques. Périanthe persistant, tubuleux à la base, à lobes étalés. Six étamines dans les fleurs mâles ou hermaphrodites; six staminodes dans les fleurs femelles. Ovaire sessile; style court; trois stigmates petits. Fruit charnu indéhiscent. Graines noires, brillantes.

Souche épaisse. Feuilles rassemblées à la base de la tige; les caulinaires nulles ou plus petites. Fleurs petites, généralement très-nombreuses. Épis simples ou composés, souvent espacés vers le haut de la tige à l'aisselle des feuilles florales, de manière à former une panicule lâche.

Une dizaine d'espèces, habitant l'Amérique antarctique, la Nouvelle-Zélande et les îles du Pacifique.

1. A. Nadeaudi.

A. Richardi Nadeaud, *Enum.*, n. 250 (non Endl.).

Plante couverte entièrement d'un tomentum argenté soyeux. Feuilles oblongues-lancéolées (longues de 5 à 6 déc.; larges de

2 à 4 cent.)', roulées sur les bords et à leur] extrémité subulée et très-allongée. Feuilles florales inférieures semblables aux radicales mais plus petites; les supérieures oblongues-aiguës, plus courtes que les épis (ceux-ci longs de 10 à 20 cent.). Fleurs mâles pédicellées. Bractées linéaires aiguës, caduques. Divisions du périanthe oblongues-aiguës; les externes velues, soyeuses en dehors; les internes munies seulement d'une touffe ou d'une ligne de poils sur le dos; toutes glabres en dedans. Filets des étamines grêles. Ovaire rudimentaire à peine saillant hors du tube du périanthe. Fleurs femelles à pédicelles plus courts et plus épais que ceux des mâles. Bractées et périanthe semblables. Étamines rudimentaires : anthères presque sessiles à la base de l'ovaire. Celui-ci conique, pubescent. Graines oblongues, inéquilatérales-obtuses en bas, atténuées en haut, non anguleuses.

Iles de la Société : Tahiti : sur les arbres ou sur les rochers. Crêtes de l'Aorai; district de Papenoo (*Nadeaud* 250!); sans désignation de localité (*Lépine!; Vesco!; Ribourt!*).

Cette espèce a le port de l'*A. Banksii* Hook. (*Hamelinia veratroides* Reich; *A. Richardi* Endl.), mais elle diffère par ses graines qui ne sont pas anguleuses. L'*A. veratroides* Gaudich. n'a pas les feuilles longuement subulées.

III. — DIANELLA *Lamk.*

Périanthe à six divisions oblongues-aiguës, sur deux rangs. Étamines insérées à la base des divisions du périanthe et plus courtes qu'elles; filets épaissis, munis d'une glande à la base; anthères oblongues. Ovaire sessile, triloculaire, à loges oligospermes. Style grêle; stigmate bifide. Fruit charnu, indéhiscent. Graines ovoïdes, comprimées, à bords aigus.

Plantes herbacées à rhizome traçant. Feuilles engaînantes, le plus souvent rassemblées vers le bas de la tige. Hampe florale portant généralement des cymes lâchement espacées.

Environ 10 espèces, habitant surtout l'Australie, la Nouvelle-Zélande et les îles du Pacifique.

1. **D. intermedia** Endl., *Fl. Norf.*, 28 ; Kunth, *Enum.*, V, 52 ; Hook. f., *Fl. Nov. Zel.*, 225 ; Seem., *Flor. Vit.*, 312 (excl. syn.); Baker, in *Journ. Linn. Soc., Bot.*, XIV, 578.

D. ensifolia Nadeaud, *Enum.*, n. 251 (non Redouté).

Nom indigène à Tahiti : *Mau-po*.

Plante glabre (haute de 5 à 7 déc.). Feuilles linéaires-aiguës (longues de 30 à 50 cent.), denticulées sur la carène et sur les bords. Hampe florale jamais plus longue et souvent beaucoup plus courte que les feuilles. Cymes pluriflores, penchées. Feuilles florales ou bractées enveloppant la base des pédoncules, très-réduites (de 3 cent. à 5 mill.), terminées en pointe. Bractéoles petites, subulées. Divisions du périanthe blanches ou jaune pâle, marquées extérieurement d'une ligne verte. Glandes des étamines jaunes, velues. Baies bleues.

Iles de la Société : Tahiti : lieux secs et dénudés des montagnes à 700 ou 1,000 m. d'altitude. Monts Aru (*Lépine* 2!), Putoe, Pinai (*Nadeaud* 251!); sans désignation de localité (*Banks et Solander*; *Vesco*!).
Distrib. géogr. Nouvelle-Zélande, l'île Norfolk et les îles Viti.

JUNCACÉES.

Fleurs hermaphrodites ou dioïques, régulières. Périanthe à six divisions sur deux rangs, le plus souvent toutes glumacées. Six étamines. Ovaire supère, à une ou trois loges contenant chacune un ou plusieurs ovules; style souvent trifide au sommet. Capsule généralement à déhiscence loculicide, s'ouvrant en trois valves. Graines souvent appendiculées, en nombre variable dans chaque loge; albumen charnu.

Plantes généralement vivaces, cespiteuses ou à rhizome plus ou moins allongé. Cymes disposées en panicule ou en fausse ombelle.

Environ 200 espèces; près de la moitié appartient au genre *Juncus* et au genre suivant qui sont représentés dans presque toutes les régions froides et tempérées du globe. Le genre *Luzula* s'étend peu dans l'hémisphère austral.

I. — LUZULA *DC.*

Ovaire uniloculaire. Capsule trisperme.

Une quarantaine d'espèces.

1. L. campestris DC., *Fl. Fr.*, III, 161; Endl., *Fl. Suds.*, n. 476; Kunth, *Enum.*, III, 307; Pancher, in Cuzent, *Tahiti*, 241; Hillebr., *Fl. Haw. Isl.*, 449.
Juncus campestris L., *Sp.*, 468; Forst., *Prodr.*, n. 154.
Herbe vivace, cespiteuse (haute de 15 à 30 cent.). Feuilles linéaires, glabres ou légèrement ciliées; les radicales nombreuses, les caulinaires plus rares. Bractées ciliées. Divisions du périanthe hyalines, brunes, aiguës. Capsule obtuse. Graines appendiculées à la base.

Iles de la Société (*Forster*) : Tahiti (*Pancher*).
Distrib. géogr. Principalement les régions froides et tempérées de l'hémisphère boréal.

PALMIERS.

Fleurs unisexuées ou hermaphrodites. Périanthe à six divisions sèches ou herbacées, bisériées. Étamines le plus souvent au nombre de six, mais quelquefois en nombre indéterminé; anthères attachées par le dos ou par la base. Staminodes au nombre de six, ou nuls dans les fleurs femelles. Pistil libre, formé d'un ovaire (rudimentaire dans les fleurs mâles) uni-triloculaire, ou de trois carpelles distincts. Style à trois divisions souvent très-profondes; ovule dressé ou pendant dans chaque carpelle ou dans chaque loge de l'ovaire. Fruit sec ou charnu, monosperme.

Plantes dressées, atteignant souvent une grande taille. Feuilles rassemblées au sommet de la tige. Fleurs en spadices insérés entre les feuilles ou au-dessous d'elles, enveloppés de deux ou plusieurs spathes.

Famille assez nombreuse, représentée dans toutes les régions chaudes.

1	Feuilles pennatiséquées, rédupliquées.	2
	Feuilles palmatiséquées, indupliquées.	II. **Pritchardia** *Seem. et Wendl.*
2	Fruits distincts.	I. **Ptychosperma** *Labill.*
	Un seul fruit.	III. **Cocos** *L.*

I. — PTYCHOSPERMA *Labill.*

Fleurs monoïques portées sur un même spadice rameux, chaque glomérule renfermant à la fois, généralement, deux fleurs mâles et une femelle. Périanthe mâle à six divisions; les trois externes imbriqués; les trois internes valvaires. Périanthe femelles à six divisions imbriquées sur deux rangs. Étamines très-nombreuses. Ovaire (rudimentaire dans les fleurs mâles) uniloculaire; ovule pendant; trois stigmates, à la fin étalés. Baie monosperme..

Arbres dressés. Feuilles pinnatifides, rédupliquées.

Environ 12 espèces, habitant la Nouvelle-Guinée, l'Australie tropicale et les îles du Pacifique.

1. P. tahitense Wendl. in *Bonpl.*, (1862), 196.

« Rameau inférieur du spadice bifurqué; fleurs distiques, baies « ovales elliptiques à quatre ou cinq angles ». .

Iles de la Société : Tahiti (*Pickering*).
Je n'ai pas vu cette espèce.

II. — PRITCHARDIA *Seem. et Wendl.*

Fleurs hermaphrodites. Périanthe externe à trois divisions courtes ; l'interne à trois divisions valvaires unies à la base avec les étamines, caduques. Six étamines ; filets unis en tube ; anthères linéaires-oblongues, attachées par le dos. Ovaire triloculaire ; un style ; trois stigmates petits. Ovules dressés. Baie monosperme.

Arbres dressés, dépourvus d'épines. Feuilles orbiculaires, indupliquées en éventail, couvertes dans *leur jeunesse d'un duvet brun ou blanchâtre. Spadices longuement pédonculés, insérés entre les feuilles. Spathe ample, coriace.

Environ 3 ou 4 espèces, habitant les îles du Pacifique.

1. P. pacifica Seem. et H. Wendl., in *Bonpl.*, 153 et 310, t. 15 ; Seem., *Flor. Vit.*, 274, t. 79.

Corypha umbraculifera Forst., *Pl. esc.*, 49, et *Prodr.*, n. 88 ; Endl., *Flor. Suds.*, n. 820.

Arbre haut de 10 mètres environ. Pétiole long d'un mètre et demi. Limbe long d'un mètre, large de 1^m,20. Spadice (large d'un mètre) portant un grand nombre de fleurs petites, brunes. Fruit de la grosseur d'une prunelle.

Iles Marquises (*Forster ; Langsdorff*).
Distrib. géogr. Iles Viti et Tonga.

III. — COCOS *L.*

Fleurs monoïques, portées sur le même spadice : les mâles nombreuses, occupant la partie supérieure, les femelles la partie inférieure en plus petit nombre. Périanthe des fleurs mâles à six divisions, les trois externes imbriquées, les trois internes valvaires ; celui des fleurs femelles à six divisions imbriquées, sur deux rangs. Six étamines ; filets épais ; anthères dressées. Ovaire à trois loges dont une seule se développe, généralement ; style court ; stigmates étalés à la fin. Drupe ovoïde. Péricarpe fibreux ; endocarpe osseux, muni de trois pores à la base. Graine adhérente à l'endocarpe, enveloppée dans une pulpe.

Arbres de haute taille. Feuilles pinnatiséquées, rédupliquées. Inflorescences partant de la base des feuilles. Spadice à branches étalées. Spathe inférieure, plus courte, fendue, la supérieure fusiforme, ligneuse.

Une trentaine d'espèces, habitant toutes l'Amérique tropicale, sauf la suivante qui est répandue sous tous les tropiques.

1. **C. nucifera** L., *Fl. zeyl.*, 391 ; Forst., *Pl. esc.*, n. 16 ; Endl., *Flor. Suds.*, n. 319 ; Guillem., *Zephyr. Tait.*, n. 155 ; Jardin, *Hist. nat. Iles Marquises*, 27 ; Pancher, in Cuzent, *Tahiti*, 240 ; Seem., *Flor. Vit.*, 275 ; Nadeaud, *Enum.*, n. 288.

Nom indigène : *Niu-haari.*

Arbre atteignant une hauteur de 10 mètres. Feuilles longues de 4 à 5 mètres. Spathe longue de 2 mètres. Fleurs mâles très-petites. Fleurs femelles presque globuleuses. Drupe très-grosse.

Partout sur la plage et les îles basses.

PANDANACÉES.

Fleurs unisexuées, réunies en spadice simple ou composé. Périanthe nul. Etamines en nombre indéfini ; staminodes linéaires ou nuls. Ovaires (rudimentaires dans les fleurs mâles) généralement en nombre indéfini ; un ou plusieurs ovules. Carpelles uniloculaires, unis en syn-carpes.

Arbres ou arbustes dressés, rameux, émettant de nombreuses racines aériennes. Feuilles rassemblées au sommet des rameaux. Spadices axillaires ou terminaux, entourés à leur base d'une bractée spathacée. Fleurs petites, très nombreuses.

Environ 80 espèces répandues sous les tropiques.

Spadices composés. . . . . I. **Pandanus** L. *f.*
Spadices simples. . . . . II. **Freycinetia** *Gaudich.*

I. — PANDANUS *L. f.*

Carpelles uniovulés. Pas de staminodes. Spadices composés.

Une trentaine d'espèces : distribution géographique de la famille.

1. **P. odoratissimus** L. f., *Suppl.*, 424 ; Balfour, in *Journ. Linn. Soc., Bot.*, XVII, 52 ; Forst., *Pl. esc.*, 38, et *Prodr.*, n. 368 ; Endl., *Flor. Suds.*, n. 738 ; Guillem., *Zephyr. Tait.*, n. 136 ; Jardin, *Hist. nat. Iles Marq.*, 27 ; Pancher, in Cuzent, *Tahiti*, 241 ; Nadeaud, *Enum.*, n. 286.

P. verus Rumph., *Amb.*, IV, 139, t. 74 ; Seem., *Flor. Vit.*, 281 ; *P. tectorius* Solander, *Prim. Fl. Ins. Pacif.*, 350, et in Parkins., *Draw. Tah. Pl.*, 113 (ined., cf. Seem., *l. c.*).

Nom indigène à Tahiti : *Fara.*

Arbrisseau rampant à la base (haut de 4 à 5 mètres), à rameaux dressés. Feuilles linéaires (longues d'un mètre ou d'un mètre et demi), terminées par une longue pointe subulée, lisses ou garnies sur leurs bords ou sur la nervure médiane de leur face inférieure d'épines ténues. Spadices mâles elliptiques sessiles. Bractées linéaires acuminées. Étamines unies sur la plus grande partie de leur longueur. Spadices femelles pédonculés. Fruit ovoïde, très-gros (long de 20 cent., large de 15), d'un rouge vif.

Iles de la Société (*Banks et Solander*; *Forster*) : Tahiti (*Savatier* 794!). Abondant sur les plages et les premières collines.
Distrib. géogr. Asie et Océanie.

II. — FREYCINETIA *Gaudich.*

Capsules pluriovulées. Staminodes linéaires. Fleurs en spadices simples.

Environ 33 espèces, habitant la Malaisie, l'Australie, la Polynésie et la Nouvelle-Zélande.

1. F. demissa R. Br. et Benn., *Pl. Jav. rar.*, I, 32; Kunth, *Enum.*, III, 104; Nadeaud, *Enum.*, n. 287.

Pandanus demissus Solander, in *Herb. Banks*, et *Prim. Fl. Ins. Pac.*, 352 (ined., cf. Seem., *Fl. Vit.*, 282); *Freycinetia Victoriperrea* Solms-Laubach, in *Linnæa*, XVII, 103; *Victoriperrea impavida* Hombron, in *Bot. Astrol. et Zélée*, t. 1.

« Feuilles très-longues, linéaires lancéolées, entières sur leur por-
« tion inférieure, légèrement denticulées sur les bords et sur la côte
« dorsale, vers le sommet. Spadices ovales-cylindriques, fasci-
« culés par quatre, portés sur des pédoncules scabres, entourés
« de petites bractées oblongues, carénées. Ovaires ovoïdes atténués
« en cône étroit sur leur partie stigmatifère. Surface stigmatique
« marginée. Syncarpes fibreux ovales, ou ovales-oblongs, mutiques
« (Solms-Laubach). »

Iles de la Société : Tahiti, plages et collines (*Hombron! Nadeaud*).

ARACÉES.

Fleurs généralement monoïques, rarement dioïques ou hermaphrodites, réunies en spadice (les mâles en haut, les femelles en bas séparées ou non des mâles par un espace vide) enveloppé d'une spathe. Périanthe le plus souvent nul. Six étamines libres ou unies ensemble en une sorte de cupule. Ovaire à une ou trois loges; un ou plusieurs ovules.

Plantes herbacées à tige le plus souvent épaissie. Feuilles grandes, simples ou divisées. Spadice portant quelquefois un appendice allongé.

Famille contenant un grand nombre d'espèces, habitant principalement les régions tropicales.

<table>
<tr><td rowspan="2">1</td><td>Fleurs mâles et femelles séparées sur le spadice par un espace vide . . . . . .</td><td>2</td></tr>
<tr><td>Fleurs mâles et femelles contiguës sur le spadice . . . .</td><td>III. AmorphophallusBlume.</td></tr>
<tr><td rowspan="2">2</td><td>Appendice du spadice subulé. . . . . . .</td><td>I. Colocasia Schott.</td></tr>
<tr><td>Appendice du spadice conique allongé. .</td><td>II. Alocasia Schott.</td></tr>
</table>

I. — COLOCASIA *Schott.*

Spadice généralement terminé par un appendice conique allongé. Fleurs mâles et femelles séparées sur le spadice par un espace vide. De trois à cinq étamines réunies en un faisceau obpyramidal. Ovaire oblong-ovoïde, uniloculaire ; stigmate presque sessile, aplati ; ovules insérés sur des placentas pariétaux. Graines oblongues.

Herbes dressées. Souche souvent tubéreuse.

Environ 5 espèces, originaires d'Asie, cultivées dans toutes les régions tropicales.

1. C. antiquorum *Schott*, Melet., 1, 18.

Var. *esculenta* Schott, *Syn.*, 41 ; Engl., in A. DC., *Monogr. Phan.*, II, 492 ; Endl., *Flor. Suds.*, n. 731 ; Guillem., *Zephyr. Tait.*, n. 132 ; Pancher, in Cuzent, *Tahiti*, 240 ; Nadeaud, *Enum.*, n. 282 ; Seem., *Flor. Vit.*, 285.

Arum esculentum L., *Sp.*, 1369 ; Forst., *Pl. escul.*, 27, et *Prodr.*, n. 328 ; *Colocasia esculenta* Schott., *l. c.;* Jardin, *Hist. nat. Iles Marq.*, 27.

Nom indigène à Tahiti : *Taro*.

Racine tubéreuse. Feuilles ovales, peltées. Branches du spadice ramassées sur un axe très-court, moins longues que le pétiole ; appendice du spadice ne dépassant pas en longueur la moitié de l'inflorescence mâle.

Iles de la Société : Tahiti (*Lépine* 9 ! ; *Savatier* 975 !).

Distrib. géogr. La forme type est originaire de l'Inde et est cultivée ainsi que les autres dans la plupart des pays chauds ; la variété *esculenta* semble spéciale à la Polynésie.

II. — ALOCASIA *Schott.*

Spadice terminé par un appendice cylindrique épaissi. Fleurs mâles et femelles éloignées les unes des autres. Étamines réunies en faisceau obpyramidal, de contour hexagonal. Ovaire ovoïde ; ovules insérés sur des placentas basilaires ; stigmate presque sessile. Baie ellipsoïde. Graines presque globuleuses.

Herbes de grandes dimensions. Souche épaisse. Feuilles peltées.

Environ 20 espèces, originaires de l'Asie tropicale et de la Malaisie.

1. A. macrorhiza Schott, in *Œstr. Bot. Wochenbl.*, 1854, 409 ; Engler, in A. DC., *Monogr. Phaner.*, II, 502.

Arum macrorhizum L., *Zeyl.*, 327 ; Forst., *Pl. escul.*, 27, et *Prodr.*, n. 329 ; *Colocasia macrorhiza* Schott, *Meletem.*, I, 18 ; Endl., *Flor. Suds.*, n. 782 ; Nadeaud, *Enum.*, n. 283.

Plante haute de plusieurs mètres Feuilles ovales, sagittées (longues et larges de 60 cent.), longuement pétiolées (1 m.). Spathe (longue de 15 cent.) à tube oblong et à limbe gondolé, courbé en avant, légèrement cuspidé. Ovaires oblongs. Baies ovoïdes d'un rouge pourpre.

Iles de la Société : Tahiti. Cultivée et subspontanée.
Distrib. géogr. Originaire de l'Inde. Cultivée dans toute l'Asie et l'Océanie tropicales.

III. — AMORPHOPHALLUS *Blume.*

Fleurs mâles et femelles en spadice continu terminé par un appendice épais. Étamines libres ; anthères sessiles. Ovaire globuleux, à une ou quatre loges contenant chacune un seul ovule dressé ; style de forme variable, à deux ou quatre lobes.

Herbes de grandes dimensions. Souche tubéreuse, très-développée. Feuilles triséquées, à segments divisés. Spathe convolutée à la base.

Espèces peu nombreuses, originaires des régions tropicales de l'Ancien Monde.

1. A. campanulatus Blume, in Decaisne, *Timor*, 38 ; Seem., *Flor. Vit.*, 283 ; Engl., in A. DC., *Monogr. Phaner.*, II, 309.

Dracontium polyphyllum Forst., *Pl. esc.*, 29 (non L.), et *Prodr.*, n. 330 ; Endl., *Flor. Suds.*, n. 734 ; Guillem., *Zephyr. Tait.*, n. 131 ; Nadeaud, *Enum.*, n. 285.

Nom indigène à Tahiti : *Tève.*

Souche très-épaisse. Pétiole (long de 5 à 8 décim.) verruqueux ; limbe des feuillets triséqué à segments bipinnatifides. Spathe égalant le spadice, étalé à sa partie supérieure. Appendice égalant à peu près la partie fleurie du spadice.

Iles de la Société : Tahiti (*Bertero et Mœrenhout!* ; *Lépine!* ; *Savatier!*). — Iles Marquises (*Dupetit-Thouars*). Cultivée.
Distrib. géogr. Asie et Océanie tropicales.

CYPÉRACÉES.

Fleurs hermaphrodites (rarement unisexuées), disposées en inflorescences très-raccourcies sur leur axe (*épillets*) placées à l'aisselle, de bractées généralement scarieuses (*glumes*); toutefois les bractées inférieures (au nombre d'une, ou plusieurs) sont généralement stériles et plus petites que les autres. Périanthe le plus souvent nul, mais remplacé quelquefois par des écailles ou des soies en nombre variable. Une ou trois étamines; filets généralement très-grêles; anthères linéaires ou oblongues, attachées par la base. Ovaire sessile ou stipité; style à cinq divisions ou moins, continu ou articulé avec l'ovaire; ovule dressé. Fruit indéhiscent. Graine indépendante du péricarpe.

Herbes le plus souvent vivaces. Souche traçante. Tiges rigides, souvent réunies en touffes. Feuilles linéaires, prolongées inférieurement en une gaine entière, généralement longue. Épillets solitaires ou disposés en épis (ou plus fréquemment en ombelles) qui sont eux-mêmes réunis en inflorescences variées.

Plus de 2,000 espèces, répandues dans toutes les régions du globe.

1	Fleurs hermaphrodites.		2
	Fleurs unisexuées.	VIII. **Scleria** *Berg.*	
2	Glumes distiques		3
	Glumes imbriquées dans tous les sens. . .		4
3	Épillets en épis disposés en inflorescences diverses.	I. **Cyperus** *L.*	
	Épillets en ombelles terminales.	II. **Kyllinga** *Rottb.*	
4	Deux ou plusieurs soies hypogynes		5
	Pas de soies hypogynes		6
5	Épillets solitaires	III. **Heleocharis** *Br.*	
	Épillets en ombelles.	V. **Rhynchospora** *Vahl.*	
6	Épillets formant une grande panicule. . .		7
	Épillets en ombelle terminale.	IV. **Fimbristylis** *Vahl.*	
7	Base du style épaissie	VII. **Gahnia** *Forst.*	
	Base du style non épaissie	VI. **Cladium** *P. Br.*	

Tribu I. — SCIRPÉES.

Fleurs hermaphrodites. Épillets à plusieurs fleurs.

I. — CYPERUS *L.*

Fleurs hermaphrodites. Glumes distiques: les deux inférieures seules stériles; les autres généralement concaves ou naviculaires. Périanthe et soies hypogynes nuls. Une ou trois étamines. Style caduc, bi-trifide. Caryopse oblong, aplati ou triquêtre. Épillets disposés en inflorescences très-variées.

<table>
<tr><td rowspan="2">1</td><td>Épillets renfermant plus de 3 fleurs. . . . .</td><td>2</td></tr>
<tr><td>Épillets renfermant 3 fleurs ou moins. . .</td><td>7</td></tr>
<tr><td rowspan="2">2</td><td>Style trifide. . . . .</td><td>3</td></tr>
<tr><td>Style bifide. . . . .</td><td>1. C. polystachius Rottb.</td></tr>
<tr><td rowspan="2">3</td><td>Épillets en épis simples (réunis eux-mêmes en ombelles) . . . .</td><td>4</td></tr>
<tr><td>Épillets en épis composés (réunis eux-mêmes en ombelles) . . . .</td><td>6</td></tr>
<tr><td rowspan="2">4</td><td>Rachis de l'épillet non ailé. . . . .</td><td>5</td></tr>
<tr><td>Rachis de l'épillet ailé. . . . .</td><td>5. C. strigosus L.</td></tr>
<tr><td rowspan="2">5</td><td>Glumes rapprochées. . . . .</td><td>6. C. compressus L.</td></tr>
<tr><td>Gaînes distantes. . . . .</td><td>4. C. Iria L.</td></tr>
<tr><td rowspan="2">6</td><td>Épillets cylindriques. . . . .</td><td>2. C. ferax Rich.</td></tr>
<tr><td>Épillets aplatis . . . .</td><td>3. C. pennatus Lamark.</td></tr>
<tr><td rowspan="2">7</td><td>Épis cylindriques un peu comprimés . . .</td><td>8</td></tr>
<tr><td>Épis denses, ovoïdes. . . . .</td><td>7. C. macrophyllus Bœck.</td></tr>
<tr><td rowspan="2">8</td><td>Glumes stériles oblongues-aiguës. . . . .</td><td>8. C. umbellatus Benth.</td></tr>
<tr><td>Glumes stériles oblongues-acuminées. . .</td><td>9. C. flavus Bœckl.</td></tr>
</table>

1. C. polystachius Rottb., *Gram.*, 39, t. 11, f. 1 ; Kunth, *Enum.*, II, 13.

Plante glabre (haute de 30 à 40 cent.). Feuilles radicales, lisses ou légèrement scabres sur les bords. Épis simples ou composés (2-3 cent.) réunis en ombelle entourée d'un involucre de plusieurs feuilles beaucoup plus longues que les épis. Épillets (1 cent.) contenant de douze à dix-huit fleurs. Glumelles couleur de rouille, oblongues-aiguës, faiblement mucronulées, à carène verte peu saillante. Style bifide, dépassant légèrement la glume. Caryopse oblong-obtus, de moitié plus petit que la glume, finement ponctuée, gris foncé.

Iles de la Société : Tahiti (*Savatier* 786 ! ; *Nadeaud !*).
Distrib. géogr. Toutes les régions chaudes.

2. C. ferax Rich., in *Act. Soc. Hist. nat. Par.*, I, 106 ; Kunth, *l. c.*, 89.

C. pennatus Bœckl., in *Linnæa*, XXXVI, 404 (teste Benth., *Fl. Austr.*, VII, 286) ; Nadeaud, *Enum.*, n. 239 (non Lamk.) ; *C. consocius* Steud., in *Herb. Jardin* et in Jardin, *Hist. nat. Iles Marquises*, 27 et 52.

Plante glabre. Chaume (haut d'environ 1 mètre) anguleux. Feuilles à peu près aussi longues que le chaume. Ombelle composée ; folioles de l'involucre dépassant les rayons qui sont inégaux (longs au plus de 15 cent.) ; ombellules formées d'environ six épis (longs de 3 à 4 cent.) lâches. Épillets cylindriques (5 mill.) oblongs, étalés, renfermant de six à dix fleurs. Glume inférieure stérile, ovale, terminée par une arête subulée aussi longue que l'épillet ou de moitié plus courte ; glumes fertiles oblongues-aiguës, embrassantes, à dix nervures et à carène verte. Style trifide. Caryopse oblong, triquètre, égalant la moitié de la glume. Rachis de l'épillet ailé.

Iles de la Société : Tahiti (*Vesco!; Lépine* 54!; *Nadeaud* 239!). — Iles Marquises (*Jardin* 85!).

Distrib. géogr. Régions chaudes de l'Asie et de l'Océanie.

3. **C. pennatus** Lamk., *Ill.*, t. 144; Kunth., *l. c.*, II, 80; Endl., *Flor. Suds.*, n. 647; Guillem., *Zephyr. Tait.*, 92; Seem., *Flor. Vit.*, 319.

C. stupeus Soland., in Forst., *Prodr.*, n. 496, et *Prim. Fl. Ins. Pacif.* (ined., cf. Seem., *l. c.*); *Mariscus albescens* Gaudich., *Voy. Freyc., Bot.*, 415; *C. macreilema* Steud., in Jardin, *Hist. nat. Marq.*, 27 et 52; *C. owahuensis* Nees, in *Herb. Meyen*.

Nom indigène à Tahiti : *Mou-hairi*.

Plante haute d'un mètre au plus. Feuilles à peu près aussi longues que le chaume. Épis formant une ombelle composée, entourée d'un involucre de folioles dépassant les rayons. Épillets oblongs, légèrement aplatis. Glumes stériles acuminées. Glumes fertiles ovales, brièvement mucronulées, pubérulentes. Caryopse triquètre, obovoïde, à trois angles aigus, égalant à peu près la moitié de la glume. Rachis de l'épillet ailé.

Iles de la Société (*Banks et Solander*) : Tahiti (*Bertero et Mœrenhout!*; *Hombron!*; *Lépine* 56!; *Savatier*).
Distrib. géogr. Régions chaudes de l'Asie et de l'Océanie.

4. **C. Iria** L., *Cod.*, 61; Kunth, *l. c.*, 39; Bœckl., in *Linnæa*, XXXV, 595.

C. venustus Nadeaud, *l. c.*, n. 238 (non R. Br.).

Plante haute d'un mètre environ, glabre, prenant une teinte paille dans l'herbier. Racine un peu épaisse à fibres descendantes. Feuilles radicales peu nombreuses, plus courtes que le chaume, à peine denticulées au sommet. Ombelles simples ou composées à rayons souvent divergents de longueur variable (atteignant 10 cent., le central très-court). Bractées inégales : l'une d'elles presque aussi longue que l'ombelle, l'autre beaucoup plus courte, presque sétacée. Épillets rassemblés et serrés au sommet des rayons en une sorte de capitule ou d'ombelle raccourcie ; rachis de l'épillet sinueux, comprimés, à bords aigus, mais non ailés. Glumes espacées, ovales-aiguës, carénées, mucronulées, striées, marquées de taches rubigineuses. Caryopse de moitié plus petit que la glume, obovale, trigone, apiculé, finement ponctué d'un brun noir.

Iles de la Société : Tahiti, flancs du Pinai vers 800 m. (*Nadeaud* 288!).
Distrib. géogr. Régions chaudes.
Peut-être cette plante serait-elle une espèce distincte : elle ne semble se rapprocher d'aucune espèce de *Cyperus* plus que du *C. Iria* L.; elle en diffère légèrement par ses feuilles, ses bractées et les rayons de son ombelle ; mais la disposition des épillets est la même.

5. C. strigosus L., *Sp.*, 69; Kunth, *l. c.*, 87; Endl., *l. c.*, n. 653; Seem., *l. c.*, 320.

C. Michauxianus Schultz, *Mant.*, II, 123 ; *C. odoratus* Sol., *Prim. Fl. Ins. Pacif.*, 209 (ined. cf. Seem., *l. c.*) ; Forst., *Prodr.*, n. 27?

Plante glabre. Feuilles plus longues que le chaume, planes, scabres sur les bords. Ombelle composée, à rayons primaires divariqués. Involucelle de l'ombellule à dix bractées très-longues ; rayons couverts d'épillets. Glumes distantes, oblongues, carénées, obtuses, munies, sous leur sommet, d'une petite dent aiguë. Rachis de l'épillet ailé. Caryopse oblong, triquètre, apiculé, de moitié environ plus petit que la glume.

Iles de la Société (*Banks et Solander*). — Iles Marquises (*Barclay*).
Distrib. géogr. Amérique du Nord. Iles Hawaï.

6. C. compressus L., *Sp.*, 68 ; Kunth, *l. c.*, 23.

Chaumes striés, subtrigones, lisses, glabres. Feuilles radicales plus courtes que le chaume. Épillets oblongs (1 cent.) comprimés, réunis en ombelle simple ou composée. Bractées de l'involucre (longues de 10 cent.) et de l'involucelle (longues de 3 à 4 cent.) rigides. Glumes ovales-aiguës, striées, faiblement mucronées. Style trifide. Caryopse obové, comprimé, trigone, lisse.

Iles de la Société : Tahiti (*Savatier* 785!).
Distrib. géogr. Régions tropicales.

7. C. macrophyllus Bœckeler, in *Linnæa*, XXXVI, 376.

Mariscus macrophyllus Brongn., *Voy. Coq.*, *Bot.*, 179, t. 33; Kunth, *l. c.*, 125; *Borabora cyperoidea* Steud., *Syn.*, II, 71.

Nom indigène à Tahiti : *Paiore.*

Plante (haute de 60 à 80 cent.) glabre. Racine fibreuse. Chaume triquètre. Feuilles plus longues que le chaume, convolutées vers le haut, légèrement scabres sur les bords. De dix à douze épis ovoïdes (longs de 10 à 13 mill.) disposés en ombelle; le central plus ou moins sessile, les autres pédonculés (5 à 6 cent.). Bractées de l'involucre presque aussi longues que les feuilles, les intérieures toutefois beaucoup plus courtes. Gaînes des pédoncules tachetées de rouille, prolongées en un limbe scarieux, aigu. Bractéoles composant l'involucelle des épis subulées, ainsi que les deux glumes inférieures stériles des épillets. Deux glumes fertiles, oblongues, mucronulées, tachetées. Ovaire oblong trigone, à peine visiblement tacheté. Style trifide.

Iles de la Société : Tahiti : Montagnes de Taravao, marais (*Lépine* 61 ! 62); vallée de Tamanu (*Nadeaud*!); sans désignation de localité (*d'Urville!*; *Savatier!*).

8. C. umbellatus Benth., *Fl. Hongk.*, 386, et *Flor. Austr.*, VII, 289.

Kyllinga umbellata Rottb., *Descr. et Ic.*, 15, t. 4, f. 2; *Mariscus umbellatus* Vahl, *Enum.*, II., 276 ; Nadeaud, *l. c.*, n. 240 ; *Mariscus paniceus* Vahl, *l. c.*, 373 ; Hook. et Arn., *Bot.*, *Beech.*, 72 ; Guillem., *l. c.*, n. 97 ; Nadeaud, *l. c.*, n. 241 ; *C. cylindrostachys* Bœckeler, *l. c.*, 383 ; *C. ischnostachys* Steud., *l. c.*, II., 53.

Nom indigène à Tahiti : *Mou-upo-tutu.*

Plante glabre. Chaume renflé à la base (haut de 10 à 12 déc.). Feuilles finement striées, dépassant la moitié du chaume. Épis cylindriques, un peu comprimés (longs de 1 centi.), réunis en ombelle simple. Pédoncules inégaux (1 à 5 centim.). Bractées de l'involucre quatre ou cinq fois plus longues que l'ombelle. Épillets uniflores ou biflores. Glumes stériles petites, ovales-aiguës, insérées au-dessus ou au-dessous de l'articulation de l'épillet. Glumes fertiles oblongues faiblement carénées. Style trifide, à branches ténues. Caryopse oblong, arqué, finement ponctué.

Iles de la Société : Tahiti (*Lay et Collie; Bertero et Mœrenhout!; Lépine 44!; Vesco!; Savatier!; Nadeaud 240! 241!*).
Distrib. géogr. Asie et Océanie tropicales.

9. C. flavus Bœckeler, *l. c.*, 384.

Mariscus flavus Vahl, *Enum.*, 374 ; Kunth, *l. c.*, 118 ; Seem., *l. c.*, 318 ; *M. lœvigatus* Rœm. et Sch., *Syst.*, II, 243 ; Endl., *l. c.*, n. 662 ; Guillem., *l. c.*, n. 98.

Plante glabre, rampante. Chaume triangulaire. Feuilles lisses à peu près de même longueur que le chaume. Épis brièvement pédonculés (longs de 5 à 6 cent.). Bractées de l'involucre plus longues (2 à 3 déc.) Deux glumes stériles ; l'inférieure petite et longuement acuminée, la supérieure oblongue aiguë ; glumes fertiles oblongues, mucronées, scarieuses sur les bords, d'un jaune fauve ; carène verte. Caryopse oblong triquètre, légèrement arqué, apiculé, jaunâtre. Style trifide.

Iles de la Société : Tahiti (*Savatier 1017!*).
Distrib. géogr. Régions chaudes.

II. — KYLLINGA *Rottb.*

Épillets uniflores. Deux ou trois glumes. Fleurs hermaphrodites. Deux ou trois étamines. Style bifide. Caryopse légèrement comprimé. Épillets réunis en capitules terminaux.

Une soixantaine d'espèces, répandues dans toutes les régions chaudes.

1. K. monocephala L., *Suppl.*, 104 ; Kunth, *Enum.*, II, 129 ; Forst., *Prodr.*, n. 30 ; Endl., *Flor. Suds.* n. 665 ; Guillem., *Zephyr. Tait.*, n. 100 ; Pancher, in Cuzent, *Tahiti*, n. 241 ; Seem., *Flor. Vit.*, 318.

Tryocephalum nemorale Forst., *Char. Gen.*, n. 65 ; *K. triceps*

Forst., *Prodr.*, n. 31 ; *Schœnus coloratus* Soland., *Prim. Fl. Ins. Pac.*, 207 (ined., cf. Seem., *l. c.*).

Feuilles linéaires, étroites, mucronulées. Capitules solitaires ou ternés, ovoïdes (longs de 1 cent.). Bractées très-longues (1 décim.). Deux glumes stériles : l'inférieure obtuse, hyaline ; la supérieure et la fertile acuminées, à carène ciliée. Caryopse obovoïde, à peine anguleux, de moitié plus court que la glume.

Iles de la Société (*Banks et Solander; Forster; Barclay*) : Tahiti, plages et vallées (*Vesco!; Lépine* 55!; *Hombron!; Ribourt* 148!; *Savatier* 787!).
Distrib. géogr. Régions chaudes de l'Ancien Monde.

III. — HELEOCHARIS *R. Br.*

Épillets multiflores, à glumes imbriquées dans tous les sens et à fleurs hermaphrodites. Les deux glumes inférieures stériles, plus petites que les autres. De dix à huit soies hypogynes. Généralement trois étamines. Style bifide, muni à sa base d'un renflement annulaire. Caryopse ovoïde. Plantes à tiges cespiteuses. Feuilles réduites à leurs gaines.

Environ 80 espèces, répandues dans presque toutes les régions du globe.

1. H. capitata R. Br., *Prodr.*, 225 ; Kunth, *Enum.*, II, 150.
Plante glabre, d'un vert pâle. Chaumes grêles, sillonnés. Épillets ovoïdes (3 à 4 mill.) terminaux, solitaires. Glumes elliptiques, à carène verte, d'un brun clair sur les bords. Soies hypogynes ciliées. Caryopse noir, brillant.

Iles de la Société : Tahiti, marais (*Savatier!*).
Distrib. géogr. Régions chaudes et tempérées.

IV. — FIMBRISTYLIS *Vahl.*

Fleurs hermaphrodites. Épillets généralement multiflores ; glumes imbriquées dans tous les sens. Pas de soies hypogynes. Trois étamines en général. Style renflé à la base, plumeux, généralement bifide, à branches grêles, arquées, exsertes. Caryopse obovoïde, le plus souvent lenticulaire.

Plantes vivaces ou annuelles. Épillets solitaires ou en ombelles.

De 200 à 300 espèces, répandues dans toutes les régions, chaudes et tempérées.

1 { Épillets en ombelles . . . .
  { Épillets solitaires. . . . . 1. **F. juncea** R. *et Sch.*
2 { Feuilles courtes, sétacées . . . . 2. **F. nukahivensis** *St.*
  { Limbe des feuilles allongé. . . . . 3. **F. diphylla** *Vahl.*

1. F. juncea Rœm. et Schult., *Syst.*, I, 102 ; Kunth, *Enum.*, II, 222 ; Nadeaud, *Enum.*, n. 244.

Plante formant des touffes plus ou moins serrées. Feuilles peu nombreuses, occupant la portion inférieure du chaume. Épillets solitaires au sommet des chaumes. Deux glumes stériles, pubescentes sur le dos, à carène aplatie : l'inférieure prolongée en une arête scabre souvent assez longue ; la supérieure plus brièvement aristée. Glumes fertiles ovales, mucronulées, striées de brun, pubescentes seulement vers le sommet. Caryopse obovoïde, brun clair, marqué de nombreuses côtes longitudinales finement ponctuées.

α *typica.*

Scirpus junceus Forst., *Prodr.*, n. 29.

Chaumes ne portant qu'une seule feuille, réduite à un court prolongement de la gaîne (6 à 7 mill.). Arête de la glume stérile inférieure plus courte que l'épillet.

Iles de la Société : Tahiti, marais (*Forster ; Nadeaud* 244 !). — Iles Marquises (*Mercier !*).

β *polytrichoides.*

Fimbristylis polytrichoides R. Br., ex Kunth, *l. c.*, 221 ; *F. marquesana* Steud., *Syn.*, II, 107 et in Jardin, *Hist. nat. Marquises*, 27, 52 ; *F. tertia* Steud., in Jardin., *l. c.*

Plante plus grêle et de dimensions souvent beaucoup plus réduites. Limbe des feuilles filiforme, égalant la moitié du chaume ou même le dépassant. Arête de la glume inférieure plus longue que l'épillet.

Iles Marquises (*Jardin ! ; Dupetit-Thouars !*).
Distrib. géogr. Régions tropicales de l'Asie et de l'Océanie.
Malgré les différences très-sensibles qui séparent ces deux formes, il ne semble pas qu'on doive en faire deux espèces distinctes, car elles sont réunies par de nombreux intermédiaires.

2. F. nukahivensis Steudel, *l. c.*, 117 ; Jardin, *l. c.*

F. separanda Steud., in Jardin., *l. c.*

Nom indigène aux îles Marquises : *Haiki.*

Plante d'un vert glauque. Chaumes en touffes (hauts de 10 à 30 cent). striés, glabres. Feuilles peu nombreuses, occupant la portion inférieure de la tige ; gaînes légèrement hispides, brunes et scarieuses sur les bords (longues de 3 à 4 cent.) ; limbe généralement très-court (rarement plus de 3 à 4 cent.), sétacé. Ombelles à rayons peu nombreux. Involucre composé de deux bractées hispides, sétacées, ou quelquefois nul. Pédoncules courts. Épillets oblongs-aigus ; glumes ovales, carénées, mucronulées, striées de brun. Style bifide. Caryopse obovoïde, finement ponctué.

Iles Marquises (*Dupetit-Thouars* 19 ! ; *Jardin* 30 !).

3. F. diphylla Vahl, *Enum.*, 289.

F. affinis Hook. et Arn., *Bot. Beech.*, 72; *F. Hookeri* Endl., *Flor. Suds.*, n. 675; *F. sororia* Kunth, *l. c.*, 246; *F. communis* Kunth, 235; Seem., *Flor. Vit.*, 318; *F. polymorpha* Bœckl., in *Linnæa*, XXXVII, 14.

Plante cespiteuse. Chaumes (hauts de 1 à 4 déc.) rigides ou un peu grêles, à six ou huit côtes fines, quelquefois scabres vers le sommet. Feuilles linéaires (longues de 5 à 6 cent.), striées, plus ou moins étroites; gaînes scarieuses sur leur partie inférieure, ciliées au sommet. Ombelles simples ou composées. Bractées de l'involucre dépassant les rayons, ciliées, ailées-scarieuses à la base. Épillets ovales-aigus, inégalement pédonculés; le central sessile. Glumes ovales, scarieuses, à carène herbacée prolongée en arête aussi longue qu'elle, ciliée, caduque. Style bifide. Caryopse obovale, finement ponctué, cancellé à maturité complète.

Iles de la Société : Tahiti, marais de la plage et lieux humides (*d'Urville!; Vesco!; Lépine* 51!; *Ribourt!; Nadeaud* 245!; *Savatier!*).
Distrib. géogr. Régions tropicales de l'Ancien Monde.

Tribu II. — RᴜYNCHOSPORÉES.

Fleurs hermaphrodites. Épillets à une ou deux fleurs.

V. — RHYNCHOSPORA *Vahl.*

Épillets souvent polygames, avec une ou plusieurs fleurs hermaphrodites en bas, et une ou deux fleurs mâles vers le haut. Glumes imbriquées dans tous les sens. De huit à dix soies hypogynes. Trois étamines ou moins. Style à deux branches filiformes et à base renflée et persistante. Caryopse généralement obovoïde.

Chaumes feuillés dressés. Épillets en panicules.

De 150 à 200 espèces, habitant les régions tempérées et tropicales des deux Mondes.

1. R. aurea Vahl, *Enum.*, II, 291; Endl., *Flor. Suds.*, n. 697; Nadeaud, *Enum.*, n. 246; Seem., *Flor. Vit.*, 317.
Nom indigène à Tahiti : *Maurapo.*
Souche un peu épaissie, écailleuse, fimbrillifère. Chaume dressé (haut de 1 mètre environ). Feuilles planes, lisses, plus longues que le chaume. Panicule étroite, rameuse: rachis ciliés sur les angles; bractées et bractéoles subulées, dilatées à la base, souvent plus longues que les rameaux et les épillets nés à leur aisselle. Épillets linéaires-aigus. Glumes oblongues aristées. Six soies hypogynes, plus longues que l'ovaire.

Iles de la Société : Tahiti (*Forster; Lépine* 59!; *Nadeaud* 246!).
Distrib. géogr. Toutes les régions tropicales.

VI. — CLADIUM *P. B.*

Épillets contenant généralement trois fleurs hermaphrodites. Glumes imbriquées dans tous les sens, les trois ou quatre inférieures stériles. Soies hypogynes nulles. Style trifide (rarement bifide) continu avec l'ovaire. Caryopse ovoïde, sec ou drupacé, sessile ou stipité.

Herbes vivaces à rhizome traçant, à chaumes généralement élevés.

Une trentaine d'espèces, habitant les régions tempérées et tropicales des deux Mondes.

1	Épillets formant une grande panicule rameuse	2
	Épillets en corymbes axillaires raccourcis, formant par leur réunion une panicule terminale lâche.	1. **C. Mariscus** R. *Br.*
2	Bractées enveloppant la base des ramifications de la panicule, spathacées, à limbe court acuminé.	2. **C. latifolium** B. *et H.*
	Bractées foliacées enveloppant la base des ramifications de la panicule, et plus longues qu'elles.	3. **C. angustifolium** B. *et H.*

1. C. Mariscus R. Br., *Prodr.*, 236 ; Kunth, *Enum.*, II, 303.

Schœnus elevatus Soland., in Forst., *Prodr.*, 494 ; *C. leptostachyum* Bœckl., in *Linnæa*, IX, 301.

Plante d'un vert clair. Chaume dressé : feuilles peu nombreuses, planes, faiblement denticulées sur les bords et sur la carène. Panicule terminale formée de corymbes très-espacés, raccourcis (4 ou 5 cent.), très-fournis ; feuilles florales beaucoup plus longues qu'eux (20 ou 30 cent.) Épillets petits (2 ou 3 mill.), ovoïdes-aigus, bruns. Caryopse ovale, lisse, presque drupacé.

Iles de la Société : Tahiti (*Forster!* ; *Lépine* 53! ; *Vesco!*).
Distrib. géogr. Presque toutes les régions chaudes et tempérées.

2. C. latifolium Benth. et Hook., *Gen.*, III, 1065.

Vincentia latifolia Kunth, *l. c.*, II, 315 ; Nadeaud, *Enum.*, n. 248.

Racine très-grosse. Chaume dressé, très-fort (haut de 10-15 déc.). Feuilles linéaires-aiguës (longues de 6 à 8 déc.), lisses, glabres. Panicule terminale (longue de 3 à 4 déc.), plus ou moins hispide sur toutes ses parties, d'un brun roux, portant, à chaque entre-nœud, de trois à six branches qui sont enveloppées de bractées spathacées, engaînantes (1 ou 2 cent.), obliques, à limbe très-court (1 cent.), allant en s'amoindrissant vers l'extrémité de la panicule jusqu'à devenir ovale-acuminé ou ovale-aigu. Caryopse sec, stipité, légèrement ailé, terminé en bec.

Iles de la Société : Tahiti, crêtes boisées (*Vesco!; Lépine* 57!; *Ribourt* 166!; *Nadeaud* 248!).
Distrib. géogr. Ile de la Réunion.

3. C. angustifolium Benth. et Hook., *l. c.*
Vincentia angustifolia Gaudich., *Voy. Freyc., Bot.*, 417; Nadeaud, *l. c.*, n. 249.

Plante d'un aspect plus grêle que la précédente. Feuilles plus courtes et plus étroites, rudes au toucher. Panicule plus lâche, moins rameuse; bractées foliacées engaînantes à la base; limbe plus long que les ramifications de la panicule; toutes les parties de l'inflorescence d'un brun clair, plus ou moins scabres. Caryopse à trois ailes distinctes.

Iles de la Société : Tahiti, crêtes élevées (*Vesco!; Lépine* 60!; *Nadeaud* 249!).
Distrib. géogr. Iles Hawai.

VII. — GAHNIA *Forst.*

Fleurs hermaphrodites. Épillets à une ou deux fleurs. Quatre ou cinq glumes ou plus. Pas de soies hypogynes. De trois à six étamines à filets souvent très-longs. Style à trois ou cinq divisions, à base persistante, non épaissie. Caryopse ovoïde-acuminé.

Herbes de taille généralement grande. Panicules amples.

Environ 30 espèces, habitant l'Océanie.

1. G. schœnoides Forst., *Char. Gen.*, 51, t. 26, et *Prodr.*, n. 159.
Lampocarya schœnoides R. Br., *Prodr.*, n. 238; Endl., *Flor. Suds.*, n. 710; Guillem., *Zephyr. Tait.*, n. 105; Pancher, in Cuzent, *Tahiti*, 241; Nadeaud, *Enum.*, n. 247; *Schœnus spilocarpus* Soland., *Prim. Fl. Ins. Pacif.*, 207 (ined., cf. Seem., *Flor. Vit.*, 316).

Souche épaisse, fibreuse. Chaume assez gros (haut de 8 à 10 déc.). Feuilles caulinaires plus longues que le chaume, cylindriques, scabres surtout dans leur moitié supérieure; les florales de même forme. Épis composés, plus courts que les feuilles, formant une panicule. Glumes d'un brun foncé, ovales-aiguës (1 cent.), longuement aristées. Quatre étamines. Style hispide à la base. Caryopse brun, lisse ou à peine ponctué.

Iles de la Société : Tahiti, crêtes de Farerauape (*Nadeaud* 247!); sans désignation de localité (*Forster; d'Urville!; Vesco!; Lépine* 58!; *Ribourt* 65!).
Distrib. géogr. Océanie.

Tribu III. — SCLÉRIÉES.

Fleurs unisexuées.

VIII. — SCLERIA *Berg.*

Fleurs unisexuées : les femelles solitaires à la base d'un épillet androgyne, ou réunies en épillets distincts sur la partie inférieure de l'inflorescence. Pas de soies hypogynes. Épillets réduits, souvent groupés en fascicules qui sont ou bien axillaires et très-petits, où bien réunis en cymes ou panicules axillaires et terminales. Caryopse le plus souvent blanc ; gynophore dilaté en forme de disque, ou rarement nul.

Une centaine d'espèces, répandues dans toutes les contrées chaudes.

1. S. lithosperma Willd., *Sp.*, IV, 316; Kunth, *Enum.*, II, 349 ; Seem., *Fl. Vit.*, 316.

Scirpus lithospermus L., *Sp.*, ed. 1, 51.

Plante glauque. Chaumes grêles, triquêtres, glabres. Feuilles linéaires étroites, allongées, scabres sur les bords ; gaînes triquêtres, poilues sur les faces, glabres sur les angles ; ligule courte, arrondie ; péduncules axillaires et terminaux, simples ou rameux, à épis peu nombreux ; épillets géminés et ternés, formant un épi interrompu, les mâles mêlés aux femelles ; fleurs mâles monandres ? ; caryopse pierreux, ovale-elliptique, terminé en pointe assez aiguë, trigone, lisse, d'un blanc laiteux, brillant, marqué à la base d'une ligne circulaire de couleur ferrugineuse ; disque trilobé.

Iles Wallis (*Home*).
Distrib. géogr. Asie et Océanie tropicales.

GRAMINÉES.

Fleurs hermaphrodites ou unisexuées, en inflorescences très-raccourcies, ou *épillets*, munies à la base de deux ou plusieurs (rarement une) bractées écailleuses, distiques, appelées *glumes*, l'une inférieure et externe, l'autre supérieure et interne (glumes stériles de plusieurs auteurs). Une bractéole écailleuse ou *glumelle* (glumelle inférieure ou glume florifère de quelques auteurs) généralement imparinerviée, au-dessous de chaque fleur, l'axe s'arrêtant à la hauteur de celle-ci, ou se continuant au-dessus d'elle sous la forme d'une arête plus ou moins longue. Périanthe nul pour quelques auteurs, mais se réduisant pour d'autres à une écaille le plus souvent hyaline, parinerviée ou énerviée, appelée *paillette* (glumelle supérieure de quelques auteurs). Disque souvent représenté par de très-petites écailles appelées *lodicules* ou *glumellules* (regardées par certains auteurs comme des pièces du périanthe). Trois étamines, rarement plus ou moins; filets grêles; anthères oblongues, versatiles. Deux ou trois styles libres ou unis à la base, plumeux sur leur portion stigmatique; ovaire uniloculaire, monosperme. Fruit indéhiscent ou *caryopse*; graine adhérente au péricarpe.

Plantes herbacées annuelles ou vivaces. Souche souvent traçante. Tiges (quelquefois très-hautes) ou *chaumes* généralement creux entre les nœuds, quelquefois durs. Feuilles le plus souvent étroites, à gaîne fendue, et munie à son sommet d'un petit appendice ou *ligule*.

Famille très-nombreuse, répandue dans toutes les parties du globe.

1	Épillets hermaphrodites	2
	Épillets unisexués	VIII. **Coix** *L.*
2	Épillets articulés au-dessous des glumes.	3
	Épillets non articulés au-dessous des glumes, mais le plus souvent au-dessus.	14
3	Rachis de l'épi non développé en spathe.	4
	Rachis de l'épi développé en forme de spathe	VII. **Thuarea** *Pers.*
4	Épillets sessiles dans un involucre formé de plusieurs soies libres ou soudées.	5
	Épillets réunis en épi, ou en panicule simple ou composée.	6
5	Soies unies entre elles.	V. **Cenchrus** *L.*
	Soies libres.	VI. **Pennisetum** *Pers.*
6	Épi ne montrant pas de rameaux transformés.	7
	Épi montrant des rameaux avortés transformés en soies.	IV. **Setaria** *Beauv.*
7	Glumelle florifère souvent plus grande que la glume, mais jamais de moitié plus petite	8
	Glumelle florifère au moins de moitié plus petite que la glume.	11
8	Glume inférieure mutique.	9
	Glume inférieure aristée	III. **Oplismenus** *Beauv.*
9	Une glumelle	10
	Deux glumelles	II. **Panicum** *L.*
10	Épillets portés sur un épi unilatéral. .	I. **Paspalum** *L.*
	Épillets en panicule spiciforme. . . .	IX. **Garnotia** *Brongn.*
11	Épillets homogames.	12
	Épillets hétérogames.	XIII. **Andropogon** *L.*
12	Glumelle florifère aristée.	13
	Glumelle florifère mutique.	X. **Saccharum** *L.*
13	Panicule ample. Épillets entourés de longues soies	XI. **Erianthus** *Mich.*
	Panicule étroite. Épillets non entourés de longues soies.	XIII. **Pollinia** *Trin.*
14	Graminées de taille moyenne ou basse.	15
	Graminées de très-haute taille	XX. **Schizostachium** *Nees.*

Tribu I. — Panicées.

Épillets hermaphrodites, articulés sous la glume ; rachis toujours terminé par une fleur. Glumelle mutique, s'indurant avec le fruit.

I. — PASPALUM *L.*

Épillets généralement articulés avec le pédicelle, obtus, uniflores. Deux glumes (l'extérieure manquant rarement). Une glumelle obtuse embrassant une paillette avec laquelle elle finit par s'indurer. Trois étamines. Styles distincts à la base ; stigmate plumeux. Caryopse ovoïde ou oblong.

Épillets le plus souvent disposés sur deux séries en épi unilatéral dont le rachis est sinueux et plus ou moins dilaté.

Espèces très-nombreuses (beaucoup moins cependant qu'il n'en a été publié par les auteurs), habitant surtout les régions tropicales et subtropicales.

1. P. scrobiculatum L., *Mant.*, 1,39 ; Kunth, *Enum.*, I, 53 ; Seem., *Flor. Vit.*, 326 ; Nadeaud, *Enum.*, n. 220.

P. orbiculare Forst., *Prodr.*, n. 35 ; Hook. et Arn., *Bot. Beech.*, 72 ; Endl., *Flor. Suds.*, n. 554 ; Guillem., *Zephyr. Tait.*, n. 108 ; Hillebr., *Fl. Haw. Isl.*, 492.

Nom indigène à Tahiti : *Nonoha.*

Plante (haute de 40 à 60 cent.) glabre, lisse, devenant d'un brun clair après la dessiccation. Racine fibreuse. Chaume feuillé, strié, cylindrique. Feuilles étroites, longues de 20 à 25 cent. Cinq ou six épis (longs de 4 à 5 cent.) presque sessiles, disposés en panicule simple à 1 ou 2 cent. d'intervalle. Rachis légèrement dilaté, très-finement cilié. Épillets presque orbiculaires (longs de 1 cent. et plus).

Iles de la Société (*Banks et Solander; Forster; Barclay*) : Tahiti, lieux humides (*Lay et Collie; Lépine* 431; *Savatier;! Nadeaud* 220 l).
Distrib. géogr. Asie et Océanie tropicales.

II. — PANICUM *L.*

Épillets généralement oblongs, aigus, articulés avec le pédicelle. Glume extérieure beaucoup plus petite que l'épillet (tombant quelquefois de très-bonne heure); glume intérieure l'égalant à peu près. Une glumelle stérile aiguë ou rarement aristée; une glumelle fertile finissant par s'indurer avec la paillette. Trois étamines. Styles libres ou à peine unis à la base; stigmates plumeux.

Espèces très-nombreuses, habitant les régions chaudes et tempérées de deux Mondes.

1	Épis alternes	2
	Épis digités.	1. P. sanguinale L.
2	Feuilles linéaires.	2. P. filiforme L.
	Feuilles lancéolées.	3. P. prostratum Lamk.

1. P. sanguinale L., *Sp.*, 84; Nadeaud, *Enum.*, n. 222.

Annuelle, rampante à la base. Chaumes dressés. Épis digités. Épillets géminés; l'un sessile, l'autre pédicellé.

α *genuinum* Trin., *Ic.*, 93, 94.

P. sanguinale L., *Sp.*, 84; Kunth, *Enum.*, I, 82; Forst., *Prodr.*, n. 35; Endl., *Flor. Suds.*, n. 560; Seem., *Flor. Vit.*, 325.

Gaînes des feuilles et souvent la plante entière plus ou moins pubescentes. Rachis des épis scabre sur les bords.

Iles de la Société : Tahiti (*Ribourt!*). — Iles Gambier (*Jacquinot!*).

β *pruriens.*

P. pruriens Trin., *Diss.*, II, 77, et *Icon.*, t. 92; Hillebr., *Fl. Haw. Isl.*, 495; *Digitaria consanguinea* Gaudich., *Voy. Freycin.*, 410; *Lasiolythrum pilosum* Steud., in Jardin, *Hist. nat. Marq.*, 27.

Nom indigène aux îles Marquises : *Toetoe.*

Gaîne des feuilles et souvent la plante entière plus ou moins pubescentes. Rachis des épis longuement cilié.

Iles Marquises : Noukahiva (*Hombron!; Jardin* 59!).

γ *ciliare* Trin., *Icon.*, 144.

Panicum ciliare Retz, *Obs.*, IV, 16; Kunth, *l. c.*, I, 82; Endl., *l. c.*, n. 559; Guillem., *Zephyr. Tait.*, n. 110: Pancher, in Cuzent, *Tahiti*, 241; *D. ciliaris* Pers., *Syn.*, 85; Hook. et Arn., *Voy. Beech.*, 72.

Nom indigène aux îles de la Société : *Namanu.*

Plante plus ou moins pubérulente, quelquefois glabre, sauf au sommet de la gaîne des feuilles et à la base des épis. Épillets pubérulents; glumes ciliées.

Iles de la Société (*Lay et Collie*) : Tahiti, plages et grandes vallées (*Nadeaud* 222!).

δ *reimarioides.*

Paspalum reimarioides Brongn., *Voy. Coq.*, *Bot.*, 140, t. 20.
Plante entièrement glabre. Glumes légèrement ciliées.

Iles de la Société : Tahiti (*d'Urville !*).

ε *bicorne.*

Panicum bicorne Sieb., in Steud., *Syn.*, I, 41.
Plante plus ou moins glabre. Épis géminés.

Iles Marquises : Noukahiva (*Jardin* 59 !).
Distrib. géogr. Régions chaudes et tempérées du globe. Espèce très-variable
et dont les différentes formes sont reliées par une foule d'intermédiaires.

2. **P. filiforme** L., *Sp.*, 85 ; Steud., *Syn.*, I, 41 ; Hillebr., *Flor.
Haw. Isl.*, 495.
Paspalum filiforme Swartz, *Prodr.*, 22 ; Kunth, *l. c.*, I, 46 ; Pancher,
l. c., 241 ; Nadeaud, *l. c.*, n. 221.
Plante glauque. Chaumes grêles, flexueux, glabres. Gaînes des
feuilles pubescentes et garnies d'une touffe de poils au sommet ; limbe
linéaire, acuminé, étroit (long de 20 à 30 cent.), pubérulent en dessus,
glabre en dessous. Panicule pubérulente, lâche, à deux ou quatre
branches (longues de 4 à 6 cent.) portant des épillets nombreux,
espacés (longs de 2 millim. environ), subsessiles, solitaires ou géminés, l'un brièvement pédicellé, l'autre plus longuement. Glumes et
glumelles ovales-aiguës, mucronulées.

Iles de la Société : Tahiti : plages et vallées (*Lépine* 45 ! ; *Nadeaud* 221 !).
Distrib. géogr. Régions chaudes et tempérées.

3. **P. prostratum** Lamk., *Encycl.*, I, 171 ; Kunth, *l. c.*, 389 ;
Jardin, *l. c.*
P. tahitense Steud., *Syn.*, 418 ?
Rameuse. Tiges rampantes au moins à la base (atteignant 30 cent.
de hauteur). Gaînes des feuilles barbues au sommet ; limbe glabre,
lancéolé (long de 3 à 4 cent.). Épillets (2 mill.) très-brièvement
pédicellés. Glume inférieure triangulaire, très-petite ; glume supérieure
et glumelle stérile (ou portant quelquefois une fleur femelle) quin-
quinerviées, pubérulentes ; glumelle fertile lisse..

Iles de la Société : Tahiti (*Lépine* 49 ; *Savatier !*). — Iles Marquises : Noukahiva (*Jardin !*).
Distrib. géogr. Régions chaudes de l'Ancien Monde.
Le *P. mauritianum* Nees a été indiqué (E. Jardin, Suppl. au *Zephyritis Taitensis*) à Tahiti. Son indigénat semble douteux.

III. — OPLISMENUS *Beauv.*

Épillets uniflores. Glume extérieure prolongée en une arête sétacée très-longue, l'intérieure en une arête plus courte. Une glumelle portant une fleur stérile et une paillette; une seconde glumelle renfermant une fleur hermaphrodite et finissant par s'indurer avec sa paillette. Trois étamines. Trois styles libres; stigmates plumeux.

Épillets disposés sur un rachis unilatéral.

Environ 4 espèces, habitant les régions chaudes des deux Mondes.

Branches de l'épi allongées . . . . 1. **O. compositus** *Beauv.*
Branches de l'épi réduites à un glomérule sessile. 2. **O. setarius** *R. et Sch.*

1. O. compositus Beauv., *Agrost.*, 54; Brongn., *Voy. Coq., Bot.*, 123; Endl., *Flor. Suds.*, n. 580; Guillem., *Zephyr. Tait.*, n. 113; Kunth, *Enum.*, I, 141; Seem., *Flor. Vit.*, 324; Nadeaud, *Enum.*, n. 224.

Panicum compositum L., *Sp.*, 84; Jardin, *Hist. nat. Iles Marquises*, 27; *P. unguinosum* Soland., *Prim. Fl. Ins. Pacif.*, 214 (ined., cf. Seem.).

Plante basse, radicante, glabre ou pubescente, le plus souvent d'un vert foncé après la dessiccation. Gaînes des feuilles barbues au sommet; limbe ovale-oblong, lancéolé, acuminé (long de 4 à 7 cent., large de 1 à peine). Épi terminal composé (long de 10 à 15 cent.), à huit ou dix branches (1 à 2 cent.) plus courtes ou à peine aussi longues que les intervalles qui les séparent, barbues à la base. Rachis ciliés surtout à la naissance des épillets.

Iles de la Société (*Banks et Solander; Forster*) : Tahiti, vallées (*Bertero et Mœrenhout!; Hombron!; Lépine 47!; Vesco!; Nadeaud 224!*). — Iles Marquises : Noukahiva (*Le Guillou!; Dupetit-Thouars!*). — Iles Gambier (*Le Guillou!*).
Distrib. géogr. Asie et Océanie tropicales.

2. O. setarius Rœhm. et Sch., *Syst.*, II, 481; Kunth, *l. c.*, 139; Brongn., *l. c.*, 123; Endl., *l. c.*, n. 577; Guillem., *l. c.*, n. 113; Nadeaud, *l. c.*, n. 223.

Diffère du précédent par une teinte plus glauque et par ses épis dont les branches sont réduites à des fascicules d'épillets sessiles.

Iles de la Société : Tahiti, collines sèches au bord de la mer (*d'Urville!; Nadeaud 223!*).
Distrib. géogr. Régions chaudes.

IV. — SETARIA *Beauv.*

Épillets uniflores ou quelquefois biflores (une fleur mâle au-dessous de la fleur hermaphrodite), réunis en panicules spiciformes et munis près de leur base d'une ou plusieurs soies denticulées. Glumes souvent plus petites que l'épillet. Première glumelle stérile, ou contenant quelquefois une fleur mâle; deuxième glumelle contenant une fleur hermaphrodite. Styles distincts; stigmates plumeux. Caryopse enveloppé dans la glumelle indurée avec sa paillette.

Une dizaine d'espèces, répandues dans les contrées chaudes et tempérées.

1. S. verticillata Beauv., *Agrost.*, 51; Kunth, *Enum.*, I, 152.
Panicum verticillatum L., *Sp.*, 82.

Plante annuelle, glabre, lisse. Gaînes des feuilles barbues au sommet; limbe linéaire (long de 10 à 15 cent.; large de 3 à 4 mill.). Panicule interrompue, à branches courtes portant deux ou trois épillets serrés, munis d'une seule soie à aiguillons réfléchis. Glume inférieure de moitié plus petite que l'épillet: la supérieure aussi longue. Glumelle fertile finement striée en travers.

Iles Marquises : Noukahiva (*Jardin* [S. *viridis*]).
Distrib. géogr. Toutes les contrées chaudes.

V. — CENCHRUS *L.*

Épillets renfermés au nombre de un à trois dans un involucre formé par des soies rigides souvent unies et indurées à la base. Glume extérieure plus petite; première glumelle contenant une fleur mâle, la seconde une fleur hermaphrodite ou femelle par avortement. Styles unis à la base; stigmates plumeux. Caryopse oblong, libre, inclus.

Une douzaine d'espèces, répandues dans toutes les régions chaudes.

Plante dressée. 1. **C. calyculatus** *Cav.*
Plante couchée ou ascendante. . . . . 2. **C. echinatus** *L.*

1. C. calyculatus Cav., *Ic.*, V, 463; Kunth, *Enum.*, I, 167; Endl., *Fl. Suds.*, n. 585; Guillem., *Zephyr. Tait.*, n. 116.
Pennisetum calyculatum Spreng., *Syst.*, I, 303; Hook. et Arn., *Bot. Beech.*, 72; *Cenchrus australis*, var. *latifolia* Spreng., *Cur. post.*, 33; *C. anomoplexis* La Bill., *Sert. Austr. Cal.*, t. 19; Endl., *Flor. Suds.*, n. 583; *C. laniflorus* Steud., *Syn.*, I, 110; *C. tahitensis* Steud., *l. c.*, 419.

Chaume dressé (3-10 déc.) presque lisse, ainsi que les feuilles. Gaînes barbues au sommet. Limbe linéaire lancéolé (long de 20 cent.; large de 1). Épis (longs de 10-15 cent.) légèrement ciliés sur le rachis. Involucres ovoïdes-oblongs assez rapprochés. Pédicelles courts plus ou moins laineux, ainsi que les soies des involucres; celles-ci plus ou moins appliquées, inégales, une dépassant le plus souvent toutes les autres. Un ou deux épillets. Glume extérieure aiguë;

glume de la fleur mâle quinquénerviée; celle de la fleur hermaphrodite trinerviée.

Iles de la Société (*Lay et Collie*) : Tahiti (*d'Urville!; Vesco.!; Lépine* 35.!; *Ribourt!; Savatier!*).
Distrib. géogr. Océanie.

2. **C. echinatus** L., *Sp.*, 1488; Kunth, *l., c.*, 166; Nadeaud, *Enum.*, n. 225.

Chaumes couchés ou ascendants, velus. Feuilles linéaires acuminées. Involucres ovoïdes : soies hérissées, scabres, les internes plumeuses. Quatre épillets.

Iles de la Société : Tahiti (*Savatier!*). — Iles Marquises : Noukahiva (*Savatier!*).
Distrib. géogr. Régions chaudes.

VI. — PENNISETUM *Pers.*

Épillets à une ou deux fleurs, enveloppés au nombre d'un à trois dans un involucre de soies nombreuses, libres. Glumes aiguës; l'inférieure petite, contenant quelquefois une paillette et une fleur mâle quelquefois stérile; la supérieure contenant une paillette et une fleur hermaphrodite qui est quelquefois femelle par avortement. Trois étamines. Styles libres ou unis.
Épis simples.

Environ 40 espèces, habitant les contrées chaudes et tempérées des deux Mondes.

Épis plus ou moins courbes . . . . 1. **P. articulare** *Trin.*
Épis droits . . . . 2. **P. flavisetum** *Steud.*

1. **P. articulare** Trin., ex Spreng., *N. Entd.*, II, 77; Kunth, *Enum.*, II, 163.
P. identicum Steud., in Jardin, *Hist. nat. Marquises*, 27.

Chaumes grêles, rampants à la base. Feuilles linéaires, étroites. Épis (4 ou 5 cent.) plus ou moins courbés en crosse. Rachis pubérulent. Involucres brièvement pédicellés. Épillets solitaires plus courts que les soies de l'involucre : celles-ci tirant sur le violet ou le jaune.

Iles Marquises : Noukahiva (*Le Guillou!; Jardin!*).

2. **P. flavisetum** Steud., in Jardin, *l. c.*, et Herb.
Diffère de l'espèce précédente par ses épis droits et plus grands, ainsi que les involucres et les épillets ; en est, d'ailleurs, voisine, et pourrait n'en être considéré que comme une simple forme.

Iles Marquises : Noukahiva (*Jardin!*).

VII. — THUAREA *Pers.*

Épillets biflores, les supérieurs contenant deux fleurs mâles, les inférieurs une fleur hermaphrodite et une fleur mâle ou rudimentaire. Glume inférieure petite ou manquant quelquefois. Deux styles libres; stigmates épais, fortement plumeux.

Épillets formant un épi unilatéral dont le rachis, dilaté en forme de spathe lancéolée, les enveloppe et se rétrécit en dessous d'eux en gouttière.

Une espèce, répandue dans l'Ancien Monde sur les plages tropicales de l'Océan Pacifique et de l'Océan Indien.

1. **T. involuta** R. Br., *Prodr.*, 197; Nadeaud, *Enum.*, n. 226.
Ischœmum involutum Forst., *Prodr.*, 385; *T. media* R. Br., *Prodr.*, 197; Brongn., *Voy. Coq., Bot.*, 136; Endl., *Flor. Suds.*, n. 587.

Plante basse, rampante. Chaume et feuilles glabres, lisses. Gaînes barbues au sommet; limbe oblong-aigu (long de 3 à 5 cent.; large de 6 à 8 mill.). Épi (long de 2 cent.), plus court que la feuille terminale et enveloppé par elle. Rachis pubérulent ainsi que les glumes. Glumelles glabres, une d'elles ciliée seulement au sommet.

Iles de la Société : Tahiti (*Vesco!; Nadeaud* 226!); Borabora (*d'Urville*). — Iles Gambier (*Jacquinot!*).

Tribu II. — MAYDÉES.

Épillets unisexués.

VIII. — COIX *L.*

Épillets unisexués : les mâles à glumes inégales, rigides ou herbacées, et à deux ou trois glumelles accompagnant chacune une fleur mâle et une paillette, sauf la troisième qui est stérile lorsqu'elle existe; épillets femelles à glumes et glumelles hyalines et ténues; les glumes acuminées. Caryopse oblong, pierreux, lisse et brillant.

Herbes d'assez haute taille, rameuses. Épis axillaires vers le sommet des chaumes. Épillets mâles géminés ou ternés, occupant la partie supérieure de l'épi; les femelles solitaires aux articulations inférieures.

Environ 4 espèces, originaires de l'Inde; la suivante est répandue dans toutes les régions tropicales.

1. **C. Lachryma** L., *Sp.*, 1378; Kunth, *Enum.*, I, 20; Endl., *Flor. Suds.*, n. 547.

Chaume semi-cylindrique, obtus. Épis axillaires, nus. Fruits ovales.

Iles de la Société (*Wilkes*).

Tribu III. — TRISTÉGINÉES.

Épillets des Panicées. Glumelle ne s'indurant pas avec le fruit.

IX. — GARNOTIA *Brongn.*

Épillets uniflores, articulés au-dessus des glumes. Glume extérieure brièvement aristée ; glume intérieure mutique. Glumelle un peu plus courte que la glume, auriculée à la base, mutique ; paillette hyaline. Trois étamines. Styles libres plumeux. Caryopse oblong, libre, inclus dans la glumelle et la paillette légèrement indurée.

Épillets géminés, inégalement pédicellés. Panicule lâche.

Environ 8 espèces, habitant l'Inde, la Chine, le Japon et les îles du Pacifique.

1. G. stricta Brongn., *Voy. Coq.*, *Bot.*, 132, t. 21 ; Benth., *Fl. Hongk.*, 416.

Chaumes dressés, grêles, peu feuillés, glabres. Gaine des feuilles barbue au sommet ; limbe linéaire (long de 10 à 15 cent. ; large de 6 à 7 mill.) terminé en pointe subulée. Panicule étroite (longue de 20 centim., large de 1 à peine). Épillets aigus (1 millim.), légèrement ciliés à la base. Glumes denticulées sur les bords.

Iles de la Société : Tahiti (*d'Urville!*).
Distrib. géogr. Hong-Kong et Ceylan.

Tribu IV. — ANDROPOGONÉES.

Épillets homogames ou hétérogames, géminés ou ternés sur les rameaux de l'inflorescence. Glumelles quelquefois aristées.

X. — SACCHARUM *L.*

Épillets uniflores. Glumes hyalines, aiguës et mutiques, ainsi que les deux glumelles et la paillette. Trois étamines. Deux styles indivis. Stigmate plumeux.

Végétaux de haute taille.

Environ 12 espèces, habitant les régions tropicales des deux Mondes.

Feuilles enroulées. . . . . 1. **S. spontaneum** *L.*
Feuilles planes. . . . . 2. **S. officinarum** *L.*

1. S. spontaneum L., *Mant.*, 183 (non Forst.); Kunth, *Enum.*, I, 475 ; Nadeaud, *Enum.*, n. 231.

Feuilles enroulées. Panicule étroite, à ramules peu étalées.

Iles de la Société : Tahiti, vallées humides à Papeiha, et sur les bords du lac Vairia (*Nadeaud* 231); sans désignation de localité (*Savatier*).
Distrib. géogr. Régions chaudes de l'Ancien Monde.

2. S. officinarum L., *Sp.*, 79 ; Kunth, *l. c.*, 474 ; Forst., *Pl. esc.*, n. 51, et *Prodr.*, n. 33 ; Hook. et Arn., *Bot. Beech.*, 72 ; Guillem., *Zephyr. Tait.*, 121 ; Pancher, in Cuzent, *Tahiti*, 242 ; Nadeaud, *l. c.*, n. 232.

Feuilles planes. Panicule large, très-rameuse ; ramules étalées.

Importée anciennement par les indigènes ou plus récemment par les Européens, cette espèce ne semble guère être sortie des lieux où elle est cultivée. Elle forme sept variétés ainsi désignées par MM. Cuzent et Pancher : *Tahiti*, 193-195, ouvrage auquel sont empruntés les détails qui suivent :

Saccharum atrorubens (*Ute* des indigènes).

Tige violette, moelle blanche.

Importée de Batavia par Bougainville et Bliglet (1782).

S. rubicundum (*Rutu, Rurutu* des indigènes).

Tige et moelle violettes.

Vient de l'île Rurutu, de l'archipel Cook.

S. glabrum (*Vaihi* des indigènes).

Tige blanche.

Vient des îles Hawaï.

S. fragile (*Irimotu* des indigènes).

Désignée aux Antilles et aux autres colonies, ainsi que la suivante, sous le nom de *canne de O'Tahiti*.

Tige verte, cassante, couverte de poils nombreux, moelle blanche.

S. fragile-variegatum (*Avae* des indigènes).

Tige jaunâtre, rubannée de vert clair.

S. obscurum (*Piavere* des indigènes).

Tige légèrement rouge, moelle blanche.

M. Cuzent cite une huitième variété :

Puaio (S. fatuum), qui doit sans doute être rapprochée de l'*Erianthus floridulus*.

XI. — ERIANTHUS *Mich.*

Épillets homogames, renfermant une fleur hermaphrodite. Glumes membraneuses aiguës. Deux glumelles hyalines, l'extérieure mutique, l'intérieure bifide au sommet, prolongée en une longue arête sétacée. Deux ou trois étamines. Styles libres ; stigmates plumeux.

Épillets géminés, l'un sessile ou brièvement pédicellé, l'autre plus longuement, tous deux entourés d'une touffe de poils soyeux. Panicule très-ample, à rameaux grêles, articulés.

Environ 12 espèces, habitant les régions chaudes et tempérées du globe.

1 { Trois étamines		2
{ Deux étamines	3. **E. pedicellaris** *Hackel.*	
2 { Arête de la glumelle plus courte que l'épillet.	1. **E. maximus** *Brongn.*	
{ Arête de la glumelle plus longue que l'épillet.	2. **E. floridulus** *Schult.*	

1. E. maximus Brongn., *Voy. Coq.*, 97 ; Endl., *Fl. Suds.*, n. 618 ; Guillem., *Zephyr. Tait.*, n. 124 ; Hackel, in A. DC., *Monogr. Phan.*, VI, 128.

Saccharum maximum Trin., in *Mém. Ac. Pétersb.*, sér. 6, IV, 92 ; *E.*

floridulus Anders., in *Ofv. k. Vet. Akad. Stockh.*, 1855, 162 (non Schult., teste Hack.).

Tiges très-élevées. Feuilles linéaires-lancéolées (longues de 5-7 déc.; larges de 3-4 cent. environ). Panicules amples. Épillets lancéolés, sessiles, entourés d'une touffe de poils soyeux, brillants, plus longs qu'eux. Arête de la glumelle plus courte que l'épillet.

Iles de la Société : Tahiti (*d'Urville!; Vieillard*).
Distrib. géogr. Iles Viti.

2. **E. floridulus** Schultes, *Mantiss.*, III, 563 ; Brongn., *l. c.*, 96 ; Endl., *l. c.*, n. 617; Guillem., *l. c.*, n. 125; Nadeaud, *Enum.*, n. 233.

Saccharum spontaneum Forst., *Prodr.*, n. 23 (non L. teste Seem.); *S. floridulum* Labill., *Sert. Austr. Caled.*, 13, t. 18 ; *S. fatuum* Soland., *Prim. Fl. Ins. Pac.*, 213, et in Parkins., *Draw. Tah. Pl.*, t. 9 (ined., cf. Seem., *Fl. Vit.*, 321); *S. distichophyllum* Steud., in *Herb. Jard.*, et in Jardin, *Iles Marquises*, 27.

Tiges élevées. Feuilles linéaires-lancéolées, plus petites que dans l'espèce précédente. Panicules amples. Épillets géminés ou ternés, l'un d'eux généralement sessile. Arête de la glumelle un peu plus longue que l'épillet.

Iles de la Société : Tahiti, collines sèches (*d'Urville!; Vesco!; Lépine!; Nadeaud* 233!). — Iles Marquises : Noukahiva (*Mercier!; Jardin!*).
Distrib. géogr. Océanie.
Cette espèce a été réunie au *Miscanthus japonicus* (Seem., *l. c.*; Hackel, *l. c.*, 107). Il semble cependant difficile d'admettre cette synonymie. Les rameaux de la panicule sont bien nettement articulés dans tous les individus que j'ai examinés ; or ce caractère a servi à distinguer le genre *Erianthus* du genre *Miscanthus;* l'espèce ci-dessus ne saurait donc, en tous cas, être placée dans ce dernier genre.

3. **E. pedicellaris** Hackel, *l. c.*, 137.
Saccharum pedicellare Trin., in *Mém. Ac. Péters.*, sér. 6, II, 310.
Diffère de l'espèce précédente par ses épillets secondaires brièvement pédicellés et non sessiles , et par ses étamines qui sont au nombre de deux au lieu de trois.

Iles Marquises : Noukahiva (ex Trin.).

XII. — POLLINIA *Trin.*

Épillets uniflores, homogames. Glume inférieure bidentée, la supérieure aiguë ou quelquefois aristée. Une ou deux glumelles plus courtes que les glumées, la supérieure munie d'une longue arête repliée à la base. Paillette hyaline, obtuse. Trois étamines. Deux styles plumeux.
Panicules terminales, à rameaux simples, subdigités.

Environ 25 espèces, habitant les régions chaudes de l'Ancien Monde.

1. P. glabrata Benth. et Hook., *Gen.*, III, 1127.

Eulalia glabrata Brongn., *Voy. Coq.*, *Bot.*, 93, t.19; *Nemastachys tahitensis* Steud., *Syn.*, 1, 457.

Rampante à la base, glabre. Chaumes grêles, dressés. Feuilles linéaires-aiguës (longues de 10 cent.; larges de 3-4 mill.); gaînes ciliées au sommet. Panicule courte (longue de 3 à 4 cent., larges de 1 à 2). Ramules glabres. Épillets longs de 1 millim. Une seule glumelle.

Iles de la Société : Borabora (*d'Urville!*).

XIII. — ANDROPOGON *L.*

Épillets géminés ou ternés sur les nœuds d'un rachis articulé : l'inférieur sessile, portant une fleur mâle ou quelquefois avortée. Glume inférieure mutique, la seconde aiguë ou rarement aristée; deux glumelles : l'inférieure hyaline, mutique; la supérieure souvent aristée. Trois étamines. Deux styles libres. Stigmates plumeux.

Panicules simples ou composées.

Environ 120 espèces, habitant les régions chaudes et tempérées des deux Mondes.

1 { Épillets géminés.   2
  { Épillets ternés. . . . . 3. **A. aciculatus** *Retz.*
2 { Branches des épis déjetées. . . . . 1. **A. refractus** *R. Br.*
  { Branches des épis non déjetées. . . . . 2. **A. contortus** *L.*

1. A. refractus R. Br., *Prodr.*, I, 202; Kunth, *Enum.*, I, 493; Seem., *Flor. Vit.*, 320.

A. tahitensis Hook. et Arn., *Bot. Beech.*, 71; Endl., *Flor. Suds.*, n. 638; Guillem., *Zephyr. Tait.*, n. 129; Nadeaud, *Enum.*, 236.

Nom indigène à Tahiti : *Aretu-monoï.*

Plante (haute de quelques décimètres) glabre, rougeâtre. Racine fibreuse. Chaumes nombreux, dressés. Feuilles linéaires, subulées au sommet; les radicales égalant la moitié des chaumes. Panicule terminale, munie de bractées engaînantes, les dernières dépassant les épillets. Branches supérieures déjetées, épaissies et garnies de poils à leur point de séparation, portant de un à trois groupes d'épillets.

Iles de la Société : Tahiti, collines sèches (*Lay et Collie; Lépine* 39!; *Ribourt* 158!; *Savatier!; Nadeaud* 236!).
Distrib. géogr. Océanie.

2. A. contortus L., *Sp.*, 1480; Kunth, *l. c.*, I, 486.

Heteropogon contortus Rœm. et Schult., *Syst.*, II, 386; *A. Allionii* DC., *Fl. fr.*, III, 97; Nadeaud, *l. c.*, n. 235.

Chaumes dressés, rameux, glabres, lisses, très-feuillés. Gaîne des feuilles barbue au sommet, limbe linéaire-aigu, couvert en dessus de poils appliqués, glabre en dessous. Panicules terminales, assez fournies. Épillets solitaires ou géminés : l'un presque sessile, hermaphrodite, l'autre brièvement pédicellé, stérile. Glume inférieure oblongue-aiguë, ciliée à sa base, scabre sur les bords ainsi que la glume supérieure, mais plus fortement qu'elle. Glumelle inférieure prolongée en une longue arête contournée ; la supérieure mutique.

Iles de la Société : Tahiti, collines vers 900 m. (*Nadeaud* 235 !).
Distrib. géogr. Régions chaudes et tempérées des deux Mondes.

3. A. aciculatus Retz, *Obs.*, 22 ; Seem., *Fl. Vit.*, 320.
Chrysopogon aciculatus Trin., *Fund.*, 188 ; *Andropogon acicularis* Rœm. et Schult., *Syst.*, II, 812 ; Endl., *l. c.*, n. 637 ; Guillem., *l. c.*, n. 128 ; Jardin, *Hist. nat. Iles Marquises*, 27 ; Nadeaud, *Enum.*, n. 233.
Nom indigène à Tahiti : *Papapa* ; aux îles Marquises : *Okeoké*.
Souche traçante. Feuilles inférieures très-nombreuses, les supérieures beaucoup plus rares ; limbe linéaire-aigu, entièrement glabre. Panicule longue de 5 à 6 cent ; pédoncules subverticillés, grêles, plus longs que les entre-nœuds, velus à la base des épillets et sur leur moitié supérieure. Trois épillets (5-6 mill.) ; le central sessile, hermaphrodite (3-4 mill.), les latéraux pédicellés, mâles. Glumes de l'épillet hermaphrodite ciliées, l'inférieure bidentée, la supérieure longuement aristée ; glumelle inférieure prolongée en une arête deux fois plus longue que l'épillet. Glumes des épillets mâles subulées au sommet ; glumelles aiguës, non prolongées en arête.

Iles de la Société (*Banks et Solander ; Lay et Collie*) : Tahiti, vallées et collines sèches (*Lépine* 36 ! ; *Ribourt !* ; *Savatier !* ; *Nadeaud* 234 !). — Iles Marquises (*Barclay !* ; *Hombron !* ; *Jardin* 31 !). — Iles Pomotou (*Savatier !*).
Distrib. géogr. Asie et Océanie tropicales.

Tribu V. — Agrostidées.

Épillets hermaphrodites, uniflores, articulés au-dessus de la glume ; rachis ordinairement prolongé en arête au-dessus de la fleur. Panicules composées.

XIV. — SPOROBOLUS R. Br.

Épillets uniflores. Glumes membraneuses, ovales-aiguës, carénées, l'inférieure beaucoup plus petite que la supérieure. Glumelle inférieure dépassant généralement les glumes. Glumelle supérieure oblongue-aiguë, binerviée, le plus souvent égale à l'inférieure. De deux à trois étamines. Deux styles courts, distincts : stigmates plumeux. Caryopse oblong se séparant des glumes. Péricarpe très-mince.

Panicules spiciformes.

Environ 80 espèces, répandues dans les contrées chaudes et tempérées.

1. S. indicus R. Br., *Prodr.*, 170.

Racine fibreuse. Chaumes (hauts de 40 à 80 cent.), dressés, réunis en touffes glabres. Feuilles radicales nombreuses, atteignant environ la moitié de la hauteur des chaumes. Panicule spiciforme (longue de 20 cent. environ), étroite, à branches courtes (10-15 mill.) appliquées. Pédoncule portant deux épillets inégalement pédicellés (longs de 1 mill. environ), oblongs-aigus.

Iles de la Société : Tahiti (*Savatier!; Ribourt!*).
Distrib. géogr. Toutes les contrées tropicales et subtropicales.

Tribu VI. — CHLORIDÉES.

Épillets des *Agrostidées*. Épis unilatéraux.

XV. — CYNODON *Pers.*

Épillets uniflores. Glumes membraneuses, étroites, carénées, mutiques, plus courtes que l'épillet. Glumelle condupliquée, carénée, ciliée sur le dos ; paillette étroite, bicarénée. Trois étamines. Styles libres : stigmates plumeux.

Épillets disposés sur deux séries alternes en un épi unilatéral ; épis digités.

Genre renfermant 4 espèces : une habite les régions chaudes et tempérées du globe ; les trois autres sont spéciales à l'Australie.

1. C. Dactylon Pers., *Syn.*, I, 85 ; Brongn., *Voy. Coq., Bot.*, 53 ; Endl., *Flor. Suds.*, n. 603 ; Guillem., *Zephyr. Tait.*, n. 118.

Plante rampante, glauque. Feuilles courtes, gaînes barbues au sommet. Chaumes dressés (1 ou 2 déc.). Épis (longs de 2 à 5 cent.) pubescents à la base. Rachis légèrement cilié.

Iles de la Société : Tahiti (*d'Urville!; Vesco!; Lépine* 42!; *Savatier* 778!).

XVI. — ELEUSINE *Gærtn.*

Épillets biflores ou quadriflores. Glumes et glumelles obtuses ou aristées, carénées, condupliquées, la glumelle supérieure bicarénée. Trois étamines ; styles distincts. Stigmates plumeux. Caryopse rugueux transversalement.

Épillets disposés sur deux séries alternes en épis unilatéraux, digités.

Environ 7 espèces, habitant les régions chaudes des deux Mondes.

Glumes et glumelles mutiques . . . . 1. E. indica *Gærtn.*
Glume supérieure et glumelle aristée. . . . . . . 2. E. ægyptiaca *Pers.*

1. E. indica Gærtn., *Fruct.*, I, 7, t. 1; Kunth, *Enum.*, I, 272; Brongn., *Voy. Coq.*, *Bot.*, 47; Hook. et Arn., *Bot. Beech.*, 72; Endl., *Flor. Suds.*, n. 605; Guillem., *Zeph. Tait.*, n. 119; Pancher, in Cuzent, *Tahiti*, 241; Jardin, *Hist. nat. Iles Marquises*; Seem., *Flor. Vit.*, 322; Nadeaud, *Enum.*, 227.

Noms indigènes : à Tahiti : *Tamamau* ; aux îles Marquises : *Tutae-piki*.

Racine fibreuse. Chaumes réunis en touffes, dressés, feuillés. Gaîne des feuilles ciliée jusqu'au sommet, velue extérieurement; limbe linéaire (long de 10 à 40 cent. ; large de 3 à 5 mill.) glabre, quelquefois cilié au sommet. Épis digités (longs de 6 à 10 cent.), velus à la base. Rachis glabre, proéminent en dedans. Épillets (6 mill.) nombreux. Glumes et glumelles mutiques, obtuses ; glume inférieure uninerviée, la supérieure trinerviée ainsi que la glumelle inférieure.

Iles de la Société : Tahiti : plages et premières collines (*Forster; d'Urville!; Lépine* 42!; *Savatier!; Nadeaud* 227!). — Iles Marquises : Noukahiva (*Jardin* 53!; *Savatier!*).

β Épis solitaires.

Iles de la Société : Tahiti (*d'Urville*).

γ Épis géminés plus courts que dans le type. Épillets peu nombreux (*E. rariflora* Steud., in Jardin, *l. c.*, et *Herb.*, 32).

Iles Marquises : Noukahiva (*Jardin* 32!).
Distrib. géogr. Toutes les régions chaudes.

2. E. ægyptiaca Pers., *Syn.*, I, 82.
Cynosurus ægyptiacus L., *Sp.*, 106 ; *Dactyloctenium ægyptiacum* Willd., *Sp.*, 1029 ; *Ctenium noukahivense* Steud., in Jardin, *l. c.*, et *Herb.*

Souche traçante. Chaumes hauts de plusieurs décimètres. Gaîne des feuilles barbue au sommet; limbe parsemé de poils rudes sur la face inférieure. Épis terminaux digités (longs de 1 à 3 cent. ; larges de 5 millim.) ; rachis terminé en pointe. Glumes ciliées sur le dos, la supérieure brusquement terminée en arête presque aussi longue ; glumelles atténuées en une longue arête. Caryopse subglobuleux ridé transversalement.

Iles de la Société : Tahiti, sables et collines sèches près de la mer (*Lépine* 42!; *Savatier!*). — Iles Marquises : Noukahiva (*Jardin!; Savatier!*).
Distrib. géogr. Toutes les régions chaudes.

Tribu VII. — FESTUCÉES.

Épillets à deux ou plusieurs fleurs. Le reste comme dans les *Agrostidées*.

XVII. — ERAGROSTIS *Beauv.*

Épillets pluriflores. Glumes membraneuses, carénées, aiguës, l'inférieure plus petite. Glumelle inférieure membraneuse, trinerviée ; glumelle supérieure convexe bicarénée ou binerviée, plus petite que l'inférieure. Caryopse ovoïde, lisse. Épillets le plus souvent en panicule lâche.

Environ 100 espèces, répandues dans toutes les régions chaudes du globe.

1. E. pilosa Beauv., *Agrost.*, 71.

Poa pilosa L., *Sp.*, 100 ; Kunth, *Enum.*, I, 329 ; *E. elytroblephara* Steud., *Syn.*, 280 ; *E. Petersii* Trin., *Act. Petr.*, 1838, *Suppl.*, 75 et Steud., *l. c.*

Racine fibreuse. Chaumes réunis en touffes, grêles, lisses. Gaine des feuilles garnie extérieurement et au sommet de longs poils épars ; limbe glabre, linéaire-acuminé (long de 7 à 8 cent. ; large de 2 à 3 mill.) à cinq ou sept nervures. Panicule lâche, à branches grêles, munies à leur aisselle de glandes longuement ciliées. Pédicelles longs de 3 à 4 millim. ; épillets longs de 1 millim. Paillette finement ciliée sur la carène.

Iles de la Société : Tahiti, plages et vallées (*Lépine* 37 ! ; *Ribourt* 1291 ; *Savatier !*). — Iles Marquises : Noukahiva (*Savatier !*).
Distrib. géogr. Toutes les régions chaudes.

XVIII. — CENTOTHECA *Desv.*

Épillets multiflores. Glumes aiguës carénées : l'inférieure plus petite. Glumelles plus longues que les glumes, garnies extérieurement sur les bords de poils bulbeux à la base, à la fin réfléchis. Rachis allongé au-dessus des glumes, entre les glumelles, et prolongé en dessus de la dernière fleur en une arête renflée au sommet. Trois étamines. Styles distincts. Stigmates plumeux. Caryopse ovoïde, lisse. Épillets en panicules lâches.

Plantes généralement de haute taille.

Environ 3 espèces, habitant l'Asie et l'Afrique tropicales et les îles du Pacifique.

1. C. lappacea Desv., *Journ., Bot.*, I (1813), 70 ; Brongn., *Voy. Coq., Bot.*, 44 ; Kunth, *Enum.*, I, 366 ; Hook. et Arn., *Bot. Beech.*, 72 ; Endl., *Flor. Suds.*, n. 632 ; Guillem., *Zephyr. Tait.*, n. 126 ; Jardin, *Hist.*

nat. *Iles Marquises*, 27 ; Seem., *Flor. Vit.*, 322 ; Nadeaud, *Enum.* n. 229.

Cenchrus lappaceus L., *Sp.*, 1488 ; *Poa latifolia* Forst., *Prodr.*, n. 44.

Noms indigènes : à Tahiti : *Oévé* ; aux îles Marquises : *Au heato ?*

Souche traçante. Racine fibreuse. Chaumes (hauts de 1 mètre et plus) lisses. Gaine des feuilles ciliée sur les bords. Limbe oblong-aigu (long de 6 à 12 cent. ; large de 3 à 4) glabre : nervures nombreuses séparées par de petits traits transversaux. Panicule rameuse ; branches espacées, grêles, d'abord appliquées, puis divariquées. Épillets (3 à 4 millim.) brièvement pédicellés.

Iles de la Société (*Banks et Solander!; Forster!; d'Urville!; Anderson!; Barclay*) : Tahiti (*Herb. Petrop.!; Lépine* 41!; *Vesco!; Savatier!; Nadeaud* 229!). — Iles Marquises (*Barclay; Le Guillou!; Mercier!; Jardin* 132!).

Distrib. géogr. Asie et Océanie.

Tribu VIII. — Hordéées.

Épillets des Agrostidées ou des Festucées, insérés dans les sinuosités du rachis d'un épis simple.

XIX. — LEPTURUS *R. Br.*

Épillets uniflores (biflores dans quelques espèces étrangères à la Polynésie), enfoncés dans le rachis de l'épi. Une glume (deux dans quelques espèces non polynésiennes) dure, acuminée ; glumelle inférieure hyaline, plus courte que la glume ; glumelle supérieure binerviée, à peu près de mêmes forme et dimensions que la glumelle inférieure. Trois étamines. Styles distincts ; stigmates plumeux. Caryopse oblong.

Plantes basses. Épis généralement articulés et sinueux.

Environ 6 espèces : 5 habitent les régions tempérées de l'Ancien Monde ; la suivante est répandue en Océanie.

1. **L. repens** R. Br., *Prodr.*, 207 ; Brongn., *Voy. Coq., Bot.*, 57, t. 16 ; Endl., *Flor. Suds.*, n. 613 ; Guillem., *Zephyr. Tait.*, n. 120 ; Kunth, *Enum.*, I, 463 ; Nadeaud, *Enum.*, n. 228.

Rœtbellia repens Forst., *Prodr.*, n. 151.

Noms indigènes : à Tahiti : *Nanamu* ; aux îles Pomotou : *Emoku.*

Annuelle (haute de 1 à 3 déc.), glabre. Tiges couchées. Feuilles appliquées le long de la tige ; ligule ciliée ; limbe (3-4 cent.) linéaire, acuminé, dur, lisse, légèrement scabre sur les bords. Épi (5-6 cent.) court. Glume un peu plus longue que les articles de l'épi.

Iles de la Société : Borabora (*d'Urville!*) ; Tahiti (*Lépine!*), plage de Papeiha (*Nadeaud*). — Iles Pomotou : Moruroa (*Savatier!*).

Tribu IX. — BAMBUSÉES.

Trois lodicules. Graminées arborescentes.

XX. — SCHIZOSTACHYUM Nees.

Épillets hermaphrodites, uniflores, disposés en glomérules le long des rameaux d'une panicule. Glumes nombreuses, convolutées, mutiques. Lodicules étroites. Six étamines. Style trifide. Caryopse petit.

Environ 8 espèces, habitant la Chine, la Malaisie et la Polynésie.

1. S. glaucifolium Munro, in *Linn. Soc. Trans.*, XXVI, 137; Seem., *Fl. Vit.*, 323; Hillebr.,*Fl. Haw. Isl.*, 538.

Bambusa glaucifolia Rupr., in *Act. Ac. Caes. Petr.*, ser. 6, III, 2, 117; Steud., Syn., I, 331; *Bambos arundo* Soland., ex Seem., *Fl. Vit.*, 217; *Bambusa arundinacea* Pancher, in Cuzent, *Tahiti*, 244; Nadeaud, *Enum.*, n. 230 (n. Willd.).

Plante haute de 2 à 3 mètres. Feuilles glauques, oblongues-lancéolées. Panicules latérales. Glomérules espacés.

Iles de la Société : Tahiti (*Vesco ! Nadeaud?*). — Iles Marquises (*Mercier ! Jardin?*) **Distr. géogr.** Polynésie.

FOUGÈRES.

Sporanges réunis en groupes, ou *sores*, qui sont nus ou recouverts d'une membrane particulière appelée *indusie*, et qui sont insérés sur la face inférieure ou sur le bord quelquefois·profondément modifié de feuilles spéciales ou *frondes* lesquelles naissent, isolées ou en touffes, le long ou vers l'extrémité d'un rhizome traçant ou grimpant, ou plus ou moins dressé, et de grandeur très-variable.

1	Sporanges pourvus d'un anneau. . . .	2
	Sporanges dépourvus d'anneau	31
2	Anneau transversal ou longitudinal . .	3
	Anneau terminal en forme de coiffe . .	30
3	Anneau transversal.	4
	Anneau longitudinal	6
4	Sores pourvus d'indusie.	5
	Sores dépourvus d'indusie.	I. Gleichenia *Sw.*
5	Indusie dilaté au sommet.	VII. **Trichomanes** *Sm.*
	Indusie non dilaté	VI. **Hymenophyllum** *L.*
6	Sores pourvus d'indusie.	7
	Sores dépourvus d'indusie.	23
7	Indusie infère	8
	Indusie supère.	10
8	Plantes arborescentes.	9
	Plantes grimpantes.	V. **Dicksonia** *L'Hér.*

9 { Indusie globuleux se déchirant à maturité. — II. **Cyathea** *Sm.*
Indusie en forme de coupe . . . . . . — III. **Hemitelia** *Br.*

10 { Indusies distincts. . . . . — 11
Indusies formant une ligne continue. . — 20

11 { Indusies attachés par les côtés ou par la base. . . . . — 12
Indusies attachés par un sinus ou par le centre. . . . . — 17

12 { Indusie (du moins l'extérieur) situé au bord de la fronde et réfléchi, ou formé par le bord même de la fronde. . . . — 13
Indusie toujours situé en dedans du bord de la fronde. . . . . — 15

13 { Indusie formé par le bord même de la fronde. . . . . — 14
Indusie formé par un prolongement du bord de la fronde. . . . . — XI. **Hypolepis** *Bernh.*

14 { Indusie double. . . . . — IX. **Lindsaya** *Dryand.*
Indusie simple. . . . . — X. **Adiantum** *L.*

15 { Sores linéaires; indusie s'ouvrant sur le côté, ou en dessous par une fente supérieure longitudinale . . . . — 16
Sores de formes diverses; indusie s'ouvrant toujours au sommet et toujours fixé à la fronde par la base; les côtés libres ou fixés à la fronde. . . . . . — VIII. **Davallia** *Sm.*

16 { Indusie s'ouvrant sur le côté . . . . . — XVI. **Asplenium** *L.*
Indusie s'ouvrant en dessus par une fente longitudinale. . . . . — XVII. **Allantodia** *Woll.*

17 { Nervures primaires diversement pinnées ou anastomosées. . . . . — 18
Nervures primaires bifurquées . . . . — 19

18 { Sores arrondis, attachés par le milieu. — XVIII. **Aspidium** *Sw.*
Sores réniformes, attachés par le sinus. — XIX. **Nephrodium** *Rich.*

19 { Sores alignés près de la nervure médiane. — XXI. **Oleandra** *Cav.*
Sores alignés près du bord de la fronde. — XX. **Nephrolepis** *Schott.*

20 { Frondes stériles semblables aux frondes fertiles . . . . — 21
Frondes dimorphes. . . . . — XIV. **Lomaria** *Willd.*

21 { Sores continus. . . . . — 22
Sores d'abord distincts, puis continus . — XII. **Pellea** *Link.*

22 { Sores disposés le long de la nervure médiane . . . . — XV. **Blechnum** *L.*
Sores marginaux. . . . . — XIII. **Pteris** *L.*

23 { Réceptacle non élevé . . . . — 23
Réceptacle élevé . . . . — IV. **Alsophila** *Br.*

24 { Sores distincts ou non, affectant d'autres formes que la forme arrondie. . . . . — 25
Sores arrondis, ou à peine oblongs . . — XXII. **Polypodium** *L.*

25 { Sores distincts ou ne se touchant que par leurs extrémités . . . . — 26
Sores occupant entièrement la surface inférieure de la fronde, qui est alors différente du reste . . . . — XXVIII. **Acrostichum** *L.*

<table>
<tr><td rowspan="2">26</td><td>Sores rangés en série linéaire le long de la côte médiane ou le long du bord de la fronde. . . . .</td><td>27</td></tr>
<tr><td>Sores rangés diversement entre la côte médiane et le bord de la fronde. . .</td><td>29</td></tr>
<tr><td rowspan="2">27</td><td>Sores marginaux. . . . .</td><td>28</td></tr>
<tr><td>Sores rangés le long de la nervure médiane. . . . .</td><td>XXIV. Monogramme Schk.</td></tr>
<tr><td rowspan="2">28</td><td>Sores d'abord distincts puis continus. .</td><td>XXIII. Notochlæna R. Br.</td></tr>
<tr><td>Sores toujours continus. . . . .</td><td>XXVII. Vittaria Sm.</td></tr>
<tr><td rowspan="2">29</td><td>Sores réticulés. . . . .</td><td>XXVI. Antrophyum Kaulf.</td></tr>
<tr><td>Sores non réticulés. . . . .</td><td>XXV. Gymnogramme Des.</td></tr>
<tr><td rowspan="2">30</td><td>Sores insérés sur la face inférieure de la fronde. . . . .</td><td>XXIX. Schizea Sm.</td></tr>
<tr><td>Sores disposés en épis et à l'aisselle d'écailles imbriquées à l'extrémité des lobes fertiles des frondes . . . . . .</td><td>XXX. Lygodium Sw.</td></tr>
<tr><td rowspan="2">31</td><td>Segments fertiles semblables aux segments stériles . . . .</td><td>32</td></tr>
<tr><td>Segments fertiles différents des segments stériles . . . .</td><td>33</td></tr>
<tr><td rowspan="2">32</td><td>Sores réunis en masses, mais non adhérents entre eux. . . . .</td><td>XXXI. Angiopteris Hoffm.</td></tr>
<tr><td>Sores réunis en masses et adhérents entre eux . . . .</td><td>XXXII. Marattia Sm.</td></tr>
<tr><td rowspan="2">33</td><td>Segment fertile en forme d'épi. . . . .</td><td>XXXIII. Ophioglossum L.</td></tr>
<tr><td>Segment fertile en forme de panicule. .</td><td>XXXIV. Botrychium Sw.</td></tr>
</table>

Tribu I. — GLEICHÉNIÉES.

Sores dépourvus d'indusie; sporanges munis d'un anneau transversal.

I. — GLEICHENIA Sw.

Sores placés sur les nervures secondaires; sporanges peu nombreux. Rachis des frondes à divisions dichotomes.

De 20 à 30 espèces, habitant les régions chaudes des deux Mondes.

1. G. dichotoma Hook., *Sp. Fil.*, I, 12; Baker, *Syn.*, 15; Pancher, in Cuzent, *Tahiti*, 242; Carruth., in Seem., *Fl. Vit.*, 332; Nadeaud, *Enum.*, n. 92.

Polypodium dichotomum Thunbg., *Fl. Jap.*, 338; Forst., *Prodr.*, n. 450, et *Pl. esc.*, n. 49; *Mertensia dichotoma* Willd. *Act. Holm.*, 1804, 167; Guillem., *Zephyr. Tait.*, n. 28; Jardin, *Hist. nat. Iles Marquises*, 27.

Pinnules sessiles disposées par paires à la naissance ou au sommet des ramifications qui sont garnies à leur aisselle d'une touffe de poils roux; limbe glabre, pinnatiséqué: segments linéaires-obtus, souvent émarginés au sommet; nervures secondaires bifurquées ou trifurquées.

Iles de la Société (*Forster*) : Tahiti, partout (*Lépine* 76!; *Savatier!; Nadeaud* 92!). — Iles Marquises : Noukahiva (*Dupetit-Thouars* 57!; *Le Bastard* 22!; *Jardin!*).

Distrib. géogr. Toutes les régions tropicales.

Tribu II. — Polypodiées.

Sores pourvus ou dépourvus d'indusie. Sporanges munis d'un anneau longitudinal, rarement transversal, mais dans ce cas les sores ont un indusie.

II. — CYATHEA *Sm.*

Sores enveloppés dans un indusie infère, se déchirant irrégulièrement de haut en bas, plus ou moins persistant; spores entourés d'un anneau vertical.

Plantes arborescentes.

Environ 80 espèces, habitant les régions tropicales.

Rachis pubérulent, d'un rouge brun ainsi que la face supérieure du limbe. . . . . 1. **C. affinis** *Sw.*
Rachis commun jaune, glabre et parsemé de points rudes, ainsi que celui des pinnules primaires. Limbe d'un vert clair . . . . 2. **C. Societarum** *Baker.*

1. C. affinis Sw., *Syn. Fil.*, 141; Baker, *Syn.*, 27.

Frondes très-grandes (1 à 2 m., sur 50-80 cent.), bipinnées; pinnules secondaires pinnatipartites; pinnules oblongues-aiguës (les primaires longues environ de 40 cent.; les secondaires de 8 à 10), dentées en scie au sommet; segments oblongs, obtus ou aigus, étroitement unis à la base; rachis et limbe bruns, plus ou moins parsemés ou recouverts de poils écailleux; consistance coriace.

Iles de la Société : Tahiti, entre 400 et 1,000 m. (*Lépine* 30!; *Vesco!; Nadeaud* 93!).

Distrib. géogr. Polynésie.

2. C. Societarum Baker, *l. c.*, 453.

C. canaliculata Brack.? *Alsophila extensa* Hock et Arn., *Bot. Beech.*, 76 (excl. syn.)? Guillem., *Zeph. Tait.* 20, (an Desv.?)

Rachis des frondes paléacé, parsemé çà et là de petits points saillants, glabre, sauf sur la côte médiane des pinnules secondaires; limbe vert. Le reste comme dans l'espèce précédente.

Iles de la Société : Tahiti (*Lépine* 311; *Vesco*).

Ces deux espèces sont extrêmement voisines, et il est même probable qu'elles doivent être rapportées au *C. medullaris* qui s'étendrait dans toutes les îles de l'Océanie. Le degré de pubescence et la différence de coloration sont sans doute un effet de l'âge.

III. — HEMITELIA *Br.*

Sores munis d'un indusie infère, en forme d'écaille. Réceptacle
élevé. Sporanges entourés d'un anneau vertical.
Plantes arborescentes.

Espèces peu nombreuses, habitant les régions tropicales.

1. H. tahitensis Baker, *Syn.*, 455.

Amphicosmia tahitensis Moore, *Ind. Fil.*, 61 ; Carruth., in Seem.,
Fl. Vit., 333 ; *Alsophila tahitensis* Brack., *U. S. Expl. Exped.*, *Filices*, 288, t. 40, f. 2 ; *Hemitelia Durvillei* Mett., in *Linnæa* (1869), 160.

« Frondes amples, tripinnées ; rachis couvert d'un tomentum roux,
et à peine muriqué en-dessus ; pinnules primaires lancéolées (longues
de 35 cent. et plus) ; pinnules sessiles, ligulées (longues de 6 à 8 cent.) ;
segments rapprochés, obtus, faiblement crénelés (larges de 3-4 mill.) ;
consistance légèrement coriace ; face supérieure fortement poilue sur
les côtes ; sept ou huit paires de nervures bifurquées ; sores insérés
sur les côtes ; indusie semi-cupuliforme, solide, glabre, entier. »

Iles de la Société : Tahiti (*d'Urville ; Chauvin ; Vesco ; Vieillard ; Wilkes*).

IV. — ALSOPHILA *Br.*

Involucre nul. Réceptacle élevé. Sores munis d'un anneau vertical.
Plantes arborescentes en général.

Espèces peu nombreuses, habitant les régions tropicales.

1. A. decurrens Hook., *Sp. Fil.*, I, 51 ; Nadeaud, *Enum.*, n. 94.
Fougère « haute de 15 à 18 mètres ». Frondes très-grandes, tripinnées ; pinnules primaires oblongues-acuminées dans leur contour ; les
secondaires alternes, de même forme que les primaires (longues de 10
à 12 cent.) ; pinnules tertiaires oblongues-aiguës, légèrement décurrentes, pinnatiséquées, hispides sur la nervure médiane de la face
supérieure ; segments oblongs-aigus, dentés en scie. Sores généralement au nombre de quatre sur chaque segment.

Iles de la Société : Tahiti, vers 800-1000 m. (*Lépine* 97 ! ; *Vesco ; Nadeaud* 94 !).

V. — DICKSONIA *L'Hérit.*

Sores marginaux. Indusie infère, plus ou moins bilabié. Sporanges
munis d'un anneau longitudinal. Rhizome rampant ou grimpant.

Espèces peu nombreuses, habitant les régions tropicales.

1. D. moluccana Blume, *Fil. Jav.*, 239 ; Baker, *Syn.*, 53.

D. scandens Blume, *l. c.*, 240 ; Hook., *Sp. Fil.*, 78 ; *Dennstædtia scandens* Moore, *Ind. Fil.*, 307 ; *Sitolobium scandens* Brack., *U. S. Expl. Exped., Filices*, 275 ; *Hypolepis repens* Nadeaud, *Enum.*, n. 122 (non Hook.) ; *Dicksonia multifida* Pancher, in Cuzent, *Tahiti*, 243 (non Willd.).

Frondes (hautes de 2 mèt.) se divisant en longs rameaux lâches, volubiles, tripinnés, hispidules, tomenteux, lisses ou parsemés d'épines ainsi que les rachis ; pinnules primaires subopposées (longues de 5 à 20 cent.), largement espacées ; pinnules secondaires oblongues-aiguës (longues de 2 à 10 cent.) uo oblongues-acuminées ; pinnules tertiaires oblongues-obtuses, pinnatiséquées, inéquilatérales à la base ; segments oblongs-obtus ; consistance de la fronde légèrement coriace. Sores placés sur le bord des segments et près des sinus.

Iles de la Société : Tahiti, crêtes de Pirae, Haamutaa, Tearapau, etc., vers 900-1100 m. (*Nadeaud* 122!) ; montagnes vers 1 200-1500 m. (*Lépine* 44!), sans désignation de localité (*Vesco!; U. S. Expl. Exped.*).

Distrib. géogr. Océanie tropicale.

VI. — HYMENOPHYLLUM *L.*

Indusies de la même consistance que la feuille, divisés en deux valves au moins jusqu'à la moitié de leur longueur. Sporanges entourés d'un anneau transversal et s'ouvrant irrégulièrement au sommet.

Environ 80 espèces, habitant surtout les régions tropicales.

Frondes très-petites, à divisions denticulées. . **1. H. tunbridgense** *Sm.*
Frondes de dimension moyenne, à divisions non
    ciliées . . . . **2. H. dilatatum** *Swartz.*

1. H. tunbridgense Sm., *Fl. Brit.*, 1141 ; Nadeaud, *Enum.*, 95 ; Baker, *Syn.*, 67.

H. affine Brack., *U. S. Expl. Exped., Filices*, 265, t. 37 ; Carruth., in Seem., *Fl. Vit.*, 341.

Rhizome rampant, filiforme. Frondes grêles (hautes de 3 à 6 cent.) linéaires-oblongues dans leur contour, pinnées ou bipinnées ; divisions des pinnules, linéaires denticulées.

Iles de la Société : Tahiti, vallée de Papeiha (*Nadeaud* 95!).
Distrib. géogr. Presque toutes les contrées chaudes et tempérées.

2. H. dilatatum Sw., *Syn. Fil.*, 149 et 373 ; Hook. et Grev., *Ic. Fil.*, t. 60 ; Carruth., *l. c.*, 342 ; Baker, *l. c.*, 62.

Trichomanes dilatatum Forst., *Prodr.*, n. 467 ; *T. formosum* Brack., *l. c.;* Seem., *l. c.; H. polyanthos* Nadeaud, *Enum.*, n. 96 (n. Sw.).

Souche traçante, très-grêle. Frondes glabres, tombantes, tripinnatifides, rachis étroitement ailé ; segments primaires lancéolés-inéquilatéraux dans leur contour; segments secondaires rhomboïdaux, à divisions linéaires-aiguës.

Iles de la Société : Tahiti, sur les troncs d'arbres, à Taiarapo (*Lépine* 26!), au mont Marau et dans la vallée de Ureohiro, vers 1000 m. (*Nadeaud* 96!), sans indication de localité (*Vesco!*; *U. S. Expl. Exped.!*).
Distrib. géogr. Iles de l'Océanie.

VII. — TRICHOMANES *Sm.*

Sporanges disposés en épis sur un réceptacle entouré d'un involucre terminal. Sporanges entourés d'un anneau transversal; déhiscence verticale. Sores oblongs, terminaux. Réceptacle filiforme. Indusie généralement oblong, plus ou moins dilaté au sommet.

Environ 80 espèces, habitant généralement les régions chaudes.

1	Frondes simples, incisées ou digitées, ou bien plus ou moins profondément divisées en pinnules se confondant à la base avec les ailes du rachis primaire.	2
	Frondes nettement pinnées, au moins à la partie inférieure, rachis nu ou à peine ailé.	8
2	Frondes palmatilobées ou à divisions flabellées.	3
	Frondes pinnatifides	6
3	Frondes très-petites, orbiculaires dans leur contour	4
	Frondes ovales oblongues dans leur contour, ou très-irrégulières.	5
4	Frondes peltées	1. **T. peltatum** *Baker.*
	Frondes à divisions flabellées	2. **T. parvulum** *Poiret.*
5	Frondes ovales-oblongues dans leur contour.	4. **T. concinnum** *Mett.*
	Frondes irrégulières, à divisions dichotomes.	3. **T. digitatum** *Sw.*
6	Frondes ne dépassant pas une hauteur de 20 cent.	7
	Frondes dépassant une hauteur de 20 cent.	12. **T. maximum** *Blume.*
7	Frondes dressées.	5. **T. humile** *Forst.*
	Frondes pendantes.	6. **T. pallidum** *Blume.*
8	Frondes nettement pinnées à leur partie inférieure seulement.	9
	Frondes pinnées sur presque toute leur longueur.	10
9	Indusies nettement divisés en deux lèvres triangulaires.	7. **T. Filicula** *Bory.*
	Indusies à peine bilabiés.	8. **T. radicans** *Sw.*
10	Frondes penchées ou pendantes.	11
	Frondes dressées.	12
11	Frondes ne dépassant pas 10 cent.	9. **T. tenue** *Brack.*
	Frondes atteignant 30 cent.	10. **T. caudatum** *Brack.*

12 {
Limbe des frondes apparent autour des nervures 13
Divisions des frondes toutes sétacées, presque
réduites à la nervure . . . . 14. **T. ericoides** *Hedw.*
}

13 {
Frondes munies d'écailles filiformes seule-
ment sur la partie inférieure des pétioles. 11. **T. rigidum** *Sw.*
Frondes couvertes d'écailles filiformes, jus-
qu'à leur sommet. . . . . 16. **T. meifolium** *Bory.*
}

1. **T. peltatum** Baker, in *Linn. Soc. Journ. Bot.*, IX (1867), 336, t. 8, f. G., et *Syn. Fil.*, 73.

T. tahitense Nadeaud, *Enum.*, n. 97.

Petite plante basse, rampante. Rhizome grèle, filiforme, fimbrillifère. Frondes sessiles, presque orbiculaires, peltées (larges de 3-4 mill.) souvent échancrées à la base, plus ou moins profondément incisées, faiblement crénelées ; nervures flabellées, dichotomes, entremêlées d'autres nervures partant de la circonférence et s'arrêtant vers le centre de la fronde. Indusies oblongs, dilatés et bilabiés au sommet, situés au fond des lobes, mais dépassant le bord de la fronde.

Iles de la Société : Tahiti, rochers humides de la vallée de Papenoo (*Nadeaud* 97 !).

Distrib. géogr. Iles Samoa et Nouvelle-Calédonie.

2. **T. parvulum** Poiret, *Encycl.*, VIII, 44 ; Baker, *Syn.*, 75.

T. sibthorpioides Bory, in Willd., *Sp. pl.*, V., 498 ; *T. saxifragoides* Presl, *Hym.*, 49 ; Carruth., in Seem., *Fl. Vit.*, 390 ; Baker, *l. c.*; *T. membranaceum* Endl., *Fl. Suds.*, n. 515 ; Guillem., *Zephyr. Tait.*, n. 75 (non L.) ; Pancher in Cuzent, *Tahiti*, 243 ; *T. proliferum* Nadeaud, *Enum.*, n. 99 (an Blume ?).

Rhizome rampant, à ramifications grèles, entrelacées ; pétioles filiformes ; limbe de la fronde glabre, presque orbiculaire dans son contour (3-4 mill.), à divisions flabellées, linéaires. Indusies placés à l'extrémité des segments, oblongs, fortement dilatés au sommet.

Iles de la Société (*Forster ; Lay et Collie*) : Tahiti, Papeiha (*Nadeaud* 99 !).

3. **T. digitatum** Sw., *Syn. Fil.*, 370 et 422 ; Nadeaud, *l. c.*, n. 100 ; Baker, *l. c.*, 76.

Rhizome rampant, à ramifications entrelacées, lisses. Frondes étalées formant des touffes plus ou moins épaisses ; pétiole très-grèle ; limbe irrégulier dans son contour (3-4 cent. de longueur et de largeur), divisé jusqu'à sa base ou presque, en lobes qui se ramifient ensuite plusieurs fois dichotomiquement en segments linéaires obtus, ciliés, et ne portant qu'une seule veine. Sores oblongs dilatés et bilabiés au sommet, placés vers l'extrémité des segments et la dépassant à peine.

Iles de la Société : Tahiti, mont Mahutaa et autres montagnes vers 1000-

1100 m. (*Nadeaud* 100!); sans indication de localité (*Vesco!*); Moorea (*Lépine* 27!).

Distrib. géogr. Océanie, île de la Réunion.

4. **T. concinnum** Mett., in *Linnæa*, XXXV (1867-68), 385; Baker, *l. c.*, 465.

Rhizome rampant, filiforme. Frondes (longues de 10 à 15 mill.; larges de 5 à 6), rhomboïdales dans leur contour, palmatiséquées; le segment médian cunéiforme dans son contour et lui-même trilobé; les deux segments latéraux bilobés; tous les lobes plus ou moins incisés; les dernières divisions linéaires-aiguës.

Iles de la Société : Tahiti (*Vieillard; Vesco!*).

Il existe dans l'herbier Nadeaud des échantillons stériles d'un *Trichomanes* rapportés par l'auteur au *T. parvulum* Poiret; ils semblent plutôt devoir être rapprochés du *T. concinnum*, quoiqu'ils en diffèrent un peu par leur couleur brune dans l'herbier, le *T. concinnum* conservant toujours une couleur verte.

5. **T. humile** Forst., *Prodr.*, n. 464; Hook. et Grev., *Icon.*, t. 35; Endl., *Fl. Suds.*, n. 516; Guillem., *Zephyr. Tait.*, n. 76; Pancher, *l. c.*; Nadeaud, *l. c.*, n. 104; Carruth., *l. c.*, 343; Baker, *l. c.*, 80.

T. minutulum Gaudich., *Bot. Voy. Freyc.*, 377, t. 12, f. 2; Endl., *Fl. Suds.*, n. 518; Pancher, *l. c.*

Plante de faible hauteur, croissant sur les rochers ou les arbres. Rhizome rampant, à ramifications grêles, entrelacées, couvertes de fimbrilles courtes, serrées, brunes. Frondes dressées, oblongues dans leur contour (hautes de 10 cent. au plus, larges de 10 à 15 mill.), atténuées en pétiole court, mince; limbe membraneux, glabre, d'un vert pâle, bipinnatipartite; rachis étroitement ailé; segments primaires oblongs, ou obovales, plus ou moins espacés et divisés en lobes linéaires-obtus ou faiblement aigus, traversés par une seule veine. Indusies solitaires sur les segments supérieurs, et, dans chacun d'eux, sur le lobe le plus rapproché du rachis et regardant le sommet de la fronde.

Iles de la Société (*Banks et Solander; Forster; Nelson; Menzies; Barclay; Lay et Collie*); Tahiti, vallées (*Vesco!; Ribourt!; Pancher!; Nadeaud* 101!; *Savatier* 757!); Moorea, vers 600 m. (*Lépine* 29!).

Distrib. géogr. Océanie.

6. **T. pallidum** Blume, *Enum. Fil. Jav.*, 225; Baker, *l. c.*

T. glauco-fuscum Hook., *Sp. Fil.*, I, 128, t. 40, f. A.; Nadeaud, *l. c.*, n. 104; *T. tahitense* Fournier, in *Herb. Mus. Par.* (non Nadeaud).

Rhizome traçant, assez grêle, plus ou moins couvert d'écailles filiformes rousses. Frondes pendantes, de couleur glauque tirant sur le roux, parsemées de longs poils; pétiole grêle (long de 3-5 cent.), presque nu; limbe oblong, ou ovale-oblong (10-20 cent., sur 3-5), bi- tripinnatifide; rachis étroitement ailé; segments primaires obovales-

oblongs, légèrement cunéiformes à la base, assez rapprochés ; segments
secondaires bifides ou trifides ; derniers lobes linéaires-aigus. Indusies oblongs, à peine dilatés au sommet, situés sur les lobules des
segments primaires les plus rapprochés du rachis.

Iles de la Société : Tahiti, sur les troncs d'arbres à Tatefau, crêtes de la
vallée de Papeiha vers 1100 m., col d'Ureohiro, au fond de la vallée d'Orofero
(*Nadeaud* 104 !) ; sans désignation de localité (*Vesco !*) ; Moorea (*Lépine* 28 !).
    Distrib. géogr. Malaisie et Ceylan.

7. **T. Filicula** Bory, *Voy. Coq.*, *Bot.*, t. 283 ; Guillem., *l. c.*, n. 78 ;
Pancher, *l.c.* ; Nadeaud, *l. c.*, n. 103 ; Carruth., *l. c.*, 344 ; Baker, *l. c.*, 81.
    Rhizome rampant, à ramifications assez grêles, entrelacées, cou-
vertes d'écailles courtes, feutrées. Frondes dressées (hautes de 10
à 15 cent. ; larges de 3 à 4) ; pétiole plus ou moins long (2-3 cent.)
rétréci à la base, cilié. Limbe glabre, lancéolé dans son contour, bipin-
natifide ; rachis étroitement ailé ; segments primaires lancéolés, les
secondaires linéaires-lancéolés, entiers ou incisés. Involucres au nombre de un à quatre sur les segments primaires, divisés très-distincte-
ment au sommet en deux lèvres triangulaires.

Iles de la Société : Tahiti, sur les rochers, crêtes d'Aramarao (*Nadeaud* 103 !) ;
sans désignation de localité (*Banks et Solander* ; *Barclay ; d'Urville !* ; *Menzies ;
Lay et Collie ; Savatier* 902 ! 1036 !).
    Distrib. géogr. Régions tropicales de l'Ancien Monde.

8. **T. radicans** Sw., *Fl. Ind. Occ.*, 1736 ; Baker, *l. c.*, 81 ; Nadeaud, *l. c.*, n. 102.
    Voisin du précédent par son port, par la forme et la division de
ses frondes ; segments primaires plus acuminés ; les secondaires plus
profondément incisés ; indusies faiblement bilabiés.

Iles de la Société : Tahiti, rochers à Papenoo, vers 1200 m. (*Nadeaud* 102 !).
    Distrib. géogr. Régions chaudes et tempérées du globe.

9. **T. tenue** Brack., *U. S. Expl. Exped.*, t. 36, f. 2 ; Baker, *l. c.*, 84.
    Frondes pendantes, ovales-lancéolées dans leur contour (longues
de 7 à 10 cent., larges de 3 à 5), tripinnatifides, lâchement divisées
en segments linéaires aussi étroits que le rachis. Indusies bilabiés.

Iles de la Société : Tahiti (*U. S. Expl. Exped.*).

10. **T. caudatum** Brack., *l. c.*, 256, t. 36, f. 5.
    T. strictum Nadeaud, *l. c.*, n. 106 (non Menzies) ; *T. Asa-Grayi*
V. D. B., in *Ned. Kr. Arch.*, 1860, n. 180.
    Rhizome traçant (épais de 1 ou 2 mill.) entièrement couvert d'é-
cailles brunes, filiformes. Frondes penchées, oblongues-lancéolées
dans leur contour général (longues de 15 à 30 cent. ; larges de 6 à 8 ;

pétiole long de 5 à 6 cent.), pinnées ; rachis primaire très-faiblement ailé ; pinnules oblongues-lancéolées (au nombre de 10 à 15 de chaque côté de la fronde), bipinnatifides ; segments linéaires-aigus. Indusies (au nombre de 20 environ sur chaque pinnule) dilatés au sommet, faiblement bilabiés.

Iles de la Société : Tahiti, sur les troncs d'arbres, mont Marau, Pinai, etc., vers 1200 m. (*Nadeaud* 106!), sans désignation de localité (*U. S. Expl. Exped.; Vesco!; Ribourt* 116!); Moorea, vers 600-700 m. (*Lépine* 18! 22!).

11. T. rigidum Swartz, *l. c.*, 1738 ; Nadeaud, *l. c.*, n. 105 ; Baker, *l. c.*, 86.

Terrestre. Rhizome oblique, plus ou moins allongé, couvert, surtout à la naissance des frondes, d'écailles brunes, filiformes, qui s'étendent jusque sur la partie inférieure des pétioles. Frondes dressées (hautes de 10 à 30 cent. ; le pétiole généralement plus long que le reste de la fronde), ovales-oblongues dans leur contour général, distinctement bipinnées (chez les individus de grande taille) ou une fois pinnées (chez ceux de petite taille) ; pinnules primaires ovales-lancéolées ou rhomboïdales-lancéolées ; pinnules secondaires oblongues, aiguës ou obtuses, plus ou moins incisées, denticulées, ou divisées en lobes linéaires. Indusies (en nombre très-variable sur chaque pinnule) à peine dilatés au sommet.

Iles de la Société : Tahiti, Taiarabu vers 7-800 m. (*Lépine* 23 ! ; *Nadeaud* 105 !); sans désignation de localité (*Vesco!; U. S. Expl. Exped.; Ribourt* 2 !) ; Moorea (*Lépine* 21).
Distrib. géogr. Régions tropicales.

12. T. maximum Blume, *Enum. Fil. Jav.*, 228 ; Nadeaud, *l. c.*, n. 107 ; Baker, *l. c.*, 86.

Souche rampante, couverte d'écailles courtes et serrées. Frondes dressées (hautes de 30 à 40 cent.) longuement pétiolées, ovales-oblongues dans leur contour (larges de 15 à 18 cent.), distinctement bipinnées, avec huit à dix paires de pinnules primaires ; pinnules secondaires bipinnatifides ; rachis primaire cylindrique, mais muni d'ailes étroites qui se prolongent jusqu'à la partie inférieure du pétiole ; dernières divisions planes, linéaires, grêles. Indusies au nombre de quatre à six sur chaque pinnule secondaire, dilatés, mais entiers au sommet.

Iles de la Société : Tahiti, ravins de Tearapau et du Marau, vers 1200 m. (*Nadeaud* 107).
Distrib. géogr. Asie et Océanie tropicales.

13. T. meifolium Bory, in Wild., *Sp., Pl.*, X, 509 ; Hillebr., *Fl. Haw. Isl.*, 637.

T. apiifolium Presl, ex Baker, *l. c.*, n. 86 ; *T. polyanthos* Hook.,
Ic. Pl., t. 703, et *Sp. Fil.*, I, 138 ; Nadeaud, *l. c.*, n. 108 ; *T. Baue-rianum* Endl., *Fl. Norf.*, n. 49, et *Fl. Suds.*, n. 520 ; *T. exaltatum* Brack., *U. S. Expl. Exped.*, *Filices*, 250 ; Carruth., *l. c.*, 341.

Rhizome droit, abondamment garni d'écailles brunes, sétacées, qui s'étendent jusqu'à la partie supérieure du rachis primaire. Frondes dressées (hautes de 20 à 50 cent., larges de 8 à 15); pétiole cylindrique (long de 8 à 15 cent.); limbe distinctement bipinné, à 12 ou 15 paires de pinnules primaires oblongues, assez rapprochées : pinnules secondaires bipinnatifides ; dernières divisions linéaires ; rachis ailé seulement vers la partie supérieure. Indusies infundibuliformes, au nombre de 8 à 10 sur chaque pinnule secondaire.

Iles de la Société : Tahiti, presqu'île de Taiarapu vers 800 m. (*Lépine* 19!), mont Marau, vers 1200 m. (*Nadeaud* 108!), sans désignation de localité (*Vesco!*); Moorea (*Vesco!; Lépine* 19!).
Distrib. géogr. Polynésie, et Malaisie.

14. T. ericoïdes Hedw., *Fil. Gen. et Sp.*, ex Baker, *l. c.*, 87.
T. parviflorum Poiret, *Encycl.*, VIII, 83 ; Hook., *Sp. Fil.*, I, 142 ; *T. longisetum* Bory, in Willd., *Sp. Pl.*, V, 510 ; Brack., *l. c.*, 259 ; Carruth., *l. c.*, 344

Rhizome rampant, couvert d'écailles brunes, sétacées. Fronde dressée (haute de 20 à 25 cent.; pétiole long de 5-6 cent.), oblongue dans son contour, tripinnatifide ; pétiole et rachis primaire étroitement ailés ; tous les segments linéaires, filiformes, rigides, se bifurquant dans toutes les directions. Indusies oblongs, turbinés.

Iles de la Société : Tahiti (*Lépine*).
Distrib. géogr. Régions chaudes des deux Mondes.

VIII. — DAVALLIA *Sm.*

Sores placés à l'extrémité d'une veine à des distances variables du bord de la fronde. Indusie toujours libre au sommet et fixé par sa base à la fronde, quelquefois libre sur les côtés. Sporanges entourés d'un anneau transversal.

Espèces nombreuses, habitant toutes les régions chaudes.

1	Indusie libre sur les côtés	2
	Indusie fixé par sa base et par ses côtés à la fronde.	5
2	Frondes stériles plus ou moins divisées . .	3
	Frondes stériles entières.	1. **D. heterophylla** *Sm.*
3	Frondes pinnatiséquées, ou bipinnatiséquées.	4
	Frondes pinnées.	4. **D. ropens** *Desv.*

<table>
<tr><td rowspan="2">4</td><td>Frondes pinnatiséquées . . . .</td><td>2. D. pectinata Sm.</td></tr>
<tr><td>Frondes bipinnatiséquées . . . .</td><td>3. D. Andersoni Mett.</td></tr>
<tr><td rowspan="2">5</td><td>Frondes pinnatiséquées . . . .</td><td align="right">6</td></tr>
<tr><td>Frondes au moins bipinnées . . . . . .</td><td align="right">7</td></tr>
<tr><td rowspan="2">6</td><td>Sores placés le long du bord des segments.</td><td>5. D. contigua Sm.</td></tr>
<tr><td>Sores placés à l'extrémité des segments. .</td><td>6. D. Emersoni Hook.</td></tr>
<tr><td rowspan="2">7</td><td>Pinnules secondaires (ou tertiaires) plus ou moins équilatérales . . . .</td><td align="right">8</td></tr>
<tr><td>Pinnules secondaires entièrement échancrées sur leur portion postérieure. . . .</td><td>13. D. Blumeana Hook.</td></tr>
<tr><td rowspan="2">8</td><td>Segments des pinnules oblongs ou rhomboïdaux. . . . .</td><td align="right">9</td></tr>
<tr><td>Segments des pinnules cunéiformes, à divisions linéaires . . . .</td><td align="right">12</td></tr>
<tr><td rowspan="2">9</td><td>Indusie ovale ou semi-cupuliforme. . . . .</td><td align="right">10</td></tr>
<tr><td>Indusie semi-cylindrique. . . . .</td><td>7. D. solida Sw.</td></tr>
<tr><td rowspan="2">10</td><td>Indusie semi-cupuliforme . . . .</td><td align="right">11</td></tr>
<tr><td>Indusie ovale. . . . .</td><td>8. D. elegans Sw.</td></tr>
<tr><td rowspan="2">11</td><td>Consistance coriace . . . .</td><td>9. D. hirta Kaulf.</td></tr>
<tr><td>Consistance herbacée . . . .</td><td>10. D. Speluncae Baker.</td></tr>
<tr><td rowspan="2">12</td><td>Sores placés sur le côté des lobes. . . . .</td><td>11. D. gibberosa Sw.</td></tr>
<tr><td>Sores placés à l'extrémité des lobes. . . .</td><td>12. D. chinensis Sw.</td></tr>
</table>

1. **D. heterophylla** Sm., in *Mem. Ac. Tur.*, V, 415 ; Hook., *Sp. Fil.* I, 152, et *Fil. Exot.*, t. 27 ; Hook. et Grev., *Ic. Fil.*, 230 ; Baker, *Syn.*, 88.

H. heterophylla Carruth., in Seem., *Fl. Vit.*, 335.

Souche mince, traçante, entièrement recouverte d'écailles appliquées, ovales, très-longuement aristées. Frondes stériles lancéolées (longues de 10 cent. environ ; larges de 2), brièvement pétiolées, quelquefois incisées, lobées à la base, glabres, coriaces ; nervures bifurquées. Frondes fertiles lancéolées-oblongues plus petites que les stériles, pinnatiséquées, portant de 5 à 8 sores sur chaque lobe. Indusie plus large que long, libre sur les côtés et au sommet.

Iles de la Société : Tahiti (*Brackenridge*).
Distrib. géogr. Polynésie et la Malaisie.

2. **D. pectinata** Sm., *l. c.* ; Endl., *Fl. Suds.*, n. 195 ; Guillem., *Zephyr. Tait.*, n. 70 ; Hook. et Grev., *Icon. Fil.*, t. 139 ; Pancher in Cuzent, *Tahiti*, 243 ; Baker, *l. c.*, 89 ; Nadeaud, *Enum.*, n. 109.

Humata pectinata Sm., in *Hook. Journ. Bot.*, 1842, 425 ; Carruth., *l. c.*

Rhizome **rampant**, volubile autour des arbres, entièrement couvert d'écailles lancéolées, scarieuses sur les bords, appliquées, et s'étendant jusque sur la partie inférieure des pétioles. Frondes (hautes de 15 à 20 cent.) dressées ; limbe (environ aussi long que le pétiole, large de 4-5 cent.) entièrement glabre en dessus, toujours pubescent en dessous, oblong-triangulaire dans son contour général, denté en scie au sommet, pinnatiséqué ; segments (au nombre de 10 à 20) presque horizontaux, parallèles entre eux, linéaires-lancéolés, entiers ou légèrement crénelés ; ceux du milieu faiblement auriculés à la base, et le devenant de plus en plus jusqu'à l'inférieur, qui l'est fortement, et qui est, en outre, pinnatifide ; nervures simples ou bifurquées vers le milieu. Indusie arrondi, libre sur les côtés.

Iles de la Société (*Forster; Lay et Collie*) : Tahiti, vallée de Fautaua (*Nadeaud* 109 !) ; sans désignation de localité (*Banks et Solander; Nelson; Lesson!; d'Urville!; Bertero et Mœrenhout!; Vesco!; Lépine* 39 !; *Brackenridge; Savatier* 774 !).

Distrib. géogr. Malaisie et Polynésie.

3. **D. Andersoni** Mett., in *Linnæa*, XXXVI, 143 ; Baker, *l. c.*, 467.
D. tahitensis Nadeaud, *l. c.*, n. 110 (non Brack.).

Rhizome volubile, couvert d'écailles linéaires-aiguës qui s'étendent jusque sur le pétiole. Frondes coriaces, oblongues-triangulaires dans leur contour (hautes de 10 à 20 cent., larges de 3 à 6 ; pétiole long de 3 à 7), pinnatiséquées, et même bi-tripinnatiséquées sur leur partie inférieure ; rachis étroitement ailé ; segments stériles oblongs, entiers ou denticulés au sommet ; les fertiles beaucoup plus étroits, profondément dentés en scie, à dents aiguës et recourbées au-dessus des sores. Indusie presque réniforme, libre sur les côtés et au sommet.

Iles de la Société : Tahiti, Taiarapu vers 1500-1800 m. (*Lépine* 40 !) ; vallée de Mahaena à Tuumatairi, sur l'Aramaoro vers 1100 m. ; crètes de Papeiha à 1200 m. (*Nadeaud* 110) ; sans indication de localité (*Anderson; Vesco!*).

4. **D. repens** Desv., in Baker, *l. c.*, 93.
D. Boryana Presl., in Hook., *Sp. Fil.*, I, 175.

Rhizome rampant, couvert d'écailles linéaires-oblongues. Frondes grêles, pennées, oblongues-lancéolées dans leur contour (longues de 40 à 50 cent., larges de 4 à 5) ; pinnules semi-rhomboïdales, presque entièrement échancrées sur un côté, l'autre côté denté-crénelé ; consistance herbacée ; couleur verte sur le limbe, jaune-paille sur le rachis ; les deux faces glabres ; nervures libres, bifurquées. Un sore sur chaque crénelure. Indusie attaché par la base seulement.

Iles de la Société : Tahiti, ravins élevés et humides (*Vesco*) ; Moorea, montagne de Taiarapu, 6-800 m. (*Lépine* 37 !).

Distrib. géogr. Asie et Océanie tropicales ; Ile Maurice.

5. **D. contigua** Sw., *Syn.*, 130 ; Endl., *l. c.* n. 497 ; Guillem., *l. c.*, n. 71 ; Hook. et Grev., *Icon.*, t. 141 ; Baker, *l. c.*, 94 ; Paucher, *l. c.* ; Carruth., *l. c.*, 338 ; Nadeaud, *l. c.*, n. 111

Trichomanes contiguum Forst., *Prodr.*, n. 463.

Rhizome plus ou moins raccourci, entièrement couvert d'écailles lancéolées-ciliées. Frondes très-brièvement pétiolées (longues de 20 à 50 cent., larges de 1 à 3), linéaires-lancéolées, pinnatiséquées ; seg-

ments linéaires, plus ou moins élargis à la base, entiers ou sinués-
dentés ; les inférieurs courts, presque triangulaires ; limbe nu, ou
lâchement parsemé, principalement sur le rachis, d'écailles ou de poils
très-petits ; nervures invisibles. Sores placés le long du bord des segments. Indusies oblongs, libres seulement au sommet.

Iles de la Société : Tahiti, Taiarapu (*Lépine* 79 !), Papeiha (*Nadeaud* 111 !),
sans désignation de localité (*Banks et Solander ; Nelson ; Forster; Lay et Collie;
Bertero et Mœrenhout !; U. S. Expl. Exped.*) ; Huahine (*Cook*) ; Moorea (*Lépine !*).
Distrib. géogr. Ceylan, Malaisie, Polynésie et Nouvelle-Calédonie.

6. **D. Emersoni** Hook. et Grev., *Icon. Fil.*, t. 105 ; Baker, *l. c.*, 94.
Diffère de l'espèce précédente par ses frondes moins profondément
divisées et par ses sores placés sur la partie supérieure des segments.

Iles de la Société : Tahiti (*U. S. Expl. Exped.*).

7. **D. solida** Swartz, *Syn. Fil.*, 132, 375 ; Endl., *l. c.*, n. 498 ;
Guillem., *l. c.*, n. 72 ; Hook., *Sp. Fil.*, I, 163, t. 42 ; Pancher, *l. c.* ;
Carruth., *l. c.*, 338 ; Baker, *l. c.*, 95 ; Nadeaud, *l. c.*, n. 112.
Trichomanes solidum Forst., *Prodr.*, n. 475 ; *Davallia tahitensis*
Brack., *U. S. Expl. Exped.*, *Filices*, 245.
Rhizome rampant, assez gros, entièrement couvert d'écailles appliquées, brunes, ovales-aiguës, terminées par un long appendice plumeux, caduc. Frondes dressées (hautes de 30 à 60 cent., pétiole long
de 15 à 20 cent.), les fertiles d'un vert jaunâtre, les stériles d'un vert
sombre, les unes et les autres nues, sauf à la base qui est entourée
d'écailles semblables à celles qui recouvrent le rhizome ; limbe ovale-
triangulaire dans son contour (large de 15 à 20 cent.), bipinné, et
même tripinné à la base ; pinnules primaires oblongues-lancéolées ;
les secondaires oblongues-rhomboïdales, de largeur très-variable,
cunéiformes à la base, plus ou moins acuminées au sommet, divisées
à une profondeur variable en segments oblongs, aigus ou obtus ;
nervation flabellée. Indusies semi-cylindriques, attachés à la fronde
par les côtés, au nombre de 2 à 20 sur chaque segment.

Iles de la Société (*Forster ; Lay et Collie*) : Tahiti, toutes les vallées (*Banks et
Solander ; Nelson ; Menzies ; Bertero et Mœrenhout !; Vesco !; Lépine* 42 ! 43 !; *U.
S. Expl. Exped.!; Nadeaud* 112!; *Ribourt!; Savatier* 745 ! 935 !; *Pancher!*) ;
Raiatea (*Bennett*). — Ile Wallis (*Home*).
Distrib. géogr. Asie et Océanie tropicales.

8. **D. elegans** Sw., *Syn. Fil.*, 132, 347.
Var. β, Baker, *l. c.*, 95.
Trichomanes epiphyllum et *elatum* Forst., *Prodr.*, n. 471 et 474 ;
D. epiphylla Sw., *l. c.*, 134 et 352 ; Carruth., *l. c.*, 339 (non Blume),

D. elata Sw., *l. c.*, 131, 344; Endl., *l. c.* n. 300; Nadeaud, *l. c.*, n. 114; *D. elegans* var. *pulchra* Nadeaud, *l. c.*, n. 113 (an Hook. ?).

Rhizome épais, traçant, entièrement recouvert de longues et nombreuses fibres rousses. Frondes dressées ou quelquefois volubiles (hautes de 40 à 50 cent., larges de 20 à 30; pétiole de moitié environ plus court que le reste de la fronde), tripinnées, ovales-triangulaires dans leur contour général, ainsi que les pinnules primaires; pinnules secondaires lancéolées, acuminées, rachis étroitement ailé; pinnules tertiaires ovales-rhomboïdales, ou oblongues-rhomboïdales, divisées en segments de grandeur variable, plus larges dans les frondes stériles que dans les fertiles, incisés dentés, l'une des dents se recourbant plus ou moins au-dessus des sores, qui sont au nombre de 2 à 6 sur chaque segment. Nervation peu apparente. Indusie ovale-aigu, fixé sur les côtés.

Iles de la Société : Tahiti, vallées (*Bertero et Mœrenhout!; Vesco!; Lépine 52! 53!; Ribourt!; Vieillard et Pancher!; Savatier!*).
Distrib. géogr. Malaisie et la Polynésie.
Tous les échantillons de la Polynésie française que j'ai vus, semblent appartenir à la variété β du *D. elegans*. Il faut peut-être lui rapporter aussi ceux de Menzies que Hooker a désignés sous le nom de *D. elegans* var. *pulchra*, forme que Baker rapporte au *D. epiphylla* Blume (non Forster); mais ne serait-il pas préférable de réunir les deux espèces distinguées par Baker, sous le seul nom de *D. epiphylla?* Les caractères dont l'auteur s'est servi pour les distinguer, paraissent, en effet, varier avec le degré de fertilité des frondes.

9. **D. hirta** Kaulf., *Enum. Fil.*, 223 ; Baker, *l. c.*, 100.
Microlepia firma et *scaberula* Mett., in *Linnœa*, XXXVI, 148.

Frondes dressées (hautes de 1 à 2 mètres, larges de 40 à 60 cent.), triangulaires dans leur contour général, tri-quadripinnées, couvertes sur les rachis et les nervures de poils écailleux très-courts; consistance légèrement coriace; pinnules oblongues-lancéolées dans leur contour : les dernières oblongues-cunéiformes, profondément dentées, échancrées plus ou moins d'un côté, faiblement décurrentes le long d'un rachis très-légèrement ailé; nervures simples ou bifurquées. Sores placés à la base des dents. Indusie libre seulement au sommet.

Iles de la Société : Tahiti (*Anderson; Vesco!*).
Distrib. géogr. Asie et Océanie tropicales.

10. **D. Speluncæ** Baker, *l. c.*, 100.
Polypodium Speluncæ L., *Sp.* (ed. 1), 1098; *P. nudum* Forst., *Prodr.*, n. 466 ; *D. flaccida* R. Br., *Prodr.*, 157; Endl., *l. c.*, n. 507; *Microlepia polypodioides* Presl, *Tent.*, 125; Carruth., *l. c.*, 340; *Davallia polypodioides* Don, *Prodr. Nepal.*, 10; Hook., *Sp. Fil.*, I, 181; Nadeaud, *l. c.*, n. 117; *D. jamaicensis* Hook., *l. c.*, I, 183; *Microlepia jamaicensis* Fée, ex Hillebr., *Fl. Haw. Isl.*, 626.

Rhizome rampant. Frondes dressées (hautes de 5 déc. ; pétiole long de 3 à 4 déc.), ovales-triangulaires dans leur contour général, bipinnées ; pinnules primaires oblongues, portant de 10 à 20 pinnules secondaires oblongues-aiguës, pinnatiséquées ou même pinnées ; segments oblongs-inéquilatéraux ; le bord supérieur denté sur toute sa longueur ; l'inférieur seulement vers le sommet du segment ; rachis parsemé de poils courts ; nervures bifurquées. Sores placés sur le côté des dents des segments, et près des sinus. Indusie semi-cupuliforme, libre au sommet seulement.

Iles de la Société : Tahiti (*Vesco!; Nadeaud* 117!).
Distrib. géogr. Régions tropicales et l'Ancien Monde.

11. D. gibberosa Sw., *Syn.*, 134 ; Guillem., *l. c.*, n. 73 ; Endl., *l. c.*, n. 501 ; Carruth., *l. c.*, 339 ; Nadeaud, *l. c.*, n. 119 ; Baker, *l. c.*, 100.
Trichomanes gibberosum Forst., *Prodr.*, n. 470.
Rhizome garni de longues écailles linéaires. Frondes glabres, grêles (hautes de 50 à 60 cent. ; pétiole à peu près aussi long que le reste de la fronde), dressées ou volubiles, lancéolées-triangulaires dans leur contour général, bipinnées ; pinnules primaires espacées, lancéolées ; pinnules secondaires rhomboïdales, pinnatiséquées ; segments oblongs-cunéiformes, entiers ou lobés ; sores placés sur le côté des lobes. Indusie semi-cupuliforme, libre seulement au sommet.

Iles de la Société : Tahiti, vallées humides (*Forster ; Banks et Solander ; Nelson ; Bertero et Mœrenhout!; Hombron!; Vesco!; Ribourt* 112!; *Nadeaud* 119!; *Savatier* 1041!).
Distrib. géogr. Polynésie.

12. D. chinensis Sw., *Syn.*, 133 ; Carruth., *l. c.*
Trichomanes chinense L., *Sp.*, 1562 ; *Adiantum clavatum* Forst., *Prodr.*, n. 459 ; *Trichomanes cuneiforme* Forst., *l. c.*, n. 469 ; *Davallia tenuifolia* Sw., *l. c.* ; Nadeaud, *l. c.*, n. 118 ; *D. cuneiformis* Sw., *l. c.* ; *Davallia remota* Kaulf., *Enum.*, 223 ; Pancher, *l. c.* ; *Trichomanes didymum* Soland., ex Carruth., *l. c.*
Rhizome court. Frondes ayant la taille et le port de celles du *D. gibberosa* ; pinnules secondaires bipinnatifides : segments linéaires-cunéiformes. Sores terminaux à l'extrémité des dernières divisions de la fronde. Indusie semi-cupuliforme, attaché par la base et par les côtés.

Iles de la Société : Tahiti, vallées (*Banks et Solander ; d'Urville!; Lay et Collie ; Barclay ; Vesco!; U. St. Expl. Exped.!; Savatier!; Nadeaud* 48!) ; Moorea (*Lépine* 25!).
Distrib. géogr. Régions tropicales de l'Ancien Monde.

13. D. Blumeana Hook., *Sp. Fil.*, I, 177, t. 54 ; Baker, *l. c.*, 93 ; Nadeaud, *l. c.*, n. 116.

Rhizome traçant, couvert de fimbrilles. Frondes (hautes de 40 à 50 cent.) bipinnées, longuement pétiolées, d'un vert clair sur le limbe, et d'un jaune pâle sur le rachis et le pétiole ; pinnules primaires (longues de 10 à 20 cent. ; larges de 1-2) linéaires-oblongues ; pinnules secondaires (longues de 1 cent.) inéquilatérales, échancrées jusqu'au rachis sur toute la portion postérieure, bipinnatiséquées sur l'autre portion ; segments linéaires.

Iles de la Société : Tahiti, vallée de Papeiha (*Nadeaud* 116 !), sans indication de localité (*Vesco !; Lépine* 57 !).
Distrib. géogr. Malaisie.

IX. — LINDSAYA *Dryander.*

Sores marginaux, pourvus d'un double indusie : l'intérieur membraneux ; l'extérieur formé par l'extrémité modifiée de la fronde. Sporanges munis d'un anneau longitudinal.

Espèces peu nombreuses, habitant les régions chaudes.

1. **L. lobata** Poiret, ex Baker, *Syn.*, 111.
L. davallioides Nadeaud, *Enum.*, n. 115 (an Blume ?).
Rhizome rampant, couvert d'écailles linéaires. Frondes (hautes de 40 à 60 cent. ; pétiole à peu près égal au reste de la fronde) dressées, bipinnées ; pinnules primaires espacées, linéaires (longues de 10-20 cent., larges de 1 environ) ; pinnules secondaires (1 cent.), inéquilatérales, échancrées sur la portion qui regarde la base de la fronde ; l'autre portion crénelée ; nervures bifurquées, anastomosées dans la partie supérieure du limbe.

Iles de la Société : Tahiti, Taravao (*Lépine* 41 ! 37 !), Papeiha, Mahaena (*Nadeaud* 115 !).
Distrib. géogr. Asie et Océanie tropicales.

X. — ADIANTUM *L.*

Sores marginaux. Indusie formé par une portion réfléchie de la fronde, sur laquelle sont placés les sporanges ; ces derniers munis d'un anneau longitudinal.

Espèces nombreuses, habitant presque toutes les régions du globe.

2. **A. hispidulum** Sw., *Syn.*, 124 ; Endl., *Fl. Suds.*, n. 472 ; Guillem., *Zephyr. Tait.*, n. 126 ; Pancher, in Cuzent, *Tahiti*, 242 ; Carruth., in Seem., *Fl. Vit.*, 356 ; Nadeaud, *Enum.*, n. 120.
A. pedatum Forst., *Prodr.* (non L.) ; *A. pubescens* Schk., *Fil.*, t. 116 ; Endl., *l. c.*, n. 473 ; Guill., *l. c.*, n. 64 ; Pancher, *l. c.*
Rhizome traçant, couvert d'écailles brunes, linéaires-acuminées.

Frondes (hautes de 40 à 50 cent.) dressées, fortement hispidules sur les pétioles et les rachis, un peu moins sur le limbe des pinnules, se bifurquant deux ou trois fois en branches inégales, pinnées; pinnules (longues de 10 à 15 mill., larges de 5 à 6), inéquilatérales; la portion regardant la base de la fronde, presque entièrement échancrée; l'autre portion semi-ovale-rhomboïdale, crénelée; nervures flabellées, deux fois bifurquées, libres. Sores disposés le long des crénelures, sur les deux tiers supérieurs de la pinnule.

Iles de la Société : Tahiti, sur les rochers dans les vallées (*Forster ; Nadeaud* 120!).
Distrib. géogr. Régions tropicales de l'Ancien Monde.

XI. — HYPOLEPIS *Bernh.*

Sores arrondis, placés dans les sinus des lobes des segments, et recouverts d'un indusie membraneux, inséré sur le bord de la fronde et replié en dedans.

Espèces peu nombreuses, habitant les régions chaudes.

1. H. tenuifolia Bernh., in *Schrad. Neues Journ. Bot.* I, 34; Hook., *Sp. Fil.*, II, 60, t. 86 C. ; Baker, *Syn.*, 129 ; Nadeaud, *Enum.*, n. 121.
Lonchitis tenuifolia Forst., *Prodr.*, n. 424 ; *Cheilanthes arborescens* Sw., *Syn. Fil.*, 129, t. 336; Endl., *Fl. Suds.*, 480 ; *C. dissecta* Hook. et Arn., *Bot. Beech.*, 75 ; Guillem., *Zephyr. Tait*, n. 66 ; Pancher, in Cuzent, *Tahiti*, 242, *C. dicksonioides* Endl., *Fl. Norf.*, 15 et *l. c.*, n. 481 ; *H. dicksonioides* Hook., *l. c.*, 61 ; *H. dissecta* Brack., *U. S. Expl. Exped.*, *Filices*.
Rhizome rampant. Frondes rameuses (hautes environ de 2 mètres), d'un vert foncé, hispides sur les rachis. Rameaux très simples, flasques, tripinnés. Pinnules primaires oblongues-lancéolées dans leur contour (longues de 30 à 40 cent. ; larges de 10 à 20); les secondaires de même forme (longues de 5 à 10 cent., larges de 5 à 10); les tertiaires oblongues-aiguës, ou même acuminées, presque sessiles, pinnatiséquées; segments oblongs, plus ou moins profondément lobés. Sores au nombre de 1 à 4 sur chaque segment.

Iles de la Société : Tahiti, vallées de Fautaua et de Paea (*Nadeaud* 121!); Taiarapu (*Lépine* 123! 51!), sans désignation de localité (*Banks et Solander; Nelson; Barclay; Vesco!; Ribourt!; U. S. Expl. Exped.*).
Distrib. géogr. Océanie.

XII. — PELLÆA *Link.*

Sores marginaux, d'abord séparés, puis formant une ligne continue. Indusie continu, formé par le bord replié et modifié de la fronde.

Espèces peu nombreuses, habitant toutes les régions du globe.

1. P. geraniæfolia Fée, *Gen. Fil.*, 130 ; Nadeaud, *Enum.*, n. 124 ; Baker, *Syn.* 146.

Pteris pedata Pancher. in Cuzent. *Tahiti*, 242 ; Jardin, *Iles Marquises* (non alior.).

Rhizome traçant. Frondes en touffes (hautes de 15 à 25 cent.). Pétiole et rachis d'un brun noir ; limbe cordiforme dans son contour, palmatiséqué ; segments bipinnatifides ; le médian cunéiforme ; lobes extérieurs des deux latéraux beaucoup plus développés que les intérieurs qui sont entiers.

Iles de la Société : Tahiti, vallée de Papeiha (*Nadeaud* 124 !), sans indication de localité (*Vesco !; Ribourt* 94 !), Iles Marquises : Noukahiva (*Jardin* 116).

Distrib. géogr. Régions tropicales des deux Mondes.

XIII. — PTERIS *L.*

Sores marginaux, continus. Indusie membraneux, linéaire.

Espèces très-nombreuses, habitant toutes les régions du globe.

1 {	Nervures libres.	2
	Nervures plus ou moins anastomosées . . .	6
2 {	Frondes pinnées, ou bipinnées à la base seulement	3
	Frondes tripinnées.	4. P. rugulosa *Labill.*
3 {	Segments obliques	4
	Segments horizontaux antérieurement. . .	5. P. patens *Hook.*
4 {	Divisions extrêmes non décurrentes	5
	Divisions extrêmes décurrentes	3. P. aquilina L.
5 {	Consistance légèrement coriace	1. P. quadriaurita *Retz.*
	Consistance herbacée.	2. P. tremula *R. Br.*
6 {	Nervures partiellement anastomosées . . .	7
	Nervures anastomosées sur toute la surface de la fronde.	9
7 {	Segments obliques.	8
	Segments horizontaux antérieurement . . .	6. P. incisa *Thunbg.*
8 {	Frondes bipinnées	7. P. Milneana *Baker.*
	Frondes tripartites	9. P. marginata *Bory.*
9 {	Rachis nu	8. P. comans *Forst.*
	Rachis aiguillonné	10. P. Nadeaudi *sp. nov.*

1. P. quadriaurita Retz, *Obs.*, VI, 38 ; Hook., *Sp. Fil.*, II, 179, t. 134 B ; Baker, *Syn.*, 158.

P. deltea Agardh, *Recens. Pter.*, 33 ; Hook., *l. c.*, 183, t. 135 B ; Nadeaud, *Enum.*, n. 126.

Frondes (hautes de 50 à 80 cent. ; pétiole plus long que le limbe) d'un brun plus ou moins foncé sur le pétiole et les rachis, oblongues-triangulaires dans leur contour général, bipinnées sur leur portion inférieure seule ; pinnules oblongues-aiguës, profondément pinnatiséquées ou bipinnatiséquées à la base ; segments obliques, linéaires-aigus, denticulés au sommet; nervures libres, bifurquées. Sporanges d'un jaune orangé; indusie étroit.

Iles de la Société : Tahiti, Papenoo, Punaruu, etc. (*Nadeaud* 126!), sans désignation de localité (*Vesco! ; Savatier!*).
Distrib. géogr. Toutes les régions tropicales.

2. P. tremula R. Br., *Prodr.*, 54; Baker, *l. c.*, 161.

Diffère du *P. quadriaurita* par sa texture plus herbacée, par ses pinnules à segments plus étroits, et par sa nervation moins apparente.

Iles de la Société : Tahiti (*Nelson*).
Distrib. géogr. Océanie.
Les fougères de ce groupe que j'ai vues semblent plutôt appartenir à l'espèce précédente. Elle a été néanmoins signalée à Tahiti par Seemann.

3. P. aquilina L. *Sp.*, 1533.

Var. *esculenta* Hook., *Fl. Nov. Zel.*, II, 25; Baker, *l. c.*, 162.
P. esculenta Forst., *Prodr.*, n. 418, et *Pl. esc.*, 74; Endl., *Fl. Suds.*, n. 433; Guillem., *Zephyr. Tait.*, n. 53; Pancher, in Cuzent, *Tahiti*, 242; Carruth., in Seem., *Fl. Vit.*, 349.

« Rhizome rampant. Fronde rigide, coriace, tripinnée, glabre, ou
« légèrement pubescente ou poilue en dessous, pinnules étroitement
« linéaires, les dernières longuement prolongées en queue, décurren-
« tes, réunies par leur base; côte médiane épaisse; rachis et stipe
« épais, glabres. » Nervures libres, bifurquées. Involucre souvent double.

Iles de la Société (*Forster*).
Distrib. géogr. Océanie, Amérique méridionale.

4. P. rugulosa Bory, *Voy. Coq.*, *Bot.*, 277; Endl., *l. c.*, n. 435; Guillem., *l. c.*, n. 58; Pancher, *l. c.* (non Labill.).

Hypolepis rugulosa Hook., *Sp. Fil.*, II, 258; Nadeaud, *Enum.*, n. 123; *P. divaricatissima* Baker, *l. c.*, 163; *Cheilanthes divaricatissima* Dryander, ex Baker, *l. c.*

Frondes dressées (hautes de 50 à 60 cent.), brunes après la dessiccation, tripinnées; rachis primaire formant une ligne brisée; pinnules alternes, oblongues-lancéolées dans leur contour; les tertiaires pinnatipartites, segments oblongs-cunéiformes, profondément dentés; nervures libres, peu apparentes; sores garnissant les dernières divisions des pinnules.

Iles de la Société : Tahiti, mont Pinai (*Nadeaud* 123!); sans désignation de localité (*Banks et Solander; Nelson; d'Urville*).

5. P. patens Hook., *Sp. Fil.*, II, 177, t. 137; Baker, *l. c.*, 165; Nadeaud, *Enum.*, n. 125.

Frondes (hautes de 3 mètres environ) pinnées, très-amples, d'un brun plus ou moins foncé sur le pétiole et les rachis, vertes sur le limbe des pinnules, entièrement glabres; pinnules assez espacées (longues de 10 à 50 cent.; larges de 6 à 8 cent.), acuminées, profondément pinnatiséquées; segments presque perpendiculaires au rachis, linéaires-aigus (larges de 3 à 6 mill.), denticulés au sommet, élargis à la base; nervures libres, bifurquées. Sporanges d'un jaune d'or.

Iles de la Société : Tahiti, mont Taiarabu, vers 700 m. (*Lépine* 45!), Taravao, vers 500 m. (*Lépine* 46!); crètes du mont Marau et du mont Touhi (*Nadeaud* 125!), sans indication de localité (*Vesco!*).

Distrib. géogr. Malaisie, Ceylan.

6. **P**. **incisa** Thunbg., *Fl. Cap.*, 733 ; Baker, *l. c.*, 172.

P. aurita Blume, *Fil. Jav.*, 213; Nadeaud, *l. c.*, n. 131 ; *P. Mœrenhouti* Agardh, in Guillem., *Zephyr. Tait.*, n. 57; *P. sinuata* Brack., *U. S. Expl. Exped.*, *Filices*, 110, t. 14; Carruth., *l. c.*, 350.

Frondes (hautes de 1 à 2 mètres) dressées, glabres, d'un jaune-brun plus ou moins clair sur le pétiole et les rachis, d'un vert plus ou moins foncé sur le limbe des pinnules, de consistance un peu ferme, tripinnées; pinnules espacées, presque opposées; les primaires et les secondaires oblongues dans leur contour général; les tertiaires linéaires-oblongues, acuminées, sessiles, pinnatiséquées; segments découpés presque horizontalement sur leur partie supérieure, obliquement sur leur partie inférieure, aussi longs ou plus longs que larges, souvent sinués; les dernières pinnules entières ou sinuées; nervures partiellement anastomosées. Sores d'un brun-clair.

Iles de la Société : Tahiti, Taravao, vers 500 m. (*Lépine!*), district de Faa, au-dessus du Mamano, vers 1000 m. (*Nadeaud* 131!), sans indication de localité (*Mœrenhout!; Vesco!*).

Distrib. géogr. Régions tropicales.

7. **P. Milneana** Baker, *l. c.*, 170.

Litobrochia Milneana Carruth., *l. c.*, 350; *P. tripartita* γ Hook., *Sp. Fil.*, 226, t. 138 β; Nadeaud, *l. c.*, n. 130.

Frondes (hautes de 10 à 2 mètres), dressées, bipinnées; pinnules alternes; les primaires oblongues-lancéolées dans leur contour (longues de 40 à 50 cent., larges de 15 à 20); les secondaires sessiles, allant en décroissant fortement du sommet à la base, oblongues-lancéolées ou ovales-lancéolées (longues de 10 à 15 cent., larges de 15 à 25 mill.), aiguës, acuminées, ou même cuspidées au sommet, divisées presque jusqu'au rachis en lobes oblongs, recourbés en faux, entiers ou denticulés; consistance papyracée; surfaces glabres; couleur brune ou fauve sur les rachis, verte sur le limbe; nervures anastomosées à la base des segments et auprès de leur côte médiane, libres plus haut. Sporanges d'un brun clair.

Iles de la Société : Tahiti, Taiarapu, vers 800 m. (*Lépine* 55!); vallées, au bord des ruisseaux (*Nadeaud* 130!).
Distrib. géogr. Océanie.

8. **P. comans** Forst., *Prodr.*, n. 419; Hook., *l. c.*, II, 219; Baker, *l. c.*, 171; Nadeaud, *l. c.*, n. 128.

Litobrochia comans Presl, *Tent.*, 149; Carruth., *l.c.*, 350; *P. Endlicheriana* Hook., *l. c.*, et *Icon. Pl.*, t. 973; Nadeaud, *l. c.*, n. 127; *P. Deplanchei* Fournier, in *Ann. Sc. nat.*, sér. 5, XVIII, 322.

Frondes dressées (hautes de 1 à 2 mètres), souvent très-amples, bipinnées, ou même tripinnées à la base; pinnules alternes; les primaires ovales-triangulaires dans leur contour; les secondaires pinnatiséquées, ovales-lancéolées ou oblongues-lancéolées dans leur contour (longues de 20 à 30 cent.; larges de 5 à 10); les inférieures pétiolulées; les supérieures sessiles ou même décurrentes, plus étroites que les autres, la terminale cependant plus large que ses voisines, ovale-lancéolée, inéquilatérale à la base; segments oblongs-acuminés, de profondeur variable, mais ne s'étendant jamais jusqu'au rachis; consistance papyracée; surfaces glabres; couleur brune ou fauve sur le rachis, d'un vert clair ou foncé sur le limbe; nervures anastomosées jusqu'au bord des segments.

Iles de la Société : Tahiti, vallées (*Banks et Solander; Collie; Vesco!; Lépine* 48!; *Nadeaud* 127! 128!; *Savatier!*).
Distrib. géogr. Océanie.

9. **P. marginata** Bory, *Voy.*, II, 192; Baker, *Syn.*, 172.
P. tripartita Sw., *Syn. Fil.*, 100 et 293; Hook., *Sp. Fil.*, II, 225; *Litobrochia tripartita* Presl, *Tent. Pter.*, 150; Carruth., *l. c.*, 349; *P. intermedia* Blume, *Fil. Jav.*, 211; *P. nemoralis* Guillem., *l.c.*, n. 55 (n. Willd.); *P. Guilleminei* Agardh, in Guillem., *l. c.*; Jardin, *Iles Marquises*, 27; *L. divaricata* Brack., *l. c.*, 108.

Frondes dressées, généralement tripartites (atteignant 2 m. de hauteur), la ramification médiane triangulaire dans son contour (longue de plusieurs décimètres) portant de chaque côté de nombreuses pinnules oblongues-lancéolées, acuminées (20-25 cent. sur 4-5), divisées obliquement presque jusqu'au rachis en segments oblongs-aigus, recourbés, denticulés au sommet ainsi que la pointe de la fronde; branches latérales de même forme, mais plus petites; consistance herbacée; les deux faces glabres; couleur jaune ou fauve sur le rachis, d'un vert foncé sur le limbe; nervures anastomosées surtout près du rachis de la nervure médiane des segments, généralement libres plus haut.

Iles de la Société : Tahiti (*Vesco!*).
Distrib. géogr. Régions tropicales de l'Ancien Monde.

10. **P. Nadeaudi** *sp. nov.*

P. aculeata Nadeaud, *l. c.*, n. 129 (non. Swartz).

Rhizome court, entièrement couvert d'aiguillons bruns qui s'étendent jusqu'à l'extrémité des rachis. Frondes pinnées, grêles (longues de 6 à 8 déc.), jaunes sur le pétiole et les rachis, d'un vert clair sur le limbe des pinnules, de consistance peu ferme ; pinnules lancéolées (longues de 10 à 15 cent. ; larges de 3 à 4), brièvement pétiolulées, plus ou moins profondément pinnatiséquées ; segments obliques, oblongs, aigus ou obtus, finement dentés ; nervures anastomosées. Indusie très-étroit.

Iles de la Société : Tahiti, vallée de Tearapau, vers 1000 m. (*Nadeaud* 129!).

XIV. — LOMARIA *Willd.*

Sores linéaires, parallèles à la nervure médiane et couvrant tout l'espace entre elle et le bord du limbe. Sporanges munis d'un anneau longitudinal. Frondes dimorphes.

Espèces nombreuses, habitant principalement l'hémisphère austral.

1	Frondes pinnatiséquées.	2
	Frondes distinctement pinnées	5. **L. procera** *Spreng.*
2	Segments stériles quelquefois dilatés à la base, mais non décurrents.	3
	Segments stériles décurrents à la base . . .	1. **L. Patersoni** *Spreng.*
3	Segments stériles dilatés à la base.	4
	Segments stériles non dilatés à la base. . .	4. **L. lanceolata** *Spreng.*
4	Frondes stériles longuement atténuées aux deux extrémités	2. **L. attenuata** *Spreng.*
	Frondes stériles faiblement atténuées aux extrémités.	3. **L. vulcanica** *Blume.*

1. **L. Patersoni** Spreng., *Syst. Veg.*, IV, 62 ; Baker, *Syn.*, 174.

L. elongata Blume, *Enum.*, *Fil. Jav.*, 201 ; Carruth. in Seem., *Fl. Vit.*, 350 ; Nadeaud, *Enum.*, n. 122 ; *Lomaria coriacea* Brack., *U. S. Expl. Exped.*, *Filices*, 222.

Rhizome rampant. Frondes (hautes de 50 à 60 cent.) coriaces, glabres, lancéolées dans leur contour, pinnatiséquées. Segments stériles oblongs-acuminés ; segments fertiles linéaires étroits ; les uns et les autres décurrents à la base.

Iles de la Société : Tahiti, vallée de Papeiha, mont Marau, vers 1100 m. (*Nadeaud* 132!), Taiarabu (*Lépine* 84!).
Distrib. géogr. Asie et Océanie tropicales.

2. **L. attenuata** Willd., *Sp. Pl.*, V, 290; Nadeaud, *l. c.*, 133; Baker, *l. c.*, 176.

L. doodioides Brack., *l. c*, 124; Carruth., *l. c.*, 331; *L. gibba* Jardin, *Hist. nat., Marquises*, 27 (non Labill.).

Rhizome traçant, couvert d'écailles linéaires, brunes. Frondes stériles glabres, faiblement coriaces, ovales-oblongues, atténuées aux deux extrémités, pinnatiséquées; segments oblongs-aigus, unis et légèrement dilatés à la base. Frondes fertiles de même forme générale; segments beaucoup plus étroits.

Iles de la Société : Tahiti, Taiarabu (*Lépine* 89!), dans tout l'intérieur au-dessus de 1000 m. (*Nadeaud* 133!).
Distrib. géogr. Régions tropicales.

3. **L. vulcanica** Blume, *l. c.*, 202; Hook., *Ic. Pl.*, t. 969; Baker, *l. c.*, 176; Nadeaud, *l. c.*, n. 134.

Rhizome épais, couvert d'écailles brunes, subulées, qui s'étendent sur la portion inférieure des pétioles. Frondes stériles (longues de 80 cent. environ, larges de 20) coriaces, glabres sur les deux faces, ou velues sur la face inférieure, ovales-oblongues, pinnatipartites; segments oblongs, aigus au sommet, légèrement dilatés à la base, et, sauf quelquefois les inférieurs, unis les uns aux autres. Frondes fertiles présentant à peu près le même contour général que les frondes stériles; segments beaucoup plus étroits, dilatés à la base, mais séparés les uns des autres.

Iles de la Société : Tahiti, montagnes de Taiarabu et autres (*Lépine* 86! 91!; *Nadeaud* 134!).
Distrib. géogr. Océanie.

4. **L. lanceolata** Spreng., *l. c.*; Hook., *Ic. Pl.*, t. 429; Baker, *l. c.*, 177; Nadeaud, *l. c.*, n. 135.

Voisin du *L. attenuata* Willd.; en diffère par ses frondes de moitié plus petites, et par ses pinnules stériles qui ne sont pas dilatées à la base.

Iles de la Société : Tahiti, vallées, au-dessus de 1000 m. (*Nadeaud* 135!).
Distrib. géogr. Océanie.

5. **L. procera** Spreng., *l. c.*, IV, 65; Hook. et Arn., *Bot. Beech.*, 75; Hook., *Ic. Pl.*, t. 127, 128; Baker, *l. c.*, 179; Nadeaud, *l. c.*, n. 136.

Osmunda procera Forst., *Prodr.*, n. 414.

Rhizome ligneux, très-gros, couvert, ainsi que les frondes dans leur jeunesse, d'écailles linéaires, brunes, persistant plus ou moins long-temps sur les pétioles, surtout dans les frondes stériles. Frondes (hautes de 1 m. et plus; larges de 40 cent.) ovales-oblongues dans

leur contour, distinctement pinnées; pinnules des frondes stériles
oblongues-linéaires, acuminées au sommet, rétrécies, et même cordées ou auriculées à la base, sessiles, ou très-brièvement pétiolulées;
pinnules des frondes fertiles linéaires, lancéolées à la base; les inférieures dépourvues de portion fertile.

Iles de la Société : Tahiti, sur toutes les montagnes au-dessus de 1000 m.
(*Lépine!; Nadeaud!*).
  Distrib. géogr. Régions tropicales des deux Mondes.

XV. — BLECHNUM *L.*

Sores linéaires, parallèles à la nervure médiane; indusie s'ouvrant
en dedans. Sporanges munis d'un anneau longitudinal.

Un petit nombre d'espèces, habitant principalement les régions tropicales.

  1. **B. orientale** L., *Sp.*, 1077; Forst., *Prodr.*, 422; Hook. et Arn., *Bot.
Beech.*, 75; Endl., *Fl. Suds.*, n. 455; Pancher, in Cuzent, *Tahiti*, 242;
Baker, *Syn.*, 186; Carruth. in Seem., *Fl. Vit.*, 352; Nadeaud,
Enum., n. 137.
  B. pectinatum Presl., *Reliq. Haenk.*, 51 (non Hook.); Guillem., *Zephyr.
Tait.*, n. 59; Pancher, *l. c.*
Souche dressée, couverte ainsi que la base des pétioles d'écailles
brunes, linéaires-subulées. Frondes dressées (hautes de 3 à 9 déc.;
larges de 2 à 3), glabres, coriaces, pinnées; pinnules oblongues-lancéolées, étroites (10 à 15 mill.), brusquement rétrécies à la base,
acuminées au sommet, réduites dans la portion inférieure de la fronde
à de simples auricules, simples ou quelquefois bifurquées. Sores formant une ligne continue de chaque côté de la nervure médiane.

Iles de la Société :Tahiti, premières collines jusqu'à 800 m. (*Lépine* 96!;
Nadeaud 137!). — Ile Wallis (*Home*).
  Le *Blechnum occidentale* L., signalé aux iles de la Société par Hooker et
Arnott, a sans doute été indiqué par erreur dans cette région par Lay et
Collie.

XVI. — ASPLENIUM *L.*

Sores dorsaux linéaires, munis d'un indusie s'ouvrant par le côté.
Sporanges pourvus d'un anneau longitudinal.

Espèces nombreuses, habitant toutes les régions du globe.

1	Indusie simple, s'ouvrant d'un côté. .	2
	Indusie double, s'ouvrant de deux côtés.	16
2	Indusie linéaire.	3
	Indusie légèrement recourbé. . . . . 15. **A. umbrosum** J. Sm.	

3	Nervures libres.	4
	Nervures réunies au sommet par une nervure longitudinale.	1. **A. Nidus** *L.*
4	Frondes une fois pinnées	5
	Frondes bi-tripinnées.	14
5	Pinnules échancrées sur moins de la moitié de leur portion postérieure.	6
	Pinnules échancrées presque sur toute leur portion postérieure.	8. **A. resectum** *Sm.*
6	Pinnules à peine trois fois plus longues que larges.	7
	Pinnules au moins trois fois plus longues que larges.	11
7	Pinnules faiblement incisées.	8
	Pinnules profondément incisées ou lobées.	10
8	Frondes nues sur les deux faces. . .	9
	Frondes parsemées d'écailles	4. **A. paleaceum** *R. Br.*
9	Consistance herbacée.	2. **A. tenerum** *Forst.*
	Consistance plus ou moins cartilagineuse	3. **A. obtusatum** *Forst.*
10	Segments entiers ou presque entiers.	10. **A. lobulatum** *Mett.*
	Segments incisés.	11. **A. furcatum** *Thunbg.*
11	Pinnules rhomboïdales, lancéolées. .	12
	Pinnules oblongues, lancéolées . . .	9. **A. horridum** *Kaulf.*
12	Frondes incisées à peine jusqu'au tiers du limbe	13
	Frondes incisées jusqu'à la moitié du limbe	6. **A. caudatum** *Forst.*
13	Pinnules longues de 4 à 8 cent. . . .	5. **A. falcatum** *Lam.*
	Pinnules longues de 15 à 30 cent. . .	6. **A. macrophyllum** *Sw.*
14	Derniers segments oblongs ou linéaires.	15
	Derniers segments cunéiformes . . .	12. **A. laserpitiæfolium** *Lam.*
15	Sores placés au milieu des segments.	13. **A. bulbiferum** *Fort.*
	Sores s'étendant à l'extrémité des segments	14. **A. multifidum** *Brack.*
16	Fougères de faible hauteur	16. **A. Japonicum** *Thunbg.*
	Fougères subarborescentes.	17. **A. Arnottii** *Baker.*

1. **A. Nidus** L., *Sp.*, 1079 ; Forst., *Prodr.*, n. 425 ; Endl., *Fl. Suds.*, n. 344 ; Guillem., *Zephyr. Tait.*, n. 36 ; Pancher, in Cuzent, *Tahiti*, 242 ; Jardin, *Hist. nat. Marquises*, 27 ; Carruth. in Seem., *Fl. Vit.*, 353 ; Nadeaud, *Enum.*, 128 ; Baker, *Syn.*, 190.

Noms indigènes : à Tahiti : *Oha;* aux îles Marquises : *Auketaha.*

Frondes entières (longues de 8 à 10 déc. ; larges de 10 à 12 cent.), lancéolées, obtuses, brièvement pétiolées, glabres ; nervures secondaires simples, réunies au sommet par une nervure s'étendant le long du bord de la fronde. Sores rapprochés, tous placés auprès de la nervure médiane.

Iles de la Société : Tahiti, vallées (*Banks et Solander ; Lesson et d'Urville! ;*

Lay et *Collie; Hombron!; Vesco!; Lépine* 115!; *Savatier* 76!; *Nadeaud* 128!).
Distrib. géogr. Régions tropicales de l'Ancien Monde.

2. **A. tenerum** Forst., *Prodr.*, n. 431; Endl., *Fl. Suds.*, 350;
Guillem., *Zephyr. Tait.*, n. 37; Pancher, in Cuzent, *Tahiti*, 242; Jardin,
Hist. nat. Iles Marquises, 27; Baker, *l. c.*, 201.

A. elongatum Sw., *Syn.*, 79; Nadeaud, *Enum.*, 139.

Rhizome oblique, tomenteux. Frondes réunies en touffes, dressées,
pinnées, oblongues-lancéolées dans leur contour (longues de 30 à
40 cent. ; larges de 4 à 5). Pétiole et rachis brièvement ailés; pinnules
(2-3 cent. sur 7-8 mill.) lancéolées, rhomboïdales, mais légèrement échancrées du côté regardant la base de la fronde, dentées
en scie, plus ou moins aiguës; consistance herbacée; les deux surfaces glabres; nervures simples, libres. Sores occupant presque tout
l'espace compris entre la nervure médiane et le bord de la pinnule.

Iles de la Société : Tahiti, vallée d'Orofero (*Nadeaud* 139!); sans indication
de localité (*Nelson; Barclay; Menzies; Lay et Collie; Savatier* 1034!); Moorea
(*Lépine* 56!). — Iles Marquises (*Jardin* 160!).
Distrib. géogr. Océanie, Ceylan.

3. **A. obtusatum** Forst., *Prodr.*, n. 430; Hook. et Arn., *Bot.
Beech.*, 74; Guillem., *l. c.*, n. 38; Endl., *l. c.*, n. 349; Hook., *Fil. Exot.*,
t. 46; Baker, *l. c.*, 207.

A. lucidum Forst., *Prodr.*, n. 427; Jardin, *l. c.*, 27; *A. obliquum*
Forst., *l. c.*, n. 429; Endl., *l. c.*, n. 347.

Frondes réunies en touffes, couvertes d'écailles lancéolées sur le
pétiole. Limbe ovale-lancéolé dans son contour (long de 15 à 30 cent. ;
large de 7 à 8); pinnules aiguës ou obtuses, rétrécies en coin à la
base, crénelées, au nombre de 2 à 6 de chaque côté; la terminale aussi grande que les autres; consistance plus ou moins cartilagi-
neuse; les deux surfaces glabres; nervures non apparentes. Sores
nombreux, s'arrêtant à une faible distance du bord des pinnules.

Iles de la Société (*Lay et Collie*). — Iles Marquises (*Jardin*).
Distrib. géogr. Océanie, Amérique du Sud.

4. **A. paleaceum** R. Br., *Prodr.*, 151; Hook., *Sp. Fil.*, 102; t. 199;
Baker, *l. c.*, 208 ; Nadeaud, *l. c.*, n. 143.

Rhizome court, entièrement couvert d'écailles sétacées qui s'étendent sur la face inférieure des frondes, tout le long du pétiole et du
rachis et très-légèrement sur la nervure médiane; le reste glabre.
Frondes couchées (hautes de 10 à 20 cent. ; larges de 2 à 3), oblongues-
lancéolées dans leur contour, pinnées ou pinnatiséquées au sommet;
pinnules sessiles ou très-brièvement pétiolulées (longues de 10 à
12 mill. ; larges de 3 à 4) presque rhomboïdales dans leur contour, un
peu échancrées d'un côté; faiblement incisées; lobes denticulés; con-

sistance légèrement coriace; nervures une ou deux fois bifurquées, formant un angle très-aigu avec la nervure médiane. Sores peu nombreux. Indusie simple, s'ouvrant en dedans.

Iles de la Société : Tahiti, vallée d'Orofero vers 600 m. (*Nadeaud* 143 !).
Distrib. géogr. Australie.

5. A. falcatum Lamk., *Encycl.*, II, 306; Endl., *l. c.*, n. 348; Baker, *l. c.*, Carruth., *l. c.*, 354; Nadeaud, *l. c.*, n. 142.

A. polyodon Forst. ; Prodr., n. 428; *A. cultratum* Gaudich., *Bot. Voy. Freyc.*, 317.

Rhizome court, non traçant, couvert d'écailles linéaires-aiguës qui s'étendent le long du pétiole et à la base des pinnules, à la face inférieure des frondes; le reste glabre. Frondes couchées, pinnées (longues de 40 à 50 cent.; larges de 10 à 15); pinnules (longues de 5 à 7 cent.; larges de 10 à 15 mill.), brièvement pétiolulées, rhomboïdales-lancéolées dans leur contour, un peu échancrées d'un côté, acuminées, incisées-dentées; consistance coriace; nervures secondaires une ou deux fois bifurquées, formant avec la nervure médiane un angle très aigu. Sores linéaires, disposés irrégulièrement entre la nervure médiane et le bord des pinnules. Indusie simple, s'ouvrant en dedans.

Iles de la Société : Tahiti, vallées, Punaruu, etc. (*Nadeaud* 142 !); sans indication de localité (*Collie; Vesco!; Ribourt!; Savatier!*).
Distrib. géogr. Régions tropicales.

6. A. caudatum Forst., *l. c.*, n. 432; Endl., *l. c.*, n. 363; Baker, *l. c.*, 209; Hillebr., *l. c.*, 602.

Souche traçante, épaisse, couverte d'abondantes écailles brunes, linéaires, hérissées, qui sont répandues sur tout le rachis et jusque sur la côte médiane des pinnules. Frondes dressées, pinnées, oblongues-lancéolées dans leur contour (longues de 8 à 10 déc., larges de 15 à 20 cent.); rachis assez gros; pinnules rapprochées, oblongues-lancéolées, cunéiformes, inéquilatérales à la base, acuminées au sommet, obliquement divisées jusqu'à la moitié du limbe, en segments oblongs, triangulaires, incisés-dentés; consistance coriace; couleur vert-foncé; nervures libres, bifurquées. Sores au nombre de 2 à 3 sur chaque segment. Indusie simple, s'ouvrant en dedans.

Iles de la Société : Tahiti, montagnes, vers 800 m. (*Lépine* 73 !), sans indication de localité (*Nelson; Vesco!*).
Distrib. géogr. Régions tropicales de l'Ancien Monde.

7. A. macrophyllum Swartz, in *Schrad. Journ.*, 1800, II, 52; Hook., *Sp. Fil.*, III, 158, t. 156 et 157; Mett., *Reise der Novara*, 212; Baker, *l. c..* 209.

Diffère des deux premiers par ses pinnules beaucoup plus grandes, présque équilatérales à la base, et moins profondément incisées, et par ses sores plus irrégulièrement disposés sur les pinnules.

Iles de la Société : Tahiti (*fide Mett.*).
Distrib. géogr. Régions tropicales.

8. **A. resectum** Smith, *Ic. ined.*, t. 72; Hook. et Grev., *Ic. Fil.*, t. 114; Endl., *l. c.*, n. 355; Carruth., *l. c.*, 355; Baker, *l. c.*, 210; Hillebr., *Fl. Haw. Isl.*, 588.

A. Trichomanes Nadeaud, *l. c.*, n. 140 (non L.).

Rhizome traçant, tomenteux. Frondes grêles, étalées (longues de 20 à 30 cent.; larges de 3 à 4), pinnées; pétiole et rachis d'un brun noir, à peine ailés; pinnules glabres, de consistance herbacée, lancéolées-rhomboïdales dans leur contour, mais échancrées sur presque toute la portion postérieure, irrégulièrement incisées-dentées; pétiolules grêles; nervures bifurquées. Sores placés sur une des branches des nervures.

Iles de la Société : Tahiti, montagnes (*Lépine* 63 !; *Nadeaud* 140 !).
Distrib. géogr. Inde, Polynésie.

9. **A. horridum** Kaulf., *Enum. Fil.*, n. 173; Gaudich., *Voy. Freyc.*, 318; Endl., *l. c.*, n. 360; Hook., *l. c.*, 153, t. 193; Baker, *l. c.*, 211; Nadeaud, *l. c.*, n. 141.

Rhizome dressé, couvert, ainsi que les pétioles, d'écailles sétacées, hérissées. Frondes (hautes de 8 à 12 déc., larges de 1 à 2) oblongues-lancéolées dans leur contour, pinnées, pinnatiséquées au sommet; pinnules assez rapprochées, brièvement pétiolulées, les médianes et les inférieures oblongues-lancéolées (5-10 cent., sur 15 mill.), à segments plus ou moins profondément incisés-dentés; les inférieures devenant obtuses, ovales-oblongues, puis ovales et diminuant considérablement de grandeur (1 cent.); consistance coriace; nervures secondaires bifurquées, formant un angle aigu avec la nervure médiane. Sores nombreux. Indusie simple, s'ouvrant en dedans.

Iles de la Société : Tahiti, ravins du Marau, vers 1100 m. (*Nadeaud* 141 !), sans indication de localité (*Savatier* 899 !).
Distrib. géogr. Polynésie, Malaisie.

10. **A. lobulatum** Mett., in *Linnæa*, XXXVI, 100; Baker, *l. c.*, 496; Hillebr., *l. c.*, 598.

A. auritum Nadeaud, *Enum.*, n. 144 (n. Sw.).

Rhizome traçant, couvert d'écailles brunâtres, linéaires. Frondes dressées, souvent prolifères, oblongues-lancéolées dans leur contour (longues de 3 à 5 déc.; larges de 3 à 8 cent.), pinnatifides au sommet, pinnées plus bas; pinnules oblongues-rhomboïdales (1-4 cent., sur 5-15 mill.), dentées, incisées ou pinnatilobées, cunéiformes à la base et plus ou moins pétiolées, échancrées inférieurement en arrière, le lobe inférieur antérieur généralement beaucoup plus développé que les autres; consistance légèrement coriace; les deux surfaces glabres; nervures obliques. Sores allongés; indusie simple, s'ouvrant en dedans.

Iles de la Société : Tahiti, mont Touhi (*Nadeaud* 144!); sans indication de localité (*Collie!*).
Distrib. géogr. Iles Hawaï.

11. A. furcatum Thunbg., *Prodr. Fl. Cap.*, 172; Jardin, *Hist. nat. Marquises*, 27?; Baker, *l. c.*, 214.

A. præmorsum Sw., *Fl. Ind. Occ.*, III, 1630.

Souche traçante, couverte d'écailles brunes. Frondes étalées, pinnées (longues de 10 à 20 cent.); pinnules (longues de 1 à 2 cent.) rhomboïdales-cunéiformes, trifides ou pinnatiséquées, à segments incisés; Consistance coriace. Rachis parsemé de cils bruns; nervures très-obliques, bifurquées. Indusie simple, s'ouvrant en dedans.

Iles de la Société : Tahiti, lieux élevés (*Vesco!*). — Iles Marquises (*Jardin?*).
Distrib. géogr. Régions tropicales.

12. A. laserpitiæfolium Lamk., *Encycl.*, 310; Baker, *l. c.*, 215; Carruth., *l. c.*, 355.

Rhizome souvent grimpant. Frondes glabres, herbacées, dressées ou volubiles (hautes de 1 mètre) très-amples, tripinnées; pinnules tertiaires (longues de 1 à 2 cent.) oblongues-rhomboïdales, pinnatiséquées, segments cunéiformes denticulés; nervures obliques. Sores au nombre de 2 à 4 sur chaque segment. Indusie simple, s'ouvrant en dedans.

Iles de la Société : Tahiti, Taiarabu, vers 800-1000 m. (*Lépine* 80!); Raiatea (*Nelson*).
Distrib. géogr. Asie et Océanie tropicales.

13. A. bulbiferum Forst., *Prodr.*, n. 433; Endl., *l. c.*, n. 364; Baker, *l. c.*, 218; Nadeaud, *l. c.*, n. 145.

Plante glabre; rhizome non traçant. Frondes grêles, de couleur et de consistance herbacées, oblongues dans leur contour (hautes de 30 à 40 cent.; larges de 6 à 8), pinnées; pinnules oblongues-lancéolées, pinnatiséquées (4-5 cent.); rachis très étroit; segments rhomboïdaux (2-3 mill.) divisés en lobes obtus plus ou moins profonds; une seule nervure dans chaque lobe. Sores peu nombreux. Indusie simple, s'ouvrant en dedans.

Iles de la Société : Tahiti, Tearapau (*Nadeaud* 145!).
Distrib. géogr. Régions tropicales.

14. A. multifidum Brack., *U. S. Expl. Exped.*, *Filices*, 171,
t. 123; Baker, *l. c.*, 224; Carruth., *l. c.*, 355.

Plante glabre. Frondes dressées (hautes de 5 à 6 déc.; larges
de 30 à 50 cent.), triangulaires dans leur contour, quadripinnatifides,
de consistance légèrement coriace; pinnules oblongues, tronquées
d'un côté, pinnatiséquées, segments incisés-lobés; une seule nervure dans chaque lobe. Sores placés à l'extrémité des lobes. Indusie simple.

Iles de la Société : Tahiti (*U. S. Expl. Exped.*).
Distrib. géogr. Iles Viti.

15. A. umbrosum J. Smith, in *Hook. Journ. Bot.*, IV, 174; Baker,
l. c., 229.

A. australe Brack., *l. c.*, 173; Hook., *l. c.*, 232; Nadeaud, *l. c.*, n. 140.

Souche dressée. Frondes bipinnées (hautes de 1 à 2 mètres; larges
de 30 à 50 cent.); pinnules oblongues-lancéolées dans leur contour:
les secondaires divisées jusqu'au rachis qui est quelquefois très-étroitement ailé, en segments oblongs-obtus, rhomboïdaux et inéquilatéraux à la base, décurrents inférieurement, assez profondément crénelés; consistance papyracée ou herbacée; nervures libres. Sores
légèrement courbés, insérés près de la nervure médiane des segments.

Iles de la Société : Tahiti, mont Marau (*Nadeaud* 140!).
Distrib. géogr. Régions tropicales de l'Ancien Monde.

16. A. japonicum Thunb., ex Baker, *l. c.*, 234.

Diplazium proliferum Brack., *l. c.*, 140; *D. congruum* Brack., *l. c.*,
141, t. 18; *A. proliferum* Mett., *Aspl.*, 149; Hook., *Sp. Fil.*, III, 239;
Nadeaud, *l. c.*, n. 147; *A. Fenzlianum* Luerssen, in *Flora*, 1875, 434;
D. Solanderi Carruth., *l. c.*, 356; *A. marginale* Hillebr., *Fl. Haw.
Isl.* 613?

Rhizome rampant. Frondes grêles, longuement pétiolées, lancéolées dans leur contour (longues de 20 à 40 cent., larges de 8 à 12),
pinnées inférieurement, pinnatiséquées avec un rachis étroitement
ailé supérieurement; pinnules lancéolées, acuminées, rétrécies à la
base, sessiles ou pétiolulées, divisées environ jusqu'à la moitié de leur
largeur en segments oblongs, obtus, faiblement crénelés; consistance
herbacée; pétiole et rachis parsemés d'écailles linéaires, caduques.
Sores oblongs, s'étendant à peu près à égale distance de la nervure
médiane et du bord de la fronde.

Iles de la Société : Tahiti, au bord des torrents vers 1100 m. et à Tearapau
(*Nadeaud* 147!), sans indication de localité (*U. S. Expl. Exped.*).
Distrib. géogr. Asie et Océanie tropicales.
Bien que je n'aie pas vu les types des *A. Fenzlianum* Luerss. et *A. marginale*
Hillebr., je les ai réunis à l'*A. japonicum* Thunb.; les caractères sur lesquels

les auteurs se sont fondés pour les distinguer se rencontrent également dans cette dernière espèce.

17. A. Arnottii Baker, *l. c.*, 240.

Diplazium arborescens Bory, *Voy. Coq.*, *Bot.*, 271 (ex parte); Guillem., *Zephyr. Tait.*, n. 39; Carruth., *l. c.*, 357 (non Sw.); *Diplazium polypodioïdes* Carruth., *l. c.*, (non Blume). *A. polyanthes* Sol. ex Baker, *l. c.*, 492.

Souche dressée. Frondes très-grandes, bipinnées ou tripinnées; pinnules secondaires ou tertiaires oblongues-lancéolées dans leur contour (25 cent., sur 4-5), divisées en segments aigus, un peu recourbés, dentés ou incisés, n'atteignant généralement pas le rachis qui reste le plus souvent ailé, mais devenant quelquefois distincts les uns des autres dans le bas des pinnules secondaires et surtout dans la partie inférieure de la fronde; nervures pinnées dans chaque segment; consistance herbacée; couleur vert-sombre. Sores assez nombreux. Indusie double, s'ouvrant en dehors et en dedans.

Iles de la Société: Tahiti (*d'Urville!; Lay et Collie; Vesco!; Lépine* 121; *Nadeaud!; Savatier!*).
Distrib. géogr. Iles Hawaï.

XVII. — ALLANTODIA *Wall.*

Sores linéaires-oblongs, enveloppés dans un indusie qui s'ouvre sur le dessus par une fente longitudinale. Sporanges munis d'un anneau longitudinal.

Une seule espèce, la suivante, habitant l'Inde, Java et la Polynésie.

1. A. Brunoniana Wall., *Pl. As. Rar.*, 44, t. 52; Baker, *Syn.*, 246; Nadeaud, *Enum.*, n. 149.

Frondes dressées (hautes environ de 1 mètre, larges de 25 cent.), portant au sommet une pinnule, et sur les côtés de 15 à 20 paires de pinnules lancéolées (longues de 10 à 15 cent.; larges de 3 à 4), brusquement rétrécies à la base, acuminées au sommet; consistance herbacée; les deux surfaces glabres; nervures pinnées, bifurquées à la base ou un peu plus haut, libres jusqu'aux deux tiers de la distance entre la nervure médiane et le bord de la fronde, puis anastomosées. Sores situés sur la portion libre des nervures.

Iles de la Société: Tahiti, Taiarapu vers 800 m. (*Lépine* 58!; *Nadeaud* 149!); sans désignation de localité (*Nelson*).
Distrib. géogr. Inde, Malaisie.

XVIII. — ASPIDIUM *Sw.*

Sores arrondis, recouverts d'un indusie pelté qui tombe quelquefois de très-bonne heure. Sporanges munis d'un anneau longitudinal.

Espèces très-nombreuses, habitant toutes les régions du globe.

Frondes bipinnées. . . . . 1. **A. aculeatum** *Sw.*
Frondes ordinairement tripinnées. . . . . 2. **A. aristatum** *Sw.*

1. **A. aculeatum** Sw., ex Hook., *Sp. Fil.*, IV., 18 ; Baker, *Syn., Fil.*, n. 252 ; Nadeaud, *Enum.*, n. 150 ; Hillebr., *Fl. Haw. Isl.*, 568.

Rhizome épais, couvert d'abondantes écailles linéaires qui remontent le long du pétiole et du rachis et deviennent filiformes. Frondes (hautes de 40 à 50 cent., larges de 10 à 15 ; pétiole plus long ou plus court que le limbe) bipinnées ; pinnules primaires oblongues-aiguës ; les secondaires oblongues-lancéolées (longues de 5 à 10 mill., larges de 4 à 5), échancrées d'un côté, incisées-lobées ; lobes munis d'une dent triangulaire sétacée ; consistance chartacée ; nervures apparentes, une ou deux fois bifurquées. Sores peu nombreux, disposés dans chaque pinnule sur un ou deux rangs.

Iles de la Société : Tahiti, Tearapau, vers 1200 m. (*Nadeaud* 150 !).
Distrib. géogr. Régions chaudes et tempérées.

2. **A. aristatum** Sw., *Syn.*, 53 ; Endl., *Fl. Suds.*, n. 323 ; Baker, *l. c.*, 255 ; Nadeaud, *l. c.*, n. 151 ; Hillebr., *l. c.*, 569.

Polypodium aristatum Forst., *Prodr.*, n. 448 ; *Polystichum aristatum* Presl., *Tent. Pterid.*, 83 ; Carruth., in Seem., *Fl. Vit.*, 359.

Rhizome traçant, couvert d'écailles linéaires, filiformes au sommet, et dispersées le long du pétiole et des rachis. Frondes bipinnées ou tripinnées dans leur partie inférieure, ovales-aiguës dans leur contour (hautes de 6 à 10 déc., larges de 2 à 3 ; pétiole plus long que le limbe) ; pinnules primaires lancéolées ; pinnules secondaires ou tertiaires oblongues-rhomboïdales (longues de 1-2 cent. ; larges de 4 à 8 mill.), échancrées d'un côté, brièvement pétiolulées, incisées, lobées ou même pinnatiséquées dans la partie inférieure de la fronde ; lobes ou segments munis à leur sommet de dents triangulaires subulées ; consistance coriace ; nervation peu apparente. Sores peu nombreux, disposés dans chaque pinnule sur un ou deux rangs.

Iles de la Société : Tahiti, partout (*Forster ; Banks et Solander ; Nelson ; Nadeaud !*).
Distrib. géogr. Régions chaudes de l'Asie et de l'Océanie.

XIX. — NEPHRODIUM *Rich.*

Indusie réniforme, attaché par le sinus. Le reste comme dans le genre *Aspidium*.

Espèces très nombreuses, habitant toutes les régions du globe.

1	Nervures toutes libres	2
	Nervures anastomosées, au moins à la base des divisions de la fronde.	10
2	Frondes pinnées.	3
	Frondes bi-tripinnées	4
3	Pinnules sessiles, équilatérales à la base.	1. **N. Harveyi** *Baker.*
	Pinnules plus ou moins pétiolulées, inéquilatérales à la base	2. **N. Brackenridgei** *Baker.*
4	Frondes bipinnées, au moins à la base	5
	Frondes tripinnées.. . . . . , . .	8
5	Frondes plus ou moins coriaces. .	6
	Frondes herbacées.	7
6	Frondes parsemées d'écailles. . .	3. **N. squamigerum** *Hook. et Arn.*
	Frondes presque nues	4. **N. decompositum** *R. Br.*
7	Segments des pinnules oblongs-triangulaires	5. **N. dissectum** *Desv.*
	Segments des pinnules linéaires .	6. **N. setigerum** *Baker.*
8	Sores placés à la base des dents des segments	9
	Sores placés à l'extrémité des dents des segments	7. **N. Lepinei** *Baker.*
9	Pinnules espacées : divisions non mucronées	8. **N. Vescoi** *sp. nov.*
	Pinnules rapprochées : divisions mucronées	9. **N. davallioides** *Baker.*
10	Nervures anastomosées seulement à la base des divisions de la fronde.	11
	Nervures anastomosées sur toute la surface de la fronde.	15
11	Consistance coriace ou papyracée.	12
	Consistance herbacée	14. **N. molle** *Desv.*
12	Pinnules inférieures très-réduites.	13
	Pinnules inférieures non réduites.	14
13	Huit nervures secondaires au plus de chaque côté de la nervure primaire des segments	12. **N. cucullatum** *Baker.*
	De dix à douze nervures.	13. **N. Haenkeanum** *Presl.*
14	Indusies nus.	10. **N. unitum** *R. Br.*
	Indusies hérissés de soies.	11. **N. invisum** *Curr.*
15	Frondes distinctement pinnées. .	17
	Frondes pinnatifides : rachis ailé.	16. **N. decurrens** *Baker.*
16	Pinnules, au moins les inférieures, profondément divisées.	18
	Pinnules entières ou presque entières.	17. **N. pachyphyllum** *Baker.*
17	Pinnules supérieures peu profondément incisées, ...	15. **N. latifolium** *Baker.*
	Pinnules supérieures pinnatiséquées.	18. **N. cicutarium** *Baker.*

1. N. Harveyi Baker, *Syn.*, 497.

Aspidium Harveyi Mett., in *Linnæa*, XXXVI (1870), 115; *Lastrea Harveyi* Carruth., in Seem., *Fl. Vit.*, 359; *N. patens* Auct. pl. : Nadeaud, *Enum.*, 157.

Frondes dressées, pinnées, oblongues-lancéolées dans leur contour (longues de 1 mètre et plus, larges de 25 à 30 cent.), munies à la base d'écailles linéaires, appliquées; pinnules sessiles (longues de 10 à 15 cent.), atténuées au sommet, et même acuminées; les inférieures très-brusquement réduites de longueur (2 à 3 cent.), toutes divisées jusqu'au rachis en segments linéaires-aigus; consistance papyracée; face supérieure des frondes couverte de poils appliqués sur le rachis primaire, sur celui des pinnules, et sur la nervure médiane des segments; face inférieure hérissée de poils glanduleux au sommet du rachis primaire, tout le long du rachis des pinnules et de la nervure médiane des segments et sur le bord du limbe; nervures toutes libres. Sores rapprochés du bord de la fronde. Indusie caduc.

Iles de la Société : Tahiti, Ahonu (*Nadeaud* 157). — Iles Marquises (*Jardin* 16). **Distrib. géogr.** Iles Viti et Samoa.

2. N. Brackenridgei Baker, *l. c.*, 494.

Aspidium Brackenridgei Mett., in *Ann. Sc. nat.*, sér. 4, XV, 75; *Lastrea attenuata* Brack., *U. S. Expl. Exped.*, *Filices*, 193, t. 26, f. 2 (non Sm.); *Lastrea Brackenridgei* Carruth., *l. c.*, 359; *N. molle* Nadeaud, *l. c.*, n. 154 (non Desv.).

Frondes dressées, nues à la base, pinnées, oblongues-lancéolées dans leur contour (hautes de près de 1 mètre; larges de 25 à 30 cent.); pinnules oblongues-lancéolées, acuminées (longues de 2 à 3), rétrécies à la base : les inférieures et les moyennes pétiolulées, les supérieures sessiles, toutes divisées presque jusqu'au rachis en nombreux segments linéaires-aigus, un peu recourbés, et diminuant brusquement de longueur à la base de la pinnule, surtout postérieurement; consistance papyracée; les deux surfaces hispidules; nervures toutes libres, au nombre de 10 à 12 paires. Sores très-rapprochés de la nervure médiane.

Iles de la Société : Tahiti (*Banks et Solander; Nelson; Collie; Vesco!; Lépine* 75!; *Nadeaud* 175!). **Distrib. géogr.** Iles Samoa, Viti et Nouvelles-Hébrides.

3. N. squamigerum Hook. et Arn., *Bot. Beech.*, 106; Endl., *Fl. Suds.*, n. 382; Hook., *Sp. Fil.*, IV, 144, t. 270; Baker, *l. c.*, 280; Nadeaud, *l. c.*, n. 159.

Lastrea squamigera Brack., *l. c.*, 198; Carruth., *l. c.*; *Aspidium squamigerum* H. Mann, *Enum.*, n. 605; Hillebr., *Fl. Haw. Isl.*, 578.

Rhizome traçant. Frondes dressées, bipinnées (hautes de près de

1 mètre ; larges de 20 à 25 cent.); pinnules primaires triangulaires ou oblongues-lancéolées (longues de 15 à 20 cent. ; larges de 8 à 10); pinnules secondaires lancéolées (longues de 1 à 5 cent. ; larges de 3 à 6 mill.), pinnatiséquées; segments obtus; consistance légèrement coriace; rachis et surface inférieure parsemés d'écailles linéaires; nervures libres. Sores disposés sur un rang de chaque côté de la nervure médiane des segments.

Iles de la Société : Tahiti, vallées (*Nadeaud*).
Distrib. géogr. Polynésie.

4. **N. decompositum** R. Br., *Prodr.*, 149 ; Baker, *l. c.*, 281 ; Nadeaud, *l. c.*, n. 160.

Rhizome rampant. Frondes dressées, bipinnées à la base, pinnatiséquées au sommet, ovales-triangulaires dans leur contour (hautes de 30 à 50 cent.; larges de 10 à 20.); pinnules secondaires inférieures, et pinnules supérieures pinnatiséquées, oblongues-lancéolées; segments oblongs-aigus, inéquilatéraux, dentés en scie; consistance herbacée; les deux surfaces faiblement écailleuses sur les rachis ; nervures libres, bifurquées. Sores placés à égale distance de la nervure médiane et du bord de la fronde.

Iles de la Société : Tahiti, crêtes d'Orofero, vers 800 m. (*Nadeaud* 160!).
Distrib. géogr. Océanie.

5. **N. dissectum** Desv., in *Ann. Linn.*, VI, 259 ; Baker, *l. c.*, 282 ; *Polypodium dissectum* Forst., *Prodr.*, n. 441 ; *Aspidium attenuatum* Sw., *Syn. Fil.*, 48 ; Endl., *l. c.*, n. 400 ; *A. sinuatum* Labill., *Sert. Austro-Caled.*, 1, t. 1 ; Guillem., *Zephyr. Tait.*, n. 46 ; Pancher, in Cuzent, *Tahiti*, 243 ; *N. Milnei* Hook., *Cent. Ferns*, II, t. 62 ; *Lastrea dissecta* Carruth., *l. c.*, 360.

Rhizome court, non rampant, couvert d'écailles linéaires-subulées qui s'étendent jusqu'à la base des pétioles. Frondes réunies en touffes, dressées (hautes de 6 à 12 déc., larges de 2 à 3), pinnées ou même bipinnées; pinnules primaires oblongues-lancéolées (20 à 30 cent.); pinnules secondaires oblongues-aiguës (5-10 cent. sur 2-3), pinnatiséquées ; les inférieures rétrécies à la base, pétiolulées; les supérieures décurrentes; segments oblongs-triangulaires, dépassant la moitié du limbe des pinnules, légèrement recourbés; consistance papyracée ; les deux faces presque glabres; nervures libres : les nervures médianes de chaque segment alternant avec une nervure plus courte, bifurquée. Rachis parsemés d'écailles fines ; lobes ciliés. Sores nombreux, involucres caducs.

Iles de la Société : Tahiti (*Bertero et Mœrenhout!; Jacquinot!; Vesco!*).
Distrib. géogr. Inde, Océanie et Madagascar.

6. **N. setigerum** Baker, *l. c.*, 284.

N. tenericaule Hook., *Sp. Fil.*, IV, 142, t. 169 ; Nadeaud, *l. c.*, n. 158 ; *Aspidium uliginosum* Kunze, in *Linnæa*, XX, 6.

Rhizome rampant. Frondes dressées, bipinnées, triangulaires dans leur contour, longuement pétiolées (hautes de 1 mètre et plus ; larges de 40 cent. et plus, à la hauteur des pinnules inférieures) ; pinnules primaires oblongues ; les secondaires linéaires-lancéolées (longues de 7 à 8 cent. dans la portion inférieure de la fronde ; larges de 5 à 8 mill.), aiguës ou acuminées au sommet, décurrentes à la base, divisées presque jusqu'au rachis en segments linéaires pinnatifides ; consistance herbacée ; face supérieure velue sur les rachis ; l'inférieure hispide ; pétiole et rachis primaire nus ou parsemés d'écailles plus ou moins abondantes ; nervures libres. Sores nombreux. Indusie tombant de très-bonne heure.

Iles de la Société : Tahiti, montagnes (*Vesco!; Lépine* 69 !; *Nadeaud* 158 !).
Distrib. géogr. Régions chaudes de l'Asie et de l'Océanie.

7. **N. Lepinei** Baker, *t. c.*, 501.
Aspidium Lepinei Kuhn, in *Linnæa*, XXXVI, 118.

Frondes dressées (hautes de près de 2 mètres), très-amples, tripinnées, à ramifications très-fournies, mais grêles ; pinnules secondaires pinnatiséquées au sommet ; les tertiaires oblongues-lancéolées (longues de 1 à 2 cent. ; larges de 3 à 4 mill.), un peu dilatées et quelquefois décurrentes à la base, pinnatiséquées ; rachis étroitement ailé ; segments lancéolés, décurrents à la base, incisés-lobés ; lobes oblongs-aigus ; consistance coriace ; les deux surfaces glabres ; nervures bifurquées. Sores situés presque à l'extrémité des lobes.

Iles de la Société : Tahiti (*Lépine* 81 !).

8. **N. Vescoi** *sp. nov.*
Rhizome épais, rampant. Frondes dressées, longuement pétiolées, tripinnées, triangulaires dans leur contour (hautes de 2 mètres environ ; larges de 80 cent. à la hauteur des pinnules inférieures) ; pinnules primaires (longues de 40 à 50 cent. ; larges de 25 à 30), et secondaires (longues de 10 à 15 cent. ; larges de 3 à 6) oblongues-triangulaires, acuminées et pinnatiséquées au sommet, lâches ; pinnules tertiaires de forme variable ; celles de la partie inférieure de la fronde triangulaires-oblongues (3-6 cent. sur 1-2), pinnatiséquées ; segments oblongs, plus ou moins profondément pinnatilobés ; lobes dentés ; pinnules supérieures oblongues-rhomboïdales (1-2 cent. sur 3-4), à segments dentés ; les unes et les autres brusquement rétrécies à la base, et légèrement décurrentes ; consistance légèrement coriace ; les deux surfaces nues ou faiblement écailleuses ; nervures libres, bifurquées. Sores placés sous les dents des segments. Indusie petit et caduc.

Iles de la Société : Tahiti, Taiarabu, vers 6-800 m. d'altitude (*Lépine* 50!);
sans désignation de localité (*Vesco!*).

9. **N. davallioides** Baker, *l. c.*, 287.

Lastrea davallioides Brack., *U. S. Expl. Exped.*, *Filices*, 202;
Carruth., *l. c.*, 360.

Diffère des deux espèces précédentes par ses divisions plus rapprochées et inéquilatérales et par ses segments plus fins et mucronés.

Iles de la Société : Tahiti (*Brackenridge!*).
Distrib. géogr. Iles Viti et Samoa.

10. **N. unitum** R. Br., *Prodr.*, 148 (non Sieb.); Baker, *l. c.*, 289;

Nadeaud, *l. c.*, n. 156.

Aspidium unitum Sw., *Syn.*, 47; Hillebr., *l. c.*, 573; *N. propinquum*
R. Br., *l. c.*; Bory, *Voy. Coq.*, I, 269; Hook. et Arn., *Bot. Beech.*,
74; Endl., *l. c.*, n. 377; Carruth., *l. c.*, 362; Nadeaud, *l. c.*, n. 455;
N. resineferum Hook. et Arn., *l. c.*, 105; *Polystichum propinquum*
Gaudich., *Voy. Freyc.*, *Bot.*, 330; *Aspidium propinquum* Guillem.,
l. c., n. 41; Pancher, in Cuzent, *Tahiti*, 243.

Rhizome rampant. Frondes dressées (hautes de 1 mètre et plus;
larges de 20 à 30 cent.); pinnules oblongues-lancéolées (10-15 cent.
sur 1-2), rétrécies à la base, acuminées au sommet, divisées jusqu'au
tiers du limbe en segments aigus, légèrement recourbés; consistance
papyracée ou légèrement coriace; les deux surfaces glabres, ou l'inférieure pubescente; nervures anastomosées au-dessous des segments.
Sores situés sur le milieu de presque toutes les nervures.

Iles de la Société : Tahiti (*Vesco!; Nadeaud* 155! 156!; *Savatier!*).
Distrib. géogr. Régions tropicales.

11. **N. invisum** Carruth., *l. c.*, 362; Baker, *l. c.*, 290.

Polypodium invisum Forst., *Prodr.*, n. 443.

Voisin des formes pubescentes de l'espèce précédente; en diffère
par sa consistance plus coriace, par ses sores placés à l'extrémité des
nervures et par ses indusies hispides.

Iles de la Société : Tahiti (*Banks et Solander; Smith; d'Orbigny; Bertero et*
Mœrenhout!; Lépine 77!; *Vesco!*).
Distrib. géogr. Polynésie.

12. **N. cucullatum** Baker., *l. c.*, 290.

N. unitum Sieb., *Syn. Fil.*, n. 43 (non Nadeaud).

Diffère du précédent par ses pinnules inférieures diminuant brusquement de longueur et par ses indusies nus.

Iles de la Société : Tahiti, plages et vallées (*Savatier!; Vesco!*).
Distrib. géogr. Régions tropicales.

13. N. Haenkeanum Presl., ex Baker, *l. c.*, 290.

Diffère du précédent par sa taille plus grande, par sa moins forte pubescence et par ses nervures plus nombreuses dans chaque segment.

Iles de la Société : Tahiti (*Vesco !*).
Distrib. géogr. Asie et Océanie tropicales.

14. N. molle Desv., in *Mém. Soc. Linn.*, VI, 251 ; Baker, *l. c.*, 293.
Polypodium nymphale Forst., *Prodr.*, n. 442; *Nephrodium nymphale* Hook. et Arn., *l. c.*, 74 ; Endl., *l. c.*, n. 378; Carruth., *l. c.*, 363; *Aspidium nymphale* Guillem., *l. c.*, n. 42 ; Pancher, *l. c.*, 243.

Diffère des quatre précédents par son rhizome dressé, sa consistance herbacée. Les indusies sont plus ou moins pubescents.

Iles de la Société : Tahiti (*Banks et Solander; Nelson; Lay et Collie; Vesco!*).
Distrib. géogr. Régions tropicales.

15. N. latifolium Baker, *l. c.*, 291.
Polypodium latifolium Forst., *Prodr.*, n. 457; *Drynaria latifolia* Brack., *l. c.*, 50 ; *Aspidium irregulare* Brack., *l. c.*, 180 ; *N. irregulare* Baker, *l. c.* ; *Sagenia hippocrepis* Brack., *l. c.*, 181 ; *S. latifolia* Carruth., *l. c.*, 364 ; *A. hymenodes* Mett., in *Linnæa*,1870, 123 ; *A. Forsteri* Kze. ?

Frondes dressées, pinnées, oblongues-lancéolées dans leur contour (hautes de 1 mètre et plus; larges de 30 à 40 cent.), longuement pétiolées ; pinnules ovales-lancéolées, ou oblongues-lancéolées (longues de 18 à 20 cent. ; larges de 3 à 6), pinnatiséquées, de plus en plus larges, plus profondément divisées et plus longuement pétiolées, en allant du sommet à la base : les supérieures décurrentes et se confondant quelquefois avec la pinnule terminale ; les inférieures bipinnées à la base; segments oblongs, aigus, entiers ou sinués; consistance papyracée; couleur brune ou verte ; les deux faces glabres, sauf la supérieure le long de la côte médiane ; nervures anastomosées formant des aréoles qui renferment des nervures libres à branches divariquées. Sores disposés irrégulièrement de chaque côté des nervures qui vont de la côte médiane des segments au bord de la fronde.

Iles de la Société : Tahiti (*Vesco!; Savatier!*).
Distrib. géogr. Polynésie.

16. N. decurrens Baker, *l. c.*, 299.
Aspidium decurrens J. Sm., in *Hook. Journ.*, III, 410 (non Presl); *Sagenia Pteropus* Kunze, in *Bot. Zeit.*, IV, 462 ; Carruth., *l. c.*, 363; *Aspidium alatum* Guillem., *Zephyr. Tait.*, n. 43? ; Brack., 179 ; Pancher, *l. c.* (non Wall.) ; *A. subtriphyllum* Nadeaud, *Enum.*, n. 153 (non Hook.).

Rhizome rampant, couvert de longues écailles linéaires. Frondes dressées (hautes de 6 à 12 déc.; larges de 2 à 3), pinnatifides; rachis largement ailé au sommet, et de plus en plus étroitement jusqu'à la partie inférieure de la fronde; segments espacés, oblongs-aigus; consistance papyracée.; les deux surfaces glabres; nervures anastomosées. Sores disposés sur un rang de chaque côté des nervures primaires.

Iles de la Société : Tahiti, vallées, vers 900 m. (*Nelson; Collie; Lépine* 117!; *Vesco!; Nadeaud* 153!).
Distrib. géogr. Asie et Océanie.

17. N. pachyphyllum Baker, *l. c.*, 299.
Aspidium pachyphyllum Kunze, in *Bot. Zeit.*, VI, 259; *A. repandum* Brack., *l. c.*, 479; *Sagenia pachyphylla* Moore, *Ind. Fil.*, 99; Carruth., *l. c.*, 364.
Diffère du précédent par son pétiole et son rachis qui ne sont pas ailés, et par une consistance plus épaisse.

Iles de la Société : Tahiti (*U. S. Expl. Exped.*).
Distrib. géogr. Malaisie et Polynésie.

18. N. cicutarium Baker, *l. c.*, 299.
Aspidium cicutarium Sw. in *Schrad. Journ.*, 1803, II, 279; Hook., *Sp. Fil.*, IV, 49.
Var. apiifolia Baker, *l. c.*; Nadeaud, *Enum.*, n. 152.
Aspidium apiifolium Schk., *Fil.*, 128, t. 36, B; *N. apiifolium* Hook. et Arn., *l. c.*, 105; *Aspidium sinuatum* Gaudich., *Voy. Freyc., Bot.*, 343; Pancher, *l. c.*; *Aspidium Jardini* Mett., in *Linnæa*, XXXVI, 121; *A. tenuifolium* Mett., *l. c.*, 122.
Rhizome couvert d'écailles linéaires. Frondes dressées (hautes de 40 à 50 cent.; larges de 10 à 15), ovales dans leur contour, pinnées ou pinnatiséquées au sommet, couvertes de cils écailleux sur le pétiole, les nervures principales et le bord du limbe; pinnules inférieures ovales-oblongues dans leur contour, pétiolulées et quelquefois pennées ou bipinnatiséquées à la base; pinnules supérieures pinnatiséquées, sessiles ou même décurrentes; segments oblongs ou lancéolés, pinnatilobés; lobes entiers ou sinués; consistance papyracée ou faiblement coriace; nervation anastomosée. Sores disposés dans chaque lobe sur un rang de chaque côté de la nervure médiane.

Iles de la Société : Tahiti (*Nadeaud* 152). —Iles Marquises (*Jardin!*).
Distrib. géogr. Toutes les régions chaudes.

XX. — NEPHROLEPIS *Schott.*

Sores placés près du bord de la fronde à l'extrémité de la première bifurcation supérieure des nervures; l'autre bifurcation diversement

ramifiée ; mais les nervures restant toujours libres. Sporanges munis
d'un anneau longitudinal.

Un petit nombre d'espèces, habitant les régions tropicales.

1	Indusie pelté	2
	Indusie réniforme	1. **N. exaltata** *Schott.*
2	Rhizome court.	2. **N. acuta** *Presl.*
	Rhizome grimpant.	3. **N. ramosa** *Moore.*

1. N. exaltata Schott, *Gen.*, Fasc. I ; Baker, *Syn.*, 301 ; Nadeaud,
Enum., n. 161.

Aspidium exaltatum Sw., *Syn.*, 45 ; *Nephrodium exaltatum* Sm., ex
R. Br. *Prodr.*, 148 ; Hook. et Arn., *Bot. Beech.*, 74 ; Gaudich., *Voy.
Freyc.*, *Bot.* 336 ; Endl., *Fl. Suds.*, n. 376 ; Pancher, in Cuzent,
Tahiti, 242.

Rhizome droit, couvert d'écailles lancéolées, ciliées. Frondes dressées, oblongues-lancéolées dans leur contour (hautes de 6 à 8 déc. ;
larges de 10 à 15 cent.), distinctement pinnées jusqu'au sommet ; pinnules allant en s'amoindrissant du milieu aux deux extrémités (longues en moyenne de 6 cent. ; larges de 2), très-brièvement pétiolulées ;
les médianes et les supérieures lancéolées, quelquefois auriculées à la
base, plus ou moins crénelées ; les inférieures oblongues-obtuses.
Consistance légèrement coriace. Les deux surfaces presque glabres.
Indusie réniforme.

Iles de la Société : Tahiti, lieux humides à l'entrée des vallées (*Nelson ; Barclay ; Dupetit-Thouars ! ; Nadeaud* 161 ! ; *Savatier* 750 !).

β *hirsutula* Baker, *l. c.*
Polypodium hirsutulum Forst., *Prodr.*, n. 439 ; *Nephrodium hirsu-
tulum* Gaudich., *l. c.*, 339 ; Pancher, *l. c.* ; *Nephrolepis hirsutula* Presl,
Tent. Pter., 75 ; Carruth., in Seem., *Fl. Vit.*, 361 ; *N. rufescens* Jardin,
Hist. nat. Iles Marq., 28.
Frondes couvertes d'écailles filiformes, ciliées.

Iles de la Société : Tahiti, mêmes localités (*Banks et Solander ; Lay et Collie ;
Bertero et Mœrenhout ! ; Lépine* 36 ! ; *Nadeaud* 161 ! ; *Vieillard et Pancher ! ; Suva-
tier* 766 !). — Iles Marquises (*Jardin* 2 !). — Iles Wallis (*Home*).
Distrib. géogr. Toutes les régions chaudes.

2. N. acuta Presl, *Tent. Pter.*, 79 ; Hook., *Sp. Fil.*, IV, 153 ; Baker, *l. c.*, 301 : Carruth., *l. c.*, 361 ; Nadeaud, *l. c.*, n. 162.

Aspidium acutum Schk., *Fil.*, 32 ; *Nephrolepis saligna* Carruth.,
l. c., 361 ; *Nephrolepis splendens* Presl., *l. c.* ; Brack., *U. S. Expl.
Exped.*, 212 ; *Polypodium salignum* Solander, ex Carruth., *l. c.*

Diffère de l'espèce précédente par sa taille plus petite et ses indusies
peltés.

Iles de la Société : Tahiti, Taravao, Pinai, vers 800 m. (*Nadeaud* 162!) ; sans indication de localité (*Banks et Solander*).
Distrib. géogr. Toutes les régions chaudes.

3. **N. ramosa** Moore, *Ind. Fil.*, 102 ; Baker, *l. c.*, 301 ; *Nephrolepis obliterata* Hook., *Sp. Fil.*, IV, 154 ; Nadeaud, *l. c.*, n. 163 ; *Nephrolepis trichomanoides* J. Sm., in *Hook. Journ. Bot.* (1841), 413 ; Carruth., *l. c.* ; *N. repens* Brack., *l. c.*, 209.

Rhizome grimpant. Frondes (longues de 15 à 30 cent. ; larges de 3 à 10) ovales-lancéolées dans leur contour ; pinnules (longues de 2 à 4 cent. ; larges de 10 à 15 mill.) oblongues-lancéolées, obtuses, crénelées, échancrées postérieurement à la base, auriculées antérieurement ; consistance papyracée ; les deux surfaces glabres. Indusie arrondi, pelté.

Iles de la Société : Tahiti (*Nadeaud ; Savatier!*).
Distrib. géogr. Toutes les régions chaudes.

XXI. — OLEANDRA *Cav.*

Sores arrondis attachés près de la base des nervures secondaires, et disposés en série de chaque côté de la nervure médiane. Indusie réniforme. Sporanges munis d'un anneau longitudinal.

Espèces peu nombreuses, habitant les régions chaudes.

1. **O. Cumingii** J. Sm., in *Hook. Journ. Bot.*, III, 413 ; Nadeaud, *Enum.*, n. 164.

O. Sibbaldii Grev., in *Ann. Nat. Hist.*, 2ᵉ sér., I, 327.

Rhizome grimpant, peu épais, couvert d'écailles rousses, linéaires, filiformes au sommet. Frondes linéaires-oblongues, atténuées aux deux extrémités (longues de 50 à 60 cent. ; larges de 4 à 5 ; pétiole long de 5 à 10), couvertes de poils écailleux, nombreux sur le pétiole et le rachis, mais clairsemés sur les deux faces du limbe ; consistance herbacée ; nervures une ou deux fois bifurquées, mais toujours simples au-dessus des sores qui forment une ligne irrégulière.

Iles de la Société : Tahiti, mont Rereaore (*Nadeaud* 164!), sans indication de localité (*Lépine* 107!).
Distrib. géogr. Asie et Malaisie.

XXII. — POLYPODIUM *L.*

Sores arrondis ou faiblement oblongs, dépourvus d'indusie. Sporanges munis d'un anneau longitudinal.

Plus de 400 espèces, habitant toutes les régions du globe.

1 { Frondes au moins une fois pinnées . .   2
  { Frondes entières ou pinnatiséquées . .   6

2 (Nervures libres. 3
(Nervures anastomosées. . . . . 4. **P. macrodon** *Reinw.*

3 (Frondes bipinnées : pinnules pinna-
(tifides. 4
(Frondes bipinnées au moins à la base,
(ou même tripinnées 5

4 (Plantes de petites dimensions (25 à
(30 cent.). . . . . 9. **P. tamariscinum** *Kaulf.*
(Plantes de grandes dimensions (1 à 2 m.). 3. **P. costatum** *Hook.*

5 (Frondes bipinnées à la base. . . . . . 1. **P. Vescoi** *sp. nov.*
(Frondes tripinnées. . . . . 2. **P. sandwicense** *Hook.*

6 (Nervures libres. 7
(Nervures anastomosées 14

7 (Frondes entières 8
(Frondes pinnatiséquées. 11

8 (Frondes entièrement glabres 9
(Frondes velues au moins sur le pétiole. 10

9 (Nervures simples. . . . . 7. **P. trachycarpum** *Mett*
(Nervures bifurquées . . . . 6. **P. ligulatum** *Baker.*

10 (Sores disposés sur un seul rang de cha-
(que côté de la nervure médiane . . . 5. **P. Hookeri** *Brack.*
(Sores épars . . . . 8. **P. pleiosorum** *Mett.*

11 (Frondes glabres, ou presque glabres. . 12
(Frondes fortement hispides . . . . . . 13. **P. purpurascens** *Nad.*

12 (Sores placés entre le bord et le milieu
(des segments. 13
(Sores presque marginaux. . . . . . . 11. **P. subnudum** *Mett.*

13 (Segments fertiles élargis à la base. . . 12. **P. blechnoides** *Hook.*
(Segments fertiles non élargis à la base . 10. **P. decorum** *Brack.*

14 (Frondes de petites dimensions (30 cent.
(au plus). 15
(Frondes de grandes dimensions (40 cent
(au moins). 18

15 (Frondes pubescentes au moins en des-
(sous. 16
(Frondes glabres sur les deux faces. . . 16. **P. accedens** *Blume.*

16 (Frondes pubescentes, glabres en dessus. 17
(Frondes pubescentes en dessus . . . . 14. **P. serpens** *Forst.*

17 (Sores épars . . . . 15. **P. acrostichoides** *Forst.*
(Sores disposés en série linéaire . . . . 17. **P. angustatum** *Sw.*

18 (Consistance coriace. 19
(Consistance papyracée . . . . 21. **P. expansum** *Baker.*

19 (Sores grands, épars ou en série 20
(Sores petits, épars . . . . 18. **P. irioides** *Lamk.*

20 (Nervures primaires peu visibles 21
(Nervures primaires visibles . . . . . . 20. **P. nigrescens** *Blume.*

21 (Sores saillants à la face supérieure. . . 22. **P. longissimum** *Blume.*
(Sores non saillants à la face supérieure. 19. **P. phymatodes** *L.*

1. P. Vescoi *sp. nov.*

P. sandwicense Nadeaud, *Enum.*, n. 171 (non Hook. et Arn.).

Frondes bipinnées à la base, pinnées au milieu et pinnatiséquées au sommet, ovales-triangulaires dans leur contour (longues de 50 à 60 cent., larges de 30 à 40); pinnules inférieures ovales-lancéolées, plus grandes que les autres (longues de 20 à 23 cent.); les médianes et les supérieures oblongues-lancéolées, pinnatiséquées; segments oblongs-rhomboïdaux, diversement lobés ou dentés, les inférieurs seuls distincts, les autres décurrents et unis entre eux par le rachis étroitement ailé; consistance herbacée; rachis parsemé d'écailles fines; les deux faces du limbe couvertes de petits poils épars; nervures libres, bifurquées. Sores placés à peu près à égale distance du bord de la fronde et de la nervure médiane des segments.

Iles de la Société : Tahiti, vallées de 8 à 900 m. (*Vesco!; Nadeaud* 171!).
Voisine du *P. unidentatum* Hook. et Arn., cette espèce en diffère par la forme de ses segments généralement décurrents, et par la position de ses sores qui sont à peu près médians et non submarginaux.

2. **P. sandwicense** Hook. et Arn., *Bot. Beech.*, 104; Endl., *Fl. Suds.*, n. 104; Baker, *Syn.*, 312; Hillebr., *Fl. Haw. Isl.*, 565.

Rhizome dressé. Frondes triangulaires dans leur contour (hautes de 2 à 3 m.; larges de 60 à 80 cent.) très-amples, tripinnées, à divisions lâches, grêles; pinnules triangulaires-oblongues (les primaires longues de 40 à 50 cent.; les secondaires de 10 à 20), pinnatiséquées au sommet; les tertiaires divisées jusqu'au rachis en segments oblongs-aigus, plus ou moins espacés, dentés en scie; consistance herbacée; les deux faces glabres; nervures libres, bifurquées. Sores placés à la base des dents des segments.

Iles de la Société : Tahiti, Taravao (*Lépine* 49!).
Distrib. géogr. Iles Hawaï et Nouvelles-Hébrides.

3. **P. costatum** Hook., *Sp. Fil.*, IV, 7; Baker, *l. c.*, 316; Nadeaud, *l. c.*, 172.

Goniopteris costata Brack., *U. S. Expl. Exped.*, *Filices*, 28; Carruth., in Seem., *Fl. Vit.*, 266; *G. longissima* Brack., *l. c.; Aspidium pennigerum* Guillem., *Zephyr. Tait.*, n. 44?; Pancher, in Cuzent, *Tahiti*, 243.

Frondes dressées (hautes d'environ 2 m.; larges de 4 à 5 décim.) pinnées, hérissées dans leur jeunesse de longues écailles linéaires-subulées, caduques mais laissant à leur place de petites aspérités noirâtres, irrégulièrement dispersées sur le pétiole et le rachis; ce dernier creusé, ainsi que la côte médiane des pinnules, d'un sillon fortement pubescent; pinnules oblongues-acuminées (longues de 20 à 25 cent., larges de 2 à 3 cent.), brièvement pétiolulées, pinnatiséquées; segments oblongs-aigus, légèrement recourbés, s'étendant presque jusqu'au rachis; consistance coriace; face supérieure glabre; l'inférieure légèrement hispide; couleur brune; nervures libres, sauf les inférieures qui s'unissent avec celles des segments voisins. Sores nombreux arrondis, placés tout près de la nervure médiane des segments.

Iles de la Société : Tahiti, montagnes de 800 m. (*Lépine* 74! 109!; *Nadeaud* 172!); sans indication de localité (*Vesco!; U. S. Expl. Exped.!*).

Distrib. géogr. Iles Viti.

4. P. macrodon Reinw., ex Baker, *l. c.*, 318.

P. Cumingianum Hook., *l. c.*, 103; Nadeaud, *l. c.*, n. 182; *Sagenia varia* Brack., *l. c.*, 183?

Rhizome oblique. Frondes dressées, bipinnées, ovales-triangulaires dans leur contour (hautes de 2 m. environ; larges de 50 à 60 cent.), pinnatiséquées au sommet ainsi que les pinnules primaires; pinnules secondaires ovales-oblongues, aiguës (longues de 10 à 20 cent.; larges de 4 à 6), pétiolulées, divisées jusqu'à la moitié du limbe en segments oblongs-aigus, entiers ou sinués; consistance papyracée; les deux faces glabres; nervures anastomosées formant des aréoles comprenant quelquefois des nervures libres. Sores disposés avec plus ou moins de régularité de chaque côté des nervures médianes des segments.

Iles de la Société : Tahiti, Taravao (*Lépine* 59!), vallées de Tipeaerui, etc. (*Nadeaud* 182!).

Distrib. géogr. Malaisie et Polynésie.

5. P. Hookeri Brack., *l. c.*, 4; Baker., *l. c.*, 319.

P. setigerum Hook. et Arn., *l. c.*, 103, t. 21; Endl., *Fl. Suds.*, n. 426 (n. Blume); *P. conforme* Brack., *l. c.*, 5, t. 1, f. 2; Carruth., *l. c.*, 365; *P. subspathulatum* Brack., *l. c.*, 8, t. 1; Nadeaud, *l. c.*, n. 166.

Rhizome rampant, couvert d'écailles linéaires-lancéolées. Frondes réunies en touffes, linéaires-lancéolées (longues de 10 à 20 cent., larges de 5 à 6 mill.); les stériles lancéolées-spathulées, beaucoup plus courtes; consistance coriace; les deux faces glabres; pétiole hérissé de poils bruns; nervures libres, peu visibles. Sores arrondis, placés entre la côte médiane et le bord de la fronde, et plus ou moins enfoncés dans l'épaisseur du limbe.

Iles de la Société : Tahiti, Taiarabu, à 12-1500 m. (*Lépine* 101!), Ureohiro, Mahaena, etc. (*Nadeaud* 166!).

Distrib. géogr. Polynésie, Australie et îles Philippines.

6. **P. ligulatum** Baker, *l. c.*, 320.

P. australe Nadeaud, *l. c.*, n. 165 (non Mett.).

Rhizome court, rampant, couvert d'écailles linéaires. Frondes réunies en touffes, ligulées (longues de 6 à 10 cent., larges de 3 à 4 mill.), atténuées aux deux extrémités, entièrement glabres, faiblement coriaces; nervures libres, bifurquées. Sores arrondis, placés sur une des branches des nervures, et formant une ligne régulière de chaque côté et près de la côte médiane de la fronde.

Iles de la Société : Tahiti (*Nelson; Lépine* 104!).

Distrib. géogr. Iles Viti.

7. P. trachycarpum Mett., in *Linnæa*, 1869, 127; Baker, *l. c.*, 506.

Rhizome oblique, couvert d'écailles linéaires-subulées. Frondes réunies en touffes, linéaires-lancéolées (longues de 6 à 18 cent.; larges de 3 à 8 mill.), entièrement glabres, coriaces; nervures simples, libres, apparentes. Sores oblongs, finissant par former une ligne continue le long de la côte médiane.

Iles de la Société : Tahiti, mont Taiarabu, de 12-1500 m. (*Lépine* 102!); sans indication de localité (*Vesco!*).

8. P. pleiosorum Mett., *l. c.*, 128; Baker, *l. c* , 507.

P. trichosorum Nadeaud, *l. c.*, n. 167 (non Hook.).

Rhizome oblique, couvert d'écailles linéaires, striées, d'un brun clair. Frondes réunies en touffes; les fertiles ligulées (longues de 15 à 20 cent., larges de 1 cent. à peine), brièvement pétiolées, atténuées aux deux extrémités; les stériles moins atténuées au sommet et plus courtes que les fertiles; les unes et les autres hérissées de poils bruns sur les deux faces et principalement sur les bords et sur les pétioles; consistance faiblement coriace; nervures une ou deux fois bifurquées; les branches inférieures s'anastomosant quelquefois. Sores petits, irrégulièrement disposés sur toute la face inférieure de la fronde.

Iles de la Société : Tahiti, Taiarabu, vers 1500 m. (*Lépine* 106!), Tuumatairiri, mont Aramaoro, vallée de Papeiha (*Nadeaud* 167!); sans indication de localité (*Nelson; Collie*); Ulietea (*Banks*).

9. P. tamariscinum Kaulf., *Enum.*, 117; Baker, *l. c.*, 338; Hillebr., *l. c.*, 556.

Adenophorus Tamarisci Hook. et Grev., *Ic.*, t. 175.

Rhizome rampant, écailleux. Frondes pinnées, pinnatiséquées au sommet, ovales-lancéolées dans leur contour, acuminées (longues de 15 à 25 cent.; larges de 4 à 8); pinnules allant en décroissant du milieu aux extrémités, divisées jusqu'au rachis en segments linéaires; consistance coriace; une seule nervure dans chaque segment. Sores disposés vers le sommet des divisions de la fronde.

Iles de la Société : Tahiti (*Menzico*).
Distrib. géogr. Iles Hawaï.

10. P. decorum Brack., *l. c.*, 7, t. 2, f. 2; Baker, *l. c.*, 331; Nadeaud, *l. c.*, n. 168.

Rhizome rampant, couvert d'écailles linéaires-lancéolées. Frondes réunies en touffes, oblongues-lancéolées, atténuées aux deux extrémités et même acuminées au sommet (longues de 10 à 20 cent., larges de 15 à 25 mill.), divisées jusqu'au rachis en segments étroits, obtus, les inférieurs triangulaires; consistance faiblement coriace;

nervures libres, non apparentes. Sores ovales, immergés dans le limbe de la fronde, disposés en série linéaire entre la nervure médiane et le bord des segments.

Iles de la Société : Tahiti, cimes élevées, au-dessus de 1200 m., Aorai Aramaoro (*Nadeaud* 168!), sans indication de localité (*Banks et Solander Brackenridge*); Raiatea (*Collie*); Moorea (*Lépine* 38!).
Distrib. géogr. Océanie tropicale et Ceylan.

11. P. subnudum Mett., *l. c.*, 130; Baker, *l. c.*, 509.
P. blechnoides Nadeaud, *l. c.*, n. 169.
Rhizome rampant, couvert d'écailles linéaires-lancéolées. Frondes réunies en touffes, linéaires-oblongues, atténuées aux deux extrémités (longues de 30 à 40 cent., larges de 2 à 3), divisées presque jusqu'au rachis en segments linéaires, obtus, un peu dilatés à la base, les inférieurs triangulaires; consistance coriace; les deux surfaces glabres; nervures libres, peu visibles. Sores arrondis, immergés dans le limbe, disposés en série linéaire tout près du bord des segments.

Iles de la Société : Tahiti, Anaorii (*Nadeaud* 169!); sans indication de localité (*Vesco!; Ribourt*).

12. P. blechnoides Hook., *l. c.*, IV, 180; Baker, *l. c.*, 334; Carruth., *l. c.*, 365.
P. contiguum Brack., *l. c.*, 6, t. 2, f. 1; *Cryptoseris Seemanni* J. Sm., in *Bonplandia*, IX, 362.
Voisin des deux espèces précédentes et intermédiaire entre elles par ses dimensions, le *P. blechnoides* Hook, se rapproche du *P. subnudum* Mett., par la forme de ses segments, et du *P. decorum* Brack., par la disposition de ses sores.

Iles de la Société (ex Hook.).
Distrib. géogr. Polynésie et Australie.

13. P. purpurascens Nadeaud, *l. c.*, n. 170.
Rhizome oblique, couvert d'écailles brunes, linéaires. Frondes dressées (hautes de 15 à 30 cent., larges de 10 à 15 mill.) linéaires-oblongues dans leur contour, atténuées au sommet et à la base, brièvement pétiolées, entièrement recouvertes de poils hérissés, d'un brun rougeâtre, très-abondants sur le pétiole et le rachis; segments linéaires (longs de 2 à 7 mill., larges de 2 à 3), obtus, légèrement dilatés et décurrents à la base, et formant le long du rachis, sauf à la base du limbe, une aile extrêmement étroite; consistance à peine coriace; couleur brune; nervures libres, mais peu apparentes. Sores arrondis, au nombre de cinq à sept de chaque côté de la nervure médiane, et remplissant à peu près tout l'espace compris entre elle et le bord des segments.

Iles de la Société : Tahiti, mont Taiarabu de 12 à 1800 m. (*Lépine* 35 !), Tehaama, vers 1100 m. (*Nadeaud* 170 !).

14. P. serpens Forst., *Prodr.*, n. 435; Hook. et Grev., *Icon. Fil.*, t. 44, 93; Baker, *l. c.*, 349.

P. rupestre R. Br., *Prodr.* 146; Nadeaud, *l. c.*, n. 174; *P. eleagnifolium* Gaudich., *Voy. Freyc. Bot.* 239, t. 31; *Niphobolus serpens* Endl., *Fl. Norf.*, n. 21, et *Fl. Suds.* n. 405; Carruth., *l. c.*, 367; *P. tricholepis* Mett.. *l. c.*, 1870, 137; *P. confluens* Nadeaud, *l. c.*, n. 175 (non aliorum).

Rhizome longuement rampant, couvert ainsi que la base des frondes d'écailles linéaires, acuminées, denticulées, brunes, appliquées. Frondes espacées, oblongues, linéaires, obtuses, atténuées à la base (longues de 10 à 20 cent., larges de 1 à 2), les stériles quelquefois bi-trifurquées; consistance coriace; face supérieure couverte de poils appliqués; l'inférieure tomenteuse, à poils étoilés; nervures non apparentes. Sores irrégulièrement disposés sur la face inférieure de la fronde.

Iles de la Société : Tahiti, vallées (*Forster; Anderson; Vesco!; Nadeaud!*).
Distrib. géogr. Polynésie, Australie et Nouvelle-Zélande.

15. P. acrostichoides Forst., *Prodr.* n. 434; Hook., *l. c.*, V, 44; Baker, *l. c.*, 350.

Acrostichum lanceolatum L., *Sp.*, 1523; *Niphobolus glaber* Kaulf., *Enum.*, 127; Endl., *Fl. Suds.*, n, 407; Guillem., *l. c.*, n. 48; *Niphobolus acrostichoides* Carruth., *l. c.*, 367.

Voisin du précédent ce *Polypodium* s'en distingue par les écailles de son rhizome qui sont arrondies, et par la face supérieure des frondes qui est glabre.

Iles de la Société (*Forster?*).
Distrib. géogr. Asie et Océanie tropicales.

16. P. accedens Blume, *Enum. Fil. Jav.*, 121; Baker, *l. c.*, 353.
Pleopeltis accedens J. Moore, *Ind. Fil.* 345; Carruth., *l. c.*, 369; *Drynaria cuspidiflora* J. Sm. in *Hook. Journ. Bot.*, 1841, 397; *D. acuminata* Brack., *l. c.*, 42.

Rhizome grêle, rampant, couvert d'écailles dressées, lancéolées, ciliées. Frondes entières, lancéolées, longuement cuspidées, atténuées à la base; consistance faiblement coriace; les deux faces glabres; nervures non apparentes. Sores arrondis, occupant seulement la partie supérieure rétrécie de la fronde, et remplissant l'intervalle entre la côte médiane et le bord du limbe.

Iles de la Société : Tahiti (*U. S. Expl. Exped.*).
Distrib. géogr. Malaisie et Polynésie.

17. P. angustatum Sw., *Syn. Fil.*, 27 et 224; Baker, *l. c.*, 356; Nadeaud, *l. c.*, n. 173.

Niphobolus macrocarpus Hook. et Arn., *l. c.*, 74, t. 18; Endl., n. 407; Guillem., *l. c.*, n. 49; Pancher, in Cuzent, *Tahiti*, 242.

Voisine par son port et la forme de ses frondes du *P. serpens* Forster, cette espèce en diffère par ses sores disposés à peu près régulièrement sur une ligne de chaque côté de la côte médiane des frondes qui, en outre, sont glabres en dessus.

Iles de la Société : Tahiti, vallées (*Nadeaud* 173!).
Distrib. géogr. Asie et Océanie.

Une fougère trouvée à Tahiti, par le docteur Savatier, pourrait appartenir à une espèce voisine, le *P. glabrum* Mett.; mais cette dernière n'ayant été signalée aux Iles de la Société par aucun auteur, il est peut-être préférable de rapporter la plante du Dr Savatier au *P. angustatum*.

18. P. irioides Lamk., *Encycl.*, V, 515; Baker, *l. c.*, 360.

Pleopeltis irioides Moore, *Ind. Fil.*, 78; Carruth., *l. c.*, 367; *Polypodium myriocarpum* Nadeaud, *l. c.*, 176 (non Mett.).

Rhizome rampant, couvert d'écailles brunes appliquées. Frondes presque sessiles, oblongues-lancéolées (longues de 80 cent. à 1 mètre, larges de 6 à 10 cent.), atténuées aux deux extrémités et rétrécies à la base; consistance légèrement coriace; les deux surfaces glabres; nervures primaires sinueuses, visibles presque sur toute la largeur de la fronde; les autres formant un réseau très-fin. Sores petits, très-nombreux, épars.

Iles de la Société : Tahiti, vallées (*Lépine* 114!; *Vesco!*; *Nadeaud* 176!).
Distrib. géogr. Régions tropicales de l'Ancien Monde.

19. P. phymatodes L., *Mant.*, 306; Hook. et Arn., *l. c.*, 74; Endl., *l. c.*, n. 415; Guillem., *l. c.*, n. 150; Jardin, *Hist. nat. Marquises*, 27; Pancher, *l. c.*,; Baker, *l. c.*, 364; Nadeaud, *l. c.*, n. 180.

Pleopeltis phymatodes Moore, *Ind. Fil.*, 347; Carruth., *l. c.*, 368; *Drynaria maxima* Brack., *l. c.*, 51, t. 7; *Polypodium maximum* Hook., *l. c.*, V, 83; Nadeaud, *l. c.*, n. 181.

Nom indigène aux Iles Marquises : *Papamoto*.

Rhizome ligneux, rampant, couvert ainsi que la base des frondes, d'écailles lancéolées, ciliées. Frondes dressées, oblongues-lancéolées (hautes de 1 mètre, larges de 25 à 30 cent.), atténuées aux deux extrémités, simples ou lobées irrégulièrement et sur une longueur variable à partir de la base, ou souvent encore divisées jusqu'au sommet en segments espacés, alternes, oblongs-aigus, avec un rachis allant en se rétrécissant du sommet à la base de la fronde; nervures anastomosées, peu visibles; consistance coriace; les deux faces glabres. Sores arrondis assez grands, épars, ou disposés sur un ou deux rangs de chaque côté de la nervure médiane.

Iles de la Société : Tahiti, collines (*Vesco!; Lépine* 65 ! 67 ! 68 ! ; *Nadeaud* 180 ! 181 !); Borabora (*Lesson!*). — Iles Marquises (*Jardin* 49 !).
Distrib. géogr. Afrique et Océanie tropicales.

20. P. nigrescens Blume, *Fil. Jav.*, 161, t. 70 ; Baker, *l. c.*, 364 ; Nadeaud, *l. c.*, n. 179.

Pleopeltis nigrescens Carruth , *l. c.*, 368.

Voisin des formes pinnatiséquées du précédent ; en diffère par sa couleur plus foncée, par ses frondes à lobes opposés, par sa nervation plus visible, par ses sores plus petits, disposés sur un seul rang de chaque côté de la nervure médiane, et plus profondément enfoncés dans le parenchyme de la fronde, de manière à former une saillie sur la face supérieure.

Iles de la Société : Tahiti, vallées (*Lépine* 54 ! 64 !; *Nadeaud* 179).
Distrib. géogr. Asie et Océanie tropicales.

21. P. expansum Baker, in *Journ. Bot.*, 1876, 12.

P. dilatatum Baker, *Syn.*, 365 (ex parte) ; *P. pustulatum* Nadeaud, *l. c.*, n. 177 (non Forst.) ; *P. affine* Auct. (non Blume).

Rhizome rampant. Frondes dressées, rhomboïdales dans leur contour (longues de 50 à 60 cent. ; larges de 20 à 30), acuminées au sommet, atténuées à la base, brièvement pétiolées (10 à 15 cent.), obliquement divisées jusqu'à une faible distance (1 cent. environ) du rachis en segments oblongs-aigus (larges de 1 à 2 cent.), légèrement espacés, entiers, sinués ou pinnatilobés ; consistance papyracée ; les deux surfaces glabres ; nervures primaires des segments sinueuses, distinctes presque jusqu'au bord de la fronde ; les autres formant des aréoles renfermant une nervure libre. Sores petits, placés sur un des angles des aréoles, épars ou disposés très-irrégulièrement en lignes de chaque côté des nervures primaires des segments.

Iles de la Société : Tahiti, vallées (*Lépine* 66 !; *Vesco!; Nadeaud* 177 !; *Savatier!*).
Distrib. géogr. Iles Samoa.

22. P. longissimum Blume, *Fil. Jav.*, 159, t. 68 ; Baker, *Syn.*, 366 ; Nadeaud, *l. c.*, n. 178.

Pleopeltis longissima Carruth., in Seem., *Fl. Vit.*, 367.

Rhizome traçant, couvert d'écailles ovales. Frondes ovales-oblongues dans leur contour (hautes de 1 à 2 m. ; larges de 20 à 30 cent.) divisées jusqu'à une petite distance du rachis en segments alternes, linéaires-aigus ; consistance coriace ; les deux surfaces glabres ; nervures anastomosées. Sores enfoncés dans le parenchyme et formant une saillie sur la face supérieure.

Iles de la Société : Tahiti, vallée de Papeiha (*Nadeaud* 178 !); sans indication de localité (*Banks et Solander*).

Distrib. géogr. Inde et Malaisie.

Le *P. tenellum* Forst., *Prodr.*, n. 440 (Endl., *Fl. Suds.*, n. 422; Guillem., *Zephyr. Tait.* n. 52) n'aurait, paraît-il, pas été trouvé aux îles de la Société.

XXIII. — NOTHOLÆNA *R. Br.*

Sores marginaux, dépourvus d'indusie, d'abord distincts, puis formant une ligne continue. Sporanges munis d'un anneau longitudinal. Nervures toujours libres.

Un petit nombre d'espèces, habitant toutes les régions du globe.

1. N. hirsuta Desv., *Journ. Bot.*, 1813, III, 93; Baker, *Syn.*, 372; Nadeaud, *Enum.*, n. 183.

N. pilosa Hook. et Arn., *Bot. Beech.*, 47; Endl., *Fl. Suds.*, n. 483; *Cheilanthes hirsuta* Mett., *Cheil.*, 25; Carruth. in Seem., *Fl. Vit.*, 347.

Rhizome rampant, couvert ainsi que toute la plante, de poils un peu mous. Frondes réunies en touffes, oblongues dans leur contour général (hautes de 15 à 20 cent.; larges de 3 à 4), longuement pétiolées, pinnées ou bipinnées à la base; pinnules espacées, ovales-oblongues; segments ovales-obtus; rachis très-étroit à la base de la pinnule; consistance herbacée; pétiole et rachis bruns; limbe vert.

Iles de la Société : Tahiti, plages et entrées des vallées (*Nadeaud* 183!).
Distrib. géogr. Polynésie, Hong-kong.

XXIV. — MONOGRAMME *Schk.*

Sores formant une ligne continue le long de la nervure médiane. Indusie nul. Sporanges munis d'un anneau longitudinal.

Un petit nombre d'espèces, habitant les régions chaudes.

1. M. Junghuhnii Hook., *Sp. Fil.*, V, 123, t. 289 B; Baker, *Syn.*, 375; Nadeaud, *Enum.*, n. 184.

Diclidopteris angustissima Brack., *U. S. Expl. Exped.*, 135, t. 17; *D. paradoxa* Carruth., in Seem., *Fl. Vit.*, 370.

Rhizome rampant, grêle, couvert de poils bruns et, à la base des touffes de frondes, d'écailles linéaires, terminées par une longue arête denticulée; frondes herbacées, grêles, linéaires, très-étroites, velues en dessous sur la nervure médiane.

Iles de la Société : Tahiti, Taiarabu (*Lépine* 105!), Mamano (*Nadeaud* 184!); Moorea (*Lépine!*).
Distrib. géogr. Asie et Océanie tropicales.

XXV. — GYMNOGRAMME *Desv.*

Sores oblongs ou linéaires, disposés le long des nervures principales. Pas d'indusie. Sporanges munis d'un anneau longitudinal.

Espèces très-nombreuses, habitant principalement les régions tropicales.

1 { Frondes entières. **2**
  { Frondes pinnées ou bipinnées . . . . . .   1. **G. calomelanos** *Kaulf.*
2 { Frondes linéaires-lancéolées . . . .   2. **G. lanceolata** *Hook.*
  { Frondes ovales ou oblongues, acuminées. .   3. **G. caudiformis** *Baker.*

1. **G. calomelanos** Kaulf., *Enum.*, 76; Hook. et Arn.., *Bot. Beech.*, 75 ; Endl., *Fl. Suds.*, n. 339 ; Guillem., *Zephyr. Tait.*, n. 33 ; Baker, *Syn.*, 385.

Acrostichum calomelanos L., *Sp.*, 1529 ; *G. tartareum* Brack., *U. S. Expl. Exped.*, *Filices* (non Desv.); *G. Brackenridgei* Carruth., in Seem. *Fl. Vit.*, 370.

Rhizome couvert d'écailles linéaires. Frondes grêles, réunies en touffes, oblongues-triangulaires dans leur contour (hautes de 2 ou plusieurs déc.; larges de 15 à 25 cent.), pinnées ou même bipinnées, simplement pinnatiséquées au sommet; pinnules lancéolées, divisées presque jusqu'au rachis en nombreux segments obovales, obtus, rétrécis à la base et décurrents; consistance herbacée; pétiole et rachis d'un brun noir; face supérieure glabre, verte; l'inférieure farineuse.

Iles de la Société (*Lay et Collie*).
Distrib. géogr. Régions tropicales.

2. **G. lanceolata** Hook., *Sp. Fil.*, V, 156 ; Baker, *l. c.*, 387 ; Nadeaud, *Enum.*, n. 185.

Selliguea lanceolata Fée, ex Carruth. in Seem., *Fl. Vit.*, 371 ; *S. involuta* Brack., *l. c.*, 58 (n. Don).

Rhizome rampant, couvert d'écailles verdâtres, lancéolées. Racines nombreuses, épaisses. Frondes rapprochées, dressées, entières, linéaires-lancéolées (longues de 20 à 40 cent.; larges de 1 à 2), très-brièvement pétiolées; consistance coriace; nervures peu visibles.

Iles de la Société : Tahiti, Taiarabu, vers 1100 m. (*Lépine* 99!); vallée d'Orofero entre 800 et 1000 m. (*Nadeaud* 185!).
Distrib. géogr. Asie et Océanie tropicales.

3. **G. caudiformis** Baker, *Syn.*, 389.

Grammitis caudiformis Hook., *l. c.*, 158 ; *Selliguea caudiformis* Carruth., *l. c.*, 370 ; *S. plantaginea* Brack., *l. c.*, 158.

Rhizome grêle, longuement rampant ou volubile, recouvert d'écailles brunes, lancéolées-acuminées, appliquées. Frondes dressées, espacées, entières, oblongues-lancéolées ou ovales-lancéolées (longues de 10 à 20 cent.; larges de 3 à 7), acuminées, longuement pétiolées (5 à 10 cent.), glabres; consistance coriace; nervures primaires visibles jusqu'à une légère distance du bord de la fronde.

Iles de la Société : Tahiti, Papeete, vers 900 ou 1000 m., Taiarabu (*Lépine* 98 !), crètes de l'Aoraï et autres (*Nadeaud* 186 !), sans indication de localité (*Vesco !*).
Distrib. géogr. Indo-Chine, Malaisie, îles de l'Océanie.

XXVI. — ANTROPHYUM *Kaulf.*

Sores linéaires, disposés longitudinalement sur les nervures, et formant un réseau plus ou moins complet. Pas d'indusie. Sporanges munis d'un anneau longitudinal.

Espèces peu nombreuses, habitant principalement les régions tropicales.

1. A. reticulatum Kaulf., *Enum.*, 198; Endl., *Fl. Suds.*, n. 242; Guillem., *Zephyr. Tait.*, n. 35; Pancher, in Cuzent, *Tahiti*, 243; Baker, *Syn.*, 393.
Hemionitis reticulata Forst., *Prodr.*, n. 423; *A. plantagineum* Kaulf., *l. c.*, 197; Hook. et Arn., *Bot. Beech.*, 74; Endl. *l. c.*, n. 340; Guillem., *l. c.*, n. 34; Jardin, *Iles Marquises*, 27; Pancher, *l. c.*; Baker, *l. c.*; *A. Lessoni* Bory, *Voy. Coq., Bot.*, 255, t. 28, f. 2; Carruth. in Seem., *Fl. Vit.*, 371; Nadeaud, *Enum.*, n. 188; *A. Durvillei* Bory, *l. c.*, 254; *A. semicostatum* Blume, *Fil. Jav.*, 110; Baker, *l. c.*; Carruth., *l. c.*; Nadeaud, *l. c.*, n. 187; *A. Cumingii* Fée, *Antroph.*, t. 4, f. 7; Baker, *l. c.*; *A. Grevillei* Balf., in *Ann. Nat. Hist.*, sér. 2, V, II, 11, t. 1; Seem., *l. c.*; *A. angustatum, alatum* et *subfalcatum* Brack., *U. S. Expl. Exped., Filices*, 63 et 65; *A. Brookei* Hook., *Cent. Ferns.*, II, t. 79; *A. tahitense* Fourn., in *Herb. Mus. Par.*
Rhizome rampant, couvert d'un épais feutrage de poils bruns, et, autour des touffes de frondes, d'écailles noirâtres, linéaires-subulées. Frondes dressées, mais peu rigides, irrégulières dans leur contour, linéaires, oblongues-lancéolées, ou oblancéolées (longues de 20 à 40 cent.; larges de 4 à 10), acuminées, longuement atténuées à la base, brièvement pétiolées; consistance légèrement coriace ou papyracée; les deux surfaces glabres; couleur verte ou brune après la dessiccation; nervure médiane nulle, ou marquée seulement à la partie inférieure de la fronde. Sores enfoncés dans le parenchyme du limbe, et formant un réseau saillant à la face supérieure.

Iles de la Société : Tahiti, vallées (*Lesson !; d'Urville !; Bertero et Mœrenhout !; Vesco !; Lépine* 109 !; *Brackenridge !; Ribourt* 104 !; *Nadeaud* 188 !; 189 !;

Savatier!); Borabora (*d'Urville!*); Moorea (*Lépine* 100!). — Iles Marquises (*Jardin* 114!).

Distrib. géogr. Inde, Malaisie et Polynésie.

XXVII. — VITTARIA *Sm.*

Sores formant une ligne continue, marginale ou intramarginale. Sporanges munis d'un anneau longitudinal. Nervures toujours libres.

Un petit nombre d'espèces, habitant principalement les régions tropicales.

1. V. elongata Sw. *Syn.*, *Fil.*, 109; Baker, *Syn.*, 395.

V. rigida Kaulf., *Enum.*, 193; Bory, *Voy. Coq.*, *Bot.*, 274; Guillem., *Zephyr. Tait.*, n. 68; Carruth. in Seem., *Fl. Vit.*, 372; *V. zosteraefolia* Bory in Willd., *Sp. Pl.*, VIII, 406; Guillem., *l. c.*, n. 69; Pancher, in Cuzent, *Tahiti*, 243; Nadeaud, *Enum.*, n. 190.

Rhizome rampant, couvert d'écailles noirâtres, filiformes. Frondes linéaires (longues de plusieurs déc.; larges de 1-2 cent.) grêles, brièvement pétiolées; consistance herbacée; les deux surfaces glabres; nervure médiane plus ou moins apparente. Sores enveloppés dans une sorte de canal s'ouvrant extérieurement.

Iles de la Société : Tahiti (*Nadeaud* 190!; *Savatier!*).
Distrib. géogr. Régions tropicales de l'Ancien Monde.

XXVIII. — ACROSTICHUM *L.*

Sores répandus uniformément sur toute ou une partie de la face inférieure de la fronde. Sporanges munis d'un anneau longitudinal.

Espèces nombreuses, habitant presque toutes les régions tropicales.

1 { Frondes entières, ou rarement pinnatifides.		2
{ Frondes pinnées ou bipinnées		6
2 { Sores répandues sur toute la face inférieure du limbe		3
{ Sores confinés sur le prolongement supérieur du limbe	9. **A. spicatum** *L.*	
3 { Nervures libres jusqu'au sommet.		4
{ Nervures primaires réunies entre elles, près du bord de la fronde par une nervure longitudinale	5. **A. gorgoneum** *Kaulf.*	
4 { Frondes plus ou moins couvertes d'écailles.		5
{ Frondes glabres.	1. **A. conforme** *Sw.*	
5 { Écailles peltées	2. **A. tahitense** *Carruth.*	
{ Écailles linéaires	3. **A. squamosum** *Sw.*	
6 { Nervures anastomosées		7
{ Nervures libres.	4. **A. Wilkesianum** *Hook.*	

<pre>
   ⎧ Consistance membraneuse ou faiblement
   ⎪   coriace.   8
 7 ⎨ Consistance fortement coriace : pinnules de
   ⎪   grandes dimensions. . . . .   8. A. aureum L.
   ⎩
 8 ⎧ Pinnules acuminées incisées. . . . . . .   6. A. repandum Blume.
   ⎨ Pinnules aiguës, denticulées . . . . . .   7. A. Blumeanum Hook.
</pre>

1. **A. conforme** Sw., *Syn. Fil.*, 10, t. 1 ; Baker, *Syn.*, 401 ; Hillebr.
Fl. Haw. Isl., 549.

A. *œmulum* Kaulf., *Enum.*, 63 ; Endl., *Fl. Suds.*, n. 334 ; A. *obtusifolium* Blume, *Enum. Pl. Jav.*, 102 ; Carruth. in Seem., *Fl. Vit.*, 373 ;
Elaphoglossum æmulum, feejense et *obtusifolium* Brack., *U. S. Expl.
Exped.*, *Filices*, 71 et 72 ; A. *feejense* Hook., *Sp. Fil.*, V, 199 ; Carruth., *l. c.*, 372.

Rhizome rampant, couvert, ainsi que le pétiole, de grandes écailles
lancéolées. Frondes dressées, oblongues ou obovales (longues de 10 à
30 cent. ; larges de 1 à 3), atténuées à la base, entièrement glabres,
légèrement coriaces ; nervures presque parallèles, bifurquées.

Iles de la Société : Tahiti (*U. S. Expl. Exped.*).
Distrib. géogr. Presque toutes les régions tropicales.

2. **A. tahitense** Carruth., *l. c.*, 373 ; Baker, *l. c.*, 522.
Elaphoglossum tahitense Brack., *l. c.*, 75.

Analogue au précédent et au suivant par la forme et la dimension
de ses frondes, cet *Acrostichum* s'en distingue par les écailles peltées
dont les deux faces de la fronde sont parsemées.

Iles de la Société : Tahiti (*Wilkes*).

3. **A. squamosum** Sw., in *Schrad. Journ.*, 1800, 11 ; Baker, *l. c.*,
411 ; Nadeaud, *Enum.*, n. 191 ; Hillebr., *l. c.*, 549.

A. *splendens* Bory ex Gaudich., *Voy. Freyc.*, *Bot.*, 303 ; Hook. et
Arn., *Bot. Beech.*, 103 ; Endl., *Fl. Suds.*, n. 331 ; *Elaphoglossum splendens* Brack., *l. c.*, 68.

Rhizome traçant, couvert d'écailles linéaires d'un brun foncé. Frondes entières, oblongues-lancéolées (longues de 20 à 40 cent. ; larges de
2 à 3 ; pétiole long de 5 à 8 cent.), couvertes sur les deux faces, mais
principalement sur le rachis et le pétiole, d'écailles rousses, filiformes,
dilatées à la base ; consistance faiblement coriace ; nervures libres,
presque toutes bifurquées, peu apparentes.

Iles de la Société : Tahiti, Taiarapu, vers 1500 m. (*Lépine* 108!) ; monts Marau et Touhi, vers 1100 m. (*Nadeaud* 191!).
Distrib. géogr. Régions tropicales des deux Mondes.

4. **A. Wilkesianum** Hook., *l. c.*, 247 ; Baker, *l. c.*, 413 ; *Poly-
bothria Wilkesiana* Brack., *l. c.*, 80, t. 10 ; *P. articulata* J. Sm. ex

Carruth., *l. c.*, 374; *A. mutabile* Nadeaud, *Enum.*, n. 192 (non *A. sorbifolium* L.).

Plante glabre. Rhizome grimpant. Frondes espacées, dressées, lancéolées dans leur contour (hautes de 40 à 50 cent.; larges de 15 à 20), très-polymorphes : les stériles pinnées ou presque bipinnées; pinnules primaires articulées avec le rachis, lancéolées dans leur contour, entières et simplement denticulées, ou bien incisées-lobées à une profondeur et sur une longueur variables, ou bien même distinctement pinnatiséquées avec un rachis très-étroitement ailé et des segments oblongs-rhomboïdaux, rétrécis et articulés à la base, diversement incisés; nervures libres, généralement bifurquées; pinnules des frondes fertiles articulées sur le rachis, simples ou pinnatiséquées, variant de la même façon que les pinnules des frondes stériles, mais restant toujours plus étroites; consistance papyracée.

Iles de la Société : Tahiti, vallées (*Vesco!; Lépine* 93!; *Wilkes!; Ribourt!; Nadeaud* 192!).
Distrib. géogr. Nouvelle-Calédonie.

5. **A. gorgoneum** Kaulf., *Enum. Fil.*, 63; Brack., *l. c.*, 74; Endl., *l. c.*, n. 333; Baker, *l. c.*, 416; Nadeaud, *l. c.*, n. 193; Hillebr., *l. c.*, 550.

Olfersia gorgonea Presl.; *Aconiopteris obtusa* Fée, *Acrost.*, 80, t. 40, f. 2.

Rhizome rampant, couvert d'écailles linéaires, d'un brun roux. Frondes glabres, entières, oblongues-lancéolées (longues de 40 à 50 cent.; larges de 4 à 7), atténuées à la base (pétiole long de 8 à 12 cent.); nervures peu apparentes, simples ou bifurquées, réunies à leur sommet près du bord de la fronde par une nervure longitudinale, libres sur tout le reste de leur longueur; consistance coriace.

Iles de la Société : Tahiti, sommets du Marau, de l'Aorai, etc., au-dessus de 1200 m. (*Nadeaud* 193!); Moorea (*Lépine* 111!).
Distrib. géogr. Iles Hawaï.

6. **A. repandum** Blume, *Fil. Jav.*, 39, t. 14 et 15; Baker, *l. c.*, 419; Nadeaud, *l. c.*, n. 149.

β *Quoyanum.*

A. Quoyanum Gaudich., *Voy. Freyc., Bot.*, 307, t. 3; *Pœcilopteris Quoyana* Presl., *Epim. Bot.*, 173; Carruth., *l. c.*, 374; *Heteroneuron Quoyanum* Fée, *Acrost.*, 96; *Cyrtogonium palustre* Brack., *l. c.*, 86, t. 12.

Rhizome traçant, couvert d'écailles oblongues-aiguës. Frondes stériles dressées, glabres, oblongues-lancéolées, acuminées dans leur contour (longues de 40 à 50 cent.; larges de 8 à 12) pinnées, ou pinnatiséquées au sommet; pinnules oblongues-lancéolées, acuminées,

cunéiformes à la base, brièvement pétiolulées, irrégulièrement incisées ; les frondes fertiles à peu près de même forme, mais de dimensions plus petites ; consistance faiblement coriace ; nervures primaires
libres ; les secondaires plus minces, s'anastomosant entre elles.

Iles de la Société : Tahiti, vallées fraîches à Tuauru, Papenoo, Hitiaa, etc.
(*Nadeaud* 194!), sans indication de localité (*Lépine* 92!).
Distrib. géogr. Régions chaudes de l'Asie et de l'Océanie.

7. **A. Blumeanum** Hook., *l. c.*, V, 268 ; Baker, *l. c.*, 423 ; Nadeaud, *l. c.*, n. 196.

Lomogramme pteroides J. Sm., in Hook., *Journ. Bot.*, III, 402 ;
Brack., *l. c.*, 83.

Rhizome épais, grimpant, couvert d'écailles linéaires, caduques.
Frondes dressées, pinnées, oblongues-lancéolées dans leur contour
(hautes de 7 déc. à 1 mètre ; larges de 10 à 15 cent.). Pinnules stériles
oblongues-lancéolées, entières ou denticulées au sommet, rétrécies à
la base, glabres sur les deux faces, faiblement parsemées d'écailles
sur le rachis de la face inférieure ; consistance membraneuse ; nervures anastomosées, toutes égales ; pinnules fertiles linéaires-lancéolées.

Iles de la Société : Tahiti, Taiarapu (*Lépine* 95!), vallées d'Ahonu, Mahaena,
Tipaearui, etc., vers 1000 m. (*Nadeaud* 196!).
Distrib. géogr. Inde, Malaisie et Polynésie.

8. **A. aureum** L., *Sp.*, 1068 ; Bory, *Voy. Coq.*, 253 ; Hook. et Arn., *l. c.*,
73 ; Endl., *l. c.*, n. 326 ; Guillem., *Zephyr. Tait.*, n. 32 ; Pancher, in
Cuzent, *Tahiti*, 243 ; Baker, *l. c.*, 423 ; Nadeaud, *l. c.*, n. 195.

Chrysodium aureum Mett., *Fil. Lips.*, 21 ; Carruth., *l. c.*, 375.

Rhizome dressé. Frondes dressées, rigides, oblongues-lancéolées
dans leur contour (hautes de 2 mètres et plus ; larges de 3 à 4 déc.),
pinnées, entièrement lisses et glabres ; pinnules lancéolées, diminuant
de grandeur du milieu de la fronde aux extrémités (les moyennes longues de 15 à 40 cent. ; larges de 4 à 8 ; pétiolule long de 1 à 2 cent.),
entières ; les supérieures seules fertiles ; consistance coriace ; nervures
toutes égales, saillantes sur les deux faces de la pinnule, formant un
réseau fin et serré.

Iles de la Société : Tahiti, commune dans les marais de la plage (*d'Urville!*;
Vesco!; *Lépine* 32!; *Nadeaud* 195!; *Savatier!*).
Distrib. géogr. Toutes les régions tropicales.

9. **A. spicatum** L., *Suppl.*, 444 ; Baker, *l. c.*, 424 ; Nadeaud, *l. c.*,
n. 197.

Hymenolepis ophioglossoides Kaulf., *Enum.*, 146 ; Carruth., *l. c.*, 374.

Rhizome rampant, couvert d'écailles linéaires. Frondes en touffes, dressées, glabres, entières ou exceptionnellement pinnatifides,

linéaires-oblongues (20 à 40 cent. sur 1 ou 2), atténuées à la base, brièvement pétiolées, terminées au sommet par un étroit prolongement sorifère souvent aussi long que le reste du limbe; consistance coriace; nervures égales, anastomosées, mais peu visibles.

Iles de la Société : Tahiti, montagnes vers 1000-1100 m., Aorai, Ureohiro, Marau (*Nadeaud* 197!), sans indication de localité (*Lesson* 96!; *Lépine* 17!; *Vesco!; Ribourt* 72!).
Distrib. géogr. Régions tropicales de l'Ancien Monde.

XXIX. — SCHIZÆA *Sm.*

Sporanges bivalves, couronnés par un anneau operculiforme. Frondes partagées à leur extrémité, ou à celle de leurs divisions, en segments distiques, à la surface inférieure desquels les sporanges sont disposés sur deux ou quatre rangs.

Espèces peu nombreuses, habitant les régions chaudes.

1. S. dichotoma Sm., in *Act. Ac. Tur.*, 1790-91, 419; Hook. et Arn., *Bot. Beech.*, 73; Endl., *Fl. Suds.*, n. 323; Guillem., *Zephyr. Tait.*, n. 29; Baker, *Syn.*, 430; Carruth., in Seem., *Fl. Vit.*, 375; Nadeaud, *Enum.*, n. 198.
Acrostichum dichotomum L., *Sp.*, 1068; Forst., *Prodr.*, n. 415; *Schizæa Forsteri* Spreng., *Anl.*, III, 175; Endl., *l. c.*, n. 225; Guillem., *l. c.*, n. 30.
Rhizome rampant, couvert d'écailles linéaires. Frondes espacées, dressées (hautes de 3 à 5 décim., larges de 2 à 3; pétiole long de 15 à 25 cent.); limbe plusieurs fois bifurqué, à divisions flabellées, linéaires, très-étroites; leur extrémité sorifère (longue de 5 à 6 mill.) à divisions étalées; consistance légèrement coriace; les deux surfaces parsemées d'aiguillons très-fins.

Iles de la Société : Tahiti, collines sèches, entre 100 et 1000 m. (*Lépine* 15!; *Nadeaud* 198!).
Distrib. géogr. Régions chaudes des deux Mondes.

XXX. — LYGODIUM *Sw.*

Sporanges bivalves, couronnés par un anneau operculiforme, situés à l'aisselle d'écailles imbriquées et formant un épi à l'extrémité des lobes des frondes.
Plantes généralement grimpantes.

Espèces peu nombreuses, habitant les régions chaudes.

1. L. reticulatum Schk., *Fil.*, 139; Baker, *Syn. Fil.*, 439.
Ophioglossum scandens Forst., *Prodr.*, n. 412 (non L.); *Hymeno-*

glossum polycarpum Willd., *Sp. Pl.*, V, 79; *Hydroglossum scandens* Presl, *Suppl. Tent. Pter.*, 373; *Lygodium scandens* Bory, *Voy. Coq., Bot.*, 251; Hook. et Arn., *Bot. Beech.*, 73; Guillem., *Zephyr. Tait.*, n. 31; Nadeaud, *Enum.*, n. 199 (non Willd.).

Rhizome grêle, très-allongé, volubile ainsi que les frondes, qui le sont principalement à l'aisselle des dichotomies et à la base des pinnules. Frondes brièvement pétiolées (3-4 mill.), divisées en deux branches divariquées, pinnées (longues de 10 à 20 cent.); pinnules espacées, hastées ou lancéolées (longues de 3 à 6 cent.), denticulées, d'autant plus larges (de 4 à 10 mill.) qu'elles sont plus fertiles; nervures pinnées, anastomosées. Épis sorifères disposés tout le long de la pinnule, ou confinés sur la partie supérieure.

Iles de la Société : Tahiti, vallées vers 800 m. (*Lépine* 16!; *Nadeaud* 199).
Distrib. géogr. Polynésie et Australie tropicale.

XXXI. — ANGIOPTERIS *Hoffm.*

Sporanges s'ouvrant par une fente longitudinale, réunis en groupes près du bord de la fronde. Pas d'indusie.

Une seule espèce.

1. **A. evecta** Hoffm., in *Comm. Gœtt.*, XII, 29; Hook. et Grev., *Ic. Fil.*, t. 36; Hook. et Arn., *Bot. Beech.*, 73; Bory, *Voy. Coq.*, 249; Endl., *Fl. Suds.*, n. 317; Guillem., *Zephyr. Tait.*, n. 26; Baker, *Syn.*, 440; Nadeaud, *Enum.*, n. 201.
Polypodium evectum Forst., *Prodr.*, n. 438; *A. longifolia* Hook. et Grev., *Bot. Misc.*, III, 227; Endl., *Fl. Suds.*, n. 318; Guillem., *l. c.*, n. 28; Nadeaud, *Enum.*, n. 202; *A. commutata* Presl, *Suppl. Tent. Pterid.*, 285; Carruth., in Seem., *Fl. Vit.*, 376.
Souche dressée (atteignant une hauteur de 2 m.), épaisse. Frondes (longues de 2 à 3 mètres; larges de 6 à 8 déc.) bipinnées, entièrement glabres; pinnules secondaires oblongues-acuminées (10-15 cent., sur 2 environ), rétrécies à la base, très-brièvement pétiolulées; consistance coriace; nervures peu visibles.

Iles de la Société : Tahiti, montagnes, de 400 à 1000 m. (*Lépine* 34!; *Nadeaud* 201! 202!).
Distrib. géogr. Régions tropicales de l'Ancien Monde.

XXXII. — MARATTIA *Sw.*

Sporanges s'ouvrant par une fente latérale, soudés en masses naviculiformes.

Un petit nombre d'espèces, répandues dans les régions tropicales.

1. M. fraxinea Smith, *Ic. Ined.*, t. 48; Baker, *Syn.*, 440.

M. elegans Endl., *Fl. Norfolk.*, n. 17 et *Fl. Suds.*, n. 316; Nadeaud, *Enum.*, n. 200; *M. sorbifolia* Sw., *Syn. Fil.*, 188; Carruth., in Seem., *Fl. Vit.*, 377.

Souche dressée, épaisse. Frondes bipinnées (longues de 2 à 3 m.; larges de 3 à 4 déc.); pinnules secondaires oblongues-lancéolées (10 à 15 cent., sur 2 environ), rétrécies à la base, brièvement pétiolulées, entièrement glabres, coriaces; nervures simples ou bifurquées, toujours visibles. Sores placés près du bord des pinnules.

Iles de la Société : Tahiti, partout de 600 à 2000 m. (*Lépine* 34!; *Nadeaud* 200!).

Distrib. géogr. Régions tropicales de l'Ancien Monde.

XXXIII. — OPHIOGLOSSUM *L.*

Sporanges bivalves, s'ouvrant latéralement, disposés sur deux rangs à l'extrémité du segment fertile de la fronde, lequel est situé dans un plan différent de celui du segment stérile, et affecte la forme d'un épi linéaire plus ou moins longuement pédicellé.

Un petit nombre d'espèces, habitant les régions chaudes et tempérées des deux Mondes.

<pre>
1 ⎰ Segment sorifère naissant de la base de la
  ⎱   fronde.   2
    ⎰ Segment sorifère naissant du milieu de la
    ⎱   fronde. . . . .   3. O. pendulum L.
2 ⎰ Frondes réticulées . . . .   2. O. reticulatum L.
  ⎱ Frondes non réticulées. . . . .   1. O. nudicaule L. f.
</pre>

1. O. nudicaule L. f., *Suppl.*, 443; Baker, *Syn.*, 445; Nadeaud, *Enum.*, n. 203; Hillebr., *Fl. Haw. Isl.*, 640.

O. concinnum Brack., *U. S. Expl. Exped.*, *Filices*, 315, t. 44; *O. minimum* Nadeaud, *Enum.*, n. 205.

Rhizome faiblement tubéreux. Segment fertile naissant de la base de la fronde. Segment stérile ovale-lancéolé ou ligulé; limbe (long de 2-3 cent.; large de 1 à 2); nervures invisibles.

Iles de la Société : Tahiti, montagnes vers 1000 m. (*Nadeaud* 203! 205!), sans indication de localité (*Lépine* 41; *Vesco!*).

Distrib. géogr. Toutes les régions chaudes.

2. O. reticulatum L., *Sp.*, 1063; Baker, *Syn.*, 446; Nadeaud, *Enum.*, 204.

Souche non tubéreuse. Segment fertile naissant de la base de la fronde; limbe du segment stérile ovale-lancéolé (long de 4 à 8 cent.; large de 3 à 7); nervures visibles, réticulées.

Iles de la Société : Tahiti, premières collines (*Lépine* 3 !, 5 ! ; *Nadeaud* 204 !) ;
sans indication de localité (*Vesco !* ; *Ribourt* 100 !).
Distrib. géogr. Régions chaudes des deux Mondes.

3. **O. pendulum** L., *Sp.*, 1518 ; Hook. et Grev., *Ic. Fil.*, t. 19 ; Hook. et
Arn., *Bot. Beech.*, 73 ; Endl., *Fl. Suds.*, n. 313 ; Brack., *l. c.*, 316 ; Carruth., in Seem., *Fl. Vit.*, 378 ; Hillebr., *Fl. Haw. Isl.*, 640.
Ophioderma pendulum Blume, *Pl. Jav.*, II, 259 ; Nadeaud, *Enum.*,
n. 206.
Segment fertile naissant du milieu du limbe de la fronde : la portion
sorifère toujours plus longue que la partie inférieure ; segment stérile
rubané de longueur et de largeur très-variables, entier ou bifide, pendant. Nervures peu visibles.

Iles de la Société : Tahiti, vallées humides, vers 400 ou 1000 m. (*Lépine* 2 ! ;
Nadeaud 206 !) ; Moorea (*Lépine* 1 !) ; sans indication de localité (*Vesco !* ; *Ri-
bourt* 101 !).
Distrib. géogr. Toutes les régions chaudes.

XXXIV. — BOTRYCHIUM Sw.

Sporanges bivalves, s'ouvrant latéralement, disposés sur deux rangs
le long des divisions du segment fertile de la fronde, lequel est situé
dans un plan différent de celui du segment stérile et affecte la forme
d'une panicule composée.

Espèces très-peu nombreuses, habitant les régions chaudes et tempérées
des deux Mondes.

1. **B. daucifolium** *Wall.* ex Baker, *Syn.*, 448.
B. subbifoliatum Brack., *U. S. Expl. Exped.*, *Filices*, 317, t. 44 ; Hillebr., *Fl. Haw., Isl.*, 642 ; *B. cicutarium* Nadeaud, *Enum.*, n. 207
(non Sw.).
Souche traçante. Fronde dressée ; segment stérile triangulaire dans
son contour (long et large de 10-20 cent.), bipinnatiséqué et même
tripinnatiséqué à la base ; rachis primaire étroit ; divisions primaires
ovales-lancéolées ; les dernières oblongues-aiguës, incisées-dentées,
décurrentes ; segment fertile formant une panicule ample, à peu près
aussi longue que le segment stérile.

Iles de la Société : Tahiti, terres argileuses de Pua et Touhi (*Nadeaud* 207 !).
Distrib. géogr. Régions chaudes et tempérées.

LYCOPODIACÉES.

Sporanges nus ou renfermés dans une capsule, situés à l'aisselle de
feuilles ou de bractées ; tous semblables entre eux, ou bien de deux

sortes : les uns plus grands ou *macrosporanges;* les autres plus petits ou *microsporanges.*

Famille peu nombreuse, répandue dans toutes les régions du globe.

1 { Sporanges tous semblables entre eux. . . .   **2**
{ Sporanges de deux sortes . . . . I. **Selaginella** *Spring.*

2 { Sporanges renfermés dans une capsule . . .   **3**
{ Sporanges nus . . . . II. **Lycopodium** L.

3 { Feuilles développées . . . . III. **Tmesipteris** *Bcrnh.*
{ Feuilles réduites à l'état d'écailles . . . . . IV. **Psilotum** *Sw.*

I. — SELAGINELLA *Spring.*

Sporanges de deux sortes : les *macrosporanges,* plus gros, renfermant des spores peu nombreuses, mais assez grandes ; et les *microsporanges,* plus petits, renfermant des spores nombreuses et ténues ; les uns et les autres réunis en épis, à l'aisselle de bractées, au sommet des rameaux.

Distribution géographique de la famille.

    Plante dressée. . . . . 1. S. **Menziezii** *Spring.*
    Plante basse. . . . . 2. S. **concinna** *Spring.*

1. S. Menziezii Spring, *Monogr. Lycop.,* II, 185 ; Seem., *Fl. Vit.,* 330 ; Hillebr., *Fl. Haw. Isl.,* 649.

Lycopodium Menziezii Hook. et Grev., *Enum. Fil.,* n. 131 ; Hook. et Arn., *Bot. Beech.,* 102 ; Endl., *Fl. Suds.,* n. 311 ; *L. Arbuscula* Hook. et Grev., *Ic. Fil.,* 200 ; Endl., *l. c.,* n. 312 ; Guillem., *Zephyr. Tait.,* n. 90 (non Kaulf.) ; *L. flabellatum* Forst., *Prodr.,* n. 483 (non L.) ; *Selaginella flabellata* Nadeaud, *Enum.* n. 215 (non Spring).

Rhizome traçant. Tiges dressées, à rameaux étalés. Feuilles de deux sortes : les plus grandes ovales (2-3 mill.), à peine aiguës ; les plus petites ovales (1-2 mill.), mucronées, denticulées. Epis linéaires (longs de 2 à 3 cent.) ; bractées carénées.

Iles de la Société : Tahiti, vers 1100 m. (*Nadeaud* 215 !) ; Moorea (*Lépine* 12 !). **Distrib. géogr.** Océanie.

2. S. concinna Spring, *l. c.,* 199.

S. Apus Nadeaud, *l. c.,* n. 214 (non Spring).

Plante basse, rampante, grêle. Feuilles dimorphes : les unes elliptiques-oblongues (1 mill. 1/2), obtuses ou à peine aiguës, étalées ; les autres un peu plus petites, obovales-aiguës, appliquées. Épis oblongs (5 mill.) ; bractées lancéolées, très-finement denticulées sur les bords, dépassant beaucoup les sporanges.

Iles de la Société : Tahiti, cascades, vallées de Tuauru, à Pihaa (*Nadeaud* 214).
Distrib. géogr. Asie et Océanie tropicales.

II. — LYCOPODIUM *L.*

Sporanges semblables entre eux, insérés en épis à l'aisselle de bractées, au sommet des rameaux.

Espèces assez nombreuses habitant toutes les régions du globe.

1	Épis distincts : feuilles et bractées très-différentes les unes des autres.	2
	Épis peu distincts : feuilles se transformant insensiblement en bractées.	1. **L. squarrosum** *Forst.*
2	Feuilles ovales.	3
	Feuilles étroites.	4
3	Bractées dépassant à peine les sporanges.	2. **L. Phlegmaria L.**
	Bractées beaucoup plus grandes que les sporanges.	3. **L. varium** *Br.*
4	Épis allongés (au moins 3 cent.)	5
	Épis raccourcis (au plus 2 cent.)	4. **L. cernuum L.**
5	Tiges aplaties	5. **L. volubile** *Forst.*
	Tiges cylindriques.	6. **L. venustulum** *Gaudich.*

1. L. squarrosum Forst., *Prodr.*, n. 479 ; Endl., *Fl. Suds.*, n. 299 ; Guillem., *Zephyr. Tait.*, n. 87 ; Spring, *Monogr.*, I, 52.

L. Forsteri Poiret, *Encycl.*, *Suppl.*, III, 299 ; *L. verticillatum* Willd., ex Nadeaud, *Enum.*, n. 212 (non L.).

Souche rampante. Tiges dressées (hautes de 40 à 50 cent.), quelquefois penchées au sommet. Feuilles étalées, linéaires-aiguës, terminées par une pointe calleuse garnissant entièrement la tige et les rameaux. Épis à peine distincts. Bractées ne différant des feuilles que par des dimensions plus réduites. Sporanges plus larges que les bractées.

Iles de la Société : Tahiti, sur les rochers à Vainavenave, dans la vallée de Papenoo ; sur les arbres des crètes de Papeiha vers 1100 m. (*Nadeaud* 212!) ; sans indication de localité (*Lépine* 6!).

Distrib. géogr. Régions tropicales de l'Ancien Monde.

2. L. Phlegmaria L., *Sp.*, 1564 ; Spring, *l. c.*, 63 ; Bory, *Voy. Coq.*, 244 ; Hook. et Arn., *Bot. Beech.*, 73 ; Endl., *Fl. Suds.*, n. 302 ; Guillem., *Zephyr. Tait.*, n. 86 ; Seem., *Fl. Vit.*, 328 ; Nadeaud, *Enum.*, n. 209 ; Hillebr., *Fl. Haw. Isl.*, 645.

L. myrtifolium Forst., *Prodr.*, n. 485 ; Nadeaud, *l. c.*, n. 210.

Souche rampante. Tiges penchées (longues de 40 à 50 cent.), anguleuses. Feuilles étalées, lancéolées, presque sessiles (longues de 1 cent.). Épis très-distincts, dichotomes (longs de 10 à 20 cent.), un peu grêles. Bractées ovales-lancéolées (1-2 mill.), plus étroites que les sporanges.

Iles de la Société : Tahiti, sur les arbres et les rochers (*Nelson ; Barclay ; d'Urville ; Bertero et Mœrenhout! ; Lépine* 11! ; *Ribourt! ; Nadeaud* 209 | 210!).

Distrib. géogr. Régions tropicales.

3. L. varium R. Br., *Prodr.*, 165.

Voisin du précédent, en diffère par ses tiges redressées, et par ses bractées plus larges que les sporanges.

Iles de la Société : Tahiti (*Ribourt!*).
Distrib. géogr. Océanie et l'Afrique australe.

4. L. cernuum L. *Sp.*, 1586; Spring, *l. c.*, I, 79; Bory, *l. c.*, 246; Hook. et Arn., *l. c.*, 73; Endl., *l. c.*, n. 298; Guillem., *l. c.*, n. 85; Seem., *l. c.*, 328; Nadeaud, *l. c.*, n. 208; Hillebr., *l. c.*, 645.

Tiges dressées (hautes de 50 à 60 cent.), simples sur leur partie inférieure, très-rarement sur leur partie supérieure. Feuilles aciculaires, étalées (longues de 2 mill.). Épis cylindriques-oblongs (4-5 mill.). Bractées scarieuses, ovales (1-2 mill.), cuspidées, ciliées, beaucoup plus grandes que les sporanges.

Iles de la Société : Tahiti, collines sèches (*Mœrenhout!; Lépine* 21; *Nadeaud* 208!).
Distrib. géogr. Toutes les contrées chaudes.

5. L. volubile Forst., *Prodr.*, n. 482; Hook. et Grev., *Ic. Fil.*, t. 170; Endl., *l. c.*, n. 308; Guillem., *l. c.*, n. 89; Spring, *l. c.*, I, 105; Seem., *l. c.*, 329; Hillebr., *l. c.* 646.

L. complanatum Nadeaud, *l. c.*, n. 213 (non L.).

Tiges volubiles, cylindriques. Rameaux aplatis. Feuilles linéaires-lancéolées ou subulées (1-2 mill.), carénées, terminées par une pointe calleuse. Épis linéaires (2-3 cent.). Bractées ovales-triangulaires, cuspidées, scarieuses sur les bords, plus grandes que les sporanges.

Iles de la Société : Tahiti, crètes vers 600-900 m. (*Lépine* 10!; *Nadeaud* 213!).
Distrib. géogr. Océanie.

6. L. venustulum Gaudich., *Voy. Freyc., Bot.*, 283, t. 22; Bory, *l. c.*, 247; Guillem., *l. c.*, n. 91.

L. ciliatum Guillem., *l. c.*, n. 88; Nadeaud, *l. c.*, n. 211 (non Willd.).

Tiges couchées, radicantes. Rameaux dressés, cylindriques (hauts de 40 à 50 cent.). Feuilles linéaires (2-3 mill.) terminées par une crète scarieuse plus longue qu'elles. Épis linéaires. Bractées ovales-aiguës, à bords scarieux, longuement aristées.

Iles de la Société : Tahiti, crètes, de 4 à 1000 m., Papeete, vallée de Pirae, Taiarabu (*Lépine* 31; *Nadeaud* 211!), sans désignation de localité (*Lesson et d'Urville!*).
Distrib. géogr. Iles Hawaï.

III. — TMESIPTERIS *Bernh.*

Sporanges renfermés dans des capsules insérées à l'aisselle des feuilles.

Une seule espèce, répandue dans toute l'Océanie.

1. T. tannensis Bernh., in *Schrad. Journ.*, 1800, II, 131, t. 2, f. 5.
Lycopodium tannense Spreng., in *Schrad. Journ.*, 1799, II, 267; *T. Forsteri* Endl., *Fl. Norf.*, n. 16, et *Fl. Suds.*, n. 293; Nadeaud, *Enum.*, n. 218.

Souche rampante; tiges dressées ou penchées. Feuilles oblongues, atténuées à la base (longues de 10 à 15 mill.; larges de 2 à 3), terminées par une pointe subulée. Capsules globuleuses, comprimées, bilobées, biloculaires, géminées.

Iles de la Société : Tahiti, montagnes, vers 1000 m. (*Lépine!; Nadeaud* 218!).
Distrib. géogr. Océanie.

IV. — PSILOTUM *Sw.*

Sporanges renfermés dans des capsules triloculaires, situées au nombre de trois à l'aisselle de feuilles réduites à l'état d'écailles.

Espèces très-peu nombreuses, répandues dans toutes les régions tropicales.

Rameaux anguleux. . . . . **1. P. nudum** *Griseb.*
Rameaux aplatis . . . . **2. P. complanatum** *Sw.*

1. P. nudum Griseb., *Fl. Br. W. Ind. Isl.*, 130.
Lycopodium nudum L., *Sp.*, 1564; Forst., *Prodr.*, n. 477; *P. triquetrum* Sw., *Syn.*, 187; Hook. et Arn., *Bot. Beech.*, 73; Endl., *Fl. Suds.*, n. 291; Guillem., *Zephyr. Tait.*, n. 83; Seem., *Fl. Vit.*, 331; Nadeaud, *Enum.*, n. 216; Hillebr., *Fl. Haw. Isl.*, 646; *Bernhardia dichotoma* Willd., *Sp.*, X, 56; Bory, *Voy. Coq.*, *Bot.*, 249.

Tiges dressées. Rameaux triquètres. Écailles aiguës, bifides.

Iles de la Société : Tahiti, vallées (*Nadeaud* 216!).
Distrib. géogr. Toutes les régions tropicales.

2. P. complanatum Sw., *Syn.*, 414, t. 4, f. 5; Hook. et Arn., *l. c.*, 73; Endl., *l. c.*, n. 291; Guillem., *l. c.*, n, 84; Spring, *Monogr.*, II, 270; Nadeaud, *l. c.*, n. 217; Hillebr., *l. c.* 647.

Tiges dressées à la base, puis penchées. Rameaux aplatis. Écailles bifides, obtuses.

Iles de la Société : Tahiti, vallées (*Nadeaud* 217!).
Distrib. géogr. Régions tropicales.

———

ADDITIONS ET CORRECTIONS

Page 38, après les Anacardiacées, ajouter :

CORIARIACÉES.

Fleurs hermaphrodites ou polygames, régulières. Cinq sépales imbriqués, persistants. Cinq pétales carénés en dedans, charnus, accrescents. Dix étamines : les cinq extérieures adnées à la carène des pétales; les cinq intérieures libres. Cinq carpelles ou plus, insérés sur un réceptacle charnu, terminés par autant de styles flexueux, et renfermant chacun un ovule descendant. Coques charnues, incluses dans les pétales. Graines comprimées.

Arbustes à rameaux anguleux, et à feuilles opposées ou verticillées. Inflorescences axillaires.

Famille (?) limitée au genre suivant, et comprenant environ 5 espèces qui habitent la région méditerranéenne, l'Himalaya, le Japon, la Nouvelle-Zélande, et l'Amérique antarctique.

I. — CORIARIA *Nissol.*

Caractères ci-dessus.

1. C. ruscifolia L., *Sp.*, 1467; DC., *Prodr.*, I, 739; Hook., *Fl. New Zeal.*, I, 45.

C. sarmentosa Forst., *Prodr.*, n. 377; Endl., *Fl. Suds.*, n. 1541; Nadeaud, *Enum.*, n. 442.

Arbuste glabre, sarmenteux. Feuilles ovales-acuminées (3-4 cent., sur 2-3), très-brièvement pétiolées à cinq ou sept nervures. Fleurs nombreuses, en longues grappes axillaires et penchées. Bractéoles très-étroites. Pédicelles grêles.

Iles de la Société : Tahiti, mont Aorai, vers 2.000 m. (*Nadeaud* 442!).
Distrib. géogr. Nouvelle-Zélande et Amérique méridionale.

Page 57, ligne 22, au lieu de : DG., lire : DC.
Page 135, ligne 27, au lieu de : *feuilles alternes*, lire : *feuilles opposées ou alternes*.
Page 147, avant : 9. **C. connata** Nadeaud, ajouter :

8 *bis*. **C. Vescoi** Drake, *l. c.*, t. 43.

Arbuste glabre, à écorce rugueuse. Rameaux tétragones, glabrescents à leur partie inférieure, couverts d'une pubérulence fauve à leur partie supérieure ainsi que sur les inflorescences et les pétioles. Feuilles légèrement chartacées, ovales (12-15 cent., sur 5-6 ; pétiole long de 15 mill.) d'un vert foncé, blanchâtres et faiblement pubérulentes en dessous. Cymes triflores ou quinquéflores, rarement uniflores (pédoncules longs de 15 à 20 mill. ; pédicelles longs de 6-8 mill.) ; bractées et bractéoles unies à la base, oblongues-aiguës. Boutons obovoïdes, prolongés en bec. Calice légèrement tomenteux extérieurement, à divisions (1 cent.) oblongues-acuminées. Corolle (longue de 2 cent.) glabre en dehors ; tube presque droit ; gorge velue ; limbe oblique à lobes ovales, étalés, inégaux, l'intérieur plus grand que les autres. Baie oblongue, atténuée aux deux extrémités.

Iles de la Société : Tahiti (*Vesco !*)

Page 163, ligne 36, au lieu de : *répandues*, lire : *et répandues*.
Page 170, ligne 10, au lieu de : *radicule courte ; supère*, lire : *radicule courte, supère*.
Page 170, ligne 29, au lieu de : in *Seem. ; Journ.*, lire : in *Seem. Journ.*
Page 178, ligne 23, au lieu de : **P. urceolatus** *Baill.*, lire : **P. urceolatus** *H. Bn.*
Page 204, après les Urticacées, ajouter :

CASUARINACÉES.

Fleurs unisexuées. Périanthe des fleurs mâles à un ou deux segments se détachant à la base par une fente circulaire. Une seule étamine : loges distinctes s'ouvrant longitudinalement. Périanthe nul dans les fleurs femelles. Ovaire à une loge biovulée ; style à deux branches filiformes. Samare monosperme à une seule aile.

Arbres ou arbustes à rameaux rigides, dépourvus de feuilles normales, articulés et munis aux articulations d'écailles variables en nombre. Inflorescences mâles en chatons formés de gaînes superposées ; fleurs femelles disposées en épis ou strobiles, à l'aisselle de deux bractéoles.

Un seul genre et une trentaine d'espèces, habitant principalement l'Australie et le reste de l'Océanie. La suivante est répandue dans les régions tropicales de l'Ancien Monde.

I. — CASUARINA *Forst.*

Caractères ci-dessus.

1. C. equisetifolia Forst., *Char. Gen.*, 103, t. 52, *Prodr.*, n. 334 et *Icon.* (ined. cf. Seem.), t. 234; Endl., *Flor. Suds.*, n. 352; Jardin, *Hist. nat. Marquises*, 26; Pancher, in Cuzent, *Tahiti*, 239; Seem., *Fl. Vit.*, 263; Nadeaud, *Enum.*, n. 297.

Arbre de grandes dimensions. Rameaux et ramules filiformes. Fleurs dioïques. Gaines des chatons mâles à six ou huit dents. Strobiles femelles globuleux, brièvement pédonculés.

Iles de la Société (*Banks et Solander*; *Forster*) : Tahiti (*Vesco!*; *Lépine!*; *Nadeaud* 297!). — Iles Marquises (*Barclay*) : Noukahiva (*Jardin* 36!).

Page 210, ligne 22, au lieu de : 3. **D. crispatum** Reich. f., lire : **D. glossotis** Reich.

Page 215, ligne 7, au lieu de : *libres dressés*, lire : *libres, dressés*.

Page 235, ligne 3, au lieu de : **macrorhiza**, lire : **macrorrhiza**.

— — ligne 5, au lieu de : *macrorhizum*, lire : *macrorrhizum*.

— — ligne 6, au lieu de : *macrorhiza*, lire : *macrorrhiza*.

Page 241, avant-dernière ligne, au lieu de : **F. nukahivensis** *St.*, lire : **F. ferruginea** *Vahl.*

Page 242, ligne 30, au lieu de : **F. nukahivensis** Steudel, lire : **F. ferruginea** Vahl.

La synonymie du **F. ferruginea** Vahl, doit être établie ainsi qu'il suit :

F. ferruginea Vahl, Enum., II, 209; Bœckl., in *Linnæa*, XXXVII, 16. *F. arvensis* Vahl, *l. c.*,; Kunth, *Enum.*, II, 237; Seem., *Fl. Vit.*, 318; *F. marginata* Labill., *Austr. Cal.*, II, t. 16; *F. nukahivensis* Steud., *Syn.*, II, 447; Jardin, *Iles Marquises*, 27; *F. separanda* Steud., in Jardin., *l. c.*

Page 242, ligne 34, au lieu de : *nombreusesi*, lire : *nombreuses*.

— — ligne 36, au lieu de : *lcs*, lire : *les*.

— — ligne 37, au lieu de : *Nmbelles*, lire : *Ombelles*.

FIN DE LA TABLE ALPHABÉTIQUE.

CORBEIL. — Imprimerie CRÉTÉ.

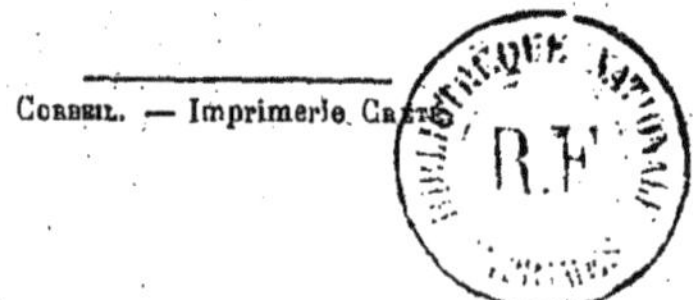

ILE DE TAHITI 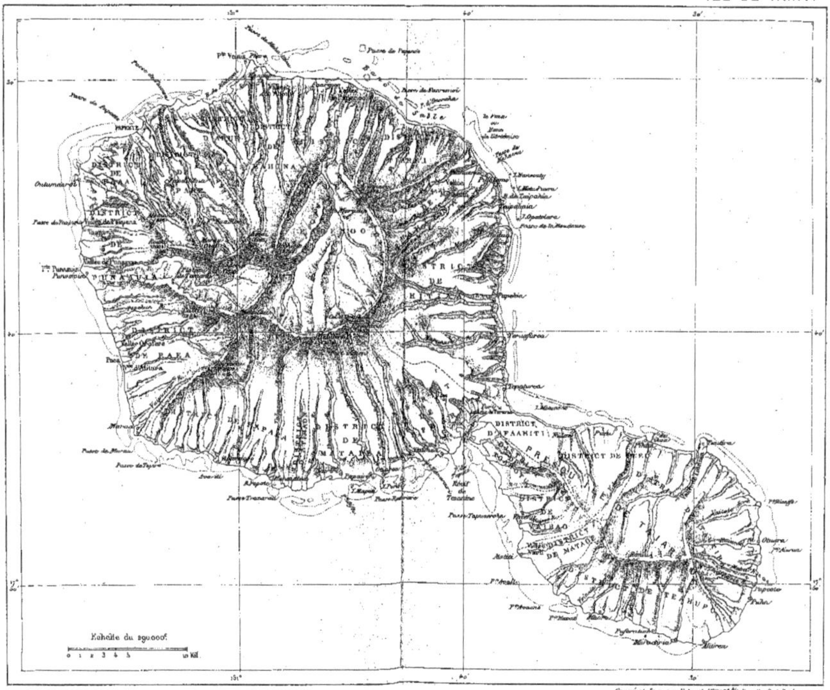
PAPEETE
DISTRICT DE PAEA
DISTRICT DE PUNAAUIA
DISTRICT DE MATAIEA
DISTRICT D'FAAHITI
DISTRICT DE MAHAENA
DISTRICT DE MATAIEA
Echelle du 250000e
0 1 2 3 4 5 10 Kil.
Gravé et Imp. par Erhard Frères 38 Rue Cujas, Paris.